Carbon Neutrality
and Green Development
of Industrial Enterprises

工业企业碳中和与绿色发展

（下册）

U0300926

重点行业篇

工业企业碳中和与绿色发展

（下册）

姚　宏　等编著

Carbon Neutrality
and Green Development
of Industrial Enterprises

化学工业出版社

·北京·

内容简介

《工业企业碳中和与绿色发展》从全球视角对中国碳排放相关问题进行了系统而广泛的阐述，是面向国际前沿同时结合国内现状、理论联系实际的实用图书。《工业企业碳中和与绿色发展》（下册）是本套书的重点行业篇，主要介绍了电力行业、钢铁行业、建材行业、建筑行业、有色金属行业、化工行业、石油化工行业、造纸行业、交通行业碳排放核算方法、碳减排碳中和路径与技术及相关案例，并对上述行业在碳中和目标下的绿色发展新模式进行了展望。

《工业企业碳中和与绿色发展》主要面向电力、钢铁、化工、石化、建材、建筑、有色金属、造纸和交通等高耗能行业相关管理人员以及规模以上企事业相关管理人员作为培训教材使用，还可供环境专业人员以及各行业对碳中和与绿色发展感兴趣的人士阅读参考。

图书在版编目（CIP）数据

工业企业碳中和与绿色发展. 下册/姚宏等编著. —北京：
化学工业出版社，2022.4
ISBN 978-7-122-40607-1

Ⅰ.①工… Ⅱ.①姚… Ⅲ.①二氧化碳-排污交易-研究-中国②工业企业-节能减排-研究-中国 Ⅳ.①X511②TK018

中国版本图书馆 CIP 数据核字（2022）第 015997 号

责任编辑：满悦芝	文字编辑：王 琪
责任校对：李 爽	装帧设计：张 辉

出版发行：化学工业出版社（北京市东城区青年湖南街 13 号　邮政编码 100011）
印　　刷：北京京华铭诚工贸有限公司
装　　订：三河市振勇印装有限公司
787mm×1092mm　1/16　印张 19½　字数 475 千字　2022 年 6 月北京第 1 版第 1 次印刷

购书咨询：010-64518888　　　　　　　　　售后服务：010-64518899
网　　址：http://www.cip.com.cn
凡购买本书，如有缺损质量问题，本社销售中心负责调换。

定　　价：98.00 元

版权所有　违者必究

《工业企业碳中和与绿色发展》（下册）编委会

主　　任：姚　宏

副 主 任：鲁垠涛　郭静波　郭树东　吴欢欢　闫浩春

编　　委（按姓氏笔画为序）：

　　　　　于晓东　于晓华　王　海　王　辉　史新华　冉墨文

　　　　　邢　薇　闫浩春　吴欢欢　范利茹　孟早明　姚　宏

　　　　　贾方旭　袁　平　郭树东　郭静波　唐人虎　鲁垠涛

参编单位：

　　　　　北京交通大学

　　　　　北京林业大学

　　　　　北京工业大学

　　　　　东北电力大学

　　　　　中央财经大学

　　　　　哈尔滨工业大学

　　　　　公众环境研究中心

　　　　　生态环境部环境发展中心

　　　　　北京绿色交易所有限公司

　　　　　中国铁路经济规划研究院有限公司

　　　　　中国标准化研究院资源与环境分院

　　　　　中国国检测试控股集团股份有限公司

支持单位：

　　　　　北京市绿色产业发展促进会

　　　　　北京和碳环境技术有限公司

　　　　　北京中创碳投科技有限公司

　　　　　中国石化石油化工科学研究院

　　　　　中交公路规划设计院有限公司

　　　　　北京百利时能源技术股份有限公司

　　　　　北京绿色之道节能环保技术有限公司

碳达峰和碳中和目标提出，是党中央、国务院统筹国际国内局势作出的重大战略决策，彰显了我国走绿色低碳发展道路的坚定决心，为世界各国携手应对全球性挑战、共同保护好地球家园贡献了中国智慧和中国方案，体现了我国主动承担应对气候变化国际责任、推动构建人类命运共同体的大国担当。我国从"十二五"时期起就将应对气候变化融入社会经济发展全局，通过采取发展非化石能源、节约资源能源、发展循环经济和增加森林碳汇等政策措施，取得了显著成效。2021 年 9 月和 10 月，《中共中央 国务院关于完整准确全面贯彻新发展理念做好碳达峰碳中和工作的意见》和《2030 年前碳达峰行动方案》的先后印发标志着我国双碳"1＋N"政策体系进入实质性落实阶段，同时也代表着我国社会经济高质量发展迈上了新台阶。

碳达峰碳中和是一个涉及经济、社会、环境、政策、金融、技术的集合性问题，我国碳中和目标的实现不仅是碳减排的问题，更是发展方式和发展权的问题。工业行业是我国国民经济的命脉，是实现人民对美好生活向往的基础。我国的碳排放主要来自电力、钢铁、建材、建筑、有色金属、化工、石化、造纸和交通行业，是整个经济社会实现低碳转型的重要载体和关键。在双碳目标背景下，企业为做好自身能力建设、开展碳核算，制定科学的减排目标和行动方案，在工艺、技术方面实现低碳转型和实现高质量发展，急需一批行政管理和技术人员快速成长为具备碳管理思维和能力的专业人才，形成企业碳管理与绿色发展落实的核心人才队伍。

《工业企业碳中和与绿色发展》系统阐述了国内外重点行业的发展和碳排放的现状，基于我国双碳目标的政策环境及低碳技术的发展趋势，从工业企业所需的碳管理、碳金融、碳交易、双碳路径实施等开展全方位的阐述和分析，不但为工业企业进行科学的碳管理、合理制定双碳目标和行动方案提供借鉴，也为我国工业企业双碳系列人才队伍建设和高质量发展提供了有力的技术支撑。

中国工程院院士　任南琪

2022 年 1 月

序言二

　　中国国家主席习近平在 2020 年 9 月 22 日召开的第 75 届联合国大会上指出："中国将提高国家自主贡献力度，采取更加有力的政策和措施，二氧化碳排放力争于 2030 年前达到峰值，努力争取 2060 年前实现碳中和。"双碳目标的提出，彰显着我国构建低碳经济模式的决心，标志着我国生态文明建设进入了以降碳为重点、推动减污降碳协同增效、促进经济社会发展全面绿色转型、实现生态环境质量改善由量变到质变的关键时期。

　　长久以来，我国单位 GDP 能耗与用水量均显著高于发达国家水平，说明我国在工业生产技术革新、优化运营管理模式等方面还存在着较大的发展空间。作为国家重要的发展战略，推动实现减污降碳协同增效，不仅能够从源头治理及总量控制层面要求减少污染物的排放，而且站在工业行业可持续发展的角度，要求各行各业在产品的生产、使用、废弃全生命周期过程中，通过开展工艺改进、技术革新以及建立完善的智慧化管理体系，提高资源与能源利用效率，降低产品单位产值能耗物耗，不断完善技术与管理体系，支撑双碳目标的实现。然而，中国实现双碳目标面临时间紧、任务重、难度大且相关专业人才短缺等一系列问题。目前，亟须对相关管理部门和工业企业技术管理人员就双碳目标实现达成共识进行宣贯，加强相关人员对国家政策规范、低碳技术、方法路径等相关知识的系统学习，快速建立一支熟悉碳资产核算、交易管理、技术开发、政策制定和路径规划等相关管理经验的专业人才队伍。

　　《工业企业碳中和与绿色发展》全书紧扣"减污降碳、协同增效"的工业绿色发展思路，针对目前工业企业发展存在的问题，重点从工业企业能源替代、节能节水、清洁生产、低碳技术、全生命周期与智慧管理国家政策、法律法规、技术路径、碳资产管理、绿色金融等角度，深刻解析了未来工业实现绿色低碳发展的务实路径，为工业企业技术升级改造、节能降耗绿色发展提供了可供借鉴的基础信息与技术方案，提出了构建多层次原料-能效-碳排放管理大数据平台，实现企业碳资产高效管理的新模式。此书核心价值在于从工业企业生产与运行管理实践出发，应对国家双碳人才质量提升的重大需求；它是一本面向国际前沿，结合国内现状、理论联系实际、内容翔实系统的综合性培训指导教材，可供政府相关部门、企业管理技术人员与广大碳核查、管理、交易、科研院校等相关领域从业者参考使用。

中国工程院院士　侯立安

2022 年 1 月

以煤、石油和天然气为主的能源消费是人类文明进步和世界经济快速发展的主要驱动力。然而，这些化石能源的利用伴随着大量的二氧化碳排放，导致了一系列生态、环境和气候问题。妥善解决经济、资源与环境三者之间的矛盾，实现绿色可持续发展，已成为人类社会面临的重大挑战。我国提出将采取更加有力的政策和措施，二氧化碳排放力争于 2030 年前达到峰值，争取在 2060 年前实现碳中和。这是中国基于推动构建人类命运共同体的责任担当和实现绿色可持续发展的内在要求作出的重大战略决策。我国碳达峰碳中和目标的实现面临着碳排放总量大、经济转型升级挑战多、能源系统转型难度大等复杂挑战。作为全球最大的发展中国家，我国在 2060 年实现碳中和的目标需要在更短时间、更广范围采取更大力度的减排行动。

实现碳中和是复杂的系统工程，涉及能源和产业结构调整、科学技术的重大进步、人类生产生活方式的变革等各个方面。我国电力、钢铁、建材、建筑、有色金属、化工、石油化工、造纸和交通行业的碳排放约占总排放量的 90% 以上，做好这些重点行业的碳管理与碳减排工作，是实现双碳目标的关键。系统了解和研究行业及企事业单位碳排放现状、碳市场及能源市场、碳交易机制、能源互联网、碳核查方法、碳排放管理以及碳减排技术升级和创新体系十分重要，需要各级政府、行业和企事业单位行政管理人员及技术人员对双碳目标相关的科学知识和绿色低碳发展有清晰和完整的认识。

《工业企业碳中和与绿色发展》聚焦国际形势和中国国情，系统阐述了我国电力、重点工业、建筑和交通领域的发展、碳排放现状和核算方法，深度剖析了各行业实现双碳目标的路径，同时综合我国资源禀赋及经济社会条件，分析了我国碳达峰碳中和的核心和关键问题，对双碳目标下的绿色发展新模式和发展趋势进行了展望。该书具有系统性、科学性和先进性，内容深入浅出，可作为相关行业领域综合培训教材以及科技工作者、企业家、管理人员和高校师生的参考书。该书出版对于推进产业低碳绿色发展，实现双碳目标具有重要的意义。

中国科学院院士　韩布兴

2022 年 1 月

前言

　　我国力争 2030 年前实现碳达峰、2060 年前实现碳中和，是党中央经过深思熟虑作出的重大战略决策，事关中华民族永续发展和构建人类命运共同体。碳达峰碳中和目标是我国统筹国际国内气候变化态势确定的，是深入贯彻习近平生态文明思想，推进经济结构战略性调整，实现走生态优先、绿色低碳的高质量发展道路的必然选择。2021 年 7 月 16 日，备受瞩目的全国碳排放权交易市场正式启动，首批纳入了 2225 家履约的火力发电企业，而钢铁、有色金属、石化、化工、建材、造纸和航空等行业也将逐步被纳入全国碳交易市场。因此，为深入贯彻党中央、国务院关于碳达峰碳中和的重大战略部署，加强碳排放管理已成为各级政府和企事业单位的一项重要工作。

　　实现碳达峰碳中和需要全社会的共同努力和持续推进，而做好碳排放管理需要一支适应新形势的专业人才队伍。为做好碳达峰碳中和工作的科技支撑和人才保障，促进碳排放管理人员系统学习与深刻理解习近平生态文明思想和关于碳达峰碳中和的重要论述，以及碳排放管理相关法律法规和政策，碳排放监测与核算体系，碳减排技术和管理体系，碳排放交易制度和碳资产管理方法，进一步提升碳排放管理能力和碳中和支撑技术辨识能力，工业和信息化部教育与考试中心委托北京交通大学和北京市绿色产业发展促进会牵头，联合北京林业大学、北京工业大学、中央财经大学、哈尔滨工业大学、东北电力大学及中国标准化研究院、中国铁路经济规划研究院有限公司、中国石化石油化工科学研究院、公众环境研究中心、北京绿色交易所有限公司等单位编著了支撑双碳系列人才培养的综合培训教材《工业企业碳中和与绿色发展》。

　　本套教材分为上册基础公共篇和下册重点行业篇。上册基础公共篇主要包括气候危机与绿色发展，碳中和管理体系，碳排放配额与交易管理，"双碳"目标下绿色金融与企业碳金融，二氧化碳捕集、利用与封存技术与生态碳汇，工业企业减污降碳协同增效机制与管理六个章节。下册重点行业篇主要包括电力、钢铁、化工、石化、建材、建筑、有色金属、造纸和交通九个领域碳中和与绿色发展章节。本套教材的突出特色是从全球视角对中国碳排放相关问题进行了系统梳理，涵盖了重点碳排放领域的核心技术及管理内容，是一套面向国际科技前沿、结合国家战略需求、理论与实际相结合的专业培训指导教材。

　　本套教材不仅是专业培训类教材，同时在碳减排管理和技术创新领域也具有一定的学术价值和应用价值。首先，本套教材为有志从事企事业单位碳排放现状监测，统计核算碳排放数据，核查碳排放情况，购买、出售、抵押碳排放权，提供碳排放咨询服务等工作的专业人才提供了全面而系统的知识架构。其次,在双碳目标背景下,各级政府、行业和企事业单位都在积极探索和寻求低碳绿色发展的路径,本套教材在总览各行业碳排放格局和进行案例分析的基础上,从碳中和管理体系、碳排放配额和碳交易、绿色金融与企业碳资产管理和工业企业全生命周期管理与绿色发展模式等多层次、多角度阐述了重点行业及工业企业减污降碳协同增效的路径及绿色低碳发展的方向,从而为各级政府科学制定碳减排行动方案和碳中和规划,以及工业企业确定未来发展方向和产业布局提供了理论及实践依据,同时也对碳排放核查第三方机构在把握市场需求方面具有重要的借鉴意义。最后,实现双碳目标的关键在于科技的原始创新和有力的人才保障,在碳中和管理体系构建,碳排放交易机制革新,能源智慧转型,新能源开发与有效利用,新型储能技术及碳捕集、利用与封存技术研发,绿色产品开发和产业链完善,智慧化碳管理大数据平台构建和工业企业全生命周期管理等领域都亟须开展大量系统深入的应用基础研究和系列人才梯队建设,因此本套教材为相关科研工作者深刻理解双碳目标涉及的有关国家科技发展战略规划、布局研究方向,进而凝练科学问题和构建系统研究体系提供了重要的参考依据。

在本套教材的编著过程中参阅了大量国内外专家学者的经验和文献资料,因资料众多和篇幅限制,如有遗漏,敬请谅解。本套教材也得到了北京高校卓越青年科学家计划项目(BJJWZYJH0121910004016)的支持,在此对全体编写组成员、硕博士生、企业管理与技术人员为教材撰写整理和提供大量材料的辛苦付出表示衷心感谢。

虽然我们为本套教材的编著做出很大的努力,但由于涉及的内容非常庞杂,各行业信息更新很快,且能力和时间有限,书中难免会存在不妥和疏漏之处,敬请读者批评指正,以便我们在后续的工作中持续改进。

编著者

2022 年 2 月

目录

第1章
电力行业双碳路径与绿色发展

据国际能源署（International Energy Agency，IEA）统计，2018 年，全球碳排放总量为 335.14 亿吨，相对于上一年增加了 3.5％，其中电力行业碳排放量为 139.78 亿吨，占全球碳排放总量的比重高达 41.71％。独立气候智库 Ember 的研究显示，2019 年由于全球燃煤发电量下降了 3％，电力行业 CO_2 排放减少了 2％，为 1990 年以来最大跌幅。2020 年，新型冠状病毒肺炎（Corona Virus Disease 2019，COVID-19）大流行减缓了经济活动，全球碳排放量下降了 5.8％，而电力行业的碳排放量也减少了 3.5％。IEA 在 2021 年 7 月发布的《电力市场报告》中预测，全球电力需求将在 2021 年和 2022 年分别增加 5％和 4％，同时可再生能源的发展并不能满足强劲反弹的全球电力需求，煤炭使用量将大幅度上升，相应的碳排放量将分别增加 3.5％和 2.5％。

中国电力行业碳排放占全国碳排放总量的 37％，成为首批被纳入全国碳交易市场的主要碳排放行业。在当前低碳经济发展新模式、电力市场化改革、电力需求相对过剩、全国统一碳排放交易市场建立、电力行业能源结构转型、"碳达峰"和"碳中和"等一系列现实背景下，电力行业作为中国能源消耗和主要污染物排放的重点领域，面临着提高经济效益、加快能源转型、顺应市场潮流趋势等多重压力，同时电力行业作为中国经济社会发展的基础，是我国实现"碳达峰""碳中和"目标（以下简称"双碳"目标）的关键行业，也是带动其他行业低碳转型的重要载体和领军行业。

1.1 电力行业电源结构及碳排放现状

1.1.1 全球电力行业电源结构及碳排放现状

如图 1-1 所示，根据 IEA 的统计数据，1990—2018 年期间主要包括 12 种不同的发电类型，分别以煤炭、石油、天然气、水力、地热能、太阳能光伏、太阳能热电、风力、潮汐、核能、生物质燃料和垃圾为主要燃料。其中，煤炭、石油、天然气为化石燃料，它们与核能都属于不可再生能源；水力、地热能、太阳能光伏、太阳能热电、风力、潮汐、生物质燃料

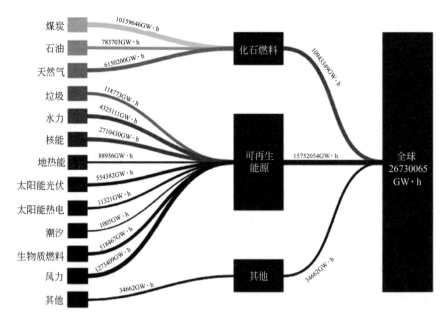

图 1-1   2018 年全球不同燃料类型发电情况

和垃圾为可再生能源。

全球电力行业总发电量由 1990 年的 11897198GW·h 增长到 2018 年的 26730065GW·h，29 年累计增长了 1.25 倍。全球化石燃料和可再生能源发电量分别由 1990 年的 7501510GW·h、4375749GW·h 增长到 2018 年的 17093549GW·h、9601854GW·h，29 年间分别累计增长了 1.28 倍和 1.05 倍，占全球发电总量的比重分别由 1990 年的 63.05%、36.78%变动到 2018 年的 63.94%、35.92%。

如表 1-1 所示，化石燃料发电类型中，煤炭发电量占比最高，天然气次之，石油发电量占比最低。截至 2018 年，煤炭、天然气、石油发电量在化石燃料总发电量中所占的比重分别为 59.43%、35.98%和 4.58%。清洁能源发电中，水力、核能和风力所占比重较高。截至 2018 年，水力、地热能、太阳能光伏、风力、潮汐、核能、生物质燃料、垃圾、太阳能热电在清洁能源发电总量中所占的比重分别由 1990 年的 50.09%、0.832%、0.002%、0.089%、0.012%、46.001%、2.411%、0.552%、0.015%变动到 2018 年的 45.05%、0.926%、5.774%、13.262%、0.010%、28.228%、5.400%、1.237%、0.118%。由此可见，水力和核能发电在 20 世纪 90 年代所占比重较高，但是近年来以太阳能光伏、生物质燃料及风力发电为代表的新型可再生能源发电量逐步增加。

表 1-1   全球电力行业电源结构

项目	发电量/(GW·h)						
	1990 年	1995 年	2000 年	2005 年	2010 年	2015 年	2018 年
煤炭	4429911	4993261	5994185	7316600	8662447	9534199	10159646
石油	1322975	1228863	1183808	1129445	970042	1027686	783703
天然气	1748624	2020958	2774747	3706208	4841878	5525879	6150200
生物质燃料	105435	95068	113780	169500	277740	415631	518467
垃圾	24142	34770	49544	58142	89291	101843	118773

续表

项目	发电量/(GW·h)						
	1990 年	1995 年	2000 年	2005 年	2010 年	2015 年	2018 年
核能	2012902	2331951	2590624	2767952	2756288	2570070	2710430
水力	2191674	2545918	2695591	3019509	3535266	3982151	4325111
地热能	36426	39895	52171	58284	68094	80562	88956
太阳能光伏	91	197	800	3732	32038	250076	554382
太阳能热电	663	824	526	597	1645	9605	11321
风力	3880	7959	31348	104465	342202	833732	1273409
潮汐	536	547	546	516	513	1006	1005
其他来源	19939	23864	22049	32983	33704	35741	34662

如图 1-2 所示，全球电力行业碳排放量自 1990 年的 76.22 亿吨增长到 2018 年的 139.78 亿吨，占全球碳排放总量的比重由 1990 年的 37.15％增长到 2018 年的 41.71％。其中，煤炭、石油、天然气发电的碳排放量分别由 1990 年的 50.00 亿吨、12.21 亿吨、13.67 亿吨变化至 2018 年的 101.04 亿吨、6.47 亿吨、30.72 亿吨，在火力发电碳排放总量中的比重也分别由 1990 年的 50.20％、12.75％、14.27％变化至 2018 年的 63.78％、4.08％、19.39％。全球煤电和气电的碳排放量均呈增长趋势，而油电碳排放量则出现了近 10％的下滑。

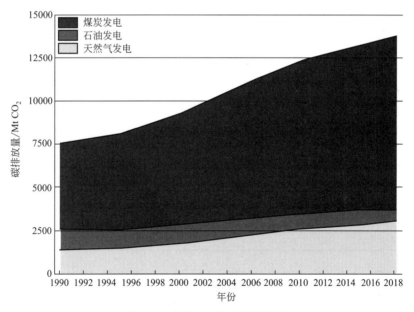

图 1-2　全球电力行业碳排放量

1.1.2　中国电力行业电源结构及碳排放现状

对中国而言，其发电类型也包括与全球一致的 12 种燃料类型，所不同的是中国开始采用核能、生物质燃料、垃圾和太阳能热电的时间并不是 1990 年，而分别为 1993 年、1994 年、2010 年和 2010 年。如表 1-2 所示，中国电力行业发电总量由 1990 年的 650206GW·h

增长至 2018 年的 7218354GW·h，29 年间累计增长了约 10 倍。其中，化石燃料发电和清洁能源发电分别由 1990 年的 494480GW·h、126788GW·h 增长至 2018 年的 4678329GW·h 和 1956549GW·h，29 年间分别累计增长了 9.14 倍和 15 倍。化石燃料发电量和清洁能源发电量占中国总发电量的比重分别由 1990 年的 80.50%、12.24% 变化为 2018 年的 69.88%、33.10%。在化石燃料发电类型中，煤电、油电、气电所占的比重由 1990 年的 89.75%、9.72%、0.53% 分别变化至 2018 年的 95.09%、0.22%、4.70%。此外，中国化石燃料发电量和清洁能源发电量占全球的比重分别由 1990 年的 6.98%、2.90% 变化至 2018 年的 29.51%、22.64%。其中，煤炭发电量、石油发电量、天然气发电量分别在全球煤炭发电量、石油发电量、天然气发电量的比重由 1990 年的 10.60%、3.85%、0.16% 变化至 2018 年的 47.21%、1.41%、3.85%。由此可见，中国化石燃料发电在发电总量中占据绝对比重，其中煤电发电为主要的化石燃料发电类型，油电的比重不仅没增长，反而呈急剧下降的趋势，而气电有缓慢增加的趋势，但由于其对发电技术的要求和安全性的要求较高，变动幅度较小。另一方面，清洁能源发电在 29 年间的变动不大。

表 1-2 中国电力行业电源结构

项目	发电量/(GW·h)						
	1990 年	1995 年	2000 年	2005 年	2010 年	2015 年	2018 年
煤炭	469762	770500	1079310	2007302	3263494	4133839	4796126
石油	50885	55764	47421	50664	14963	9909	11036
天然气	2771	3071	18013	23412	92460	158196	236872
水力	126720	190577	222414	397017	722172	1130270	1232100
地热能	57	110	109	115	125	125	125
太阳能光伏	2	7	22	84	699	44783	176901
风力	2	64	615	2028	44623	185767	365801
潮汐	7	7	7	7	7	8	11
核能	—	12833	16737	53088	73880	170789	295000
生物质燃料	—	2897	2421	5200	24839	52743	90608
垃圾	—	—	—	—	9063	11057	13474
太阳能热电	—	—	—	—	2	27	300

截至 2018 年，水力、地热能、太阳能光伏、风力、潮汐在可再生能源发电总量中所占比重分别由 1990 年的 99.946%、0.045%、0.002%、0.002%、0.006% 变动到 2018 年的 56.666%、0.006%、8.136%、16.824%、0.001%，而核能、生物质燃料、垃圾、太阳能热电在清洁能源发电总量中所占的比重分别由 1993 年的 1.045%、1994 年的 0.188%、2010 年的 1.035%、2010 年的 0.001% 增长到 2018 年的 13.567%、4.167%、0.620%、0.014%。由此可见，在清洁能源发电类型中，水电、核能、风力所占比重较高，其中水力占据绝对优势。随着发电技术的不断进步，近年来增长潜力较大的清洁能源发电类型包括风能、太阳能光伏、核能及生物质能。此外，尽管潮汐发电、垃圾发电和太阳能热发电也被采纳和应用，但根据历史数据结果分析，其前景相对较差。

中国电力行业碳排放量由 1990 年的 6.64 亿吨增长到了 2018 年的 49.23 亿吨，29 年间累计增长了 5.9 倍，占中国碳排放总量的比重也由 31.28％增长到 51.44％，超过碳排放总量的 50％。除 1997 年、2014 年、2015 年分别出现 1.57％和 1.78％、0.59％的下降幅度外，在 1990—2018 年期间电力行业碳排放始终呈现较高增长趋势，2003 年增速达到 18.32％的最高增长幅度。同时，中国电力行业碳排放量占全球电力行业碳排放量的比重由 1990 年的 8.42％增长到 2018 年的 35.21％，占比超过 1/3。此外，中国电力行业碳排放量占世界碳排放总量的比重由 1990 年的 3.24％增长到 2018 年的 14.69％，接近 15％。因此，中国电力行业的碳减排效率对中国实现"双碳"目标以及全球碳预算将何时以何种水平达到预算约束值都发挥着非常重要的作用。

如图 1-3 所示，中国煤电、油电、气电碳排放量占火力发电碳排放量的比重分别由 1990 年的 91.77％、7.93％、0.30％变动到 2018 年的 97.09％、0.50％、2.41％。由此可见，中国煤电碳排放在火力发电碳排放中占据绝对比重，油电碳排放占比大幅度下降，而气电碳排放占比虽然出现了增长的趋势，但增长幅度在近 30 年间仅为 2％。此外，中国煤电、油电、气电碳排放占全球煤电、油电、气电碳排放量的比重分别由 1990 年的 12.18％、4.30％、0.15％变化至 2018 年的 46.99％、3.75％、3.84％，其中煤电碳排放量在世界煤电碳排放量中的比重增长超过了 30％，已达到全球煤电碳排放量比重的将近 50％。因此，降低中国煤电碳排放量比重，至少能为推动全球煤电行业碳排放贡献一半的减排量。

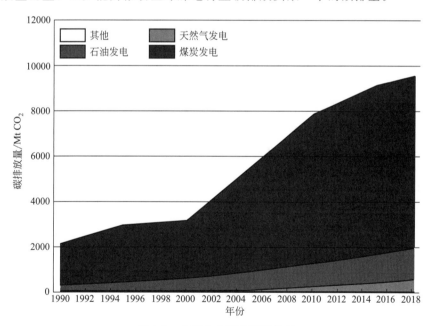

图 1-3　中国电力行业碳排放量

1.1.3　"双碳"目标下电力行业的政策环境

1.1.3.1　欧盟

欧盟在联盟层面制定了雄心勃勃的气候和环境政策，截至 2018 年 11 月，欧盟共有 10 国宣布在 2030 年前分阶段淘汰煤电，并有多国已大力开展燃煤发电替代措施，有效降低了电力系统的碳排放量。

法国的核电在发电结构中占主导地位，在欧盟 28 国乃至在全球范围内都是电力行业碳强度最低的国家之一。据法国电网公司统计，2017 年由于有数座核电站维修停运，天然气发电比例增加，法国全境度电碳排放为 74g/(kW·h)，与 2016 年相当 [73g/(kW·h)]，但明显高于 2015 年 [44g/(kW·h)]。2018 年，法国核电装机占比 47.5%，而发电量占比高达 71.6%，比上一年增长 3.7%，从而确保了法国发电的低碳水平，度电碳排放为 61g/(kW·h)。然而，未来法国计划减少核电份额，取而代之发展可再生能源，这将对该国发电碳排放产生一定影响。

作为欧盟最大的经济体与煤炭消费国，德国发电结构中煤电占主导地位，因而电力行业碳强度相对较高。2011—2013 年，由于福岛第一核电站事故引发的公众抗议，德国关闭了若干核电站，发电行业碳强度增加。2016 年，煤炭发电占比 42.2%，度电碳排放为 560g/(kW·h)。随后，德国加快了可再生能源的发展，2016 年可再生能源占比由 2010 年的 14.3% 增至 27.1%。2017—2018 年，德国减少了 1.7GW 燃煤装机。2019 年 1 月，德国煤炭委员会正式宣布德国最晚将在 2038 年底结束煤电。此外，德国还计划到 2022 年关闭约 1/4 的燃煤电厂，停运 12.5GW 煤电装机，2023—2030 年将煤电装机降至 17GW，2022 年淘汰国内所有核电站，转而发展可再生能源，到 2030 年将可再生能源发电量提升至总发电量的 65%。

1.1.3.2 英国

2017 年英国包括核电、生物质、风光、水电在内的低碳电源发电比例首次超过了 50%，而天然气、煤炭、石油等化石能源的发电比例为 47.5%，其余 2.5% 为抽水蓄能等其他电源，同年度电碳排放 237g/(kW·h)，仅为 2012 年 [508g/(kW·h)] 的一半。2018 年，英国碳排放量连续六年下降，是有记录以来持续时间最长的连续下降。与煤炭相关的碳排放量仅占英国总排放量的 7%。随着燃煤电厂陆续关闭，这一比例将进一步减小。按照英国政府的计划，2025 年 10 月 1 日起任何电厂的瞬时碳排放强度都不得超过 450g/(kW·h)，从而确保 2025 年所有燃煤电厂全部停运。

2020 年 12 月 28 日，欧盟理事会批准了与英国达成的历史性"脱欧"协议。在能源领域，双方一致同意未来将建设"互联互通"的能源合作新模式，从而在可再生能源、气候问题、碳排放交易等关键合作中寻求共同利益。欧委会发布的《欧盟与英国贸易暨合作协议草案》明确了三方面合作重点：①强化可再生能源和气候合作，顺利推进电力和天然气贸易；②英国将无法进入欧盟内部的能源市场，不过以欧盟利益为优先的情况下，可特邀英国参与部分项目；③双方将进一步推进民用核能领域合作。

1.1.3.3 美国

美国是世界上第二大碳排放国，随着燃气发电机组逐步替代燃煤和燃油机组，同时低碳能源发电，特别是风光等可再生能源发电不断增长，电力行业碳强度较以前有所降低。根据 IEA 的统计数据，2016 年美国度电碳排放为 433g/(kW·h)，比世界平均水平低 11.6%。2010—2016 年，美国电力行业碳强度下降了 18.4%。这一时期内，页岩气生产带动天然气价格大幅度下降，燃煤发电大规模地向燃气发电过渡，到 2016 年，煤电在发电结构中的占比降至 31.4%，而天然气的占比则增至 32.9%，天然气发电量首次超过燃煤发电量。

如果说美国天然气对于其他化石燃料的替代更多地由市场驱动，那么其低碳能源发电的增长则主要由地方政策和联邦鼓励发展可再生能源的相关税收驱动。该国低碳电源在所有电源中占比由 2005 年的 28% 增加至 2017 年的 38%，几乎所有的增长都来自包括风光在内的可再生能源，而核电和氢能发电等低碳能源发电保持相对稳定。2019 年，美国温室气体排放量较上年下降 2.1%，主要是由于电力行业排放量减少，而约瑟夫·拜登于 2021 年 1 月 20 日宣誓就职后的当晚就宣布美国重返应对气候变化的《巴黎协定》。目前，美国 17 个州以及华盛顿特区和波多黎各通过了法律或行政命令，制定了到 2050 年或更早达到 100% 清洁电力的目标，而拜登政府和一些国会议员也提议 2035 年实现电力部门脱碳。

1.1.3.4　日本

日本是发达国家中为数不多的一个电力行业碳强度超过世界平均水平的国家。作为全球范围内大力发展国内外发电能力（包括 CO_2 减排技术）的工业化国家之一，日本越来越受到来自环保人士的批判和同盟国的压力。据 IEA 统计，2016 年，日本度电碳排放为 544g/$(kW \cdot h)$，其主要原因是 2011 年福岛第一核电站事故导致大量核电厂关闭，日本对化石燃料发电的依赖逐渐增加。2010—2016 年，核电在日本发电结构中的占比从 26.1% 降至 1.7%，尽管同一时期内可再生能源在发电结构中的占比从 2.6% 增至 9%，但日本电力行业碳强度仍在继续波动。

不过，自 2012—2013 财年达到峰值 14.09 亿吨后，日本碳排放量开始呈下降趋势。根据日本环境部的统计数据，2017—2018 财年（截至 2018 年 3 月），日本 CO_2 排放量由上一财年的 13.07 亿吨下降至 12.94 亿吨，连续第四年下降，创 2009 年以来新低，这主要得益于能源效率的不断提高以及反应堆重启后核电站发电量的增加。日本计划到 2030 年将碳排放量较 2013 年的水平下降 26%，至 10.42 亿吨。

1.1.3.5　俄罗斯

俄罗斯电力行业碳强度相对较低，但仍比欧盟国家平均水平高出 20%。据 IEA 统计，2016 年俄罗斯度电碳排放为 358g/$(kW \cdot h)$，与 2010 年相比减少了 59.5g/$(kW \cdot h)$，降幅 9%。截至 2019 年 1 月 1 日，俄罗斯发电装机总容量为 243243.2MW，其中，热电站和核电站装机容量分别占装机总容量的 67.7% 和 12%，可再生能源占 20.4%，其中水电、太阳能光伏发电、风力发电分别占 19.9%、0.3% 和 0.08%。由此可见，水电是俄罗斯主要的可再生能源，其他可再生能源发展相对滞后。

1.1.3.6　中国

2021 年 7 月 16 日，全国碳排放权交易市场（以下简称全国碳市场）正式上线交易，发电行业成为首个纳入全国碳市场的行业，纳入重点排放企业 2162 家，覆盖 46 亿吨 CO_2 排放量，成为全球规模最大的碳市场。近年来，国家高度重视电力行业，出台了一系列鼓励政策。表 1-3 列举了 2016 年以来我国有关发电行业的最新政策。从表中可以看出，未来一段时期，除发展清洁高效、大容量燃煤机组，优先发展大中城市、工业园区热电联产机组以及大型坑口燃煤电站和煤矸石等综合利用电站外，还将积极推进西南地区各型水电站建设；在确保安全的基础上高效发展核电；同时还将加强并网配套工程建设，有效发展风电；积极发展太阳能、生物质能、地热能等其他新能源。

表 1-3   中国发电行业相关政策汇总一览表

序号	发布时间	发布单位	政策名称	主要内容
1	2021 年 10 月	国务院	《国务院关于印发 2030 年前碳达峰行动方案的通知》	要坚持安全降碳,在保障能源安全的前提下,大力实施可再生能源替代,加快构建清洁低碳安全高效的能源体系。推进煤炭消费替代和转型升级,大力发展新能源,因地制宜开发水电,积极安全有序发展核电,合理调控油气消费,加快建设新型电力系统
2	2021 年 10 月	生态环境部	《关于做好全国碳排放权交易市场数据质量监督管理相关工作的通知》	配合做好发电行业控排企业温室气体排放报告专项监督执法。建立碳市场排放数据质量管理长效机制
3	2021 年 9 月	国务院	《中共中央 国务院关于完整准确全面贯彻新发展理念做好碳达峰碳中和工作的意见》	积极发展非化石能源,构建以新能源为主体的新型电力系统,提高电网对高比例可再生能源的消纳和调控能力。全面推进电力市场化改革,推进电网体制改革,加快形成以储能和调峰能力为基础支撑的新增电力装机发展机制,完善电力等能源品种价格市场化形成机制。从有利于节能的角度深化电价改革,推进煤炭、油气等市场化改革,加快完善能源统一市场。加快先进适用技术研发和推广
4	2021 年 7 月	国家发展改革委	《国家发展改革委 国家能源局关于加快推动新型储能发展的指导意见》	以实现碳达峰碳中和为目标,推动新型储能快速发展
5	2021 年 7 月	国务院	《中共中央 国务院关于新时代推动中部地区高质量发展的意见》	因地制宜发展绿色小水电、分布式光伏发电,支持山西煤层气、鄂西页岩气开发转化,加快农村能源服务体系建设。进一步完善和落实资源有偿使用制度,依托规范的公共资源和产权交易平台开展排污权、用能权、用水权、碳排放权市场化交易。按照国家统一部署,扎实做好"碳达峰""碳中和"各项工作。健全有利于节约用水的价格机制,完善促进节能环保的电价机制
6	2021 年 3 月	生态环境部	《关于加强企业温室气体排放报告管理相关工作的通知》	工作范围为发电、石化、化工、建材、钢铁、有色金属、造纸、航空等重点排放行业的 2013—2020 年任一年温室气体排放量达 2.6 万吨 CO_2 当量(综合能源消费量约 1 万吨标准煤)及以上的企业或其他经济组织(以下简称重点排放单位)。其中,发电行业的工作范围应包括《纳入 2019—2020 年全国碳排放权交易配额管理的重点排放单位名单》确定的重点排放单位以及 2020 年新增的重点排放单位
7	2021 年 2 月	国务院	《国务院关于加快建立健全绿色低碳循环发展经济体系的指导意见》	推动能源体系绿色低碳转型,坚持节能优先,完善能源消费总量和强度双控制度。提升可再生能源利用比例,大力推动风电、光伏发电发展,因地制宜发展水能、地热能、海洋能、氢能、生物质能、光热发电。加快大容量储能技术研发推广,提升电网汇集和外送能力。增加农村清洁能源供应,推动农村发展生物质能。促进燃煤清洁高效开发转化利用,继续提升大容量、高参数、低污染煤电机组占煤电装机比例。在北方地区县城积极发展清洁热电联产集中供暖,稳步推进生物质耦合供热。严控新增煤电装机容量。提高能源输配效率。实施城乡配电网建设和智能升级计划,推进农村电网升级改造

续表

序号	发布时间	发布单位	政策名称	主要内容
8	2021 年 1 月	生态环境部	《碳排放权交易管理办法（试行）》	公布了包括 2225 家发电企业和自备电厂在内的重点排放单位名单,正式启动全国碳市场第一个履约周期
9	2020 年 12 月		《2019—2020 年全国碳排放权交易配额总量设定与分配实施方案（发电行业）》	
10	2020 年 3 月	国家发改委	《国家发展改革委关于 2020 年光伏发电上网电价政策有关事项的通知》	对集中式光伏发电继续制定指导价;降低工商业分布式光伏发电补贴标准,降低户用分布式光伏发电补贴标准;符合国家光伏扶贫项目相关管理规定的村级光伏扶贫电站（含联村电站）的上网电价保持不变
11	2020 年 3 月	财政部、国家发改委、国家能源局	《关于开展可再生能源发电补贴项目清单有关工作的通知》	通知明确了可再生能源项目进入首批财政补贴目录的条件。此前由财政部、国家发展改革委、国家能源局发文公布的第一批至第七批可再生能源电价附加补助目录内的可再生能源发电项目,由电网企业对相关信息进行审核后,直接纳入补贴清单。存量项目纳入首批补贴清单需满足条件:(1)并网时间符合通知要求;(2)符合国家能源主管部门要求,按照规模管理的需纳入年度建设规模管理范围内;(3)符合国家可再生能源价格政策,上网电价已获得价格主管部门批复
12	2020 年 1 月	财政部、国家发改委、国家能源局	《关于促进非水可再生能源发电健康发展的若干意见》	主要明确 4 方面内容:一是坚持以收定支原则,新增补贴项目规模由新增补贴收入决定,做到新增项目不新欠;二是开源节流,通过多种方式增加补贴收入、减少不合规补贴需求,缓解存量项目补贴压力;三是凡符合条件的存量项目均纳入补贴清单;四是部门间相互配合,增强政策协同性,对不同可再生能源发电项目实施分类管理
13	2019 年 5 月	国家能源局	《关于 2019 年风电、光伏发电项目建设有关事项的通知》	积极推进平价上网项目建设,严格规范补贴项目竞争配置,全面落实电力送出消纳条件,优化建设投资营商环境
14	2019 年 5 月	国家发改委、国家能源局	《关于公布 2019 年第一批风电、光伏发电平价上网项目的通知》	公布平价上网项目共涉及 16 个省市,总装机规模 20.76GW,其中光伏项目 168 个,规模 14.78GW;风电项目 56 个,规模 4.51GW;分布式交易试点项目 26 个,规模 1.47GW
15	2019 年 5 月	国家发改委	《关于完善风电上网电价政策的通知》	完善风电上网电价政策:将陆上风电标杆上网电价改为指导价;新核准的集中式陆上风电项目上网电价全部通过竞争方式确定,不得高于项目所在资源区指导价;将海上风电标杆上网电价改为指导价,新核准海上风电项目全部通过竞争方式确定上网电价,自 2021 年 1 月 1 日开始,新核准的陆上风电项目全面实现平价上网,国家不再补贴
16	2019 年 5 月	国家发改委、国家能源局	《关于建立健全可再生能源电力消纳保障机制的通知》	明确按省级行政区域对电力消费规定应达到的可再生能源消纳责任权重,各省级人民政府能源主管部门牵头负责本省级行政区域的消纳责任权重落实,电网企业承担经营区消纳责任权重实施的组织责任,售电企业和电力用户协同承担消纳责任

序号	发布时间	发布单位	政策名称	主要内容
17	2019 年 4 月	国家发改委	《关于完善光伏发电上网电价机制有关问题的通知》	完善集中式光伏发电上网电价形成机制,将集中式光伏电站标杆上网电价改为指导价,新增集中式光伏电站上网电价原则上通过市场竞争方式确定,不得超过所在资源区指导价
18	2019 年 1 月	国家发改委、国家能源局	《关于积极推进风电、光伏发电无补贴平价上网有关工作的通知》	明确了优化平价上网项目和低价上网项目投资环境,保障优先发电和全额保障性收购,鼓励平价上网项目和低价上网项目通过绿证交易获得合理收益补偿等,进一步推进风电、光伏发电平价上网
19	2018 年 10 月	国家发改委、国家能源局	《关于印发〈清洁能源消纳行动计划(2018—2020 年)〉的通知》	2020 年,确保全国平均风电利用率达到国际先进水平(力争达到 95%左右),弃风率控制在合理水平(力争控制在 5%左右);光伏发电利用率高于 95%,弃光率低于 5%。全国水能利用率 95%以上
20	2018 年 10 月	国家发改委、财政部、国家能源局	《关于 2018 年光伏发电有关事项说明的通知》	今年 5 月 31 日(含)之前已备案、开工建设,且在今年 6 月 30 日(含)之前并网投运的合法合规的户用自然人分布式光伏发电项目,纳入国家认可规模管理范围,标样上网电价和度电补贴标准保持不变,已经纳入 2017 年及以前建设规模范围(含不限规模的省级区域),且在今年 6 月 30 日(含)前并网投运的普通光伏电站项目,执行 2017 年光伏电站标杆上网电价,属竞争配置的项目,执行竞争配置时确定的上网电价
21	2018 年 7 月	国家发改委、国家能源局	《关于积极推进电力市场化交易进一步完善交易机制的通知》	通知明确为促进清洁能源消纳,支持电力用户与水电、风电、太阳能发电、核电等清洁能源发电企业开展市场化交易。抓紧建立清洁能源配额制,地方政府承担配额落实主体责任,电网企业承担配额制实施的组织责任,参与市场的电力用户与其他电力用户均应按要求承担配额的消纳责任,履行清洁能源消纳义务
22	2018 年 6 月	国务院	《打赢蓝天保卫战三年行动计划》	明确加快发展清洁能源和新能源;到 2020 年,非化石能源占能源消费总量比重达到 15%;有序发展水电,安全高效发展核电,优化风能、太阳能开发布局等,加大可再生能源消纳力度,基本解决弃水、弃风、弃光问题
23	2018 年 5 月	国家发改委、财政部、国家能源局	《关于 2018 年光伏发电有关事项的通知》	合理把握发展节奏,优化光伏发电新增建设规模,加快光伏发电补贴退坡,降低补贴强度;发挥市场配置资源决定性作用,进一步加大市场化配置项目力度
24	2018 年 5 月	国家能源局	《关于 2018 年度风电建设管理有关要求的通知》	从本通知印发之日起,尚未印发 2018 年度风电建设方案的省(自治区、直辖市)新增集中式陆上风电项目和未确定投资主体的海上风电项目应全部通过竞争方式配置和确定上网电价。已印发 2018 年度风电建设方案的省(自治区、直辖市)和已经确定投资主体的海上风电项目 2018 年可继续推进原方案。从 2019 年起,各省(自治区、直辖市)新增核准的集中式陆上风电项目和海上风电项目应全部通过竞争方式配置和确定上网电价。分散式风电项目可不参与竞争性配置

续表

序号	发布时间	发布单位	政策名称	主要内容
25	2018 年 4 月	国家能源局	《关于进一步促进发电权交易有关工作的通知》	鼓励符合国家产业政策和相关规定、公平承担社会责任的燃煤自备电厂通过市场化方式参与发电权交易,由清洁能源替代发电
26	2018 年 4 月	国家能源局	《分散式风电项目开发建设暂行管理办法》	简化分散式风电项目核准流程,建立简便高效规范的核准管理工作机制,鼓励试行项目核准承诺制。自发自用部分电量不享受国家可再生能源发展基金补贴,上网电量由电网企业按照当地风电标杆上网电价收购,其中电网企业承担燃煤机组标杆上网电价部分,当地风电标杆上网电价与燃煤机组标杆上网电价差额部分由可再生能源发展基金补贴。对未严格按照技术要求建设的分散式风电项目,国家不予补贴
27	2018 年 3 月	国家能源局	《关于印发 2018 年能源工作指导意见的通知》	通知指出要稳步发展风电和太阳能发电。强化风电、光伏发电投资监测预警机制,控制弃风、弃光严重地区新建规模,确保风电、光伏发电弃电量和弃电率实现"双降"
28	2017 年 12 月	国家发改委	《关于 2018 年光伏发电项目价格政策的通知》	降低 2018 年光伏发电价格,积极支持光伏扶贫,逐步完善通过市场形成价格的机制等具体政策
29	2017 年 11 月	国家能源局	《解决弃水弃风弃光问题实施方案》	2017 年,可再生能源电力受限严重地区的弃风状况明显缓解。甘肃、新疆的弃风率降至 30% 左右,吉林、黑龙江和内蒙古的弃风率降至 20% 左右。其他地区风电年利用小时数,应达到国家能源局 2016 年下达的本地区最低保障收购年利用小时数(或弃风率低于 10%)。到 2020 年,在全国范围内有效解决弃风问题
30	2016 年 12 月	国家发改委	《关于调整光伏发电陆上风电标杆上网电价的通知》	降低光伏发电和陆上风电标杆上网电价,明确海上风电标杆上网电价,鼓励通过招标等市场化方式确定新能源电价
31	2016 年 12 月	国家能源局	《关于加强发电企业许可监督管理有关事项的通知》	严格电力业务许可制度,加快淘汰落后产能,促进可再生能源发展,充分发挥许可证在规范电力企业运营行为等方面的作用
32	2016 年 3 月	国家发改委	《可再生能源发电全额保障性收购管理办法》	对风力发电、太阳能发电、生物质能发电、地热能发电、海洋能发电等非水可再生能源的发电进行全额保障收购
33	2016 年 2 月	国家可再生能源开发利用能源局	《关于建立可再生能源开发利用目标引导制度的指导意见》	为促进可再生能源开发利用,保障实现 2020年、2030 年非化石能源占一次能源消费比重分别达到 15%、20% 的能源发展战略目标,就建立可再生能源并发利用目标引导制度提出意见

资料来源:中商情报网,2021 年中国发电行业最新政策汇总一览表。

另一方面,随着各个行业对电力能源依赖性的明显增强,电网作为能源转换利用和输送配置的枢纽平台,面临着全面升级的迫切需求。为支持电力物联网和数字电网的建设,国家电网及南方电网陆续出台了相关的行业政策文件,既为电力行业转型升级和健康发展提供了政策支持,也对电力行业的经营发展起到了正向促进作用。表 1-4 显示了近年来中国电网行业的相关政策。从表中可以看出,通过电力物联网和数字电网的建设,对电力生产、输配、用电各个环节进行了优化管理,为调整、优化电力和能源结构提供了有利条件和机遇,并且能提高电力企业的运行效率及可靠性，降低成本，对推动能源绿色转型、应对极端事件、保障能源安全、促进能源高质量发展、实现碳达峰碳中和具有重要意义。

表 1-4　2017—2021 年中国电网行业最新政策汇总表

序号	发布时间	发布单位	政策名称	主要内容
1	2021 年 9 月	国务院	《中共中央　国务院关于完整准确全面贯彻新发展理念做好碳达峰碳中和工作的意见》	推进电网体制改革,明确以消纳可再生能源为主的增量配电网、微电网和分布式电源的市场主体地位。深入研究支撑风电、太阳能发电大规模友好并网的智能电网技术
2	2021 年 3 月	国务院	《中华人民共和国国民经济和社会发展第十四个五年规划和 2035 年远景目标纲要》	加快电网基础设施智能化改造和智能微电网建设,提高电力系统互补互济和智能调节能力
3	2020 年 9 月	国家能源局	《关于全面提升"获得电力"服务水平　持续优化用电营商环境的意见》	要加强设备巡视和运行维护管理,开展配电网运行工况全过程监测和故障智能研判,准确定位故障点,全面推行网格化抢修模式,提高电网故障抢修效率,减少故障停电时间和次数
4	2020 年 5 月	国家能源局	《关于建立健全清洁能源消纳长效机制的指导意见(征求意见稿)》	《意见》明确,新增清洁能源项目要严格落实电力系统消纳条件,考虑清洁能源消纳空间,合理确定规模、布局和时序,并网前原则上应与电网企业签订并网调度协议,按电力市场规则与地方政府或电力用户签订中长期购售电协议。还明确涉及清洁能源外送基础设施的内容
5	2020 年 4 月	国家能源局	《关于做好可再生能源发展"十四五"规划编制工作有关事项的通知》	提出在做好送受端衔接和落实消纳市场的前提下,通过提升既有通道输电能力和新建外送通道等措施,推进西部和北部地区可再生能源基地建设,扩大可再生能源资源配置范围
6	2020 年 4 月	国家能源局	《关于做好电力现货市场试点连续试结算相关工作的通知》	通知中称,高度重视电力现货市场试点连续试结算相关工作。做好电力中长期交易合同衔接工作,售电企业及直接参加电力现货交易的电力用户应与发电企业在合同中约定分时结算规则,还强调加强电力现货市场结算管理,充分发挥价格信号对电力生产、消费的引导作用,形成合理的季节和峰谷分时电价,规范确定市场限价
7	2020 年 2 月	国家发改委、国家能源局	《关于推进电力交易机构独立规范运行的实施意见》	推进电力交易机构独立规范运行的六项重点任务。其中完善电力交易规则制定程序,加快推进交易机构股份制改造,2020 年上半年,北京、广州 2 家区域性交易机构和省(自治区、直辖市)交易机构中电网企业持股比例全部降至 80% 以下,2020 年底前电网企业持股比例降至 50% 以下
8	2019 年 3 月	国家电网	《泛在电力物联网建设大纲》	明确"三型两网、世界一流"的战略目标;提出要抓住 2019 年至 2021 年这一战略突破期,通过三年攻坚,到 2021 年初步建成泛在电力物联网;再通过三年攻坚,到 2024 年基本建成泛在电力物联网

续表

序号	发布时间	发布单位	政策名称	主要内容
9	2018 年 3 月	国家能源局	《2018 年能源工作指导意见》	进一步完善电网结构。继续优化主网架布局和结构,深入开展全国同步电网格局论证,研究实施华中区域省间加强方案,加强区域内省间电网互济能力,推进配电网建设改造和智能电网建设,提高电网运行效率和安全可靠性
10	2017 年 11 月	工信部	《高端智能再制造行动计划(2018—2020 年)》	面向电力行业大型机电装备维护升级需要,鼓励应用智能检测、远程监测、增材制造等手段开展再制造技术服务,扶持一批服务型高端智能再制造企业
11	2017 年 6 月	科技部	《"十三五"国家基础研究专项规划》	围绕煤炭清洁高效利用和新型节能技术、可再生能源与氢能、先进核能与核安全、智能电网、深层油气勘探开发、能源基元与催化,加强碳基能源清洁转化、源网荷协同机制、深层油气成藏机理和生态监测预警等基础研究的支撑引领

资料来源:中商情报网,2015—2021 年中国电力行业相关政策一览表。

1.2 电力行业碳排放核算方法

1.2.1 电力行业碳排放核算方法概述

如表 1-5 所示,目前,碳排放核算方法主要分为实测法、物料守恒法、IPCC 因子法和模型法。

表 1-5 主要碳排放量核算方法的计算依据及优缺点

方法	计算依据	优缺点
实测法	$E=FPC, C=\sum CP/\sum P$ 式中,E 为气体浓度;P 为介质流量; F 为单位换算系数	优点:数据精确 缺点:价格昂贵
物料守恒法	$C \longrightarrow CO_2 \uparrow$ 投入某系统或设备的物料质量 等于该系统产出物质的质量	优点:符合"质量平衡法" 缺点:不符合实际情况
IPCC 因子法 (排放系数法)	$E=K \times M$ 式中,E 为 CO_2 排放量;K 为单位产量产品时 CO_2 排放量;M 为产品产量	优点:计算过程不考虑燃烧和排放过程中的特点,可以直接计算得到 缺点:容易产生误差
模型法	ERM-AIM 中国能源排放模型 Logistic 模型 MARKAL 动态线性模型 EKC 境库兹涅茨曲线模型	优点:适用于能源环境经济综合评价 缺点:不适用于我国火力发电碳排放的核算

1.2.1.1　实测法

实测法指利用专业的检测设备和手段对排放源的碳排放量进行实时监控和测算，其中包括对 CO_2 排放的浓度和流量等进行监测。实测法有较高的成本，这些成本不仅来源于高昂的安装与运行费用，还来源于日常的运行费用。因为检测设备需要专业调试，并且为了保证测量的准确性，也需要进行检测和定期的维护。对于电厂来说，利用该方法进行碳排放量的测算时，需要考虑成本问题，因此，目前国内电厂使用该方法的并不多。

1.2.1.2　物料守恒法

物料守恒法主要遵循质量守恒定律，即反应后生成的各物质的量的总和与投入的各种物质的总和相等。根据物料守恒定律，在碳排放的计算过程中，假设物质完全燃烧，经过一系列的变化后，投入物质中的碳元素完全转化到了输出物质中。物质守恒法不考虑具体的反应过程，从一定程度上可以认为计算结果具有可信度，也更为科学，但是在实际情况中，由于技术和煤炭本身的特性，这种假设一般不成立。

1.2.1.3　IPCC 因子法

《2006 年 IPCC 国家温室气体清单指南》中的基本方法主要分为 3 种。

方法 1，根据国家能源统计和缺省排放因子的方法进行核算，即参与燃烧的燃料投入量直接乘以平均排放因子。该方法主要应用于基础数据缺少且无法支持精确计算的初步核算。

方法 2，根据国家能源统计及不同国家的排放因子进行核算。由于不同国家的燃料有不同的特性，因此在核算具体国家的碳排放时，需要根据各国家燃料属性和燃料发展的实际状况等因素进行碳排放因子的制定和选择。由此核算的碳排放量是在考虑具体国家的具体情况下得到的，因此结果准确性较高，适用性较强。

方法 3，根据特定燃烧技术的燃料统计数据或者不同情景选择设立不同的碳排放因子。与方法 1 和方法 2 相比，方法 3 需要的数据更多，也需要具体的数据来源，因此准确性有所提高，同时也适用于对前两种方法的核准。

1.2.1.4　模型法

模型法通过建立具体的碳排放模型进行核算。根据不同模型的分析流程，可以分为"自上而下"型和"自下而上"型。"自上而下"型主要是通过考虑输入端的能源技术和燃料数据来核算输出端的 CO_2 排放量，而"自下而上"型则是根据末端的减排目标和影响因素等进行碳排放的核算。

1.2.2　中国电力行业温室气体排放核算的国家标准和技术规范

2015 年 11 月，国家标准委发布公告，批准发布《工业企业温室气体排放核算和报告通则》（GB/T 32150）以及发电、钢铁、民航、化工、水泥等 10 个重点行业温室气体排放核算方法与报告要求等首批共 11 项温室气体管理国家标准，对企业温室气体排放"算什么，怎么算"提出了统一要求。

《温室气体排放核算与报告要求 第 1 部分：发电企业》（GB/T 32151.1—2015）内容分为 9 个部分，包括：①范围；②规范性引用文件；③术语与定义；④核算边界；⑤核算步骤与核算方法；⑥数据质量管理；⑦报告内容和格式；⑧附录；⑨参考文献。该标准为以电力生产为主营业务的企业（报告主体）提供了包括化石燃料燃烧、脱硫过程和企业购入电力产生的温室气体排放量的核算方法以及企业温室气体排放报告的编制方法。《温室气体排放核算与报告要求 第 2 部分：电网企业》则为从事电力输配的企业（报告主体）核算在输配电过程中使用六氟化硫设备检修与退役过程中产生的六氟化硫排放量的 CO_2 当量和输配电损失所对应的电力生产环节产生的 CO_2 排放量提供了核算方法。

为加强企业温室气体排放控制，规范全国碳排放权交易市场发电行业重点排放单位的温室气体排放核算与报告工作，生态环境部陆续发布了《企业温室气体排放报告核查指南（试行）》和《企业温室气体排放核算方法与报告指南：发电设施》等技术规范，为电力行业开展温室气体排放报告、核查、配额核定等工作提供依据。指南规定了发电设施的温室气体排放核算边界和排放源、化石燃料燃烧排放核算要求、购入电力排放核算要求、排放量计算、生产数据核算要求、数据质量控制计划、数据质量管理要求、定期报告要求和信息公开要求等，适用于全国碳排放权交易市场的发电行业重点排放单位（含自备电厂）使用燃煤、燃油、燃气等化石燃料及掺烧化石燃料的纯凝发电机组和热电联产机组等发电设施的温室气体排放核算。其他未纳入全国碳排放权交易市场的企业发电设施温室气体排放核算可参照该指南。该指南不适用于单一使用非化石燃料（如纯垃圾焚烧发电、沼气发电、秸秆林木质等纯生物质发电机组，余热、余压、余气发电机组和垃圾填埋气发电机组等）发电设施的温室气体排放核算。

1.2.3　发电企业碳排放核算案例

燃煤发电厂 CO_2 排放源包括化石燃料（燃煤、辅助用油、移动源用油）燃烧、脱硫过程排放和外购电 CO_2 排放。本案例测算了某电厂 2 台 600MV 燃煤纯凝亚临界发电机组 2010—2014 年的碳排放量，通过对碳氧化率、脱硫效率等影响因素的研究，分析了碳减排的可能性。

1.2.3.1　CO_2 排放量测算方法

（1）化石燃料 CO_2 测算公式

在测算火电厂碳排放量时，第一步是确定该厂企业边界，碳排放量涵盖企业边界内可能的所有排放源。对于化石燃料和脱硫剂的开采、运输等产生的碳排放量不在该厂边界内，其碳排放量不计入该厂内。

化石燃料 CO_2 排放量测算公式为：

$$E = AD \times EF \tag{1-1}$$

式中　E——CO_2 排放量，t；

　　AD——活动水平，TJ；

　　EF——排放因子，$t\,CO_2/TJ$。

活动水平的测算公式为：

$$AD = FC \times NCV \tag{1-2}$$

式中　FC——化石燃料的消耗量，t；

　　NCV——化石燃料的平均低位发热值，kJ/kg。

排放因子的测算公式为：

$$EF = CC \times OF \times 44/12 \tag{1-3}$$

式中　CC——化石燃料的单位热值含碳量，$t\,C/TJ$；

　　OF——化石燃料的碳氧化率，%；

　　$44/12$——CO_2 与 C 的分子量之比。

燃煤单位热值含碳量计算公式为：

$$CC_{煤} = \frac{C_{煤}}{NCV_{煤}} \qquad (1-4)$$

式中　$CC_{煤}$——燃煤单位热值含碳量，t C/TJ；

　　　$C_{煤}$——燃煤的元素含碳量，%；

　　　$NCV_{煤}$——煤的平均年低位发热值，kJ/kg。

由于该厂未配置元素分析仪，无法获得燃煤的碳元素含量未进行测算。对此可根据燃烧煤种采取缺省值，由经验拟合公式算得干燥基含碳量，再换算到收到基含碳量（C_{ar}）。经验拟合公式为：

$$C_d = 35.411 - 0.199V_d - 0.341A_d - 0.412S_{t.d} + 1.632Q_{gr.d} \qquad (1-5)$$

式中　C_d——干燥基含碳量，%；

　　　V_d——干燥基挥发分，%；

　　　A_d——干燥基灰分，%；

　　　$S_{t.d}$——干燥基全硫，%；

　　　$Q_{gr.d}$——干燥基高位发热量，MJ/kg。

燃油碳氧化率采用缺省值，而燃煤碳氧化率计算公式为：

$$OF_{煤} = 1 - \frac{G_{渣} \times C_{渣} + G_{灰} \times C_{灰}/\eta_{除尘}}{FC_{煤} \times NCV_{煤} \times CC_{煤}} \qquad (1-6)$$

式中　$G_{渣}$——炉渣，t；

　　　$G_{灰}$——飞灰产量，t；

　　　$C_{渣}$——炉渣含碳量，%；

　　　$C_{灰}$——飞灰含碳量，%；

　　　$\eta_{除尘}$——除尘器除尘效率，%；

　　　$FC_{煤}$——煤的消耗量，t。

该电厂对除尘器做过性能试验工作，除尘效率以试验结果为准。而该电厂厂区炉渣飞灰为外包，没有对炉渣飞灰产量进行统计，对此可进行估算。灰渣、飞灰量分配根据炉型进行分配，分配比例为 1:9。

（2）脱硫过程 CO_2 排放测算公式

该厂配备有脱硫装置。脱硫过程所用脱硫剂有效成分为碳酸盐，所以脱硫过程也会产生 CO_2，其计算公式为：

$$E_{脱硫} = CAL \times EF_k \qquad (1-7)$$

式中　$E_{脱硫}$——脱硫过程的 CO_2 排放量，t；

　　　CAL——碳酸盐消耗量，t；

　　　EF_k——脱硫剂排放因子，t CO_2/t；

　　　k——脱硫剂类型。

脱硫过程 CO_2 排放测算过程，脱硫剂转化率取 100%。

（3）净购入电力 CO_2 排放测算公式

$$E = AD_{电} \times EF_{电} \qquad (1-8)$$

式中　E——净购入电力 CO_2 排放量，t；

$AD_{电}$——净购入电力量，MW；

$EF_{电}$——净购入电力排放因子，$t\,CO_2/MW$。

1.2.3.2　CO_2 排放量

（1）燃煤 CO_2 排放量

经大量数据比对，实测 C_d 值与拟合 C_d 值之差一般在 2.00% 以内。因此为精确反映燃煤碳含量，以经验拟合法为例，测算得出的 CO_2 排放量见表 1-6。

表 1-6　经验拟合法下 2010—2014 年原煤燃烧产生的 CO_2 排放量

机组		原煤年均低位发热值/(kJ/kg)	原煤年消耗量/t	原煤年均单位热值含碳量/(t C/GJ)	燃煤年均碳氧化率/%	燃煤燃烧的CO_2排放量/t
2010 年	1 号	17345	2041536	0.02723	99.11	3504030.64
	2 号	17360	1879635	0.02727	99.22	3237270.84
2011 年	1 号	16509	1757112	0.02685	99.10	2830150.87
	2 号	16565	2097966	0.02684	99.04	3387306.22
2012 年	1 号	17505	1713176	0.02680	99.12	2921000.39
	2 号	17714	1850829	0.02678	98.82	3181337.82
2013 年	1 号	18069	1756623	0.02695	98.92	3102608.59
	2 号	18108	1986624	0.02698	99.07	3525670.34
2014 年	1 号	17978	2062481	0.02719	98.51	3641600.41
	2 号	18263	1595403	0.02715	98.87	2867796.44

（2）用油 CO_2 排放量

辅助用油主要用于锅炉启动初期和低负荷稳燃过程，其用油低位发热值电厂未进行试验测量，其排放量见表 1-7。移动源用油主要用于办公用车和生产用车，其排放量见表 1-8。

表 1-7　2010—2014 年辅助用油燃烧 CO_2 排放量

机组		辅助油低位发热值/(kJ/kg)	辅助油年消耗量/t	辅助油年均单位热值含碳量/(t C/GJ)	辅助油年均碳氧化率/%	辅助油燃烧的CO_2排放量/t
2010 年	1 号	42652	510.57	0.02020	98.00	1580.68
	2 号	42652	232.4	0.02020	98.00	719.49
2011 年	1 号	42652	869.9	0.02020	98.00	2693.13
	2 号	42652	877.91	0.02020	98.00	2717.93
2012 年	1 号	42652	710.42	0.02020	98.00	2199.40
	2 号	42652	582.12	0.02020	98.00	1802.19
2013 年	1 号	42652	234.50	0.02020	98.00	725.99
	2 号	42652	378.00	0.02020	98.00	1170.25
2014 年	1 号	42652	264.4	0.02020	98.00	818.56
	2 号	42652	473	0.02020	98.00	1464.37

表 1-8　2010—2014 年移动源用油燃烧 CO_2 排放量

机组		低位发热值 /(kJ/kg)	年消耗量 /t	年均单位热值含碳量 /(t C/GJ)	年均碳氧化率 /%	CO_2 排放量 /t
2010 年	93 号汽油	43070	61.45	0.01890	98.00	168.12
	97 号汽油	43070	43.16	0.01890	98.00	126.24
	柴油	42652	450.52	0.02020	98.00	1394.76
2011 年	93 号汽油	43070	53.79	0.01890	98.00	157.33
	97 号汽油	43070	51.70	0.01890	98.00	151.22
	柴油	42652	843.51	0.02020	98.00	2611.42
2012 年	93 号汽油	43070	37.87	0.01890	98.00	110.76
	97 号汽油	43070	74.70	0.01890	98.00	218.51
	柴油	42652	669.97	0.02020	98.00	2074.17
2013 年	93 号汽油	43070	31.02	0.01890	98.00	90.75
	97 号汽油	43070	73.95	0.01890	98.00	216.32
	柴油	42652	536.12	0.02020	98.00	1659.78
2014 年	93 号汽油	43070	24.18	0.01890	98.00	70.73
	97 号汽油	43070	73.20	0.01890	98.00	214.13
	柴油	42652	432.27	0.02020	98.00	1338.27

（3）脱硫过程 CO_2 排放量

该厂采用湿法脱硫，脱硫剂为石灰石。脱硫过程 CO_2 排放是由脱硫剂中碳酸盐化学反应产生的。其 CO_2 排放量见表 1-9。

表 1-9　脱硫过程产生的 CO_2 排放情况

年份	2010	2011	2012	2013	2014
脱硫剂中碳酸盐年消耗量/t	146905	338084	267749	232127	190838
脱硫过程排放因子	0.44	0.44	0.44	0.44	0.44
脱硫过程 CO_2 排放量/t	64638.2	148756.96	117809.56	102135.88	83968.72

（4）外购电 CO_2 排放量

该厂自 2010 年至今未购买外购电，因此 2010—2014 年外购电 CO_2 排放量为 0。

1.2.3.3　减排分析

（1）化石燃料 CO_2 减排分析

通过燃煤 CO_2 排放量计算可以看出，在燃煤来源和电厂年发电量确定的前提下，唯一不确定因素是碳氧化率。由式(1-6)得知碳氧化率受炉渣含碳量、飞灰含碳量影响。根据煤粉炉类型，飞灰占到灰渣量的 90% 左右，飞灰含碳量是影响机组供电煤耗的重要因素。

由表 1-10 和图 1-4 可以看出，除 2011 年外，其他年份随着飞灰含碳量的升高，供电煤耗也相应地增加。对于 1 号、2 号机组，飞灰含碳量提高幅度分别为 2.2%～42.3%、0.76%～52.7%，供电煤耗分别提高了 0.68～2.13g/(kW·h)、0.44～2.29g/(kW·h)。对于 2011 年飞灰含碳量降低，供电煤耗升高，主要是因为 2011 年煤质相较于其他年份较差，其他年份煤质接近。

表 1-10　飞灰含碳量与供电煤耗变化关系

项目		V_d/%	C_{ar}/%	NCV/(kJ/kg)	飞灰含量/%	供电煤耗/[g/(kW·h)]
1	2010 年	23.67	47.22	17345	1.42	333.89
	2011 年	22.90	44.29	16509	1.20	336.32
	2012 年	23.57	46.92	17505	1.40	333.12
	2013 年	23.42	48.69	18069	1.95	334.57
	2014 年	23.87	48.89	17978	1.37	332.44
2	2010 年	23.68	47.33	17360	1.32	332.71
	2011 年	22.83	44.46	16565	1.22	335.38
	2012 年	23.33	47.44	17714	1.31	332.27
	2013 年	23.33	48.97	18108	1.71	333.56
	2014 年	23.95	49.57	18263	2.00	334.26

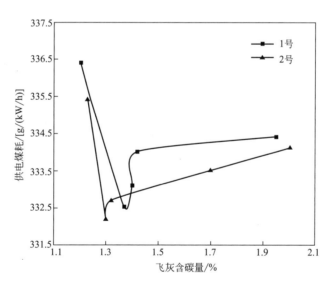

图 1-4　飞灰含碳量与供电煤耗变化关系

以该厂供电煤耗降低幅度最小年份为例，2010 年 2 号机组供电量为 3403.6442GW·h，供电煤耗为 332.71g/(kW·h)。供电煤耗降低 0.44g/(kW·h) 时，在供电量不变的情况下，可节约原煤约 2500t，CO_2 减排约 4300t，全厂可减排约 8000t，减排量可观。因此降低飞灰含碳量，进而降低供电煤耗，是研究碳减排的重要方向。

在燃煤 CO_2 排放量计算过程中，元素碳含量采用经验拟合法计算得出，为更精确地反映数据来源，该厂应采购元素分析仪对燃煤进行元素分析。

辅助用油主要用于锅炉启动初期用油和低负荷稳燃。减少辅助用油可通过加强运行人员专业知识培训和提高操作能力，减少机组非停次数，提高机组低负荷稳燃技术。

（2）脱硫过程 CO_2 减排分析

在测算脱硫过程 CO_2 排放量时，脱硫剂转化率取值为 100%，实际中并未达到。因此，提高脱硫效率，减少脱硫剂消耗量，可减少 CO_2 排放量。对于该厂的湿法脱硫来说，设定适当的 pH 值和维持 pH 值的稳定是提高脱硫效率的关键因素；在保证脱硫效率的同时可适当增加高位循环泵的运行时间，进而增加浆液与 SO_2 的接触时间；调整合适的液气比，保证浆液与 SO_2 的充分接触；加强监视氧化风机向吸收塔的供气，使氧化反应趋于完全，提高除尘效率的同时，可有效预防喷嘴堵塞。对于干法脱硫，可以提高脱硫剂与燃煤混合均匀性，适当降低脱硫剂细度。

1.3　电力行业"双碳"目标路径与低碳技术

对照 IPCC 对"碳达峰"的定义，电力行业的"碳达峰"是指年度 CO_2 排放总量达到历史最高值，然后持续下降的过程，是 CO_2 排放总量由增转降的历史拐点。"碳中和"是指 CO_2 的排放量与吸收量相等，而电力行业只要发电就会排放 CO_2，且对于化石能源发电，即使加装碳捕集工程（Carbon Capture and Storage，CCS 或 Carbon Capture，Utilization and Storage，CCUS），由于脱除效率所限，CO_2 排放也不可避免，因此电力行业自身实现"碳中和"不是 CO_2 零排放，而是在保障电力供应的同时，尽可能减少 CO_2 排放。

1.3.1　全球电力行业"双碳"目标的实现路径

世界各国由于资源禀赋、技术水平、经济水平、地域范围等各不相同，其电力行业实现"双碳"目标的路径也各不相同。然而，发达国家的"碳达峰"过程一般都是经济社会发展的自然过程，如英国 1973 年就已实现"碳达峰"，法国、德国、瑞典 1978 年实现"碳达峰"，美国 2007 年实现"碳达峰"。这些国家的共同点是早已完成工业化，进入了后工业化时代或信息时代，经济增长已不依赖能源消费的增长，电力装机容量或发电量多年维持在相对稳定的水平。因此，这些国家的"碳中和"主要是在保持现有电力供应的基础上，尽可能减少 CO_2 排放。

实现"碳中和"，促进低碳发展转型的各种国际规则、行业准则及企业标准层出不穷。世界范围内力推实现 1.5℃温升控制目标，到 21 世纪中叶全球实现"碳中和"的呼声日益强烈。欧盟提出"欧洲绿色新政"，宣布 2050 年实现净零排放，成为首个"碳中和"大陆。全球已有 121 个国家提出 2050 年实现"碳中和"的目标和愿景，其中包括英国、新西兰等发达国家以及智利、埃塞俄比亚、大部分小岛屿国家等发展中国家。不少国家和城市也提出 2030—2050 年期间实现 100% 可再生能源目标，提出煤炭和煤电退出以及淘汰燃油汽车的时间表，并有 114 个国家表示将强化和更新国家自主贡献（national determined contributions，NDC）目标。

全球范围内降低 CO_2 的最简单方法就是大力发展低碳电源，抛弃高碳电源。2019 年 11 月新西兰通过《零碳法案》，2035 年实现 100% 可再生能源发电。2020 年 7 月，德国联邦议会通过了《燃煤电厂淘汰法案》，最迟到 2038 年底，完全淘汰煤炭发电能力。

其次是燃煤发电的燃料替代，如用低碳、零碳燃料替代煤炭，欧洲有不少国家利用天然气、秸秆替代燃煤发电，如英国最大的燃煤电厂 Drax 拥有 6 台 660MW 机组，其中 4 台机组全部改烧生物质燃料，另外 2 台改烧天然气。美国则大量使用页岩气替代燃煤发电。

再次是燃煤电厂的 CO_2 捕集利用，可分为燃烧前捕集、富氧燃烧和燃烧后捕集。从现阶段来看，燃烧前捕集技术主要应用于整体煤气化联合循环（intergrated gasification combined cycle，IGCC）电厂，已有大规模工业应用的成功案例，但由于该技术工艺复杂，投资成本高，与现有工艺兼容性差，不适用于对现有工艺设备的改造，导致其发展较为缓慢。富氧燃烧仍处于中试验证阶段，没有商业规模项目开始实施建设，大型空分装置的高投资和高能耗，以及系统升压-降压-升压过程中的不可逆损失较大，是制约富氧燃烧技术成本降低的主要因素。燃烧后捕集技术是目前相对成熟的碳捕集技术，是现阶段实现 CO_2 大规模捕集的重要途径，其主要研究方向是提高效率，降低运行成本。

1.3.2　中国电力行业实现"双碳"目标的适宜路径

中国的 GDP 总量虽然位居全球第二，但 2019 年人均 GDP 仅占美国的 16%，仅是 16 个国家"碳达峰"时人均 GDP 平均值的 18.6%。此外，中国目前尚未完成工业化，且 2020 年末才消除贫困，GDP 的增长仍依赖能源消费的增长，因此中国电力行业"双碳"目标的实现不仅要减少 CO_2 排放，而且要满足电力需求的持续增长，难度要远高于发达国家。

中国电力行业实现"双碳"目标的另一难度在于中国的资源禀赋，据《中国矿产资源报告 2019》测算，中国已查明的化石能源储量中煤炭、石油、天然气分别占 99%、0.4%、0.6%，且 2019 年中国天然气的进口依存度为 43%，石油进口依存度则高达 71%，远超国际公认的安全警戒线。因此，欧美国家普遍采用的用天然气、页岩气等替代燃煤发电，在中国是行不通的，现阶段在中国完全淘汰燃煤电厂是不现实的。因此，中国电力行业面临着增加供应和减少碳排放的双重挑战，有必要从中国的国情出发，结合技术可靠性、减碳效果、成本等，探讨能够提供安全、环境友好、社会可承受的电力行业的发展路径。

1.3.2.1　实施煤电节能改造，科学和高效利用燃煤发电

电力行业作为 2060 年前中国争取实现"碳中和"的关键行业，需要大力发展可再生能源，但可再生能源不能作为保供电源，而能够作为保供电源的主要是火电、水电、核电、储能（含抽水蓄能）。2014 年 9 月国家发展改革委、环境保护部、能源局印发了《煤电节能减排升级与改造行动计划（2014—2020 年）》，与节能改造前的 2013 年相比，2019 年全国火电行业平均供电煤耗从 321g/(kW·h) 降低到 306.4g/(kW·h)，下降了 14.6g/(kW·h)，相当于 2019 年节约标准煤 7368 万吨，减少近 2 亿吨 CO_2 排放。

"十四五""十五五"是否新建燃煤发电机组当前争论很大。国际能源署在其全球"碳中和"路径研究报告中提出，"2021 年起，不批准开工建设新的没有减排的煤电厂，不批准新建和扩建煤矿"，"2025 年不再销售化石燃料锅炉"。在这样的国际环境下，我国从过去以煤电为主体的电力系统向以新能源为主体的电力系统转型过程中，如何实事求是地发挥好煤电作用，是"碳达峰"条件下电力保供和促进我国"碳中和"目标落实与路径优化必须面对的问题。目前，"碳达峰"条件下，电量的平衡不是主要矛盾，关键是受新能源机组日内波动和季节性波动以及极端天气影响造成的日内、中短期、局部地区的电力不平衡问题。因此，

如果确需新建煤电机组，可考虑在行业碳排放总量有序控制基础上，从提高电力平衡支撑能力的角度，确定新建煤电机组规模，同时，新建的煤电机组尽可能考虑碳捕捉技术的试点示范应用，并给予电价政策支持。此外，既有煤电机组的技术升级与改造也是电力保供的重要保障。因此，一是要加快煤电机组的灵活性改造，通过多种技术路线，配套相应的电价政策，不断提高煤电机组深度调峰能力；二是要在技术成熟的前提下，布局煤电机组加装碳捕捉设施；三是在淘汰关停效率低、煤耗高、役龄长的落后老小机组的基础上，做好煤电机组逐步退出运行的统筹规划。

1.3.2.2　掺烧非煤燃料，保留火电机组装机量

煤电另一个低碳发展的方向是煤与生物质、污泥、生活垃圾等耦合混烧，其突出优点包括：利用固体生物质燃料部分或全部代替煤炭，显著降低原有燃煤电厂的 CO_2 排放量；利用大容量、高参数燃煤发电机组发电效率高的优势，大幅度提高生物质发电效率，节约生物质燃料资源；利用已有的燃煤发电机组设备，只对燃料制备系统和锅炉燃烧设备进行必要的改造，可大大降低生物质发电的投资成本；参与混烧的生物质燃料比例可调节范围大（通常为 5%～20%），调节的灵活性强，对生物质燃料供应链的波动性变化有很强的适应性。

燃煤电厂掺烧生物质燃料，在国内外均有成熟经验。掺烧污水处理厂污泥，在国内也有不少电厂投运，如广东深圳某电厂 300MW 燃煤机组、江苏常熟某电厂 600MW 燃煤机组、江苏常州某电厂 600MW 燃煤机组。掺烧生活垃圾的主要是循环流化床锅炉的燃煤电厂，也有先将垃圾气化再掺入煤粉炉燃烧的电厂。

1.3.2.3　合理布局低碳能源，大力发展风电与太阳能光伏发电

中国要实现"双碳"目标，需构建清洁、低碳、安全、高效的能源体系，构建以新能源为主体的新型电力系统。目前，国内外有商业应用的低碳能源有 8 种，而我国目前能够大规模发展乃至取代化石能源电力的就是风电和太阳能发电。如图 1-5 所示，近 10 多年来中国的风电与太阳能发电均取得快速发展，风电装机从 2009 年的 1613 万千瓦增长到 2019 年的 28153 万千瓦，太阳能则从 2009 年的 2 万千瓦增长到 2019 年 25343 万千瓦。"碳中和"时

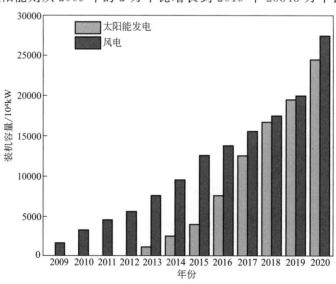

图 1-5　中国风电与太阳能发电的发展状况

中国非水可再生能源的发展预计将达 50 亿千瓦，主要是风电与太阳能发电，会有少量的地热发电及潮汐能发电。

1.3.2.4　发展特高压电网降低输电损耗，借助智能电网提高低碳能源利用率

受我国电力负荷中心不均匀分布等因素的影响，"西电东输"是我国电力传输的基本国情，电网在电力输送过程中起着至关重要的作用。特高压电力传输技术在提升电力输送效率的同时，可实现对输电损耗的有效控制。目前，我国对特高压技术的研究已经取得一定成效，电力输送中应用特高压技术理论上可实现对电能损耗缩减 75% 左右，为实现对电力输送损耗的进一步控制，需要加大对特高压技术的研究与应用力度。

针对风力和太阳能光伏等再生能源，借助智能电网技术能提升可再生能源的利用率。通过对多种发电形式的接入，并依托于智能电网进行储能，可在实现可再生能源大规模生产的同时，降低其远距离传输的消耗。同时，依托于智能电网的人工智能、大数据、5G 等先进技术，通过传感技术、测量技术和先进的控制方法以及决策支持系统，为提升再生能源的利用率提供保障。

1.3.2.5　以储能与碳捕集为补充，保障电力系统稳定

为减少弃风、弃光、弃水现象，保障电力系统稳定，发展储能项目是非常必要的，但储能项目不仅投资较大，而且本身消耗电能，如抽水蓄能是效率较高的储能方式，但能源转换效率仅为 75% 左右。因此，国家必须出台相关政策，推动储能项目的建设。

碳捕集与封存技术的原理是在排放源中进行 CO_2 的单独抽离，然后借助相关技术进行 CO_2 存储，并运输至不会产生污染的安全地方存储，进而实现大气环境与 CO_2 气体的长期隔绝，包括 CCS、碳捕集和利用（carbon capture and utilization，CCU）以及 CCUS。然而，目前碳捕集工程不仅投资大、运行费用高，而且面临高耗能、高风险等问题。使用碳捕集与封存技术将使单位发电能耗增加 14%～25%。同时，碳捕集与封存技术各个环节成本高昂，从而限制了工业化应用。此外，不论用哪种方式封存 CO_2 都存在泄漏，从而造成难以评估的环境风险。因此，降低 CCUS 成本、能耗及风险任重而道远，需要核心技术的突破及政府的持续推进。但是，CCUS 对 CO_2 排放的处理效果显著，仍是碳减排潜在的重要技术。因此，全球都加大了研究力度，中国政府也在一系列国家规划与方案中将 CCUS 技术列为缓解气候变化的重要技术。2021 年 6 月 25 日，国内最大规模 15 万吨/年 CO_2 CCUS 全流程示范工程在国家能源集团国华锦界电厂正式投产，成为我国实现"双碳"目标和燃煤电厂低碳绿色发展的引领项目。

1.3.3　洁净煤技术

1.3.3.1　前沿洁净煤技术发展态势

虽然在中国积极优化电源结构的背景下，风电、光伏等可再生能源发展迅速，但仍面临着许多问题和障碍，如发电的不稳定性、弃风弃光和高成本等。可再生能源发电占比仍然较低，短期内难以大规模替代传统能源发电，在当前乃至二三十年内煤电仍然是提供电力的主体。然而，大规模煤炭开发利用排放的 CO_2 占我国化石燃料排放碳总量的 80% 左右。因此，洁净煤技术的发展对于促进我国煤基能源的可持续发展，保障国家能源安全，以及减少温室气体排放量以应对气候变化都具有重要的战略意义。

洁净煤技术又称清洁煤技术（clean coal technology，CCT），指在煤炭清洁利用过程

中，减少污染排放与提高利用效率的燃烧、转化合成、污染控制、废物综合利用等先进技术（不包括开采部分），其主要技术方向如表 1-11 所示。根据煤炭利用过程，可简要分为前端的煤炭加工与净化技术，中端的煤炭燃烧、转化、污染物控制技术和后端的废弃物处理、碳减排及综合利用技术 3 大类。美国、欧洲各国、日本、澳大利亚等发达国家和地区均高度重视清洁燃煤发电技术的开发与示范，而我国也已建成世界上规模最大的清洁高效煤电系统，排放标准世界领先。煤炭清洁利用产业已被确定为"绿色产业"，积极发展先进的、颠覆性的煤炭转化与利用技术，大力推进洁净煤技术创新，有利于提升我国煤炭企业和行业的科技竞争力，实现我国煤炭工业的高质量发展，推动我国构建绿色低碳、安全高效的现代能源体系，助力"双碳"目标的实现。

表 1-11　洁净煤技术分类

技术类型	子项主要技术
煤炭加工与净化技术	选煤、洗煤、型煤、水煤浆、配煤技术
煤炭高效洁净燃烧技术	循环流化床燃烧、加压流化床燃烧、粉煤燃烧、超临界发电、超超临界发电、IGCC、IGFC、富氧燃烧
煤炭转化与合成技术	气化、液化、氢燃料电池、煤化工、煤制烯烃、分质分级转化技术
污染物控制技术	工业锅炉和窑炉、烟气净化、脱硫、脱硝、除尘、颗粒物控制、汞排放
废弃物处理技术	粉煤灰、煤矸石、煤层气、矿井水、煤泥
碳减排技术	CCS 技术、CCUS 技术
综合利用技术	多联产技术

根据《面向 2035 洁净煤工程技术发展战略》项目研究成果，10 项面向 2035 的洁净煤前沿技术的先进性评分如表 1-12 所示。如图 1-6 所示，结合技术的先进性、突破难度和应用前景等具体表现，综合研判排名前三的 700℃先进超超临界发电技术、先进整体煤气化联合循环/整体煤气化燃料电池联合循环（integrated gasification combined cycle/integrated gasification fuel cell combined cycle，IGCC/IGFC）技术和 CCUS 技术为我国面向 2035 年最主要的洁净煤前沿技术。

表 1-12　面向 2035 的洁净煤前沿技术及先进性评分

序号	面向 2035 的前沿洁净煤技术	先进性得分
1	700℃先进超超临界发电技术	43
2	先进 IGCC/IGFC 技术	41
3	CCUS 技术	39
4	燃煤发电污染物深度控制技术	36
5	高灵活性智能燃煤发电技术	36
6	煤制清洁燃料和化学品技术	34
7	先进循环流化床发电技术	33
8	煤炭分级转化技术	31
9	煤转化废水处置与回用技术	31
10	共伴生稀缺资源回收利用技术	30

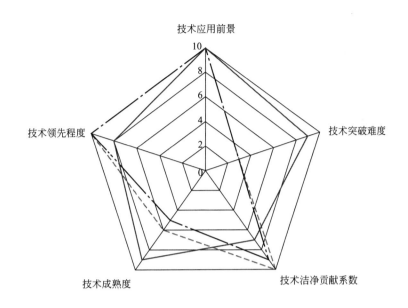

图 1-6   主要前沿洁净煤技术具体评估结果

（1）700℃先进超超临界发电技术

超超临界发电技术是通过高温、高压来提升热力效率，700℃先进超超临界发电技术指在 700℃/35MPa 及以上条件下的机组发电技术。通过增加再热次数其效率可达 50% 以上，节能减排经济效益是 600℃超超临界技术的 6 倍，同时可降低 CO_2 的捕集成本，有助于推进 CCUS 技术的应用。

早在 20 世纪 90 年代末期，美国、欧盟等国家和地区在现有 600℃超超临界发电技术的基础上提出了 700℃先进超超临界燃煤发电研究计划，如欧盟的"AD700"先进超超临界发电计划、美国的"超超临界燃煤发电机组锅炉材料和汽轮机研究"计划等，推动了锅炉和汽轮机高温材料研发、加工性能测试及关键部件测试等技术取得重大突破，但在示范电站建设方面进展并不顺利，截至目前全球尚未形成 700℃超超临界燃煤示范电站。

我国是国际上投运 600℃超超临界机组最多的国家，同时注重 700℃先进超超临界发电技术创新发展。2010 年国家成立 700℃先进超超临界发电技术创新联盟，2011 年设立 700℃超超临界燃煤发电关键设备研发及应用示范项目，2015 年 12 月全国首个 700℃关键部件验证试验平台成功实现投运。

（2）先进 IGCC/IGFC 技术

IGCC/IGFC 发电技术被视为具有颠覆性的煤炭清洁利用技术，可实现燃煤发电近零排放的清洁利用，供电效率有望达到 60% 以上，大大降低供电煤耗，一旦取得突破将是具有革命性意义的洁净煤技术。

IGCC 是煤气化制取合成气后，通过燃气-蒸汽联合循环发电方式生产电力的过程，被认为是有发展前途的清洁煤发电技术之一，美国、日本、荷兰、西班牙等国家已相继建成

IGCC 示范电站。2012 年 11 月我国华能天津 250MW IGCC 示范机组投入商业运行，该示范电站是我国首套自主研发、设计、建设、运营的 IGCC 示范工程，已实现粉尘和 SO_2 排放浓度低于 $1mg/m^3$、NO_x 排放浓度低于 $50mg/m^3$，排放达到了天然气发电水平，同时发电效率比同容量常规发电技术高 $4\% \sim 6\%$。

IGFC 是以气化煤气为燃料的高温燃料电池发电系统，包括固体氧化物燃料电池（solid oxide fuel cell，SOFC）和熔融碳酸盐燃料电池（molten carbonate fuel cell，MCFC），兼备 IGCC 技术的优点，其效率可达 60% 以上。IGFC 不同于 IGCC 的物理燃烧发电方式，其采用燃料电池直接发电，实现了煤基发电由单纯热力循环发电向电化学和热力循环复合发电的技术跨越，其煤电效率理论上可提高近一倍，同时还具有降低 CO_2 捕集成本、实现 CO_2 及污染物近零排放的优势。

目前，以 SOFC 为代表的高温燃料电池技术快速发展，美国和日本燃料电池产业的商业化应用走在世界前列。2010 年，美国布鲁姆能源公司（Bloom Energy）制造了全球第一个商业化 SOFC 产品（ES-5000 Bloom Energy Server），功率为 100kW。2017 年，日本三菱重工公司推出了代号为 Hybrid-FC 的 250kW SOFC 与微型燃气轮机联合发电系统商业化产品，系统整体效率为 65%。我国同样重视高温燃料电池技术发展，在国家级重大科研项目的支持下，开展了高温燃料电池电堆、发电系统和相关基础科学问题的研究。我国于 2017 年启动了"CO_2 近零排放的煤气化发电技术"国家重点研发项目，使我国领先世界各国较早地布局了 IGFC 相关技术研发和开展 IGFC 发电系统试验平台示范。

（3）CCUS 技术

近年来，全球各国都在积极推进 CCUS 技术的发展和应用。2018 年，美国配有 CCS 装置的 Petra Nova 煤电厂正式投运（装机容量为 240MW，年减排 1×10^6 t CO_2），成为首家实现碳减排的商业化电厂。同年，美国提出 CCS 获得税收抵免 50 美元/t，CO_2 驱油与封存获得税收抵免 35 美元/t 的优惠政策以推动 CCUS 技术的发展。在 CO_2 清洁高效转化与利用方面，德国等国家在 SOFC 技术方向上已取得一定的进展，其技术方案是利用可再生能源电力电解水和 CO_2 制取合成气、天然气以及液态燃料。我国也在不断加快推进 CCUS 示范项目，如 2018 年开始施工建设的华润电力（海丰）有限公司碳捕集测试平台、神华国华锦界电厂 15 万吨/年 CO_2 捕集装置等，2021 年 7 月 5 日，中国石化开启了我国首个百万吨级 CCUS 项目建设——齐鲁石化-胜利油田 CCUS 项目，成为国内最大 CCUS 全产业链示范基地。因此，世界各国在 CO_2 捕集、CO_2 驱油、CO_2 封存和 CO_2 利用等方面取得了进展，但在 CCUS 技术的大规模商业化应用仍存在一定困难。

1.3.3.2　我国洁净煤技术的发展战略与实施路径

煤炭是我国的主体能源和重要工业原料，基于洁净煤技术创新推动煤炭清洁高效利用将是保障我国能源安全与能源行业可持续发展的重要举措。洁净煤技术的发展需依靠科技创新，在提高煤炭发电效率、推动现代煤化工产业升级示范以及燃煤污染物超低排放和 CO_2 减排、煤炭资源综合利用等方面取得突破性发展。其中，为实现高效、节能和低污染的目标，开发清洁、低碳、高效的发电技术是煤炭利用的核心，研发现代煤化工技术是煤炭转化的重点。如图 1-7 所示，洁净煤技术具体的发展战略与实施路径如下。

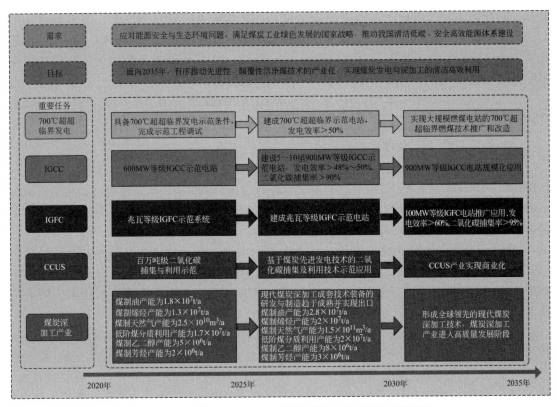

图 1-7　洁净煤技术面向 2035 的发展战略目标及技术路线图

（1）持续提升燃煤发电效率，逐步实现燃煤污染物近零排放

全面实施燃煤电厂超低排放，坚决淘汰、关停落后产能和不符合相关强制性标准要求的燃煤机组，加快优化用煤结构，提高电煤消费比重，大幅度缩减工业用煤和民用散烧煤，使燃煤发电成为主要的用煤领域，是推进煤炭清洁化利用、改善大气环境质量的重要举措，也是煤电持续发展的关键因素。到 2035 年，煤炭用于发电（燃烧＋燃料电池）的比重和煤炭发电效率进一步提高，超低污染物排放煤电机组和近零排放 IGFC 燃料电池发电占全国煤电的 90％以上（超低污染物排放煤电机组占燃煤发电的 80％），彻底消除散煤及小锅炉的散煤使用。

（2）推动煤炭深加工产业升级示范

加快推动煤炭深加工产业工艺技术装备的研发与升级示范，进一步提升高效率、低消耗、低成本的煤制燃料和化学品等现代煤炭深加工技术并实现工业化应用，形成具有自主知识产权的燃煤污染物净化一体化工艺设备成套技术，实现煤化工废水安全高效处理，突破煤化工与炼油、石化化工、发电、可再生能源、燃料电池等系统耦合集成技术并完成工业化示范，加快形成天然气、乙二醇、超清洁油品、航天和军用特种油品、基础化学品、专用和精细化学品等能源化工产品市场。

（3）积极推进 CCUS 产业的发展

为提升 CCUS 商业化推广应用的经济性，需要重点研发新一代高效低能耗的 CO_2 吸收剂和捕集材料、CO_2 规模化的输送技术与 CCS 技术、增压富氧燃烧、CO_2 采油/气/水/热等前沿新技术。加强电站和捕集端深度整合、高参数大通量设备研制、地质封存长期监测等应用技术研究。提升 CO_2 近零排放的煤气化发电技术（重点为 IGCC 和 IGFC）等先进发电技术与 CCUS 技术的协同研发能力，将 CO_2 捕集与封存作为煤炭清洁发电利用的示范建设重点内容，并进一步突破 CO_2 驱采原油技术、固体氧化物电解池（SOEC）制备合成气、CO_2 重整煤（半焦）制 CO 技术等 CO_2 利用的前沿技术，加快推进 CO_2 利用产业化。

（4）加强颠覆性技术的基础研究与技术攻关

加大对 700℃ 先进超超临界发电技术、IGCC/IGFC 的煤炭清洁发电技术的基础研究与技术攻关。重点研究系统设计优化，包括电站总体设计、锅炉和汽机总体设计；高温耐热合金材料的研发，重点是掌握具有自主知识产权的高温材料、主机关键部件的制造方法，实现超超临界等发电技术的商业化大规模应用。

IGCC 突破性技术的研究重点包括：适应不同煤种、系列化、大容量的先进煤气化技术，适用于 IGCC 的 F 级以及 H 级燃气轮机技术、低能耗制氧技术、煤气显热回收利用技术等，同时通过高效、低成本 IGCC 工业示范，掌握和改进 IGCC 系统集成技术，降低造价，积累 IGCC 电站的实际运行、检修和管理经验。

为进一步提升 IGCC 效率和 CO_2 捕集经济性，需要重点开发大型 IGFC 颠覆性煤炭发电技术，即 IG-MCFC 和 IG-SOFC。其中 IG-MCFC 要突破大面积 MCFC 关键部件设计与制造技术、大容量电池堆组与烧结运行技术、CO_2 膜气体分离技术和 IG-MCFC 系统集成技术；IG-SOFC 要重点突破煤气化燃料 SOFC 发电技术、透氧膜供氧技术、SOEC 电解技术和 IG-SOFC 与优化技术。到 2035 年，实现 IGFC 电站兆瓦级产业化，同时具有全产业链的兆瓦级的燃料电池（SOFC、MCFC）和 IGFC 电站的制造能力。

1.3.4 绿色低碳能源的开发与利用

绿色低碳能源是以清洁环保、高能效、低能耗、低污染为主要特征，以绿色低碳能源技术为基本手段，以减少化石燃料消耗和温室气体排放为目标，具有"绿色"与"低碳"双重特性的环境友好型能源。根据国际可再生能源署的统计数据（表 1-13、图 1-8），截至 2020 年底，全球可再生能源发电装机容量达 2802.0GW，较 2019 年增长 176GW，其中水电、风电和太阳能光伏发电装机容量分别占可再生能源装机容量的 43.2%、26.1% 和 25.3%。水电仍是全球规模最大的可再生能源，总装机容量（不含抽水蓄能）达 1211.7GW，较 2019 年增加 20.1GW。与此同时，太阳能光伏发电和风电规模正在快速追赶水电，其中太阳能光伏发电总装机容量达 709.7GW，较 2019 年增长 126.7GW，风电总装机容量达 732.4GW，较 2019 年增长 111.0GW。从区域分布来看，亚洲、欧洲和北美洲是水电、风电和太阳能光伏发电累计装机容量排名前三的地区。其他可再生能源方面，截至 2020 年底，全球太阳能光热、生物质和地热发电累计装机容量分别为 6.38GW、127.2GW 和 14.01GW。此外，可再生能源制氢、海洋能源等其他可再生能源也日益引起各国的重视。2020 年，我国可再生能源发电装机容量达 894.9GW，较 2019 年增长 139.8GW，继续为全球可再生能源增长贡献重要力量，尤其是在风电和光伏装机中，中国占比分别达到 38.5% 和 35.8%，在世界上遥遥领先。

表 1-13　2020 年全球可再生能源装机容量及中国占比

项目		水电	海洋能	风电	光伏	光热	生物质	地热	总计
装机容量/GW	中国	339.8	0.005	282.0	253.8	0.52	18.7	0.02	894.9
	欧盟	131.2	0.243	201.3	150.5	2.32	41.8	1.65	528.3
	美国	83.8	0.020	117.7	73.8	1.76	12.0	2.58	291.7
	其他国家	656.9	0.259	131.4	231.6	1.78	54.7	9.76	1087.1
	全球	1211.7	0.527	732.4	709.7	6.38	127.2	14.01	2802
中国占比/%		28.0	0.9	38.5	35.8	8.2	14.7	0.14	31.9

注：由于数据小数点后舍位的原因可能会造成总计有微小的差异。

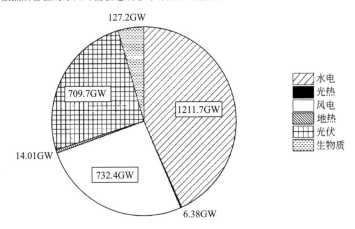

图 1-8　2020 年全球可再生能源电源累计装机容量
（由于海洋能占比很小，在图中未体现）

近年来，中国的可再生能源实现了跨越式发展，水电、风电和光伏发电装机容量均居世界首位。截至 2020 年底，中国可再生能源发电量达到 220GW·h，占全社会用电量的比重达到 29.5%。此外，煤电装机占全国电力总装机容量的比例为 56.5%，较 2019 年下降 2.6%；电源新增装机容量为 190.87GW，其中水电 13.23GW、风电 71.67GW、太阳能发电 48.20GW，共同占到了新增总装机容量的 69.7%，而火电新增装机容量仅占到了 29.5%，说明能源供应体系正由以煤炭为主向多元化转变，可再生能源逐步成为新增电源装机主体。

尽管各种绿色低碳能源的发电装机容量都有增长，但增长幅度不一。太阳能发电装机容量呈指数式上升，主要依靠光伏发电技术的进步；水电、风电、生物质发电增速虽然没那么快，但增量可观，其发展也大多归功于技术的不断创新、改进和升级；地热能和海洋能发电累计装机容量在全球占比不太高，有技术不稳定的原因。此外，被称为能源领域最后一公里的储能技术也是绿色低碳能源高效利用的核心环节，尤其是目前弃风、弃光现象凸显的情况下，能否将浪费掉的能源储存并在需要时释放是绿色低碳能源技术突破的关键。因此，在绿色低碳能源开发过程中，发电技术和储能技术是关键，是推动绿色低碳能源发展的重要因素。

1.3.4.1　水力发电

水力发电是利用河流、湖泊等位于高处具有势能的水流至低处，将其中所含势能转换成水轮机之动能，再借水轮机为原动力，推动发电机产生电能的一种发电方式。与核能、煤炭和天然气等其他发电厂相比，许多水电站的发电量可快速上下调整和相对平稳地停止和重启。因此，水电对电力系统的灵活性和安全性作出了重大贡献，成为支持太阳能光伏和风能快速部署和安全集成到电力系统并按需提供大量低碳电力的主要选择。目前，水电站约占世界灵活电力供应能力的 30％，水力资源在今后相当长一段时间内仍将是我国乃至全球能源开发的重点。

如图 1-9 所示，2020 年全球水力发电量达 4296.8TW·h，较 2019 年增加了 68.92TW·h，同比增长 1.63％。由于风能、太阳能光伏、煤炭和天然气的增长，水电在总发电量中的份额保持稳定，占全球发电量的 17％左右，是 28 个新兴和发展中经济体（8 亿人口）的主要能源。图 1-10 展示了 2020 年全球各地区水力发电占比，其中亚太地区水力发电量占全球水力总发电量的 42.99％，占比最大，而中国水力发电量为 1322.0TW·h，全球排名第一。然而，在一些发达经济体，水电的发电份额一直在下降，发电厂也在老化。在北美，水电站的平均年限接近 50 年；在欧洲，水电站平均年龄为 45 岁。

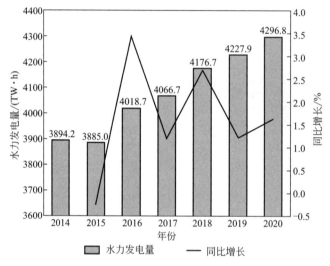

图 1-9　2014—2020 年全球水力发电量

（数据来源：中国电力网，《2021 年全球水利发电报告》）

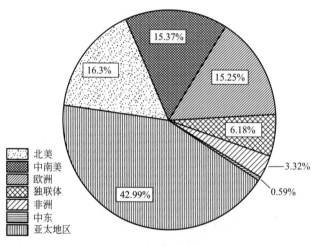

图 1-10　2020 年全球各地区水力发电占比

（数据来源：中国电力网，《2021 年全球水利发电报告》）

在全球范围内，约有一半的水电资源尚未开发，特别是新兴和发展中经济体未开发的水电资源约为 60%。自 20 世纪 50 年代以来，90% 以上的水电站是在通过购电担保或长期合同提供收入确定性的条件下开发的。但近年来，复杂的许可程序、环境和社会接受度以及超长的施工期导致了更高的投资风险。在发达经济体，由于电价下降和缺乏长期收入确定性，水电站的商业状况恶化。如果没有重大的政策变化，预计全球水电扩张将在未来 10 年放缓。

中国常规能源的剩余可采总储量构成为原煤 61.6%、水力 35.4%、原油 1.4%、天然气 1.6%。水力资源仅次于煤炭，居十分重要的战略地位。以水力资源技术可开发量 100 年计，水力发电每年可替代 1143 亿吨原煤，100 年可替代 143 亿吨原煤。截至 2020 年底，中国水电累计装机量达到 370.2GW，发电量约占全社会中用电量的 18.1%。在社会用电不断增长的情况下，水电行业市场规模将进一步被推动。水电作为一种可再生能源，不仅清洁无排放，对环境友好，且可参与调峰，行业发展前景光明。开发水力资源发展水电是我国调整能源结构、发展低碳能源、节能减排、保护生态的有效途径。

然而，中国水电开发进程中也存在着建设周期长、不确定因素多、移民安置工作难度大、生态保护制约明显、建设成本快速攀升、体制机制亟待完善和法规建设有待加强等一系列问题。为助力我国电力行业"双碳"目标的实现，应在做好生态保护和移民安置的前提下，大力提升水电开发程度，进一步完善政策法规体系和健全管理体制机制。同时，依托大型水电工程项目的建设及已建流域水电管理运行经验，通过自主技术创新，不断提升水电工程建设技术水平、机电设备制造能力和水电行业管理水平。此外，要不断发展抽水储能电站，通过电源结构优化及智能电网的发展，解决风电和太阳能光伏的调峰问题。

1.3.4.2　核能发电

核能是安全、稳定、高效、可调度的清洁能源，可以为电网运行提供稳定的电源支撑以及必要的转动惯量、负荷调节等保障，推动核能与风能、太阳能等可再生能源协同发展、互补发展，是构建以新能源为主体的新型电力系统的迫切要求。在"双碳"目标时代，核电在实现碳减排、减少污染方面具有其他能源不可替代的作用。

如图 1-11 所示，2020 年受新冠疫情和日本福岛核电站泄漏事故的影响，全球核电市场继续低迷，国际机构普遍进一步下调发展预期。截至 2020 年底，全球投运 4 台机组，装机容量 486.2 万千瓦；退役机组全在欧美地区，6 台机组永久关闭，装机容量 544.1 万千瓦；共有 32 个国家运行 443 台核电机组，总装机容量约为 393GW；在建核电机组 58 台，装机容量为 65.93GW；5.5GW 新核电容量并网。然而，2020 年全球核电总发电量为 2600TW·h，在电力结构中占比约为 10%，占低碳电力的 1/3。

如图 1-12 和图 1-13 所示，"十三五"期间，我国核电机组保持安全稳定运行，发电量持续增加。新投入商运核电机组 20 台，新增装机容量 2344.7 万千瓦，商运核电机组总数达 48 台，总装机容量为 4988 万千瓦，装机容量位列全球第三，2020 年发电量为 3662.43 亿千瓦·时，同比增加 5.02%，约占全国累计发电量的 4.94%，达到世界第二；新开工核电机组 11 台，装机容量 1260.4 万千瓦，在建机组数量和装机容量多年位居全球首位。2020 年，全国核电平均利用小时数为 7426.98h，负荷因子为 84.55%，同比略有上升。与燃煤发电相比，全年核能发电减少燃烧标准煤 10474.19 万吨，减排 27442.38 万吨 CO_2、89.03 万吨 SO_2、77.51 万吨 NO_x，为保障电力供应安全和节能减排作出了重要贡献。

当前，可再生能源开发成本逐年降低，规模发展迅速，但在生产、上网、输送、储能等环节仍存在诸多技术瓶颈，如静稳天气和昼夜变换等原因造成的风、光间歇性和发电效率低

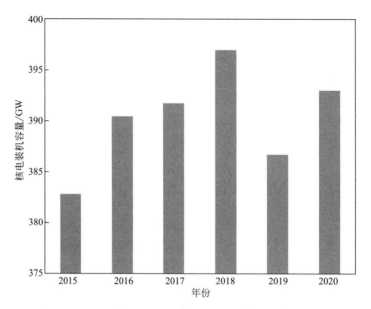

图 1-11　2015—2020 年全球核电装机容量变化情况
（数据来源：国际原子能机构，《国际核电状况与前景》）

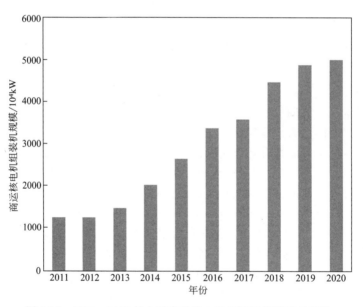

图 1-12　2011—2020 年全国商运核电机组装机规模增长情况
（数据来源：中国核能行业协会，《中国核能发展报告 2021》）

等问题仍难以解决，迫切需要稳定的基荷电源支撑大比例可再生能源接入电网。核电运行稳定、可靠、换料周期长，适于承担电网基本负荷及必要的负荷跟踪，可大规模替代传统化石能源作为基荷电源，通过与风光水等清洁能源协同发展，将共同构建清洁低碳、安全高效的能源体系。核能在实现"碳达峰""碳中和"目标中将发挥更加不可或缺的作用。

2021 年我国《政府工作报告》中明确提出，"在确保安全的前提下积极有序发展核电"。"十四五"是"碳达峰"的关键期、窗口期，国家从能源供应安全、经济和可持续发展角度统筹考虑，重新将核电作为一种达峰主力能源发展，为核电发展营造了新的政策机遇期。

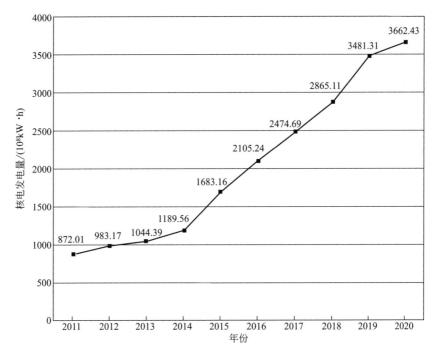

图 1-13   2011—2020 年我国核电发电量变化情况
（数据来源：中国核能行业协会，《中国核能发展报告 2021》）

"十四五"及中长期我国核能将呈如下发展趋势。

（1）核电将在确保安全的前提下向积极有序发展的新阶段转变

在"双碳"背景下，我国能源电力系统清洁化、低碳化转型进程将进一步加快，核能作为近零排放的清洁能源，将具有更加广阔的发展空间，预计保持较快的发展态势，我国自主三代核电会按照每年 6～8 台的核准节奏，实现规模化批量化发展。预计到 2025 年，我国核电在运装机 7000 万千瓦左右；到 2030 年，核电在运装机容量达到 1.2 亿千瓦，核电发电量约占全国发电量的 8%。

（2）科技创新将进一步增强核能产业自立自强能力

核能科技创新对维护国家能源安全、建设科技强国、促进国民经济高质量发展的作用突出。"十四五"及中长期，核能科技创新的投入力度将进一步增强，核能领域重大的研发成果将不断涌现，先进核能技术有望进一步取得突破，华龙一号首批批量化建设项目、高温气冷堆重大专项、国和一号示范工程、快堆示范工程、乏燃料后处理示范工程等将在"十四五"期间投入运行，小堆示范工程有望尽早尽快开工建设。依托先进前沿技术的快速发展，核能数字化智能化发展速度将大幅度加快。同时，核能综合利用的深度、广度、维度有望加速拓展，低温供热堆示范项目将开工建设，核能在工业供汽、海水淡化、制氢、核动力民用船舶、同位素生产等方面将发挥更加重要的作用。一批核能多用途示范工程有望在"十四五"期间逐渐落地，围绕太空开发、极地破冰、偏远海岛的离网供电与供能等方面的核能工程化应用将进一步加速。

（3）我国核能产业链供应链将更加均衡全面发展

"十四五"期间，我国将进一步强化核能产业链供应链自主可控，推动核能产业链供应链均衡发展。国内铀资源的勘查开发力度将进一步加大，进一步巩固"四位一体"铀资源保障体系建设。核燃料加工产业布局将进一步优化，"一站式"核燃料产业园建设有望落地。自主品牌 CF3 燃料组件将得到批量化应用，CF4、STEP、SAF 系列燃料组件关键技术有望取得重要突破，ATF、环形元件等革新性核燃料元件也将取得重要进展。产业配套能力进一步增强，在关键设备、核心元器件、基础软件等"卡脖子"问题方面有望取得重要突破，核电装备的自主化和国产化水平将进一步提升。后处理科研有望取得一批重要成果，将逐步掌握大型乏燃料后处理工程的标准设计技术，初步建立起闭式循环的产业能力。若干低放废物处置场将建成，并将开展高放废物处置实验室建设，满足核电站放射性废物集中处置需求。

（4）促进核能发展的社会环境将越来越好

"十四五"期间，包括"原子能法""放射性废物管理法""核损害赔偿法""核电管理条例"等在内的一批核能领域法律法规有望出台，政府还将在核能厂址布局与落地、全产业链能力建设、参与电力市场交易、参与碳市场建设、公众沟通与科普宣传等方面制定一揽子政策。核能项目的开发将更加注重融入地方经济社会发展，不断探索创新与地方融合发展、利益共享的发展模式，增强核能企业与地方利益的关联度。各级政府与社会公众将更加认可、更加支持核能产业的发展。全行业核科普意识将进一步强化，核科普活动将呈现常态化，不仅注重面向公众传播核科学知识，还将致力于营造出与"新阶段新理念新格局"相适应的政策和舆论环境，有效助推核能高质量发展、可持续发展。

1.3.4.3　太阳能光伏发电

太阳能光伏发电根据光生伏特效应原理，利用太阳能电池将资源十分丰富的太阳光能直接转化为电能。光伏系统可分为独立光伏系统（各种带有蓄电池的可以独立运行的光伏发电系统）和并网光伏系统（与电网相连并向电网输送电力的光伏发电系统）。太阳能光伏发电安全可靠性高，不会产生污染以及噪声。同时，光伏发电使得边远以及特殊地区的用电问题得以有效解决。此外，光伏发电能够与建筑物相结合，形成光伏建筑一体化的系统，从而减少土地资源的浪费。

IEA 发布的《2020 年全球光伏市场报告》显示，截至 2020 年底，全球累计光伏装机 760.4GW，有 14 个国家的累计装机容量超过 10GW，有 5 个国家的累计装机容量超过 40GW。其中，排名第一的中国累计光伏装机 254.4GW，其次为欧盟 27 国，累计达 151.3GW，美国排名第三 93.2GW，日本排名第四 71.4GW。

如图 1-14 所示，截至 2020 年底，中国全口径并网太阳能发电装机 252.5GW，同比增速 24.1%，占全国发电装机容量的 11.5%。新增装机 48.20GW，其中集中式光伏电站 32.68GW、分布式光伏 15.52GW。从新增装机布局看，中东部和南方地区占比约 36%，"三北"地区占 64%。全国太阳能发电量达到 2611 亿千瓦·时，首次突破 2600 亿千瓦·时，同比增长 16.6%。全国弃光率持续下降，由 2015 年的 10% 逐步下降至近两年的 2%。

然而，太阳能光伏发电量受地理分布、季节变化和昼夜交替影响较大，年发电时数较低，平均 1300h，且精准预测系统发电量比较困难。同时，太阳能光伏发电能量密度低，大规模使用时，占用面积较大，且受太阳辐射强度的影响。此外，光伏系统的造价还比较高，系统成本 40000～60000 元/kW，严重制约了其广泛应用。针对以上问题，未来太阳能光伏发电产业的发展趋势如下。

（1）光伏电站应用与产业融合的趋势

随着光伏电站的大规模扩建，优质的电站建设土地资源出现稀缺，电站综合收益需要提

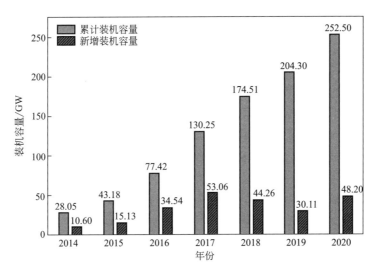

图 1-14   2014—2020 年中国光伏发电累计及新增装机容量

高，光伏电站出现与第一产业融合的趋势。例如，人造太阳多层高密度无土种植工厂，采用新型节能光源促进植物光合作用，采用多层叠加的立体植物提高土地的利用效率。再如光伏农业科技大棚，棚顶安装光伏电池或集热器，柔性透光，适合于某些农作物和经济作物生长，也能实现工业化和土地的高效产出。光伏与尾矿治理、废弃的采矿塌陷区循环经济建设或生态综合治理相结合，使得废弃土地得以实现生态环境的修复。光伏与传统水处理市政设施相结合，通过光伏水务模式，能够有效降低水处理成本和单位水处理的碳排放。

（2）能源互联及多能互补的微电网趋势

未来的能源互联网将在现有电网基础上，通过先进的电力电子技术和信息技术，实现能量和信息双向流动的电力互联共享网络。能源互联网由太阳能等可再生能源作为主要能量供应来源，将分布式发电装置、储能装置和负载组成的微型能源网络互联起来，进行能量的分布式收集和存储。随着光伏发电等波动性电源比例的提高，要求电源侧具备更大的调节能力，分布式储能将得到普及，主动式配电网也将应运而生。太阳能发电和其他可再生能源、储能互补发电，并与负荷一起形成既可并网又可孤网运行的微型电网，将是太阳能发电的一种新应用形式，既适用于边远农牧区、海岛供电，也适合联网运行作为电网可控发电单元。

（3）分布式能源趋势

与风电等其他清洁能源相比，光伏发电与工商业用电峰值基本匹配，因此光伏相比于其他可再生能源更适用于分布式应用。发展分布式光伏发电系统的优势在于其经济、环保，能够提高供电安全可靠性以及解决边远地区用电。分布式光伏发电的装机容量一般较小，初始投资和后期运维成本低，建设周期短，能够实现就近供电，对大电网、远距离供电形成有益的互补和替代，未来发展到一定比例时能够有力促进微网的建设发展。随着电力配售点领域的改革，如直购电、区域售电牌照的发放，分布式能源电站也将迎来空前的发展机遇。

1.3.4.4　风能发电

风能作为一种可再生、可预测的清洁型能源，已成为新能源开发的重要领域。在"碳中和"趋势的推动下，全球风电正加速布局。2020 年，全球风电新增装机达到 93GW，累计装机容量 743GW。根据全球风能理事会最新统计，2021 年一季度全球风电总中标量为 6970MW，是去年同期的 1.6 倍。另外，一季度宣布的风电项目招标规模也同步提升，总量超过 14GW。根据国际可再生能源署和 IEA 等机构的研究，全球每年至少需要新增 180GW 风电，才能实现温控 2℃的目标，而要想在 2050 年实现净零排放，每年需新增 280GW 风电装机。

如图 1-15 所示，我国风电行业一直处于快速发展阶段，即使在国内风电行业规范调整期间，中国的新增装机容量和累计装机容量仍处于世界领先地位。如图 1-16 所示，2020 年我国新增风电装机容量 52.00GW，其中陆上风电新增装机容量 48.94GW，海上风电新增容量 3.06GW，超过 2018 年与 2019 年国内新增风电装机容量之和，累计装机容量达 262.10GW，超量完成"十三五"规划的风电装机目标；风电发电量 4665 亿千瓦·时，占全部发电量的 6.2%，比重较 2019 年提高 0.7%。此外，风电利用率进一步提升，全国弃风电量约 166 亿千瓦·时，平均利用率 96.5%，较上年同期提高 0.5%。中国已成为名副其实的风电第一大国，比排名第二的美国多 130%，是整个欧洲装机的 1.2 倍。但是，从风电占总电力需求的比例来看，中国目前不仅落后于欧美国家，而且还略低于全球平均水平。

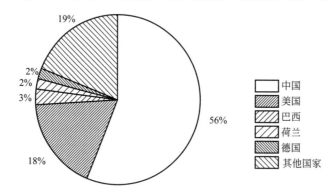

图 1-15　2020 年全球风电新增装机前五国家及其他国家情况

（数据来源：中商产业研究院，《2021 年中国风电市场现状及发展趋势预测分析》）

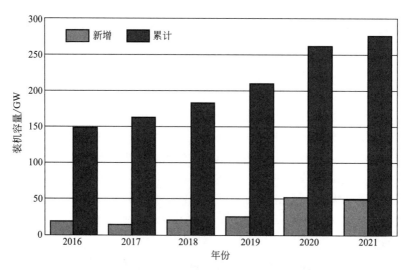

图 1-16　2016—2021 年中国风电新增及累计装机容量统计

（数据来源：中商产业研究院，《2021 年中国风电市场现状及发展趋势预测分析》）

目前，我国风力发电技术还存在着风力资源分布不平衡、风力产业结构不够完善和发电机组安全性能不足等突出问题。首先，需加大对风力发电技术的研发力度，重视电力远距离传输问题，寻找科学传输方式，平衡我国东南沿海地区、西北地区与其他风力资源不足地区之间的风力资源。其次，风力发电企业需要重视与风力发电相关的元件研发，加强对风力发电技术细节管理，完善产业结构，构建一条科学的风力发电产业链。此外，要学习并借鉴国外先进风力发电技术，不断突破技术壁垒，拥有自主知识产权的专利产品与技术，优化风力发电机组装置结构，降低风力发电机组安装成本，为我国风力发电机组的安全性能提供技术支持，从而推广风力发电产业的发展。未来我国风电技术的发展趋势如下。

（1）规模化发展、基地化建设

作为补贴与平价时代的交界，2019—2020 年风电行业开启了风电大基地发展模式。资源条件良好、成本造价低的平价上网试验田——三北风电占据着极大优势。据北极星风力发电网不完全统计，2019 年内蒙古、吉林、黑龙江等地先后核准了超十个风电大基地项目。在"双碳"目标下，风电产业作为清洁能源的重要力量之一，必将承担更多责任，其中，持续降本是产业必须面对的首要课题。推进"三北"地区陆上大型风电基地建设和规模化外送、加快推动近海规模化发展，将是"十四五"期间风电发展的重要任务。

（2）海陆机组大型化

2020 年 3 月 13 日，中车株洲所 WT3300D146 风电机组在云南火木梁风电场成功吊装，成为彼时中国西南地区单机功率和风轮直径最大的风电机组；8 月，国家电投通辽市 100 万千瓦外送风电基地项目中标候选人公示，投标机组的单机功率均在 4.5MW 及以上；10 月风能展，维斯塔斯发布 V162-6.0MW 新机型，将陆上风机推上 6MW 新时代。同期，湘电风能、明阳智能、中国海装等国内头部整机企业分别发布了自主研发的 8～11MW 海上大功率风机新品。无论海陆，风电机组大型化是发展方向，特别是海上风电，单机容量越来越大的趋势会进一步加速，而与大型化趋势相对应的智能化、定制化、轻量化技术也将备受重视。

（3）风光水火储一体化发展

2020 年 8 月，国家发改委、国家能源局共同发布了《关于开展"风光水火储一体化""源网荷储一体化"的指导意见（征求意见稿）》。鉴于我国电力系统综合效率不高，源网荷等环节协调不够、各类电源互补互济不足等短板，在电源侧开展"风光火储一体化"建设是缓解以上短板的有效方式。2020 年 12 月 8 日，中国能建规划设计集团与内蒙古自治区鄂尔多斯市东胜区人民政府签署 1GW 风＋5GW 光储一体化项目投资开发框架协议，总投资 238 亿元。据不完全统计，目前在内蒙古、新疆、辽宁已有多个"风光火储一体化"项目，项目参与企业包含国家电投、大唐集团、中国电建、中国能建以及协鑫集团、明阳智能。

（4）漂浮式风电开启元年

2009 年，世界上第一台 2.3MW 漂浮式风机出现在挪威海域；2017 年，全球第一座商业化漂浮式风场 Hywind 在苏格兰投产；2020 年，世界最大漂浮式项目 WindFloat Atlantic 并网一台 MHI Vestas 8.4MW 风机。随着欧洲漂浮式风电渐入佳境以及我国近海风电资源开发殆尽，我国在 2020 年开启了漂浮式风电发展的元年。2020 年 4 月，中广核研究院"漂浮式海上风电与海洋牧场融合关键技术研究"项目完成合同签订；明阳智能发布公告，拟募集资金 7.2 亿用于 10MW 级海上漂浮式风机研发项目。2020 年，行业内已经出现多个致力于深远海漂浮式风电的课题与对应的基础、风机、海缆技术创新。"十四五"期间，国家将积极推动深远海示范项目发展，未来 5 年将会是我国漂浮式风电获得开创性发展的阶段。

（5）风电技改市场进入红海

2020 年 3 月，三峡新能源一则"江苏响水 201MW 风电场老旧机型技改项目招标公告"掀开了 2020 年技改比武的大潮。在我国风电大规模发展初期，兆瓦级以下风电机组及 1.5MW 风电机组是主力，这些机组设备运行时间多在 10～15 年，正面临着设备老化、运行故障高等一系列痛点。截至 2019 年底，我国风电装机突破 2.1 亿千瓦。随着即将开启的"双碳"目标机遇下的大发展以及平价时期对提质增效需求的进一步增加，风电技改市场正在以最快的速度在业内铺开。据了解，目前国内排名前十的风机厂家都已组建自己的专业技改队伍，同时还有核心大部件供应商为自己的产品进行专业服务。技改后市场的发展趋势将会越来越专业化，同时面临的竞争也将越来越白热化。

1.3.4.5　生物质能发电

生物质能发电采用农林废弃物直接燃烧发电、农林废弃物气化发电、垃圾焚烧发电、垃圾填埋气发电和沼气发电等方式对生物质所具有的生物质能进行发电，是可再生能源发电的重要组成部分和目前生物质能应用方式中最普遍、最有效的方法之一。在欧美等发达国家，生物质能发电已形成非常成熟的产业，成为一些国家重要的发电和供热方式。截至 2018 年底，全球共有 3800 个生物质能发电厂，装机容量约为 60GW。就生产面积而言，欧洲是最大的地区，美国的生物质能发电技术领先于世界，其产量仅次于欧洲。其中，美国主要采用流化床技术燃烧以木质废料为主的生物质；丹麦以麦草和煤的比例按 6：4 送入循环流化床中燃烧以提高流化床锅炉的燃烧效率；巴西实施了世界上规模最大的乙醇开发计划，乙醇燃料已经占该国汽车燃料消费量的 50％以上。

如图 1-17 和图 1-18 所示，随着我国对可再生能源支持力度的加强，生物质能发电投资热情迅速高涨，装机容量和占可再生能源的比重都呈逐年增加的趋势，发电规模已实现全球第一，其中垃圾焚烧发电、农林生物质和沼气发电分别占到了生物质能发电量的 44.50％、35.60％和 20％。2020 年，全国生物质能发电新增装机 543 万千瓦，累计装机达 2952 万千瓦，同比增长 22.6％；发电量 1326 亿千瓦·时，同比增长 19.4％。生物质能发电正逐渐成为我国可再生能源利用中的新生力量，前景较好，发展空间巨大，保守估计到 2026 年，全社会用电量为 8.79 万亿千瓦·时，可再生能源发电量为 2.81 万亿千瓦·时，生物质能年发电量占可再生能源发电量的 13.64％，发电量约为 3834 亿千瓦·时，较 2020 年实现翻番。

随着生物质能产业的快速发展，仅依靠传统农林生物质的高效循环利用已难以满足产业发展需求，开发新型生物质（如能源植物和藻类等）以适应快速发展的产业需求已迫在眉睫。在生物质热解方面，通过将可再生生物质转化为生物焦、可燃气和清洁能源生物油，利用微波强化生物质热解，可以进一步降低能耗和成本，加快反应速率，有效提高能量利用率，高效转化生物质能。此外，生物质能可与太阳能、垃圾、煤等其他多种可再生能源联合应用，通过生物质型煤技术等建立环境友好型的能源使用系统。同时，互联网、大数据和人工智能的兴起，为生物质能带来新的发展机遇，未来将呈现多元化、智能化和网络化的发展态势。

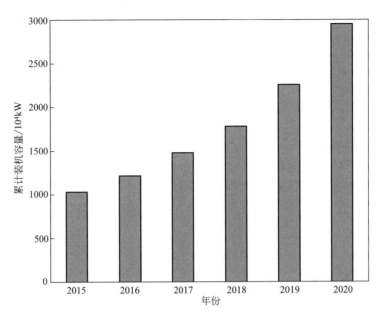

图 1-17　2015—2020 年我国生物质能发电累计装机容量

（数据来源：智研咨询整理，《2020 年中国生物质发电行业规模及市场结构分析》）

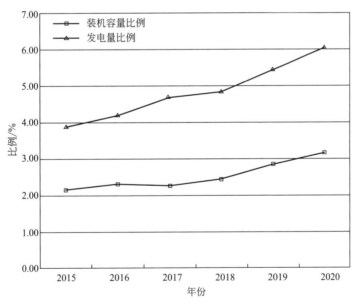

图 1-18　2015—2020 年我国生物质能占可再生能源的比例

（数据来源：智研咨询整理，《2020 年中国生物质发电行业规模及市场结构分析》）

1.3.4.6　氢储能发电

在所有清洁能源中，氢能被广泛认为是未来最有发展潜力的二次能源。氢既可由可再生能源如水力、风能、太阳能、生物质和地热能产生，也可由不可再生能源如煤、天然气和核能产生，所以氢的来源途径广泛，具备可再生、可持续性。另外，氢使用后的排放物是水，可以达到"零"碳排放和"零"污染。此外，氢具备可储、可运、可发电的独特优势，因而特别适合大规模应用于电厂的储能发电，使氢能与电能可互相转化、互为依托、优势互补。

所以，氢能是世界各国普遍认为的最适合人类社会未来应用的新型清洁能源，是解决当前全球能源危机、环境恶化和温室效应问题的关键方案。在诸多制氢路线中，依托电解槽和可再生能源发电制备的"绿氢"因其低碳、清洁、灵活等特点而备受行业重视。随着可再生能源发电及电解槽成本的下降，"绿氢"有望成为一个带动发展、创造新型就业的规模产业，并逐步取代石油等化石燃料，重塑全球进出口供需关系格局，成为未来实现"碳中和"目标的重要组成部分。

如图 1-19 所示是目前全球氢能生产及终端使用的情况。世界上许多发达国家如美国、日本和欧盟各成员国等都对氢能源给予极大的重视，分别制定了具体的氢能规划，以求在未来能源革命中抢占"氢经济"发展的制高点。截至 2020 年底，至少有 35 个国家正在研究推广氢气，其中约 20 个国家地区已经发布国家级氢能战略。例如德国在《国家氢能战略》中指出，氢能对德国实现"碳中和"目标的作用不可替代，应大力发展可再生能源电解水制氢，并将"绿氢"用于工业、交通等"难以减排领域"。为此，德国将投入 90 亿欧元打造氢能供应链及应用示范，力争成为全球"绿氢"技术领导者。政府层面的高度关注，也催生出一批"明星项目"。例如瑞典钢铁集团于 2020 年 8 月投产的 HYBRIT 氢能炼钢项目、英国启动的"HyDeploy"天然气掺氢项目、沙特与美国空气集团建设的"绿氢合成氨"项目等。

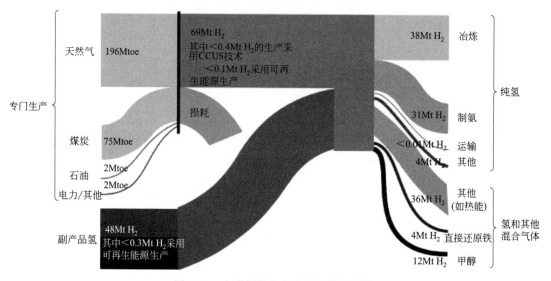

图 1-19　全球氢能生产及终端使用情况

我国氢能发展也保持迅猛发展势头，规划政策利好不断。2020 年，全国共有超过 30 个地方政府发布了氢能发展相关规划，涉及加氢站数量超过 1000 座、燃料电池车数量超过 25 万辆，不论是规划数量还是发展目标，均比 2019 年有大幅度提升。2020 年，中国氢能产业投融资规模为 712 亿元，在氢燃料电池产业链的投融资金额达 515 亿元，部分先发地区产业集聚效应初步形成，汇聚产值规模突破千亿元。目前，我国氢气产能约每年 4100 万吨，产量约 3342 万吨，是世界第一产氢国。中国氢能联盟预计，2030 年我国可再生能源制氢有望实现平价，在 2060 年"碳中和"情景下可再生能源制氢规模有望达到 1 亿吨，并在终端能源消费占比中达到 20%。其中，工业领域用氢占比仍然最大，约 7794 万吨，占氢总需求量 60%；交通运输领域用氢 4051 万吨，建筑领域用氢 585 万吨，发电与电网平衡用氢 600 万吨。然而，当前我国氢生产仍以化石燃料为主，其中 43% 来自煤炭，13% 来自石油，16% 来自天然气。相比之下，世界上其他国家的氢气产量中，来自天然气的产量占总产量的 48%。此外，我国的输氢管道仅有 100km，而美国和欧洲分别已有 2500km 和 1598km 输氢管道。

氢在能源领域可与电力、热力、油气、煤炭等能源品种大范围互联互补，优化能源结构。其中，在电力领域可有效弥补电能存储性差的短板，有力支撑高比例可再生能源发展。在电力生产过剩时，可使用冗余电力制造氢气并储存；而在电网电力生产不足时，可将储存的氢气通过燃料电池来生产电力或转化为甲烷，为常规燃气涡轮发电机提供动力。氢储能发电具有能源来源简单、丰富、存储时间长、转化效率高、几乎无污染排放等优点，是一种应用前景广阔的储能及发电形式，可以解决电网削峰填谷、新能源稳定并网问题，提高电力系统安全性、可靠性、灵活性，并大幅度降低碳排放，推进智能电网和节能减排、资源可持续发展战略。

目前，国际上小型氢能"发电站"开始进入推广期，大型氢能发电示范站也在逐步建设中。从国内情况看，中国电解水制氢技术的基础较好，包括零部件控制、集成等方面的相关产业链也在逐步形成。发展氢能已列入国家的重大发展项目，国家电网公司也正在进行氢能储能发电的前瞻性研究，氢能与电能将是未来能源应用的主要表现形式。为了未来的能源和全球经济安全，必须大力发展氢气储能及发电技术，充分将氢能和电能合理而高效地结合，同时发挥氢气可以作为储能介质的优势，克服可再生能源间歇性弊端，才能实现能源革命的顺利过渡，促使"氢能经济"早日到来。

1.3.4.7 地热能发电

地热能是蕴藏在地球内部的热能，具有储量大、分布广、绿色低碳、可循环利用、稳定可靠等特点，是一种现实可行且具有竞争力的清洁能源。地热能开发利用可减少温室气体排放，改善生态环境，有望成为能源结构转型的新方向。地热能资源储量丰富，但分布广泛不均衡。IEA、中国科学院和中国工程院等机构的研究报告显示，世界地热能基础资源总量为 1.25×10^{27} J（折合 4.27×10^8 亿吨标准煤），是当前全球一次能源年度消费总量的二百万倍以上（当前全球一次能源消费总量按 200 亿吨标准煤计算）。按照空间分布和赋存状态，地热资源分为浅层地热资源、水热型地热资源和干热岩地热资源。其中，水热型地热资源又分为高温地热资源和中低温地热资源。不同类型地热资源可分为直接利用和发电利用两类。

近年来，全球直接利用地热能的国家数量不断增加。据 2020 年世界地热大会统计，2020 年直接利用地热能的国家/地区已从 1995 年的 28 个增至 88 个（图 1-20）。截至 2020年，全球地热直接利用折合装机容量为 1.08 亿千瓦，较 2015 年增长 52%，地热能利用量为 1020887TJ/a（约合 2.8358×10^{11} kW·h/a），较 2015 年增长 72.3%。地热直接利用装机容量和利用量排名前五的国家分别为：中国、美国、瑞典、德国、土耳其和中国、美国、瑞典、土耳其、日本。IEA 预测，到 2035 年、2040 年，全球地热直接利用装机容量将分别达到 500GW 和 650GW。

如图 1-21 所示，与其他可再生能源发电技术相比，地热发电的机组利用率高、度电环境影响小、成本具有竞争性，且不受天气条件的影响，可提供基荷电力。根据 IEA 数据，2019 年全球地热发电量达到 91.8TW·h，同比增长 3%。在 2020 年 COVID-19 疫情冲击下，地热发电增长受到一定影响，全球新增地热发电装机容量 202MW，累积装机量达到 15608MW。其中，美国地热发电装机 3714MW，居世界首位，其次是印度尼西亚、菲律宾、土耳其和新西兰。地热发电装机排名前十的国家占到全球地热发电装机总量的 90% 以上（图 1-22）。

100
80
60
40
20
0
数量/个
28
58
72
78
82
88
1995
2000
2005
2010
2015
2020
年份

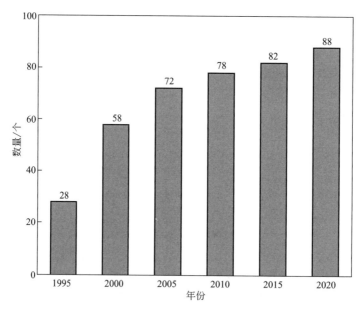

图 1-20 全球直接利用地热能的国家/地区数量
（数据来源：World Geothermal Congress 2020）

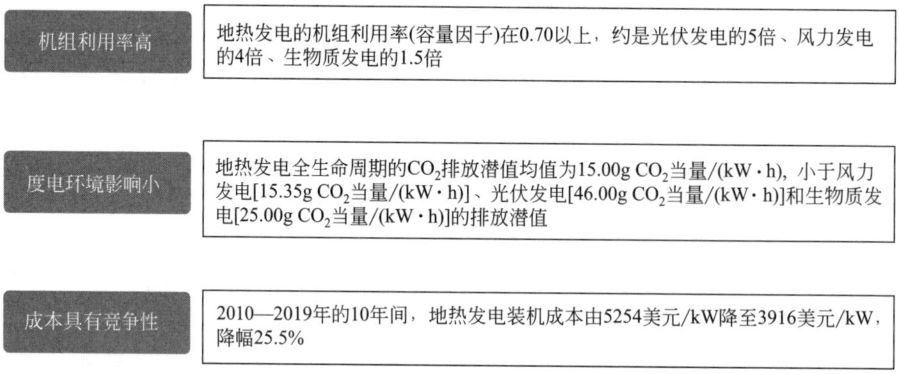

机组利用率高
地热发电的机组利用率(容量因子)在0.70以上，约是光伏发电的5倍、风力发电的4倍、生物质发电的1.5倍
度电环境影响小
地热发电全生命周期的CO_2排放潜值均值为15.00g CO_2当量/(kW·h)，小于风力发电[15.35g CO_2当量/(kW·h)]、光伏发电[46.00g CO_2当量/(kW·h)]和生物质发电[25.00g CO_2当量/(kW·h)]的排放潜值
成本具有竞争性
2010—2019年的10年间，地热发电装机成本由5254美元/kW降至3916美元/kW，降幅25.5%

图 1-21 地热发电优势

目前，地热发电仅占全球非水可再生能源装机比重的约 1%，但由于机组利用率高，地热发电贡献了非水可再生能源发电总量的 3%以上。在资源条件适合的地区，地热发电在电力成本上可以和其他可再生能源媲美。许多国家正在加快进入地热市场，特别是欧洲国家，如德国已拥有 37 座地热发电设施，并计划在未来数年里新增 16 座地热发电以及供热设施。

我国地热能资源丰富，但资源探明率和利用程度较低。目前，中国大陆 336 个主要城市浅层地热能年可采资源量折合 7 亿吨标准煤，可实现供暖（制冷）建筑面积 320 亿立方米；大陆水热型地热能年可采资源量折合 18.65 亿吨标准煤；埋深 3000～10000m 干热岩型地热能基础资源量约为 2.5×10^{25}J（折合 856 万亿吨标准煤）。我国在 20 世纪 70 年代初建设了广东丰顺、河北怀来、江西宜春等 7 个中低温地热发电站，在 1977 年建设了西藏羊八井中高温地热发电站。西藏羊易 16MW 地热发电项目作为当时世界上海拔最高、国内单机容量最大的地热发电机组于 2018 年 10 月实现并网发电。如图 1-23 所示，2011—2020 年，我国地热发电累计装机容量一直在 25～27MW 之间，还需进一步加大开发力度。

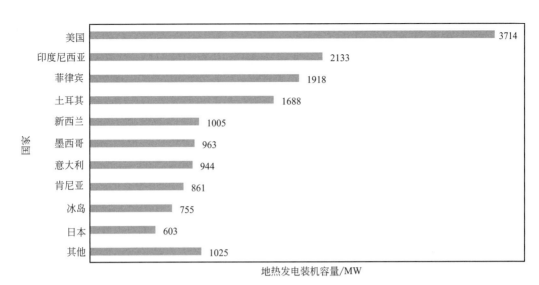

图 1-22　2020 年全球地热发电装机容量

（数据来源：中国电力网，《2020 年全球地热发电报告》）

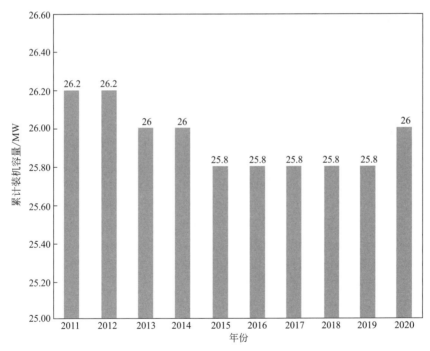

图 1-23　2011—2020 年中国地热发电累计装机容量规模

（数据来源：前瞻产业研究院，《2021—2026 年中国地热能开发利用前景与投资战略规划分析报告》）

　　虽然地热发电与风电、光伏同属于可再生能源发电，并可作为稳定的基荷电源，发电效率也更高，但价格政策等原因使得部分有实力的企业对地热发电项目持观望态度，从而导致产业链整体配套难以及时跟进发展。以西藏为例，上网电价仅为 0.25 元/(kW·h)，远低于光伏电价 1.05 元/(kW·h)。此外，我国现已探明高温资源好的地区，交通条件相对不便，勘查与开发难度较大，发电项目建设周期长，技术门槛较高，前期地勘投资大、风险高，从而严重影响了企业参与地热开发的积极性。此外，2020年9月1日起实施的《中华人民共和国资源税法》要求对地热按原矿1％～20％或1～30元/m³的税率标准征税，企业需要进行大量的环保投入，从而阻碍了地热行业的高质量发展。

针对以上情况，首先应参考风光等可再生能源早期电价政策，加快地热上网电价政策的研究与出台，以吸引国内企业的资金投入，促进地热能开发利用关键技术的突破。同时，建议加强地热资源勘查投入，加大地热资源勘查力度和精细度，特别是基础调查工作，促进地热行业健康稳定发展。此外，基于地热能可再生能源的基本属性，考虑到地热产业处于培育阶段，建议对按要求回灌的水热型地热能实行减免矿产资源税。

1.3.4.8　储能技术

由于风能、太阳能和潮汐能等多种新能源发电受到气候和天气的影响，发电功率难以保证平稳，从而导致电力系统电能质量恶化，造成频率和电压不稳，甚至引发停电事故。为了解决这一问题，在风力发电或太阳能光伏发电等新能源发电设备配置储能装置，在电力充沛时，储存多余电力，在晚上、弱风或者超大风力发电机组停运或者停运机组过多、发电量不足的时候释放出来以满足负荷需求。因此，从全球以及中国的能源体系变化趋势来看，储能技术是解决绿色低碳能源有效利用的关键，已经成为输配电领域发展的重点。

在"碳中和"的愿景下，世界各国都提出了新型电力系统的发展战略，在新能源快速发展的趋势下，可再生能源发电并网和消纳压力是储能发展的最大动力，也给储能行业带来了强劲的市场需求。日本从资金、技术和政策方面综合发力，致力于储能产业的发展。在资金方面，日本为储能技术的研发和推广提供直接的资金拨款和费用补贴，如日本政府不仅在钠硫电池前期研发上给予50％的无偿资金支持，还提供包括技术、市场、示范项目等多方面的扶持，并在其投入商业化运作后，继续给予补贴；在技术方面，日本致力于降低电池的成本和提高电池的使用寿命，因此展开了多个项目进行技术研发，包括风电项目、车载电池、固定式储能电池、电池材料技术评价等，涉及的储能技术有锂电池、镍氢电池和全钒液流电池等。美国政府对储能技术支持力度较大，已将储能技术定位为支撑新能源发展的战略性技术，制定了一系列相关计划、投资和补贴政策等激励和扶持储能产业的发展。联邦层面，主要的激励政策为投资税抵免（ITC）和加速折旧（MACRS）。除联邦政策外，美国各州立法和监督机构将部署储能系统作为能源政策的优先事项，各个州也针对储能出台了相应的激励政策，如2019年，纽约州能源研究与发展局根据其市场加速激励计划，为储能项目拨款2.8亿美元，得克萨斯州议会通过的一项法案允许配电公司与第三方签订储能部署合同，每个公用事业公司储能部署的装机容量至少为40MW。

我国储能产业起步较晚，但发展迅速。政府部门于2009年开始重点关注储能产业发展，国家发改委、科技部、工信部等部委为储能产业设立了专项基金，在国家"863""973"等科研项目中也有体现。此后，随着国外先进储能材料技术和高性能电池技术投资热潮的出现，我国新能源产业市场需求的不断扩张，2010年《中华人民共和国可再生能源法修正案》中第一次提到储能的发展。2016年"十三五"规划中明确提出要重点推进包括可再生能源、能源储备设施、能源关键技术装备等能源行业八大重点工程，加快推进光热发电、大规模储能等技术研发应用。储能行业发展迎来春天。2021年以来，储能政策的密集出台直指"碳中和"愿景下大力推动新能源发电装机过程中的弃风弃光现象，政策拟通过明确市场地位和价格机制，形成和完善商业模式，以推动传统抽水蓄能和新型电化学储能等加快发展及大规模应用，有效地缓解新能源发展和消纳中的压力。2021年8月10日，国家发改委、国家能源局联合发布了《关于鼓励可再生能源发电企业自建或购买调峰能力增加并网规模的通知》，进一步鼓励和推动可再生能源企业的发电端储能应用推广，并将相应成本明确在发电成本中，预计后续将出台电化学储能电价和发电侧电价市场化的相关政策，这将进一步推动储能推广需求从政策导向转向盈利导向。

如图 1-24 所示，截至 2020 年底，全球已投运储能项目累计装机规模 191.1GW，同比增长 3.4%。其中，抽水蓄能的累计装机规模最大，为 172.5GW，同比增长 0.9%；电化学储能累计装机规模紧随其后，为 14.2GW。中国已投运储能项目累计装机规模 35.6GW，占全球市场总规模的 18.6%，同比增长 9.8%。其中，抽水蓄能的累计装机规模最大，为 31.79GW，同比增长 4.9%；电化学储能的累计装机规模位列第二，为 3269.2MW，同比增长 91.2%，其中锂离子电池的累计装机规模最大，为 2902.4MW。"十四五"期间，我国的电化学储能市场将正式跨入规模化发展阶段。

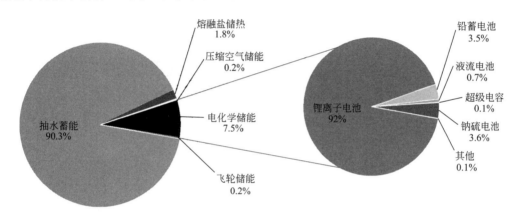

图 1-24　全球不同储能方式的累计装机容量占比
（数据来源：前瞻产业研究院，《2021 年全球储能电池行业市场现状与发展前景分析》）

根据储能介质与储能装置，储能技术可以分为机械类储能、电气类储能、电化学储能、热储能和化学储能等，各种储能的技术特性和适用范围存在着较大的区别。飞轮与超级电容器储能主要应用于工业生产中对电压波动较为敏感的精密制造与通信、数据中心等行业，抽水蓄能主要应用于大电网的输配电环节，而化学储能则更多运用于光、风发电等波动较大的可再生能源发电侧、中小型智能变电站和用电侧。根据中国现有的能源结构、能源消费态势以及能源技术演进情况，预计未来中国的储能技术将在电化学储能、飞轮储能与化学储能三个方向有较大的发展机会，其中电化学储能确定性最高，飞轮储能应用范围最广，化学储能前景极广阔，但存在较大的不确定性。

电化学储能技术增长的确定性主要来源于两个方面，一是中国已经成为最大的新能源汽车市场，动力电池存量庞大，处于资源节约利用要求，有必要推动动力电池的梯次利用，同时庞大的新能源汽车市场也培育了中国锂电池产业链。此外，电化学储能技术极为成熟，在铅蓄电池时代就已经在不间断电源（UPS）领域得到广泛的利用，电化学储能技术推广应用难度小，产业链极为完善，且兼容性好，目前已经成为中国市场最为主要的储能项目，未来随着 2015 年前后的新能源汽车进入电池更换周期，锂电池在储能领域的梯次利用有望迅速增长。

飞轮储能技术相对于电化学储能技术而言，其应用范围更为广阔。主要是由于其相对于电化学储能技术的灵活度更高，具有更高的能量转换效率、可靠性、易维护、使用环境要求低、无污染、使用寿命长。因此，广泛适用于如半导体生产线、机场、移动电源车、风电、光伏等新能源发电以及整个电网的调峰、调频。同时，随着居民部门的用量上升，居民小区的电网调峰调频需求也会显著增长，但中国飞轮储能技术成熟度还相对较低，技术成熟与示范应用仍需 8～10 年的时间推广。

化学储能的前景极为广阔，主要是由于电解水制氢工艺能够将可再生能源发电与氢能源两个大方向极为紧密地联合起来。目前全球工业制氢工艺主要以天然气、煤制氢两种为主，电解水制氢主要用于实验室。天然气制氢、煤制氢工艺由化石能源转化，存在较大能源损耗，同时氢气纯度相对较低，后续提纯难度大，难以直接用于氢燃料电池。而利用可再生能源发电技术生成的电力电解水制氢能够获得极高纯度的氢气，可以直接利用，设备投资成本低，同时可以消纳过剩的可再生能源产生的电力，提高可再生能源的经济效益，且具有较大的灵活性，可以实现分布式生产。随着全球可再生能源发电技术的发展以及氢能源利用技术的持续进步，化学储能技术具有极为广阔的市场前景。

1.4 "双碳"目标下电力行业绿色发展新模式与展望

1.4.1 绿色发展新模式

根据十九大精神和我国电力工业发展的客观要求，电力工业转型升级以科技创新为引领，以转变发展方式为中心，以结构调整节能增效为重点，以体制改革和机制创新为保障，加快非化石能源电源结构建设，在电力工业的关键技术领域取得突破，实现清洁能源的优化配置，从根本上改变电力生产消费方式，推动电力工业体系向清洁低碳、安全高效的现代电力工业体系转变。随着全社会电气化水平的提升，更多碳排放从终端用能行业转移到电力，电力行业碳减排压力将持续加大。在此背景下，加快构建以新能源为主体的新型电力系统，是电力工业促进自身碳减排、支撑全社会碳减排的必由之路，是实现电力工业高质量发展的必然选择。以新能源为主体的新型电力系统，包括新能源为主体的电源结构，高弹性的数字化、智能化电网，源网荷储、多元互动及以电为中心的综合能源服务体系等，通过统一高效、有机协调的电力市场，实现电力系统各环节紧密连接、稳定有序，为经济社会发展提供源源不断的动力支持。

在发电环节，积极开展煤炭清洁高效燃烧，降低污染物排放，逐步减少煤炭消费比重，以低碳绿色能源大规模利用为目标，推动能源生产低碳转型。在输电环节，逐步提高低碳绿色电源接入比例，不断提高电网系统的灵活性、智能化，实现实时电力市场，智能判断弃风、弃光，调节并发布实时电价，实现适应可再生能源发电的智能用能，不断强化电网对天气气象的适应能力。在用电环节，实现终端用电高效化、需求多元化、用电智能化，优化集成整个能源系统，不断增加电能在终端消费比重，建立高度智能化的能源系统，实现以大数据分析技术、云计算互联网为代表的信息化、数字化技术与电力的深度融合，构建需求侧的智能能源互联网及智能能源互联网群。

1.4.1.1 加快形成以新能源为主体的电力供应格局

一是保持风电、太阳能发电快速发展。坚持集中式和分布式并举，大力提升风电、光伏发电规模。在开发、送出和市场消纳协调发展的前提下，在"三北"地区建设以新能源为主体的清洁化电源基地，实现新能源集约、高效开发。积极开发中东部风能、太阳能资源，有序发展海上风电，加快东南沿海海上风电基地建设。推动风电、光伏发电技术进步和成本降低，完善新能源发电服务体系，不断提升新能源发电的竞争力。预计 2025 年、2030 年、2035 年，全国风电装机分别达到 4 亿千瓦、6 亿千瓦、10 亿千瓦，太阳能发电装机分别达到 5 亿千瓦、9 亿千瓦、15 亿千瓦。

二是积极推进水电、核电、气电电源的开发。以西南地区主要河流为重点，加快推动流域调节作用强的龙头电站开发，实施雅鲁藏布江下游的水电开发。预计 2025 年、2030 年、2035 年，全国常规水电装机分别达到 3.9 亿千瓦、4.4 亿千瓦、4.8 亿千瓦，抽水蓄能装机分别达到 0.8 亿千瓦、1.2 亿千瓦、1.5 亿千瓦。坚持安全有序发展核电的方针，启动一批沿海核电项目。"十五五""十六五"期间，核电年均增加 8～10 台机组；2025 年、2030 年、2035 年，全国核电装机分别达到 0.8 亿千瓦、1.3 亿千瓦和 1.8 亿千瓦。合理布局、适度发展气电，预计 2025 年、2030 年、2035 年，全国气电装机分别达到 1.5 亿千瓦、2.35 亿千瓦、3 亿千瓦。

1.4.1.2　建设高弹性、数字化、智能化电力系统

一是打造多元融合高弹性电网。适应高比例新能源、高比例电力电子设备需要，促进系统各环节全面数字化、智能化。建立全网协同、数字驱动、主动防御、智能决策的新一代调控体系。加强源网荷储多向互动，多能互联，推进多种能源形式之间的优化协调，提高电力设施利用效率，提升整体弹性。加强预测预警体系建设，保障极端事件下的电力系统恢复能力。

二是持续开展煤电机组灵活性改造。煤电功能定位由主体电源逐步转变为调节电源，需大规模实施煤电机组灵活性改造，从整体上提升机组的灵活调节能力。要加强规划引导，有序安排改造项目，30 万千瓦、60 万千瓦亚临界机组应优先实施灵活性改造。同时，要完善辅助服务补偿机制，保障煤电机组的合理收益。

三是大力加强储能体系建设。加快抽水蓄能建设。既要推进单机容量 30 万千瓦以上、电站容量百万千瓦以上的抽水蓄能项目建设，又要因地制宜，建设中、小型抽水蓄能项目，对具备条件的水电站进行抽水蓄能改造。完善电动汽车参与系统调节的激励机制，不断提升电动汽车与电力系统互动水平。鼓励各类电化学储能、物理储能的开发应用。

1.4.1.3　深入推动能源消费革命，提升能效水平

一是贯彻落实节能优先方针。我国单位 GDP 能耗约为世界平均水平的 1.3 倍，节约的能源是最清洁、高效、优质的能源，节能提效是减排的重要力量。要积极推广先进用能技术和智能控制技术，提升钢铁、建筑、化工、交通等重点行业用能效率，大力推动各行业节能改造，淘汰落后产能，推进能源梯级利用、循环利用和能源资源综合利用，降低全社会用能成本。

二是大力实施电能替代。推动以电代煤、以电代油、以电代气，形成电能为主的能源消费格局。深入实施工业领域电气化升级，深挖工业窑炉、锅炉替代潜力。大力提升交通领域电气化，推动电动汽车、港口岸电、公路和铁路电气化发展。积极推动绿色建筑电能替代。大力加强用能领域标准建设，预计到 2025 年、2030 年、2035 年，全国电能占终端能源消费比重分别达到 31%、35%、39%；2020—2035 年，预计全国替代电量达到 1.7 万亿千瓦·时。

三是积极推动多元互动的综合能源服务。构建智能互动、开放共享、协同高效的现代电

力服务平台，满足各类分布式发电、用电设施接入以及用户多元化需求。深度挖掘需求侧响应潜力，鼓励引导大用户参与实施需求响应。积极开展综合能源服务，提高负荷的可调节性。

1.4.1.4　充分发挥市场在资源配置中的决定性作用

一是持续深化电力市场建设。构建统一开放、高效运转、有效竞争的电力市场体系，出台灵活的电价政策。加快完善辅助服务市场机制，有序开展容量市场和输电权市场建设。

二是积极发挥碳市场低成本减碳作用。继续完善全国碳市场交易体系，分步有序推动其他重点排放行业纳入全国碳市场。分阶段引入 CCER、碳汇等交易产品，建立碳金融衍生品交易机制，积极引导社会投资。探索区块链、绿证在碳市场中的应用。加强发电企业参与碳市场能力建设，深入开展企业碳资产管理工作，努力降低发电企业整体低碳发展成本。

三是探索建设全国电-碳市场。建立电力市场与碳市场的联动机制，将现有电力市场和碳市场管理机构、参与主体、交易产品、市场机制等要素深度融合，构建主体多元的竞价体系、减排与收益相关的激励机制，以及"统一市场、统一运作"的交易模式。形成电价与碳价有机融合的价格体系。

1.4.2　展望

1.4.2.1　我国电力行业发展趋势

（1）电力需求仍有较大增长空间

我国电力需求将持续增长，而增速将逐步放缓，2035 年达 10.9 万亿～12.1 万亿千瓦·时，2050 年达到 12.4 万亿～13.9 万亿千瓦·时，在当前水平上翻一番，人均用电量将达到 8800～10000kW·h。建筑部门是电气化水平提升最快的部门，而工业部门仍长期将是我国最重要的电力消费部门。

（2）电源装机增速快于电力需求

我国电源装机规模将保持平稳较快增长，2035 年将达到 35 亿～41 亿千瓦，2050 年将达到 43 亿～52 亿千瓦。电源结构呈现"风光领跑、多源协调"态势，陆上风电和光伏发电将逐步成为电源主体，2050 年两者装机容量占比之和将超过电源装机容量的 1/2，发电量占比之和超过 1/3；煤电装机将在 2025—2030 年前后达峰，峰值为 12 亿～13 亿千瓦，而气电、核电、水电等常规电源仍将保持增长态势。

（3）电网大范围资源配置能力持续提升

我国跨区输电通道容量将持续增长，2035 年、2050 年将由当前的 1.3 亿千瓦分别增长至 4 亿千瓦、5 亿千瓦左右，为当前水平的约 3 倍和 4 倍，"西电东送""北电南送"规模不断扩大。电网作为大范围、高效率配置能源资源的基础平台，重要性将愈加凸显，以特高压骨干网架为特征的全国互联电网将在新一代电力系统中发挥更加重要的作用。

（4）需求侧资源与新型储能迎来发展机遇期

2050 年，能效电厂、需求响应、新型储能的规模均将超过最大负荷的 15%。需求侧资源将在未来我国电力系统中发挥重要作用，能效电厂、需求响应容量稳步增长，2050 年资源规模将分别有望达到 4.5 亿千瓦、4.1 亿千瓦左右。新型储能在 2030 年之后迎来快速增长，成为电力系统重要的灵活性资源，2050 年装机将达 4.2 亿千瓦左右。

（5）电力系统成本将呈现先升后降趋势

当前至 2025 年，电力需求保持较快增长，新能源发电技术等仍处于发展期，能源转型需付出一定经济代价，电力系统成本持续上升，度电平均成本将在 2025 年前后达峰。随后，电力发展的清洁目标与经济目标逐渐重合，能源转型将更多基于市场自主选择。在考虑环境外部成本内部化的情况下，2050 年度电成本约为当前水平的 70%。如果不计环境成本，2050 年度电成本约为当前水平的 60%。

（6）电力行业碳排放总量将在 2025 年前后达到峰值

随着清洁能源发电量占比逐渐提升，电力系统碳排放总量在 2025 年前后出现峰值，峰值水平为 45 亿～50 亿吨。2050 年单位电量碳排放强度为当前水平的 22%～26%，电力系统排放量为 18 亿～19 亿吨，占全国碳排放的比重降至 30% 以下。

1.4.2.2　中国未来电力能源结构

减少电力行业碳排放的关键是要在发电侧对能源结构进行改革，推广不依赖化石燃料的关键技术，加大对水能、核能、风能、太阳能、生物质能等低碳能源的投资与开发。2021 年 10 月 26 日，《国务院关于印发 2030 年前碳达峰行动方案的通知》发布，提出"十四五"期间，煤炭消费增长得到严格控制，新型电力系统加快构建，绿色低碳技术研发和推广应用取得新进展。到 2025 年，非化石能源消费比重达到 20% 左右，单位国内生产总值能源消耗比 2020 年下降 13.5%，单位国内生产总值二氧化碳排放比 2020 年下降 18%，为实现碳达峰奠定坚实基础。"十五五"期间，产业结构调整取得重大进展，清洁低碳安全高效的能源体系初步建立，重点领域低碳发展模式基本形成，重点耗能行业能源利用效率达到国际先进水平，非化石能源消费比重进一步提高，煤炭消费逐步减少，绿色低碳技术取得关键突破。到 2030 年，非化石能源消费比重达到 25% 左右，单位国内生产总值 CO_2 排放比 2005 年下降 65% 以上，顺利实现 2030 年前碳达峰目标。

如图 1-25 和图 1-26 所示，基于发展潜力和实现"碳中和"目标的要求，波士顿咨询公司（Boston Consulting Group，BCG）发布了《锚定碳中和，电力行业减排扬帆》白皮书，设计了两种情景——清洁核能和绿色可再生能源情景，对中国未来电力能源结构进行了展望。其中，清洁核能情景假设积极发展核电，绿色可再生能源情景假设重点发展可再生能源。

两种情景的共同假设是：煤电将逐步退出，在发电系统中的角色从主要发电来源转变为维持电力系统稳定性的灵活调节电源，到 2050 年，所有机组都将配备 CCS 装置；天然气发电作为煤电退出的过渡方式，在 2030 年之前会加快发展，但由于资源限制且自身也产生碳排放，2030 年后会维持在较稳定的水平，且到 2050 年所有机组都将配备 CCS 装置；水力发电将有限开发，预计 2050 年前可开发资源将开发完毕，开发程度达到所有水力资源的 80%，限制因素是待开发资源量有限（已开发的水资源已经占到总资源的 50% 以上），开发难度将越来越大（生态环境脆弱、地理位置危险等原因）；生物质发电受限于生物质资源（垃圾、秸秆）等资源分散，收集、运输、储存成本较高，未来在发电量中会保持较小占比，且到 2050 年所有机组都将配备碳捕集利用和封存装置。

清洁核能情景假设：如图 1-25 所示，积极发展核电，一方面在核电站技术方面有所突破，安全性更高，核废物生产量更小；另一方面普及核电知识和安全防护措施，明确对核电

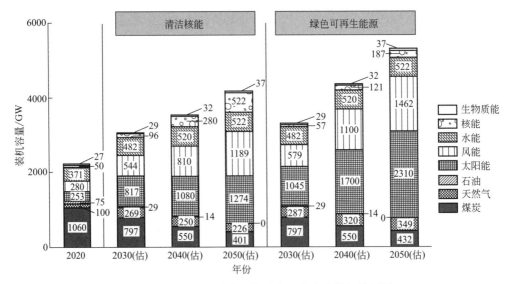

图 1-25 两种未来情境下各种发电方式的装机量预测

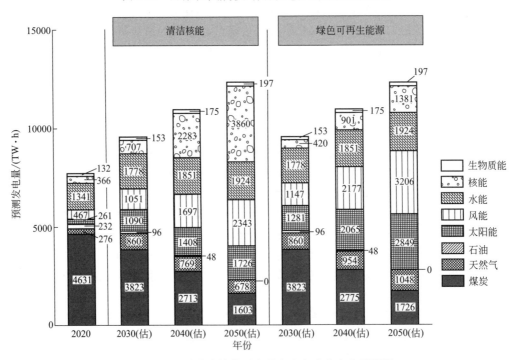

图 1-26 两种未来情境下各种发电方式的发电量预测

突发事件应对方法，提升大众对核电的接受度。然而，核电站发展受电站工程周期和保障安全性的限制，2030 年能建成并投入使用的核电站基本都在规划当中，2030 年前或只有约 6% 的涨幅，增长有限，预计 2030 年后可能加快增长，年增长率可达 8% 以上。对于可再生能源，技术成熟、经济性较强的集中式光伏发电和陆上风电有显著发展，但发展空间受地区限制，比如中东部地区土地资源少，光照和风能资源条件一般，能新建的集中式光伏和陆上风电有限；分布式光伏、离岸风电等仍未达到平价，尚需加大政策支持力度、提高发展动力。

　　绿色可再生能源情景假设：如图 1-26 所示，核能以 5% 以内的年增长率保守发展，作为基础负荷。重点发展可再生能源，在分布式光伏、离岸风电等未达到平价的领域，通过政策支持、技术突破等使成本大幅度降低，同时储能和特高压输电技术得到广泛应用，支持可再生能源发展；但由于风/光发电存在波动性，需要按风/光装机容量的 20% 左右配置火力发电（煤和天然气），供电网调峰使用。

　　如图 1-27 所示，为实现 2060 年"碳中和"目标，中国将分别朝着"清洁核能"或"绿色可再生能源"路径发展。然而，少量难以淘汰的化石燃料装机仍然会带来部分碳排放。为实现"碳中和"目标的最后一公里，通过化石燃料 CCUS、生物质 CCS、直接空气捕集等技术、发展储能技术和加大植树造林力度，实现剩余 9 亿吨 CO_2 的减排，并最终在 2060 年实现"碳中和"。

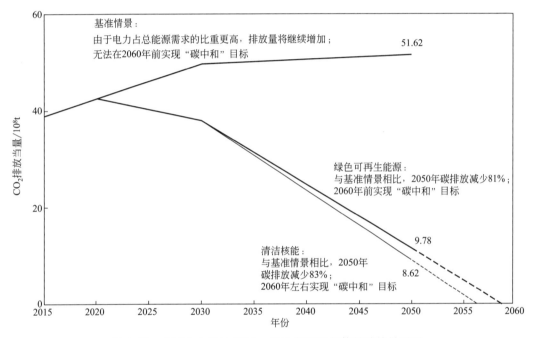

图 1-27　中国电力行业 2015—2060 年温室气体排放情景预测

参考文献

[1]　卢灿. 1.5℃约束下中国电力行业碳达峰后情景及效应研究 [D]. 北京：华北电力大学，2020.

[2]　索新良，盛金贵，王大勇，等. 600MW 燃煤电厂 CO_2 排放量测算和碳减排分析 [J]. 锅炉技术，2019，50（6）：17-21.

[3]　国家发展和改革委员会. 中国发电企业温室气体排放核算方法与报告指南（试行）[R]. 北京：国家发展和改革委员会，2013.

[4]　国家发展和改革委员会. 省级温室气体清单编制指南（试行）[R]. 北京：国家发展和改革委员会，2011.

[5]　高广生. 中国温室气体清单研究 [M]. 北京：中国环境科学出版社，2007.

[6]　国家统计局工业交通统计司. 中国能源统计年鉴 [M]. 北京：中国统计出版社，2011.

[7]　方文沐. 燃料技术问答 [M]. 第 3 版. 北京：中国电力出版社，2005.

[8]　于实，李丰田. 煤质检测分析新技术新方法与化验结果的审查计算实用手册 [M]. 北京：当代中国音

像出版社，2011.

[9]　王经伟.概述煤质分析结果判断与审查［J］.黑龙江科技信息，2012，（28）：35.

[10]　DL/T 5142—2002.火力发电厂除尘设计规程［S］.北京：中国电力出版社，2002.

[11]　王世昌.电站主流煤粉锅炉飞灰含碳量升高对供电煤耗的影响计算与分析［J］.节能，2011，1：37-40.

[12]　朱法华，王玉山，徐振，等.中国电力行业碳达峰、碳中和的发展路径研究［J］.电力科技与环保，2021，37（3）：9-16.

[13]　解振华，保建坤，李政，等.《中国长期低碳发展战略与转型路径研究》综合报告［J］.中国人口·资源与环境，2020，30（11）：1-25.

[14]　韩涛，赵瑞，张帅，等.燃煤电厂二氧化碳捕集技术研究及应用［J］.煤炭工程，2017，49（S1）：24-28.

[15]　张运洲，代红才，吴潇雨，等.中国综合能源服务发展趋势与关键问题［J］.中国电力，2021，54（2）：1-10.

[16]　Pierre F，Matthew W J，Michael O，et al.Global carbon budget［J］.Earth System Science Data，2019，11（4）：1783-1838.

[17]　朱法华，许月阳，孙尊强，等.中国燃煤电厂超低排放和节能改造的实践与启示［J］.中国电力，2021，54（4）：1-8.

[18]　赵冉.构建新型电力系统课题下储能市场升温：多元技术模式等待市场检验［N］.中国电力报，2021-04-29.

[19]　李琦，陈征澳，张九天，等.中国CCUS技术路线图未来版的（更新）启示：基于世界CCS路线图透视的分析［J］.低碳世界，2014，13：7-8.

[20]　李小春，张九天，李琦，等.中国碳捕集、利用与封存技术路线图（2011版）实施情况评估分析［J］.科技导报，2018，36（4）：85-95.

[21]　马丁，陈文颖.中国2030年碳排放峰值水平及达峰路径研究［J］.中国人口·资源与环境，2016，26（S1）：1-4.

[22]　韩学义.电力行业二氧化碳捕集、利用与封存现状与展望［J］.中国资源综合利用，2020，38（2）：110-117.

[23]　米剑锋，马晓芳.中国CCUS技术发展趋势分析［J］.中国电机工程学报，2019，39（9）：2537-2544.

[24]　韩力，谢辉，李治.碳捕获利用与封存技术发展探究［J］.建材发展导向，2020，18（4）：57-59.

[25]　陈敏曦.氢将在未来能源系统中发挥重要作用［J］.中国电力企业管理，2019，19：92-94.

[26]　李家全.碳捕集利用与封存项目决策方法及其应用研究［D］.北京：中国矿业大学，2019.

[27]　白宏山，赵东亚，田群宏，等.CO_2捕集、运输、驱油与封存全流程随机优化［J］.化工进展，2019，38（11）：4911-4920.

[28]　陈新新，马俊杰，李琦，等.国内地质封存CO_2泄漏的生态影响研究［J］.环境工程，2019，37（2）：27-34.

[29]　秦积舜，李永亮，吴德彬，等.CCUS全球进展与中国对策建议［J］.油气地质与采收率，2020，27（1）：20-28.

[30]　孙旭东，张博，彭苏萍.我国洁净煤技术2035发展趋势与战略对策研究［J］.中国工程科学，2020，22（3）：132-140.

[31]　樊金璐.能源革命背景下中国洁净煤技术体系研究［J］.煤炭经济研究，2017，37（11）：11-15.

[32]　中国工程科技发展战略研究院.2019中国战略性新兴产业发展报告［M］.北京：科学出版社，2019.

[33]　王显政.能源革命和经济发展新常态下中国煤炭工业发展的战略思考［J］.中国煤炭，2015，4：5-8.

[34]　彭苏萍，张博，王佟.煤炭资源可持续发展战略研究［M］.北京：煤炭工业出版社，2015.

[35]　谢克昌.中国煤炭清洁高效可持续开发利用战略研究［M］.北京：科学出版社，2014.

[36]　曾胜，高媛.绿色低碳能源开发技术进展与模式研究［J］.世界科技研究与发展，2019，41（6）：

596-609.

[37] 桂旭，高振宇.风力发电技术现状及关键问题探究 [J].科技创新导报，2019，16 (3)：52，55.

[38] 别如山.生物质供热国内外现状、发展前景与建议 [J].工业锅炉，2018，1：1-8.

[39] 普罗.生物质能源产业发展现状与展望 [J].绿色科技，2018，10：172-174，179.

[40] 马隆龙，唐志华，汪丛伟，等.生物质能研究现状及未来发展策略 [J].中国科学院院刊，2019，34 (4)：434-442.

[41] 中国产业发展促进会生物质能产业分会.中国生物质发电产业排名报告 [EB/OL].2019-06-27.

[42] 蔡海乐，王鑫，张彪，等.微波强化生物质转化制清洁能源的研究进展 [J].当代化工，2018，47 (7)：1523-1528.

[43] 王双，任红梅，曹琼，等.生物质能与多种能源协同发电 [J].能源技术与管理，2019，44 (2)：3-5.

[44] 冷三华.国内生物质型煤技术的研究现状分析 [J].冶金管理，2019，9：113.

[45] 陈亮，孙亮，郭慧婷，等.电网企业温室气体排放核算与报告要求国家标准解读 [J].中国能源，2016，38 (5)：38-39.

[46] 陈亮，孙亮，郭慧婷，等.发电企业温室气体排放核算与报告要求国家标准解读 [J].中国能源，2016，38 (4)：36-39.

[47] GB/T 32151.1—2015.温室气体排放核算与报告要求 第 1 部分：发电企业 [S].

[48] GB/T 32151.2—2015.温室气体排放核算与报告要求 第 2 部分：电网企业 [S].

[49] 毛健雄."3060"目标下，我国煤电如何低碳发展 [N].中国电力报，2021-03-19.

[50] 自然资源部.中国矿产资源报告 [M].北京，地质出版社，2019.

[51] 谢克昌."乌金"产业绿色转型 [J].中国煤炭工业，2016，2：6-7.

[52] 谢克昌.因地制宜推进区域能源革命的战略思考和建议 [J].中国工程科学，2021，23 (1)：1-6.

[53] 朱法华，王圣.煤电大气污染物超低排放技术集成与建议 [J].环境影响评价，2014，5：25-29.

[54] 朱法华，李军状，马修元，等.清洁煤电烟气中非常规污染物的排放与控制 [J].电力科技与环保，2018，34 (1)：23-26.

[55] 中国电力企业联合会.中国电力行业年度发展报告 [M].北京：中国建材工业出版社，2019.

[56] 杨丽，曾少军.我国洁净煤产业发展现状与对策 [J].煤炭经济研究，2011，31 (6)：4-11.

[57] 张迟，吴金华，赵先治，等.全球化学工业现状及发展趋势 [J].广州化工，2012，40 (16)：51-52，71.

[58] 王燕霞.美国：全球地热能开发第一国 [J].中国石化，2012，(12)：36-38.

[59] 包婧文.分布式电站是未来发展趋势 [J].太阳能，2013，(10)：13-15.

[60] 于波，辛毅.发展洁净煤技术，建设美丽中国 [J].北方环境，2013，25 (8)：35-38.

[61] 曹剑锋.火力发电厂的电气节能问题与措施研究 [J].科技与企业，2014，(10)：164.

[62] 陈云华，吴世勇，马光文.中国水电发展形势与展望 [J].水力发电学报，2013，32 (6)：1-4，10.

[63] 靳宝玲.基于系统动力学的火电厂碳排放预测研究 [D].北京：华北电力大学，2019.

第2章
钢铁行业双碳路径与绿色发展

钢铁是推动经济增长和社会发展的重要原材料。2020 年，全球钢铁产业产量达到 18.78 亿吨，其中一半以上用于建筑和基础设施建设，同时还广泛应用于工程、制造、运输和能源生产等领域。国际能源署（International Energy Agency，IEA）相关数据显示，到 2050 年，钢铁需求预计将增长逾 1/3，其中中国和印度等新兴市场国家的需求增长尤为显著。然而，钢铁生产过程伴随着大量的碳排放。国际钢铁协会（World Steel Association，WSA）统计数据显示，全球吨钢生产的平均 CO_2 排放量为 1.8t，钢铁行业 CO_2 排放量约占全球 CO_2 总排放量的 6.7%。

钢铁行业是中国工业的支柱性行业，约占中国 GDP 的 5%。中国作为世界第一钢铁大国，2020 年粗钢产量占全球粗钢总产量的 56%。然而，钢铁行业也是中国碳排放量最高的制造行业，约占中国碳排放总量的 15%，全球钢铁行业碳排放总量的 50%。根据麦肯锡测算，要实现 21 世纪末全球平均气温上升不超过 1.5℃的目标，到 2050 年中国钢铁行业须减排近 100%，这是极具挑战的目标。钢铁工业必须通过持续优化钢铁制造流程、全面实施绿色低碳工程、适度降低粗钢产量等一系列措施，全面推进钢铁行业的零碳转型，实现"碳中和"目标。

2.1　钢铁行业碳排放现状

2.1.1　全球钢铁行业产量及碳排放

如图 2-1 所示，根据 IEA 统计数据及 WSA 发布的《世界钢铁统计数据 2021》，继 2017 年增长 6%之后，2018 年全球粗钢产量增长了 4.91%，达到 18.17 亿吨，2019 年增长 2.86%，而 2020 年全球粗钢产量 18.78 亿吨，同比增长 0.54%。在 2013—2016 年间停滞不前后，2017—2019 年钢铁产量年增长率为 6%～8%。在人口和 GDP 增长的推动下，全球钢铁需求可能会继续增加，从而导致钢铁工业生产能源消耗和 CO_2 排放量的增加。

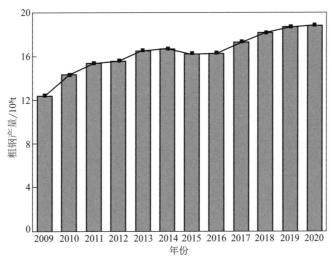

图 2-1　全球粗钢产量

如表 2-1 所示，2020 年中国粗钢产量达到 10.65 亿吨，占全球钢铁产量的一半以上，位列全球第一，是全球趋势的主要驱动力。印度和日本依次位列全球第二和第三，粗钢产量分别为 100.3 百万吨和 83.2 百万吨；美国与俄罗斯粗钢产量分别是 72.7 百万吨和 71.6 百万吨，位列第四和第五。韩国、土耳其、德国、巴西、伊朗依次位居第 6～10 名，粗钢产量分别为 67.1 百万吨、35.8 百万吨、35.7 百万吨、31.0 百万吨、29.0 百万吨。

表 2-1　2020 年全球主要钢铁生产国粗钢产量排行榜

排名	国家	产量/10^6 t	同比增减/%
1	中国	1064.8	7.0
2	印度	100.3	−10.0
3	日本	83.2	−16.2
4	美国	72.7	−17.2
5	俄罗斯	71.6	−0.1
6	韩国	67.1	−6.0
7	土耳其	35.8	6.2
8	德国	35.7	−9.8
9	巴西	31.0	−4.9
10	伊朗	29.0	13.3

如图 2-2 所示，在过去的近 20 年间，全球粗钢生产过程中的直接 CO_2 排放强度一直保持相对稳定。自 2000 年后的 2001 年和 2002 年出现小幅度下降后，之后的 5 年间，基本保持 17.4 亿吨的平均水平。随后的 2008 年，达到 18.53 亿吨，并在 2009—2011 年维持在 20 亿吨的水平。2012 年突破 21 亿吨，随后在 2013—2018 年保持整体下降的趋势，2018 年下降至 18.17 亿吨。

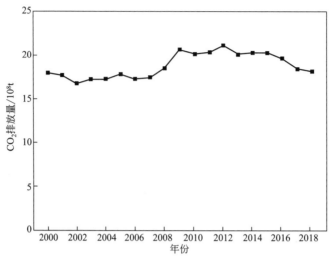

图 2-2　全球近年来钢铁工业直接 CO_2 排放总量

　　如图 2-3 所示，尽管全球钢铁工业的能源强度自 2009 年以来逐渐下降，但由于 2009—2014 年钢铁工业产量的持续增加，导致了能源需求总量和 CO_2 排放总量的增加。在 2014—2016 年间小幅下降之后，能源需求总量和 CO_2 排放总量在 2017—2018 年由于钢铁产量的增加而增加。2018 年钢铁能源强度下降了 3.6%，而 2010—2017 年的年均下降率为 1.3%。然而，这些下降主要归因于传统生产工艺能效的提高以及以废钢为原材料生产的小幅增加，而不是由于低碳钢铁生产方式的转型。钢铁行业仍然高度依赖煤炭，煤炭满足了其 75% 的能源需求。到 2030 年，只有大幅度削减能源需求总量和 CO_2 排放总量，才能步入可持续发展情景（sustainable development scenario，SDS）的轨道。

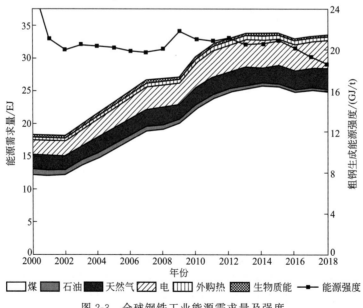

图 2-3　全球钢铁工业能源需求量及强度

2.1.2　中国钢铁行业产量及碳排放

如图 2-4 所示，随着中国钢铁工业能源消耗总量的增加，钢铁工业的碳排放总量也随之增加，从 1991 年的 2.92 亿吨增加到 2018 年的 18.84 亿吨，增加了约 5.45 倍。此外，由于中国钢铁产业结构的升级及生产工艺的技术进步，吨钢生产能耗和 CO_2 排放量也有所降低，由 1991 年的约 3.87t 下降到 2018 年的约 2.03t，下降了近 50%，但仍然高于全球平均水平。

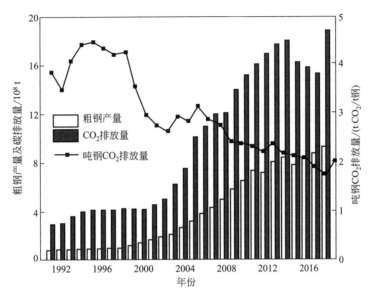

图 2-4　1991—2018 年中国钢铁工业粗钢产量和吨钢 CO_2 排放量

我国钢铁工业 CO_2 排放量高主要有两个原因。首先，我国 90% 的钢铁产能为高碳排放的高炉-转炉工艺，而排放量相对较低的电弧炉冶炼法产量仅占 10% 左右，远低于全球 28% 的水平。按照生产原材料的不同，粗钢生产工艺主要分为两类：第一类是将铁矿石还原为粗钢的工艺，具体包括高炉-转炉法（blast furnace-basic oxygen furnace，BF-BOF）、熔融还原法（smelting reduction-basic oxygen furnace，SR-BOF）和直接还原法（direct reduction iron，DRI），这些方法都需要使用煤、天然气或石油等化石能源作为原料，生产过程碳排放量很高；第二类是将废钢重新冶炼为粗钢的工艺，即基于废钢的电弧炉冶炼法（scrap-based EAF）。如表 2-2 所示，由于高炉-转炉长流程工艺包括了烧结、焦化和高炉等重污染工序，其污染和能耗强度都远高于电炉短流程，每生产 1t 粗钢约排放 2.1t CO_2，而电弧炉冶炼法则不需要添加化石燃料，生产过程主要以电力作为能源，每生产 1t 电炉钢排放约 0.52t CO_2。因此，电弧炉冶炼法较高炉-转炉法更加低碳环保。

表 2-2　高炉-转炉长流程与电炉短流程在资源、能源消耗和排放方面的比较

项目	高炉-转炉流程	电炉流程
吨钢消耗原料/t	约 3.7	约 1.2
吨钢消耗能源（标准煤）/kg	650～900	300～400
吨钢排放固态物质/t	约 0.6	约 0.2
吨钢排放 CO_2 等气体/t	约 2.1	约 0.52

此外，如图 2-5 所示，与其他世界主要产钢国家相比，中国钢铁工业一次能源以煤炭为主，消耗的煤炭比例远高于其他主要产钢国，而天然气和燃料油的比重明显低于发达国家。与其他能源种类相比，煤炭利用过程中的能源效率较低，污染排放严重，产品能源成本高，CO_2 排放水平也高。2017—2020 年，全国煤炭消费占一次能源消费的比重由 60.4％下降至 57％左右，非化石能源消费占比从 13.8％提高至 15.8％，但煤炭消费占比仍远远高于世界 27.2％的平均水平。

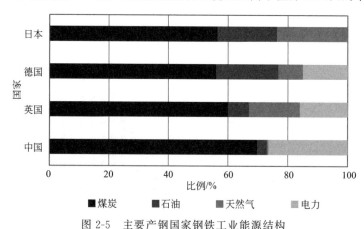

图 2-5   主要产钢国家钢铁工业能源结构

2.1.3   "双碳"目标下钢铁行业的政策环境

目前，全球钢铁工业的大部分产能主要集中在中国、日本、美国、印度、俄罗斯、韩国以及欧盟。为达到《巴黎协定》所设定的目标，国际钢铁行业和企业纷纷确定了自己的日程表：欧钢联提出到 2030 年，欧洲钢铁工业碳排放量比 2018 年减少 30％，到 2050 年相较于 1990 年减少 80％～95％；日本铁钢联盟提出日本钢铁行业到 2050 年实现炼铁工序温室气体零排放，碳排放量减少 30％，到 2100 年前实现"零碳钢"生产；韩国钢铁工业提出要在 2030 年使得碳排放量从最初的 1.357 亿吨降至 1.271 亿吨。

中国是全球碳排放大国，钢铁的碳排放量仅低于电力行业，位居第二位。因此，要实现"双碳"目标，中国钢铁行业任重道远。近年来，国家也相继出台了一系列政策促进转型升级，向低碳、绿色、高质量方向发展。

一是提升钢铁行业高质量发展水平。国家发改委表示，"十四五"将重点从 5 个方面推动钢铁产业结构的调整：严格执行禁止新增产能的规定、推动钢铁行业低碳绿色发展、促进钢铁行业兼并重组、鼓励钢铁行业优化布局、提升钢铁行业发展质量水平。工信部《钢铁行业产能置换实施办法》（以下简称《实施办法》）自 2021 年 6 月 1 日起施行，修订后的《实施办法》明确大气污染防治重点区域严禁增加钢铁产能总量；未完成钢铁产能总量控制目标的省（区、市），不得接受其他地区出让的钢铁产能；长江经济带地区禁止在合规园区外新建、扩建钢铁冶炼项目；大气污染防治重点区域置换比例不低于 1.5∶1，其他地区置换比例不低于 1.25∶1。工信部《关于推动钢铁工业高质量发展的指导意见（征求意见稿）》提出，力争到 2025 年，钢铁工业基本形成产业布局合理、技术装备先进、质量品牌突出、智能化水平高、全球竞争力强、绿色低碳可持续的发展格局。

二是减污降碳，高质量推进全行业超低排放改造。2019 年 4 月，生态环境部等 5 部委发布的《关于推进实施钢铁行业超低排放的意见》就指出：全国新建（含搬迁）钢铁项目原则上要达到超低排放水平。意见指出了 2020 年底前，重点区域钢铁企业超低排放改造取得明显进展，力争 60% 左右产能完成改造。2025 年底前，重点区域钢铁企业超低排放改造基本完成，全国力争 80% 以上产能完成改造。截至目前，全国共 237 家企业约 6.5 亿吨粗钢产能已完成或正在实施超低排放改造，其中首钢迁钢、首钢京唐、太钢集团等 14 家钢铁企业约 9500 万吨粗钢产能已完成全流程改造和评估监测。

三是兼并重组，提高行业集中度。工信部发布的《关于推动钢铁工业高质量发展的指导意见（征求意见稿）》中提出：推动行业龙头企业实施兼并重组，组建并打造若干世界一流超大型钢铁企业集团，依托行业优势企业，在不锈钢、特殊钢、无缝钢管、铸管等细分领域分别培育 1～2 家世界级专业化引领型企业。推进区域内钢铁企业兼并重组，从根本上改变部分地区钢铁产业"小散乱"局面，提升产业集中度。2025 年中国前 5 位钢铁企业行业集中度（CR5）达到 40%，中国前 10 位钢铁企业行业集中度（CR10）达到 60%。

2.2　钢铁行业碳排放核算

2.2.1　钢铁行业 CO_2 排放计算主要方法

钢铁企业 CO_2 排放计算方法主要有两类。第一类方法是《2006 年 IPCC 国家温室气体清单指南》（以下简称《IPCC 指南》）第二卷（能源）和第三卷（工业过程和产品使用）CO_2 排放计算方法。《IPCC 指南》提供了 3 种计算方法：方法 1（排放系数法）、方法 2（质量平衡法）和方法 3（实测方法）。方法 1 相对简单，对数据的要求不高，计算结果不确定性较高；方法 2 较为复杂，对数据和技术要求较高，计算结果较为准确；方法 3 工作量大，且很多数据难以测定，但计算结果更为准确。

2011 年国家发展和改革委员会发布的《省级温室气体清单编制指南（试行）》，2013 年发布的《中国钢铁生产企业温室气体排放核算方法与报告指南（试行）》（以下简称《钢铁核算指南》）以及 2015 年我国发布的《温室气体排放核算与报告要求 第 5 部分：钢铁生产企业》（GB/T 32151.5—2015），都是参照《IPCC 指南》的方法 1 制定的，即将企业视为一个整体，基于企业层面边界的投入产出（I-O）方法计算企业的 CO_2 排放量。其中，采用《钢铁核算指南》的计算方法简单易行，计算边界明确，但除了其计算结果偏小外，在计算中还发现企业总的燃料燃烧排放量和各工序的燃料燃烧排放量之和存在一定差距，其计算结果还不够准确。

第二类方法为碳足迹法。碳足迹计算方法主要包括投入产出法（input-output，I-O）、生命周期评价法（life cycle assessment，LCA）。目前国外发布的碳足迹评价标准主要有《温室气体议定书》（GHG Protocol）、ISO 14064、ISO 14067、PAS 2050 等，WSA 发布了《CO_2 排放数据收集指南》，这些标准和方法在进行碳足迹计算时均得到了应用。由于采用的方法和计算边界不同，计算的钢铁企业的碳足迹各有不同。相对而言，第二类方法较适用于学术研究，鉴于普适性和实用性，在实际碳排放核算过程中，一般采用第一类方法。

简而言之，第一类方法中的方法 1 和方法 2 是目前较常用的碳排放核算方法，且各有利弊。但《钢铁核算指南》现已成为我国钢铁企业 CO_2 排放量计算的一个规范性文件，已在我国钢铁企业 CO_2 排放量计算中得到广泛应用。

2.2.2 《温室气体排放核算与报告要求 第5部分：钢铁生产企业》解读

《温室气体排放核算与报告要求 第5部分：钢铁生产企业》是国家发改委应对气候变化司提出，由钢铁研究总院、冶金工业规划院、中国冶金清洁生产中心等机构的专家负责起草的，借鉴了国内外有关企业温室气体核算报告研究成果和实践经验。该标准适用于钢铁生产企业温室气体排放量的核算与报告。其中钢铁生产企业主要是指以黑色金属冶炼、压延加工及制品生产为主营业务的独立核算的法人单位或视同法人的单位（即报告主体）。如钢铁生产企业除钢铁生产以外还存在其他产品生产活动且存在温室气体排放，则应按照相关行业的企业温室气体排放核算和报告要求进行核算并汇总报告。

该标准规定了钢铁生产企业温室气体排放量的核算和报告相关的术语、核算边界、核算步骤与核算方法、数据质量管理、报告内容和格式等内容。该方法基于投入产出思想，不考虑碳素流在各工序中的内部流动，从企业宏观层面上核算钢铁生产过程中的 CO_2。核算的排放源包括化石燃料燃烧排放，各生产工序外购含碳原料和熔剂分解与氧化产生的排放，企业购入电力、热力与输出电力、热力产生的排放以及固碳产品隐含的排放。

2.2.3 钢铁企业碳排放核算典型案例

2.2.3.1 《钢铁核算指南》计算方法

钢铁企业的核算边界包括直接生产系统、辅助生产系统以及直接为生产服务的附属生产系统，其中辅助生产系统包括动力、供电、供水、化验、机修、库房、运输等，附属生产系统包括生产指挥系统（厂部）和厂区内为生产服务的部门和单位（如职工食堂、车间浴室、保健站等）。钢铁企业 CO_2 排放及核算边界如图 2-6 所示。

钢铁企业 CO_2 排放分为四部分：化石燃料燃烧排放、生产过程排放、净购入电力和热力排放、固碳产品扣除，计算公式见式(2-1)～式(2-5)。

$$E_{CO_2} = E_{燃烧} + E_{过程} + E_{电和热} + R_{固碳} \tag{2-1}$$

$$E_{燃烧} = \sum AD_i \times EF_i \tag{2-2}$$

$$E_{过程} = \sum P_j \times EF_j + \sum P_{电极} \times EF_{电极} + \sum M_k \times EF_k \tag{2-3}$$

$$E_{电和热} = AD_{电力} \times EF_{电力} + AD_{热力} \times EF_{热力} \tag{2-4}$$

$$R_{固碳} = \sum AD_r \times EF_r \tag{2-5}$$

式中　E_{CO_2}——钢铁企业 CO_2 排放量，$t\,CO_2$；

$E_{燃烧}$——化石燃料燃烧产生的 CO_2 排放量，$t\,CO_2$；

$E_{过程}$——生产过程产生的 CO_2 排放量，$t\,CO_2$；

$E_{电和热}$——净购入的电力和热力折算的 CO_2 排放量，$t\,CO_2$；

$R_{固碳}$——固碳产品折算的 CO_2 排放量，$t\,CO_2$；

AD_i——第 i 种化石燃料消耗量，t；

EF_i——第 i 种化石燃料的排放因子，$t\,CO_2/t$；

P_j——第 j 种熔剂的消耗量，t；

EF_j——第 j 种熔剂的排放因子，$t\,CO_2/t$；

$P_{电极}$——电极的消耗量，TJ；

$EF_{电极}$——电极的排放因子，$t\,CO_2/TJ$；

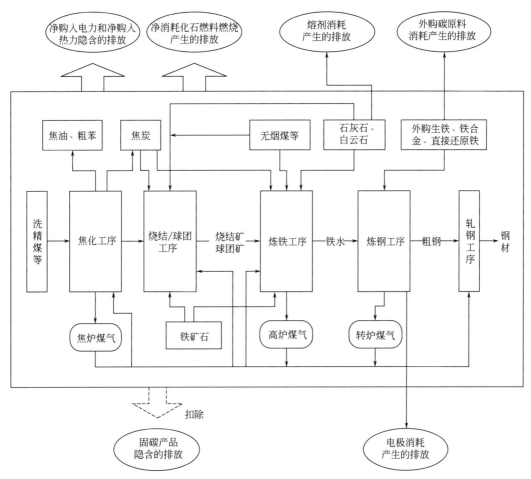

图 2-6　钢铁企业 CO_2 排放及核算边界

M_k——第 k 种含碳原料的消耗量，t；

EF_k——第 k 种含碳原料的排放因子，t CO_2/t；

$AD_{电力}$——净购入电量，MW·h；

$EF_{电力}$——电力的排放因子，t CO_2/(MW·h)；

$AD_{热力}$——净购入热力，GJ；

$EF_{热力}$——热力的排放因子，t CO_2/GJ；

AD_r——第 r 种固碳产品的产量，t；

EF_r——第 r 种固碳产品的排放因子，t CO_2/t。

2.2.3.2　碳平衡计算方法

为了便于对比分析，碳平衡法的计算边界与《钢铁核算指南》的计算边界相同。钢铁企业 CO_2 排放量等于进入计算边界的化石燃料、熔剂、电极、含碳原料等带入的碳减去流出计算边界的含碳产品、含碳物料带出的碳折合成 CO_2，再加上外购电力和热力的排放，计算公式见式(2-6)。

$$E_{CO_2} = (\sum AD_i \times CC_i + \sum P_j \times CC_j + \sum P_{电极} \times CC_{电极} + \sum M_k \times CC_k - \sum AD_r \times CC_r) \times$$

$$\frac{44}{12} + AD_{电力} \times EF_{电力} + AD_{热力} \times EF_{热力} \tag{2-6}$$

式中　E_{CO_2}——钢铁企业 CO_2 排放量，$t\ CO_2$；

　　　AD_i——第 i 种化石燃料消耗量，t；

　　　CC_i——第 i 种化石燃料的含碳率，%；

　　　P_j——第 j 种熔剂的消耗量，t；

　　　CC_j——第 j 种熔剂的含碳率，%；

　　　$P_{电极}$——电极的消耗量，TJ；

　　$CC_{电极}$——电极的含碳率，%；

　　　M_k——第 k 种含碳原料的消耗量，t；

　　　CC_k——第 k 种含碳原料的含碳率，%；

　　　AD_r——第 r 种含碳产品的产量，t；

　　　CC_r——第 r 种含碳产品的含碳率，%；

　　$AD_{电力}$——净购入电量，MW·h；

　　$EF_{电力}$——电力的排放因子，$t\ CO_2/(MW·h)$；

　　$AD_{热力}$——净购入热力，GJ；

　　$EF_{热力}$——热力的排放因子，$t\ CO_2/GJ$。

2.2.3.3　钢铁企业排放量计算结果

A 钢铁公司为钢铁联合企业，主要生产工序有炼焦、烧结、球团、炼铁、炼钢、轧钢等工序。炼焦、烧结和炼铁工序燃料为无烟煤、烟煤、洗精煤、焦炭，辅助工序用少量的柴油，副产煤气全部用于企业内部各工序。该企业生产过程使用石灰石、白云石作为熔剂，使用的含碳原料主要有硅锰合金、高碳铬铁、增碳剂、生铁、废钢等。自备电厂使用该公司副产煤气发电，其发电供企业自用。企业有外购电力，无外购也无外供热力，自产生铁全部用于炼钢，最终产品为钢材。B 钢铁公司为钢铁联合企业，生产工序不包括炼焦，其余工序与A 公司相同，烧结工序和炼铁工序燃料为无烟煤、洗精煤、焦炭，辅助工序用少量的柴油，副产煤气全部用于企业内部各工序，其余情况与 A 公司相同。企业 2016 年原燃料使用量和产品产量见表 2-3。

表 2-3　企业 2016 年原燃料使用量和产品产量

名称	单位	A 公司	B 公司	名称	单位	A 公司	B 公司
无烟煤	t	57668	129893	高碳铬铁	t	760	472
烟煤	t	121095	0	增碳剂	t	4368	3379
洗精煤	t	1450481	158125	生铁外购量	t	26195	20155
焦炭	t	22780	718180	废钢外购量	t	208287	156527
柴油	t	1695	935	煤焦油	t	36500	0
石灰石	t	321940	230430	粗苯	t	12041	0
白云石	t	137212	106783	生铁产量	t	2036236	1515640
电极	t	637	496	粗钢产量	t	2146846	1651590
硅锰合金	t	28496	21816	外购电力	MW·h	722405	617841
高碳锰铁	t	0	631	—	—	—	—

（1）按《钢铁核算指南》计算企业 CO_2 排放量

无烟煤和烟煤低位发热量取企业的实测值，洗精煤、焦炭和柴油低位发热量、单位热值含碳量和碳氧化率均取《钢铁核算指南》中缺省值。石灰石、白云石、电极、生铁、废钢的排放因子均取《钢铁核算指南》中缺省值，合金和增碳剂的排放因子根据企业提供的含碳量计算。固碳产品中粗钢的排放因子、煤焦油和粗苯的低位发热量和单位热值含碳量取《钢铁核算指南》中缺省值，电力排放因子取 0.5257t CO_2/（MW·h）。排放因子取值见表 2-4、表 2-5，企业的 CO_2 排放量计算结果见表 2-6。

表 2-4　燃料和产品排放因子取值

燃料和产品	A 公司			B 公司		
	低位发热量 /（GJ/t）	单位热值含碳量 /（t C/TJ）	碳氧化率 /%	低位发热量 /（GJ/t）	单位热值含碳量 /（t C/TJ）	碳氧化率 /%
无烟煤	24.530	27.49	94	25.040	27.490	94
烟煤	23.150	26.18	93	—	—	—
洗精煤	26.344	25.40	90	26.344	25.400	90
焦炭	28.447	29.50	93	28.447	29.500	93
柴油	42.652	20.20	98	42.652	20.200	98
煤焦油	33.453	22.00	100			
粗苯	41.816	22.70	100	—	—	—

表 2-5　原料和产品排放因子取值

原料和产品	A 公司	B 公司
	排放因子/（t CO_2/t）	排放因子/（t CO_2/t）
石灰石	0.4400	0.4400
白云石	0.4710	0.4710
电极	3.6630	3.6630
硅锰合金	0.0550	0.0670
高碳锰铁	—	0.2570
高碳铬铁	0.2730	0.2760
增碳剂	3.4830	3.3730
生铁	0.1720	0.1720
废钢和粗钢	0.0154	0.0154

表 2-6　按《钢铁核算指南》计算的企业 CO_2 排放量

名称	排放量/10^4t		名称	排放量/10^4t	
	A 公司	B 公司		A 公司	B 公司
CO_2 排放总量	409.73	318.73	净购入使用的电力、热力	37.98	32.48
化石燃料燃烧	365.77	271.54	固碳产品隐含排放量	17.35	2.54
工业生产过程	23.33	17.25	—	—	—

（2）按碳平衡法计算企业 CO_2 排放量

为了便于对比分析，按碳平衡法计算企业 CO_2 排放量所需的燃料的含碳率按其低位发热量和单位热值含碳量推算，熔剂、电极、生铁、废钢和粗钢中的含碳率均按其排放因子推算，硅锰合金、高碳铬铁、增碳剂、高炉渣和转炉渣的含碳量采用企业提供的数据。电力排放因子取 $0.5257t\ CO_2/(MW \cdot h)$，A 公司和 B 公司外购电力分别为 722405MW·h 和 617841MW·h，计算其 CO_2 排放量为 37.98t CO_2 和 32.48t CO_2。除尘灰大部分返回前部工序，排放的粉尘数量微小，其碳输出忽略不计。企业的 CO_2 排放量计算结果见表 2-7。

表 2-7　按碳平衡法计算的企业 CO_2 排放量

名称		A 公司			B 公司		
		数值 /t	含碳率 /(t C/t)	计算结果 /(10^4t CO_2)	数值 /t	含碳率 /(t C/t)	计算结果 /(10^4t CO_2)
碳输入	无烟煤	57668	0.6745	14.26	129893	0.6883	32.78
	烟煤	121095	0.6061	26.91	0		0
	洗精煤	1450481	0.6691	355.88	158125	0.6691	38.80
	焦炭	22780	0.8392	7.01	718180	0.8392	220.99
	柴油	1695	0.8616	0.54	935	0.8616	0.30
	石灰石	402425	0.1200	14.17	230430	0.1200	10.14
	白云石	137212	0.1285	6.46	106783	0.1285	5.03
	电极	637	0.9990	0.23	496	0.9990	0.18
	硅锰合金	28496	0.0150	0.16	21816	0.0183	0.15
	高碳锰铁	0	—	0	631	0.0701	0.02
	高碳铬铁	760	0.0745	0.02	472	0.0753	0.01
	增碳剂	4368	0.9499	1.52	3379	0.9199	1.14
	生铁外购	26195	0.0469	0.45	20155	0.0469	0.35
	废钢外购	208287	0.0042	0.32	156527	0.0042	0.24
	小计	—	—	427.93	—	—	310.11
碳输出	粗钢	2146846	0.0042	3.31	1651590	0.0042	2.54
	煤焦油	36500	0.7360	9.85	0		0
	粗苯	12041	0.9492	4.19	0		0
	高炉渣	610870	0.0025	0.56	469692	0.0023	0.40
	转炉渣	236153	0.0040	0.35	181674.9	0.0037	0.25
	小计	—	—	18.25	—	—	3.19
外购电力		—		37.98	—		32.48
排放量合计		—		447.65	—		339.40

（3）计算结果分析

按《钢铁核算指南》计算的 A 公司 2016 年的 CO_2 排放量为 409.73 万吨 CO_2，按碳平衡法计算的 CO_2 排放量为 447.65 万吨 CO_2，《钢铁核算指南》计算的 CO_2 排放量比碳平衡法计算的排放量少 37.92 万吨 CO_2，相差 8.47%。按《钢铁核算指南》计算的 B 公司 2016 年的 CO_2 排放量为 318.73 万吨 CO_2，按碳平衡法计算的 CO_2 排放量为 339.40 万吨 CO_2，《钢铁核算指南》计算的 CO_2 排放量比碳平衡法计算的排放量少 20.67 万吨 CO_2，相差 6.09%。两种方法计算的 CO_2 排放量差别较大，由于 A 公司包含炼焦工序，其煤炭燃烧排放占比较 B 公司大，因此 A 公司按两种方法计算结果的差别更大。由于按碳平衡法计算的排放量是比较准确的，说明按《钢铁核算指南》计算的排放量数值明显偏小。

在钢铁联合企业中，用于炼焦、烧结、炼铁工序的无烟煤、烟煤、洗精煤和焦炭中的碳主要流向三个方面。第一是燃烧过程，煤炭除了在焦炉、烧结机、高炉燃烧外，副产煤气最终在其他工序都参与了燃烧，并几乎全部产生了 CO_2 排放；第二是流向生铁中，并最终在炼钢过程中绝大部分形成 CO_2 排放；第三是固定在产品、副产品、炉渣、除尘灰和烟尘中，固定在产品、副产品中的碳在计算中予以扣除，除尘灰大部分返回前部工序，煤炭中的碳只有极少量会固定在未作为固碳产品扣除的灰渣和烟尘中，据估算这部分碳占总碳输入小于 1%。《钢铁核算指南》中参考《省级温室气体清单编制指南（试行）》中无烟煤、烟煤、洗精煤和焦炭碳氧化率分别取 94%、93%、90% 和 93%，但未计算自产生铁在炼钢过程中产生的 CO_2 排放，从而造成了按《钢铁核算指南》计算的企业 CO_2 排放量明显偏小。

2.2.3.4　计算修正方法探讨

通过以上计算和分析，按《钢铁核算指南》计算的 CO_2 排放量明显偏小，如果把排放量相差的部分计算在内就会得到准确的 CO_2 排放量。为此提出以下两种计算钢铁企业 CO_2 排放量的修正方法。

（1）修正方法 1——计算自产生铁碳排放

A 公司自产生铁 2036236t，按排放因子 0.172t CO_2/t 计算，自产生铁含碳产生的排放量为 35.02 万吨 CO_2，与《钢铁核算指南》计算的排放量相加，其总排放量为 444.75 万吨 CO_2，与碳平衡法计算的排放量 447.65 万吨 CO_2 相比，其差别仅为 -0.65%，两者计算结果非常接近。同样算法，B 公司自产生铁含碳产生的排放量为 26.07 万吨 CO_2，与《钢铁核算指南》计算的排放量相加，其总排放量为 344.79 万吨 CO_2，和碳平衡法计算的排放量 339.40 万吨 CO_2 相比，其差别为 +1.59%，计算结果较为准确。

对于包含炼焦工序的钢铁联合企业，这种方法计算的 CO_2 排放量略小于实际的排放量，计算结果比较准确，这是因为企业的煤炭消费量较大，煤炭的碳氧化率取值较小导致的 CO_2 排放减少量与自产生铁的 CO_2 排放量非常接近。对于不包含炼焦工序的钢铁联合企业，这种方法计算的 CO_2 排放量稍大于实际的排放量，计算结果也较为准确，但相对偏差较大，这是因为企业的煤炭消费量相对较小，煤炭的碳氧化率取值较小导致的 CO_2 排放减少量小于自产生铁的碳排放量。这种修正方法对包含炼焦工序的钢铁联合企业更为准确，对不包含炼焦工序的钢铁联合企业误差相对较大。除此之外，这种修正方法的结果受生铁含碳量的影响较大。

（2）修正方法 2——提高煤炭的碳氧化率

如果不考虑自产生铁含碳产生的 CO_2 排放，可以提高煤和焦炭的碳氧化率。当煤和焦炭的碳氧化率取值为 96%、98% 和 99% 时，按《钢铁核算指南》计算的 A 公司 CO_2 排放量分别为 432.38 万吨 CO_2、440.47 万吨 CO_2 和 444.51 万吨 CO_2，和碳平衡法计算出的排放量 447.65 万吨 CO_2 相比，其排放量减少分别为 3.41％、1.60％和 0.70％；按《钢铁核算指南》计算出的 B 公司 CO_2 排放量分别为 328.34 万吨 CO_2、334.19 万吨 CO_2 和 337.11 万吨 CO_2，与碳平衡法计算出的排放量 339.40 万吨 CO_2 相比，其排放量减少分别为 3.26％、1.54％和 0.67％。

随着碳氧化率的提高，《钢铁核算指南》计算的 CO_2 排放量更接近碳平衡法，当煤和焦炭的碳氧化率取值为 99％时，A 公司和 B 公司的排放量减少仅为 0.7％和 0.67％，计算结果均比较准确。对于电炉炼钢＋轧钢和只有轧钢的短流程生产企业，其原煤消耗一般用于工业锅炉或煤气发生炉，按《钢铁核算指南》中无烟煤和烟煤碳氧化率分别取 94％和 93％，与《工业其他行业企业温室气体排放计算方法与报告指南（试行）》取值相同，也比较符合企业的实际情况。因此建议铁前工序的煤炭的碳氧化率取 99％，其他的原煤的碳氧化率按《钢铁核算指南》中取值。

2.3　钢铁行业的碳减排碳中和路径与技术

2.3.1　钢铁行业的碳达峰碳中和路径

目前，宝武集团已率先提出 2021 年发布低碳冶金路线图，力争 2023 年实现"碳达峰"，2025 年具备减碳 30％工艺技术能力，2035 年减碳 30％，2050 年实现"碳中和"。随后，河北钢铁集团提出 2022 年实现"碳达峰"，2025 年实现碳排放量较峰值降 10％以上，2030 年实现碳排放量较峰值降 30％以上，2050 年实现"碳中和"。此外，首钢、鞍钢、山钢、建龙、六安钢铁等钢企也在积极制定低碳发展规划，编制"碳达峰"行动方案和路线图。然而，中国钢铁行业高炉-转炉工艺结构占主导地位，能源结构高碳化、煤、焦炭占能源投入近 90％。此外，中国钢铁行业产品以粗钢为主，即使具有冶炼能力的企业高达 500 多家，但大多数企业处于低碳发展初级阶段，不同企业低碳发展水平和降碳空间都存在着很大的差距。截至目前，工信部五批次绿色设计产品名单中，钢铁产品仅有厨房厨具用不锈钢、稀土钢、管线钢等少数积累 20 余种产品被评为绿色设计产品，与其他行业存在很大差距，与钢铁行业在工业产品中的地位不相称。

目前，中国已经开展了《钢铁行业碳达峰及降碳行动方案》的相关工作，冶金工业规划研究院总工程师李新创根据中国的具体国情及钢铁工业的发展现状，将钢铁行业"碳达峰""碳中和"进程分为四个阶段：第一个阶段是争取到 2025 年前达峰，第二个阶段是到 2030 年国家达峰前稳步下降，第三个阶段是国家提出的 2035 年前稳中有降时钢铁行业要有较大幅度下降，第四个阶段是国家提出 2060 年前"碳中和"，钢铁行业要在这个阶段深度脱碳。作为中国国民经济发展的重要支撑产业和高排放行业，钢铁工业应加快低碳转型，统筹谋划目标任务，科学制定低碳转型方案，这不仅是实现"碳达峰""碳中和"目标的重要方向，也是落实全球应对气候变化目标的重要途径。

2.3.1.1　调整钢铁工业结构，提升废钢利用水平

为继续深化钢铁工业供给侧结构性改革，切实推动钢铁工业由大到强转变，工信部研究编制了《关于推动钢铁工业高质量发展的指导意见（征求意见稿）》，指出优化调整产业布

局、加快推进兼并重组、有序引导短流程炼钢、深入推进绿色低碳等建议。电炉钢产量占粗钢总产量比例提升至 15% 以上，力争达到 20%；废钢利用比达到 30%。同时，不同的钢铁生产流程，其 CO_2 排放强度的差异较大。使用废钢的电炉短流程相较于长流程吨钢可减少 2/3 的 CO_2 排放。因而加大废钢的回收和利用，提高电炉钢的使用比例是实现碳减排的有效途径。

2.3.1.2　实现低碳冶金技术突破，推动钢铁工业低碳技术创新

国外钢铁工业已不同程度地对具有突破性的低碳技术项目进行研究，并已取得了一定进展和成效，比如欧盟的超低 CO_2 排放项目（ultra low CO_2 steelmaking，ULCOS）、日本钢铁工业的 COURSE50（CO_2 ultimate reduction in steel making process by innovative technology for cool Earth 50）、韩国的全氢高炉炼铁技术、美国的 AISI（American iron and steel institute）项目等。中国目前也在氢冶金技术方面开展了深入的研究和合作。2019 年 1 月，中核集团、宝钢集团和清华大学三方签订了氢能炼钢合作框架协议，将核能制氢技术带入了大众的视野。2019 年 11 月，河钢集团组建氢能技术与产业创新中心，并与意大利特诺恩集团在氢冶金技术方面开展深入合作，建设全球首例 120 万吨规模氢冶金示范工程。

2.3.1.3　改变能源结构模式，实现节能提效

图 2-7 是 IEA 对钢铁行业的能源结构做出的预测。钢铁生产的能源利用效率对其 CO_2 排放有直接影响，提升能效水平是未来 10 年内钢铁工业节能减排的重点。钢铁工业是长流程高耗能行业，以吨钢综合能耗 600kg 标准煤计算每年消耗煤炭 6 亿吨以上，在中国钢铁产量持续增加的情形下碳排放将继续增加，各钢铁企业面临着巨大的减排压力。钢铁工业应该从根本上改善能源消费结构，减少煤炭消耗，提升可再生能源利用技术，实现能源结构低碳化发展，从源头解决以煤炭为主要能源结构所导致的碳排放问题。此外，能源管控系统是国家工信部推出的节能先进适用技术之一，也是企业实现能源精细化管理的重要措施。对智慧能源系统进行进一步开发，大力发展智能制造，是提升钢铁工业绿色化、智能化水平的重要手段。

2.3.1.4　推进产业间耦合发展，构建跨资源循环利用体系

《关于推动钢铁工业高质量发展的指导意见（征求意见稿）》指出，推进产业间耦合发展，构建跨资源循环利用体系，力争率先实现碳排放达峰。钢铁生产不仅可以制造钢铁产品，还具备能源转换和社会大宗固体废物的消纳处理功能。钢铁生产的副产品如高炉渣可以制水泥，蒸汽和副产煤气可以用于发电或化工行业。推进产业间耦合发展、加强钢化联产可以实现钢铁生产中副产品的高附加值利用，是实现钢铁工业"碳达峰"的重要实施途径。

2.3.1.5　积极开展碳达峰及降碳行动，加强碳资产管理

《关于切实做好全国碳排放交易权交易市场启动重点工作的通知》指出，钢铁工业应该做好参与碳资产管理的相关工作，核心企业应发挥示范引领作用。碳资产包括政府分配的碳排放指标、通过 CDM 认证获得的减排量和通过交易获得的碳资产，这些资产本身就能给钢铁企业带来直接收益，还包括钢铁企业的碳管理技术和理念等。钢铁企业应对自身进行全面碳核查，加强碳预算管理和构建碳预算框架，并构建碳资产管理绩效评价体系，指导企业碳资产管理运行。上海宝钢作为第一批试点企业，配合上海市制定了钢铁企业碳排放量核算方法。通过实行碳资产管理，可以清晰地发现减排指标、技术指标、财务绩效等因素之间的关

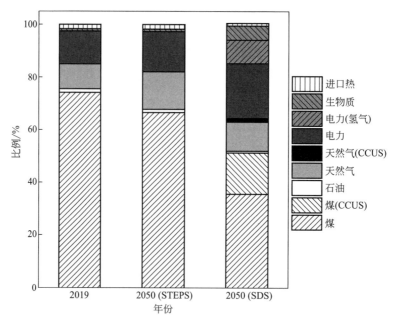

图 2-7　钢铁行业的能源结构预测

（STEPS 为承诺政策情境；SDS 为可持续发展情境）

系，从而更加科学地管理钢铁企业的碳资产，提高产品的竞争力。

2.3.2　钢铁行业碳减排碳中和技术

2.3.2.1　节能技术

由于钢铁工业温室气体排放 90% 以上来自于化学燃料的燃烧，因此，淘汰落后，采用先进工艺技术和装备，从而降低能源消耗、提高能源利用率是 CO_2 排放降低的主要途径，主要从三个层次上推进：①普及和推广现有成熟的节能技术：干熄焦、高炉炉顶余压发电、转炉煤气回收、蓄热式轧钢加热炉、热装轧制/直接轧制和全燃煤气的 CCPP（combined cycle power plant）等；②开发一批关键节能技术并实现产业化，包括烧结余热发电、转炉低压饱和蒸汽发电等；③钢铁工业节能前沿技术的开发与应用，即冶金渣显热回收、冶金副产煤气制取清洁能源等。

（1）干熄焦技术

干熄焦（coke dry quenching，CDQ），是相对于用水熄灭制热焦炭的湿熄焦而言的。其基本原理是利用冷的惰性气体（燃烧后的废气）在干熄炉中与赤热红焦换热从而冷却红焦。焦化生产中，出炉红焦显热占焦炉能耗的 35%~40%，采用干熄焦可回收约 80% 的红焦显热，节能效果非常明显。平均每息 1t 焦炭可回收 3.9MPa、450℃蒸汽 0.45t 以上（运行时可达 0.55~0.6t），并可改善焦炭质量，降低炼铁焦比。干熄焦产生的蒸汽用于发电，吨焦可回收约 120~130kW·h，扣除干熄焦本身耗能，吨焦可回收电力可达 90~100kW·h。按此估算，吨焦可减少 100kg CO_2 排放。

（2）高炉炉顶余压发电

高炉炉顶煤气余压透平发电装置（top-pressure recovery turbine，TRT）利用高炉炉顶排除的具有一定压力和温度的高炉煤气，推动透平膨胀机旋转做功、驱动发电机发电，是国际上公认的很有价值的二次能源回收装置。通过将高炉煤气中蕴含的压力能和热能的回收，TRT 发电不消耗任何燃料就可以回收大量电力，吨铁回收电力 $25 \sim 35 \mathrm{kW \cdot h}$，如果配有干式除尘的高效 TRT 装置，吨铁回收最高可回收电力约 $54 \mathrm{kW \cdot h}$。按此估算，吨铁可减少 CO_2 排放 $25 \sim 35 \mathrm{kg}$，最高可达 $60 \mathrm{kg}$。

（3）推广建立能源管理中心

能源管理中心对钢厂的水、电、风、蒸汽、煤气、氧气、氮气等能源进行集中管理和全面检视，及时分析和进行动态调整，可以实现总厂和二级厂矿能源管理数据共享。能源管理中心的建立可达到如下目的：①提高各类能源的使用效率，实现各类能源介质的优化调控，促进节能降耗；②可以减少能源管理定员，节约成本，提高工作效率；③调度管理人员可以更全面地了解能源系统，提高能源管理水平；④及时发现能源系统故障，加快故障处理速度，使能源系统更安全；⑤使能源系统的运行监视、操作故障、数据查询、信息管理实现图形化、直观化和定量化。

（4）转炉煤气回收技术

随着我国钢铁生产行业的发展及工业化进程的发展，现阶段转炉炼钢的过程中会产生较多的富含 CO 的高温含尘气体，CO 属于价值较高的二次能源，在生产后应实施相应的回收再利用，能达到较好的环境效益及经济效益，对于促进企业竞争力及长远发展具有较为积极的作用。转炉煤气属于钢铁企业中较为主要的二次能源，转炉煤气回收率的提高能控制炼钢过程中的成本，有效削减炼钢厂的污染物排放总量，实现清洁生产。近年来，我国转炉煤气回收率有了很大提高，大于 30t 的转炉基本上都回收了煤气，但回收水平较低。若吨钢煤气回收量（标准状态）达到 $80 \mathrm{m}^3$，可降低吨钢能耗 $23 \mathrm{kg}$ 标准某。按此估算，吨钢转炉煤气回收可减排至少 $60 \mathrm{kg}\ CO_2$，最高可达 $80 \mathrm{kg}$。

（5）蓄热式轧钢加热炉技术

轧钢工序能源消耗最多的是轧钢加热炉，约占轧钢工序能耗的 50% 以上，从轧钢工序上考虑节能，首先用该从加热炉节能技术入手。蓄热式加热炉技术的核心是低氧燃烧技术，它具有高效烟气余热回收（排烟温度低于 $150℃$），高预热气温度（空气预热温度高于 $800℃$）和低 NO_x 排放等多重优越性。采用蓄热式轧钢加热炉技术可减少煤气消耗约 20%，降低吨钢工序能耗 $15 \sim 20 \mathrm{kg}$ 标准煤。按此估算，可减少吨钢 CO_2 排放 $40 \sim 50 \mathrm{kg}$。

（6）连铸坯热装热送技术

连铸坯热装热送是指连铸坯在较高温度状态下装入加热炉的技术。采用热装热送工艺可节约能源 20% 左右，提高成材率 $0.5\% \sim 1.5\%$，可简化生产流程，缩短生产周期。初步估算，当热装温度高于 $600℃$ 时，吨钢可调节能源 $20 \mathrm{kg}$ 标准煤左右，减少 CO_2 排放约 $55 \mathrm{kg}$。

（7）高炉喷煤技术

高炉喷煤技术将非焦煤制粉后，通过高炉风口直接喷入高炉，以达到以煤代焦、减轻污染、降低生产成本的作用。当煤、焦置换比为 0.8 时，吨钢喷吹煤粉 $60 \mathrm{kg}$，可节能 $20 \mathrm{kg}$ 标准煤。高炉喷煤对 CO_2 排放的影响因素涉及喷煤比、煤种、置换比、钢厂能源平衡等，有待进一步深入研究。如按吨铁喷吹煤粉 $60 \mathrm{kg}$ 的节能量初步估算，吨铁可减少 CO_2 排放 $40 \mathrm{kg}$ 左右。

（8）烧结废气余热回收

烧结热平衡计算表明，热烧结矿的显热和废气带走的显热约占总支出的60%。目前大多采用烧结机烟气和冷却机废气余热锅炉回收蒸汽方式，每吨烧结矿余热回收低压蒸汽可达70kg左右，折合约7.4kg标准煤。如回收后的蒸汽用于发电，吨烧结矿可回收电力10kW·h/t左右，可减少CO_2排放约10kg。

（9）焦炉煤调湿

焦炉的装炉煤水分控制（coal moisture control）工艺（简称煤调CMC），是将炼焦煤在装炉前出掉一部分水分，保持装炉煤水分稳定在6%左右的一项技术，它不仅节能、节水，还能改善焦炭质量和生产效率。其主要效益体现在焦炉生产能力提高11%，炼焦耗热量减少15%，焦炭粒度分布均匀，焦炭强度提高1%～1.5%，或可多配弱黏结性煤8%～10%，生产稳定和便于自动化管理等方面。理论上，装炉煤水分若以11%计算，如果把装炉煤水分降至6%，则吨焦可节约标准煤14kg左右，相应可减少CO_2排放约30kg。

2.3.2.2　钢厂与相关产业形成生态链

（1）利用高炉渣生产水泥

如图2-8所示，高炉渣的成分与水泥接近，是制作水泥的良好原料。利用高炉渣生产水泥可减少使用石灰石等天然资源等必需的焙烧过程，从而减少能源消耗。如表2-8所示，使用1t的高炉渣一般可节省生产1t普通水泥所需的资源、能源消耗，并相应减少相应的CO_2排放。目前，高炉渣水泥中高炉渣的配比可达到40%左右，相应可节省资源、能源消耗约40%，降低CO_2排放约45%。

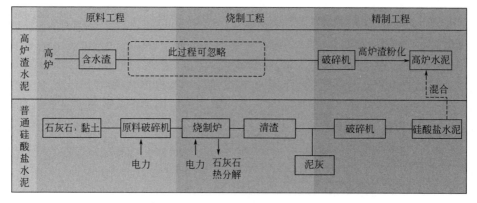

图2-8　高炉渣水泥和普通水泥生产过程比较示意图

表2-8　高炉渣水泥与普通水泥主要物料能源消耗与CO_2产生量比较

项目		普通水泥 A	高炉渣水泥 B	削减率[(A−B)/A]/%
石灰石消耗量/(kg/t)		1092.0	600.6	45
能源消耗	煤/(kg/t)	103.6	57.8	44
	电力/(kW·h/t)	99.2	72.56	27
CO_2产生量/(kg/t)		775.6	437.0	44

注：高炉渣配比约为40%。

（2）副产煤气发电和制氢

钢铁生产在消耗大量一次能源的同时，也会产生大量的二次能源，副产煤气（高炉煤气、焦炉煤气、转炉煤气）在钢厂二次能源中所占比例高达 60% 左右，但目前有不少放散，因此钢厂二次资源回收利用尚有较大潜力。钢厂的煤气首先是要满足自用，多余的煤气可进一步集成到发电上来，以减少外购电量，相当于减少相应的燃煤发电量，即减少了 CO_2 排放。另外煤气资源化利用，如焦炉煤气和转炉煤气等生产氢气可提高煤气利用的附加值，也有利于温室气体减排。

① 副产煤气发电　煤气利用的具体思路是：在企业各工序生产能力合理匹配的前提下，优化煤气利用，首先满足各工序自用，并保证煤气的动态平衡与充分回收和高效利用；在工序自用之外的剩余煤气量供应充足的条件下，建设 CCPP 发电机组，以提高发电效率，但目前 CCPP 机组要求煤气能够连续稳定供应，是煤气的"刚性"用户；在此基础上，为减少煤气放散，可建设煤气-燃煤混烧的大型机组，作为煤气的缓冲用户，以保证煤气-煤炭混烧机组在发电能耗方面优于正规火力发电厂，提高能源利用效率。根据测算，规模 500 万吨的大型钢铁联合企业生产中产生的副产煤气可折合标准煤约 140 万吨。

② 焦炉煤气制氢　目前，工业制氢是以天然气、石油和煤为原料，在高温下使之与水蒸气反应或用部分氧化法制得。如表 2-9 所示，钢铁企业（或炼焦厂）产生的副产煤气——焦炉煤气含有 50%～60% 的 H_2，是非常好的制氢原料气。目前钢厂主要还是将焦炉煤气用作燃料，而制氢是其资源化利用更好的方式。采用焦炉煤气制氢，只需按现有煤气处理工艺，将其中的有害杂质去除，即可通过变压吸附技术提取出高纯度（99.99%）的氢气，按此流程 $1m^3$ 的焦炉煤气可制取约 $0.44m^3$ 的氢气。与天然气制氢相比，省去了蒸汽转换或部分氧化等 CH_4 裂解过程，从而省去了这工艺过程的能源消耗。如果解决了焦炭煤气吸附制氢的大型煤气压缩机等关键技术，焦炉煤气制氢将比直接使用较贵的天然气和煤炭等制氢更加经济，是大规模、高效、低成本地生产廉价氢气的有效途径，对于缓解我国能源紧张，促进环境改善和钢铁工业生态化转型，具有重要的社会效益和经济效益。

表 2-9　焦炉煤气与天然气成分比较

种类	成分/%						
	H_2	CH_4	CO	C_mH_n	CO_2	N_2	O_2
焦炉煤气	55～60	23～27	5～8	2～4	1.5～3	3～7	0.3～0.8
气井	—	98.0	—	0.6～1.0	—	1.0	—
油井	—	81.7	—	10～15	0.7	1.8	0.2

（3）高炉或焦炉处理废塑料

废塑料通过热压处理后装入焦炉或由风口喷入高炉，可实现废弃物再资源化利用。利用焦炉将废塑料和焦煤压块处理可以处理大量的废塑料，焦炉中废塑料的加入量可占焦炭产量的 2% 左右。塑料具有 41868kJ/kg 的发热值，与煤炭相比，氢的含有率较高。废塑料作为高炉原料——焦炭的替代品喷入高炉，不仅资源和能源利用率可高达 80%，而且与纯用焦炭的高炉相比，CO_2 排放量可减少 1/3。如图 2-9 所示，日本 JFE 是日本第一个将废塑料作为还原剂喷入高炉使用的钢铁企业，目前在 JFE 的京滨厂和福山厂用于正常生产，已经达到 12kg/t 的处理水平。日本钢管京滨制铁所到 1999 年喷吹量已达 4.5 万吨。焦炭使用量每

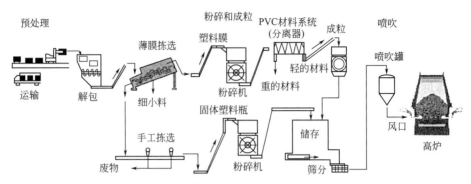

图 2-9　高炉或焦炉废塑料利用流程图

年减少 5 万吨，CO_2 的排放量每年减少 20.2 万吨，取得了良好的经济效益和社会效益。

2.3.2.3　利用废钢资源

废钢是重要的再生资源，对于节约天然资源、降低能源和原材料消耗、减少环境污染、降低成本和增加就业都具有重要的意义。废钢来源包括废汽车、废机械、废船、废家电等大宗社会折旧废钢和机械制造业等加工过程产生的切削废钢，以及钢厂生产中产生的切头、罐底等自产废钢。每利用 1t 废钢，可相应少消耗 1.7t 铁精矿粉，从而少开采 4.3t 铁矿石原矿。同时，废钢还是一种载能资源，每用 1t 废钢，可节约 0.4t 焦炭或 1t 左右的原煤，比用铁水节能 60%、节水 40%。废钢还是一种绿色低碳资源，与高炉-转炉长流程相比，全废钢-电炉短流程可减少废气 86%、废水 76% 和废渣（含尾矿）97%，吨钢降低碳排放 1.6t。

据废钢协会统计，2019 年，我国电炉生产的粗钢产量占比 10.4%，远低于全球平均水平 27.7%。电炉流程存在的基本立足点是大量利用社会废钢（包括折旧废钢和加工过程中的废钢），发展电炉流程有利于降低整个钢铁工业的能源消耗和环境负荷，推动循环经济。2019 年，工信部印发《关于引导电弧炉短流程炼钢发展的指导意见（征求意见稿）》，其中提到"十四五"发展期间，全国钢铁工业废钢比要达到 30%，电炉钢比例要提升至 20%。2020 年，《钢铁产能置换实施办法（征求意见稿）》公布，其中大力鼓励钢企发展电炉短流程炼钢，意味着后期发展电炉炼钢将是一种趋势，更是完成节能减排的重要措施。中国工程院《黑色金属矿产资源强国战略研究》项目研究表明，到 2025 年，我国钢铁积蓄量将达到 120 亿吨，废钢资源年产量将达到 2.7 亿～3 亿吨，而到 2030 年，二者将分别达到 132 亿吨和 3.2 亿～3.5 亿吨。届时，我国废钢资源将会供应充足，短流程炼钢的优势将逐渐体现，按当前粗钢产量计算，当电炉粗钢比例达到 25% 的时候，我国钢铁行业的碳排放量将降低 10.2%，年减排 1.94 亿吨 CO_2。

2.3.2.4　提高钢材使用效率

以生产高性能钢材替代普通钢材，可减少最终产品生产的原料消耗；延长产品使用年限，从而提高能源效率，减少温室气体排放。使用高强度高性能的钢材，使汽车质量减轻 10%，可减少油耗 4.5%，相应可减少温室气体的排放。因此，考虑钢铁产品从生产、使用、废弃到循环利用的生命周期全过程为钢铁产品全生命周期节能，加快产品结构调整，生产使用高性能、高附加值钢材、高强度钢、电工钢等，提高钢铁产品的质量和使用效率，可削减钢铁行业的 CO_2 排放，从而为减缓温室效应作贡献。

2.3.2.5　削减化石能源的消费并寻找替代能源

无论钢厂采用何种炼钢工艺，生产过程中都需要消耗大量电力。目前我国发电仍以消耗化石能源的火电为主，在 2020 年火电占比达 69%，水电、光伏发电、风电及核电的占比仍较低。为了降低耗电导致的 CO_2 排放，钢铁企业可以通过布局余热余能发电系统、利用工厂空间建设光伏电站或风电站等方式提高自发电比例，也可以尽可能地利用水电资源，例如电炉炼钢企业可以将生产线建设在水电资源丰富的西南地区。

对于传统炼钢过程中要用到的煤、天然气或石油，未来可以逐步用可再生的氢能予以替代。目前瑞典钢铁行业是全球第一个实现"无化石燃料钢铁制造"价值链的国家，其采用的就是新一代氢还原冶炼技术，国内有部分钢企也已采用氢能炼钢。对于以铁矿石为原料的炼钢工艺来说，使用氢能是解决化石能源碳排放问题最可行的路径。此外，使用生物质能-木炭的高炉炼铁技术现已在巴西应用。同时，还可以采用电解工艺直接形成最终产品，与传统钢厂相比，其吨钢能耗为 15～20GJ，与传统钢厂处于同一数量级。如果电力的碳耗量足够低，那么从 CO_2 排放角度看，电解技术将具有吸引力。

2.3.3　全球低碳钢铁生产技术的发展

2.3.3.1　欧洲

（1）欧洲的超低二氧化碳炼钢（ULCOS）项目

欧盟钢铁业于 2004 年开始启动 ULCOS 项目，目标是研究出新的低碳炼钢技术，使吨钢 CO_2 的排放量到 2050 年比现在最低排放量减少 50%，即从 1t 钢排放 2t CO_2 减少到 1t CO_2。在 ULCOS Ⅰ 理论研究和中试试验阶段（2004—2010 年），项目研究人员采用数学模拟和实验室测试，对 80 个不同技术的能源消耗、CO_2 排放量、运营成本和可持续性进行了评估，最后选择了 4 个最有前景的技术做进一步的研究和商业化，即高炉炉顶煤气循环（top-gas recycle blast furnace，TGR-BF）工艺、新型直接还原（ULCORED）工艺、新的熔融还原（HIsarna）工艺和电解铁矿石（ULCOWIN/ULCOLYSIS）工艺。此外，将开发氢气和生物质还原炼铁技术作为这些技术的支撑。在 ULCOS Ⅱ 工业示范阶段（2010—2015 年），该项目通过对欧洲几个综合型炼钢厂的设备进行改造，建立了中试装置，并对这些方案的工艺、装备、经济和稳定性等因素进行了检验和完善。

① 高炉炉顶煤气循环（TGR-BF）工艺　如图 2-10 所示，TGR-BF 工艺有 3 个主要的特点：一是使用纯氧代替传统的预热空气，从而除去了不必要的 N_2，便于 CO_2 的捕集和储存；二是用真空变压吸附（VPSA）技术和 CCS 技术将 CO_2 分离并储存在地下；三是使用回收的 CO 作为还原剂，减少了焦炭的用量。其中，VPSA 装置的运行非常平稳，97% 的高炉炉顶煤气都能进行处理，CO_2 平均体积分数约为 2.67%，能回收 88% 的 CO，满足数量和质量的要求。TGR-BF 与 VPSA、CCS 技术结合使用，最多可以减少 1270kg/t 铁的 CO_2 排放量，占该工序总 CO_2 排放量的 76%。

试验结果表明，TGR-BF 技术在试验高炉上易于操作，安全性好，效率高，稳定性强。将脱碳后的高温炉顶煤气、氧气和煤粉以 1200℃ 的温度吹入位于炉缸的鼓风口，脱碳后的高炉炉顶煤气以 900℃ 从炉身鼓风口吹入的方案减排效果最佳，可降低 26% 的 CO_2 排放，被选为下一步工业规模高炉上试验的首选方案。

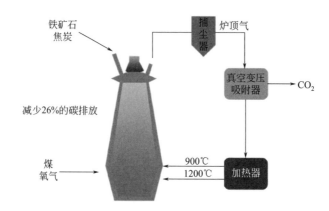

图 2-10　TGR-BF 的工艺流程图

②新的熔融还原（HIsarna）工艺　HIsarna 工艺其实是 ULCOS 之前开发的 Isarna 技术与力拓公司所拥有的 HIsmelt smelter 技术的结合。HIsarna 工艺融合了 3 种新炼铁技术：一是煤炭在反应器中预热和部分热解，二是铁矿石在旋风熔融段熔化和预还原，三是在炉底熔池中进行最终还原并出产铁。

如图 2-11 所示，HIsarna 工艺的关键设备是由旋风熔融段和还原熔池组成的旋风熔融还原炉。HIsarna 工艺可分解为 5 个部分：原料准备、旋风熔化、二次燃烧、熔池还原和废气处理。原煤在喷入熔池之前通过煤分解炉预热和部分热解，形成半焦，部分热解所需的热量由挥发分解燃烧放出的热量供给。这一技术措施减少了熔池对热量的需求，工艺过程产出的热铁水可进入转炉或电炉。矿粉、熔剂和纯氧一同送入旋风熔融段，利用纯氧氧化还原熔池的烟气产生的高温将矿粉和熔剂加热到熔化温度，同时被还原熔池的烟气预还原。熔融状态的矿粉碰撞到旋风熔融还原炉壁后落到还原熔池中，然后与半焦中的碳发生还原反应。

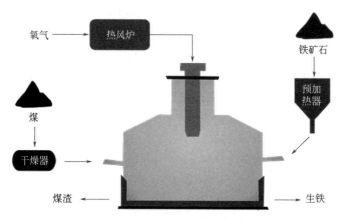

图 2-11　HIsarna 的工艺流程图

HIsarna 工艺的主要优势在于不需要传统高炉工艺中的烧结和焦化这两个高能耗、重污染工序，煤炭用量大幅度降低。其与 CCS 技术结合使用，CO_2 减排效果更好，可减少约 70% 的 CO_2 排放。此外，它还可以采用生物质、天然气和氢气部分替代煤炭。然而，HIsarna 工艺发展到工业化应用至少还需要 10～20 年。

③新型直接还原（ULCORED）工艺　ULCORED 工艺主要采用气基竖炉作为还原反

应器，用煤制气或天然气取代传统的还原剂焦炭，并且通过竖炉炉顶煤气循环和预热，减少了天然气消耗，降低工艺成本。此外，天然气部分氧化技术的应用使该工艺不再需要重整设备，因而大幅度降低了设备投资。以天然气 ULCORED 为例，含铁炉料从气基竖炉顶部装入，净化后的竖炉炉顶煤气和天然气混合喷入气基竖炉并还原含铁炉料，而直接还原铁产品从竖炉底部排出，送入电弧炉炼钢。新工艺竖炉炉顶煤气中的 CO_2 可通过 CCS 技术捕集储存。与欧洲高炉碳排放的均值相比，ULCORED 工艺与 CCS 技术结合可使 CO_2 排放降低 70%。

④ 电解铁矿石（ULCOWIN/ULCOLYSIS）工艺　铁矿石电解是使用电能将铁矿石转化成金属铁和氧，该工艺不需要传统炼铁工艺中所使用的焦炉、链篦机回转窑和高炉等设备，可达到 CO_2 零排放的目标。铁矿石电解最有前景的工艺路线是电解冶金法（ULCOWIN）和电流直接还原工艺（ULCOLYSIS）。ULCOWIN 法铁矿石颗粒悬浮在 $100 \sim 110℃$ 的碱性电解质（NaOH）溶液中，再通入恒定电流电解还原。带负电荷的氧气被吸引到正极，从溶液顶部不断涌出。带正电荷的金属铁被吸引到阴极上，铁晶体呈柱状结构，由沿表面堆积的双六簇组成，沉积在阴极表面上。

ULCOWIN 工艺得到的铁纯度可达 99.98%，能耗为 $2600 \sim 3000kW \cdot h/t$，虽然能耗比较合理，但中试工厂产能只有 5kg/d。因此，ULCOS 项目组又开发了 ULCOLYSIS 工艺。铁矿石在 1600℃ 的高温下熔解在铁液池中熔融氧化混合物中，这种熔融氧化混合物是一种特殊的电解质溶液，能使电解操作在高于金属熔点的温度下进行。惰性材料制成的阳极浸渍在铁液池中，铁液池连接到电路上作为阴极，电流在阳极与阴极中通过。生成的氧气从阳极放出，液态铁在阴极生成。ULCOLYSIS 工艺目前尚处在实验室研究阶段，有望在 2030 年后有突破性进展。

ULCOS 项目中的突破性技术对减少碳排放产生了重大影响，但这些技术可能至少需要 10 年才能实现完全工业化，ULCOS 还将面临一系列的挑战，如工业化应用后的运行效率和成本，更重要的是如何将这些革命性技术工业化、大规模应用，代替传统的高炉工艺。

（2）奥地利的 H2FUTURE 项目

2017 年初，由奥钢联发起的 H2FUTURE 项目，旨在通过研发突破性的氢气替代焦炭冶炼技术，降低钢铁生产的 CO_2 排放，最终目标是到 2050 年减少 80% 的 CO_2 排放。H2FUTURE 项目的成员单位包括奥钢联、西门子、Verbund（奥地利领先的电力供应商，欧洲最大的水电商）公司、奥地利电网（Austrian Power Grid，APG）公司和奥地利 K1-MET 中心组等。该项目将建设世界最大的氢还原中试工厂。西门子作为质子交换膜电解槽的技术提供方；Verbund 公司作为项目协调方，将利用可再生能源发电，同时提供电网相关服务；奥地利电网公司的主要任务是确保电力平衡供应，保障电网频率稳定；奥地利 K1-MET 中心组将负责研发钢铁生产过程中氢气可替代碳或碳基能源的工序，定量对比研究电解槽系统与其他方案在钢铁行业应用的技术可行性和经济性，同时研究该项目在欧洲甚至是全球钢铁行业的可复制性和大规模应用的潜力。图 2-12 给出了 H2FUTURE 项目的产业链。

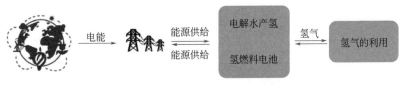

图 2-12　H2FUTURE 项目的产业链

H2FUTURE 项目计划在奥地利林茨的奥钢联阿尔卑斯基地建造一个 6MW 聚合物电解质膜（polymer electrolyte membrane，PEM）电解槽，氢气产量为 $1200cm^3/h$，目标电解水产氢效率为 80% 以上。中试装置投入使用后，电解槽将进行为期 26 个月的示范运行，示范期分为 5 个中试化和半商业化运行，用于证明 PEM 电解槽能够从可再生电力中生产绿色氢，并提供电网服务。随后，将在欧盟 28 国对钢铁行业和其他氢密集型行业进行更大规模的复制性研究。最终，提出政策和监管建议以促进在钢铁和化肥行业的部署。2019 年 11 月 11 日，计划中的奥地利林茨奥钢联钢厂 6MW 电解制氢装置投产，氢能冶金时代正式开启。

（3）瑞典的 HYBRIT 项目

2016 年 4 月，瑞典钢铁公司（Swedish Steel AB，SSAB）、瑞典大瀑布电力公司（Vattenfall）和瑞典矿业公司（Luossavaara-Kiirunavaara AB，LKAB）联合开展突破性氢能炼铁技术（hydrogen breakthrough ironmaking technology，HYBRIT）项目，核心概念是采用可再生能源发电、电解水制氢、氢气直接还原铁矿石生产直接还原铁，不使用焦炭和煤等化石能源，达到碳减排的目的。2016—2017 年，项目进行了初步可行性研究，2018—2024 年进行全面可行性研究，建设中试厂进行试验；2025—2035 年，建设示范厂并试运行；在 2035 年之前拥有一个无碳炼铁解决方案，以氢气气基竖炉-电炉短流程替代传统高炉-转炉流程，届时有望使瑞典 CO_2 排放降低 10%、芬兰 CO_2 排放降低 7%。

图 2-13 给出了 HYBRIT 新工艺和传统高炉工艺的对比。HYBRIT 新工艺的能源主要来自非化石燃料和可再生能源。以氧化球团为原料，采用气基竖炉为还原反应器，还原气是由可再生电力生产的纯氢，还原产物是水。基于瑞典生产数据，以吨钢为计算单位，HYBRIT 新工艺 CO_2 排放、可再生能源消耗、化石能源消耗、电力消耗分别为 25kg、560kW·h、42kW·h、3488kW·h，能源消耗总计 4090kW·h（含可再生能源 560kW·h）。与高炉流程相比，HYBRIT 新工艺 CO_2 排放降低 1575kg，降低了 98.44%；能源消耗减少 1376 kW·h，减少了 36.19%。

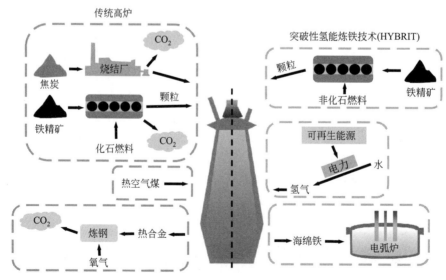

图 2-13 传统高炉工艺与新型 HYBRIT 工艺的对比

（4）德国的 Carbon2Chem 和 SALCOS 项目

Carbon2Chem 是 ThyssenKrupp 公司与 Fraunhofer 协会、Max Planck 研究所与其他 15 家研究机构和合作伙伴合作的重要项目。该项目的原理是：将钢厂废气中宝贵的化工原材料（如以 CO 和 CO_2 形式存在的碳）以及氮和氢等用于生产含有碳和氢的合成气体，而这些合成气体则是生产氨气、甲醇、聚合物和高级醇等各种化工产品的原料。因此，Carbon2Chem 不仅可转化钢厂废气中的 CO_2，同时也可节省生产此类合成气体的 CO_2 用量。2018 年 9 月，ThyssenKrupp 公司成功应用将钢厂废气转化为合成燃料甲醇的技术生产出了第一批甲醇，而在 2019 年 1 月，ThyssenKrupp 公司成功从钢厂废气中生产出氨，在全球范围内属于首例。

2019 年 4 月，德国 Salzgitter 钢铁公司与 Tenova 公司签署了 SALCOS 项目，旨在对原有的高炉-转炉炼钢工艺路线进行逐步改造，把以高炉为基础的碳密集型炼钢工艺逐步转变为直接还原炼铁-电弧炉工艺路线，同时实现富余氢气的多用途利用。为实施 SALCOS 项目，Salzgitter 先期策划实施了 Salzgitter 风电制氢项目（Wind H2），项目思路是采用风力发电，电解水制氢和氧，再将氢气输送给冷轧工序作为还原性气体，将氧气输送给高炉使用。根据项目计划，第一步是建设质子交换膜电解槽，电解制氢能力为 $400 m^3/h$，蒸馏水来自钢厂水净化设施；第二步是将风力发电场电力输送到电解水工厂。

Salzgitter 于 2016 年 4 月正式启动了 GrInHy1.0（green industrial hydrogen，绿色工业制氢）项目，采用可逆式固体氧化物电解工艺生产氢气和氧气，并将多余的氢气储存起来。当风能（或其他可再生能源）波动时，电解槽转变成燃料电池，向电网供电，平衡电力需求。2017 年 5 月，该系统安装了 1500 组固体氧化物电解槽，于 2018 年 1 月完成了系统工业化环境运行，2019 年 1 月完成了连续 2000h 的系统测试。2019 年 1 月，Salzgitter 开展了 GrInHy2.0 项目。GrInHy2.0 项目的显著特点是通过钢企产生的余热资源生产水蒸气，用水蒸气与绿色再生能源发电，然后采用高温电解水法生产氢气。氢气既可用于直接还原铁生产，也可用于钢铁生产的后道工序，如作为冷轧退火的还原气体。

2.3.3.2 美国

美国生产的 60％铁矿石都是粒度为 400～500 目的铁燧岩精矿粉，而其他国家很多新的铁矿石资源也需要粉碎到很细的粒度后才能用于高炉炼铁。美国针对国内外铁矿石资源的现状，开发了一种新工艺——氢气闪速熔炼法，即使铁精矿粉在悬浮状态下，被热还原气体还原成金属化率较高还原铁的工艺。该工艺不经过烧结或者球团造块，而直接利用细精矿粉生产铁水。热还原气体可以是 H_2，也可以是由煤、重油等经过不完全燃烧产生的还原气体 CO 或者是 H_2 和 CO 的混合气体。目前，犹他州立大学已经完成了实验室研究，认为该工艺与高炉炼铁相比可以降低 38％的能耗，可大幅度减少对环境的污染，尤其有利于减少 CO_2 排放。

此外，麻省理工学院研发的一项通过熔融氧化物电解生产铁的新技术已经完成了实验室规模的研究，而波士顿金属公司已经将这项技术的规模扩大了 1000 倍以上。如图 2-14 所示，熔融氧化电解工艺利用电能将金属从原始氧化物转化为熔融金属产品，具体的反应过程为：氧化铁在 1600℃的温度下溶解在二氧化硅和氧化钙的溶剂中，电流的引入导致带负电荷的氧离子移动到阳极产生氧气，而带正电荷的铁离子移动到阴极产生铁，然后将铁收集到电解槽底部的收集池中，氧气是该过程的主要副产品，而没有 CO_2 的生成。

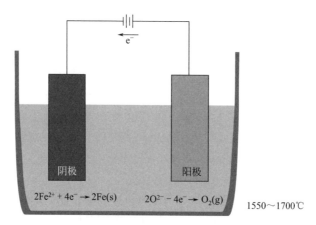

$2Fe^{2+} + 4e^- \rightarrow 2Fe(s)$ $2O^{2-} - 4e^- \rightarrow O_2(g)$ $1550\sim1700℃$

图 2-14   熔融氧化物电解质的工作原理

2.3.3.3   日本

2007 年，日本宣布"为了美丽星球采用创新的炼铁工艺技术减排 CO_2"的 COURSE50 项目，旨在开发节能技术，保护环境，促进经济发展。该项目由 5 家综合钢铁企业和 1 家工程企业参与，即神户制钢、JFE 钢铁、日本制铁（Nippon Steel）、住友金属、日新钢铁和新日铁工程。如图 2-15 所示，COURSE50 的关键核心技术是氢还原炼铁法，即用氢作为还原剂，置换一部分焦炭，使得减少高炉 CO_2 排放减少 10％，此外使用化学吸收法和物理吸附法将高炉煤气中的 CO_2 进行分离和回收，减排 20％的 CO_2，从而达到整体减排 30％的目标。

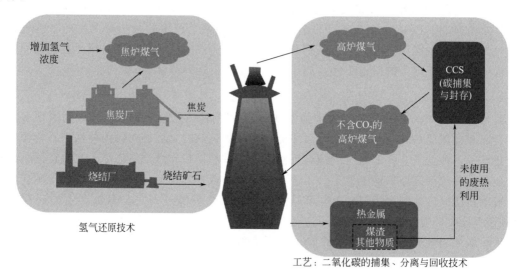

图 2-15   COURSE50 的 CO_2 减排系统

在 2022 年，日本将选择至少 2 家高炉钢铁厂作为试验场地，进行大规模的模拟实验和工程建设的初步准备，并进行氢气喷枪的设计，使基础技术得到有效验证，达到预定目标。计划在 2025 年之前，通过第二阶段的高炉实际试验，建立实用技术。预计项目目标将在 2030 年实现，在 2050 年实现全面普及。

2.3.3.4　韩国

PosCO 是韩国主要的节能减排项目。项目促进了更为节能的炼钢工艺以及从大气中捕集 CO_2 的新技术的开发，包含 4 个技术框架：①在炼钢过程中使用废气和副产品制氢；②利用海洋生物有机废物固定 CO_2；③通过氨水和废热回收捕集 CO_2；④烧结矿的低碳减排。项目主要由韩国最著名的三家钢铁公司 Posco 钢铁、Hyundai 钢铁和 Dongkuk 钢铁主导。

Hyundai 钢铁将工厂产生的 350℃ 废气压缩后，将余热储存起来用于生产。基于同样原则的"热量分配"行业可能会扩大，为消费者削减高达 90% 的取暖成本，并减少该地区的温室气体排放。

Dongkuk 钢铁引进了可以通过箕斗装载大量低密度废料的 Eco-Arc 电炉。同时，粉尘室在二次燃烧后迅速冷却，阻止了有毒呋喃和二噁英的产生。这种技术的应用可以减少 30% 的能源浪费。从 2016 年开始，Dongkuk 钢铁利用间接热压技术生产钢筋，减少了温室气体排放。

如图 2-16 所示，Posco 钢铁与奥地利钢铁公司合作，从 1992 年起资助了 FINEX 的研究和开发。FINEX 是一种新的冶炼还原工艺，使用资源丰富和廉价的"细粒"（细磨矿石）和非焦煤生产高质量的天然气，用于发电和冶金等行业，从而大量减少了温室气体排放。Posco 钢铁还计划到 2050 年，利用氢气代替焦炭，开发出功能齐全的氢气制铁技术减少大气污染。该公司的短期目标是充分开发 CCS 技术，预计同时采用 FINEX 和 CCS 可以使 Posco 钢铁的 CO_2 排放量减少 45%。

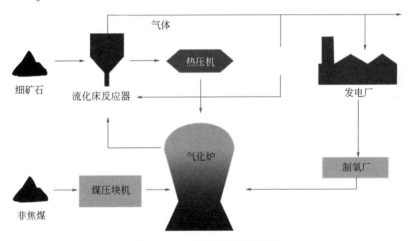

图 2-16　FINEX 工艺流程图

2.3.3.5　中国

（1）COREX

2007 年，中国的宝钢率先引进了第一台 COREX3000 炉，出钢非常平稳。此后，宝钢将 COREX 炉转移到新疆八一钢铁股份有限公司，并对 C3000 炉型进行了优化，后来被命名为欧冶。

最初的 COREX 由两部分组成，其中上部是通过竖炉将铁矿石预还原得到金属比＞70% 的海绵铁，海绵铁通过螺旋卸料器被送到熔融气化炉的下部。竖炉中的海绵铁进一步冶炼，得到最终的金属铁。在这个过程中，熔融气化炉顶部的高温气体与添加的煤发生反应，在炉内形成半焦床。它与从风口吹入的氧气一起燃烧产生还原性气体，其中90%以上由CO和H_2组成。随后，高温还原气通过加入较冷的气体冷却，除尘后进入上部预还原竖炉。COREX最显著的优点是具有良好的气体利用率，低焦炭消耗，并大大减少了碳排放。

欧冶炉代表了COREX工艺的优化，将原炉顶气体的湿式除尘系统改为干式布袋除尘器，并在矿斗中增加独立筛分装置，以减少进入炉内的矿粉。在气化炉中增加喷煤拱顶，提高了煤气质量，使竖炉金属化率提高了15%～25%。

（2）HIsmelt

2008年，山东墨龙石油机械有限公司与力拓集团就HIsmelt技术进行合作，并决定于2012年将HIsmelt工厂整体搬迁至澳大利亚的卡纳。该技术采用两段式回转窑工艺，在750℃下对含铁原料（粒径＜6mm）进行预热和预还原。此外，粒径＜3mm的煤粉通过新型喷煤器喷出，与石灰一起进入水冷喷枪。最后，它与含铁材料一起进入SRV炉的熔池。在煤气处理系统中新增了余热锅炉，并在煤气处理系统和水冷罩之间安装了一个高温旋风除尘器，以提高煤气的余热回收效率，降低锅炉负荷和除尘。在HIsmelt工艺中，采用湿法去除气体中的灰尘。此外，净化后的气体被用于热风炉的燃烧和HRSG的发电。通过转鼓法冲洗矿渣的水也被应用于获得类似于高炉的颗粒矿渣的副产品。山东墨龙HIsmelt工艺稳定运行了3年多的时间，稳定吹料量为170t/h，稳定喷煤量为95t/h，稳定喷石灰量为10t/h。稳定生产期间的平均日产铁量为1550t。三种不同炼铁工艺的比较见表2-10。

表2-10　三种不同炼铁工艺的比较

原材料	高炉工艺	COREX	ML-HIsmelt
适用范围	烧结矿 5～50mm	颗粒矿、块状矿	8mm细粒矿石、高含磷矿石或钒（100%）
	5～30mm的块状矿石	—	—
	6～18mm的颗粒物	—	—
	焦炭 25～75mm	焦丁 10～25mm	不含焦炭
	焦丁 10～25mm		
	热气，富氧（≤10%）	只含氧气	热空气，富氧（40%）
生铁质量	炼钢生铁	炼钢生铁	炼钢生铁/1级铁
单机容量	$120×10^4$ t/a	$120×10^4$ t/a	$0.8×10^4$ t/a
投资成本	4亿美元（1000m³ 的高炉和配套设施）	25亿美元	8亿美元
综合燃料消耗量	530kg（包括360kg焦炭）	1000～1100kg（包括约200kg的焦炭）	700～900kg（非焦煤）

（3）氢冶金

氢能是目前最具发展潜力的清洁能源，其与金属冶金工业的耦合也促进了冶金工业的技术革命。氢气作为一种节能的还原剂，不需要转化剂参与还原过程。日本、欧洲等国家和地区相继出台了氢气冶金方案。虽然氢能产业在中国还处于起步阶段，但在未来具有强大的应用前景。作为一种零污染的还原剂，它可以大大减少碳排放，提升传统工艺制造水平，形成产业结构和能源结构的双赢局面。去年，中国的大型钢铁企业也开始大力投入氢气冶金的研究，并启动了项目。中国宝武的低碳冶金技术路线图如图 2-17 所示。2019 年 1 月 15 日，中国宝武与中核集团、清华大学签订《核能-制氢-冶金耦合技术战略合作框架协议》，三方将合作共同打造世界领先的核氢冶金产业联盟。以世界领先的第四代高温气冷堆核电技术为基础，开展超高温气冷堆核能制氢技术的研发，并与钢铁冶炼和煤化工工艺耦合，依托中国宝武产业发展需求，实现钢铁行业的 CO_2 超低排放和绿色制造。其中核能制氢是将核反应堆与采用先进制氢工艺的制氢厂耦合，进行大规模 H_2 生产。经初步计算，一台 60 万千瓦高温气冷堆机组可满足 180 万吨钢对氢气、电力及部分氧气的需求，每年可减排约 300 万吨 CO_2，减少能源消费约 100 万吨标准煤，将有效缓解我国钢铁生产的碳减排压力。

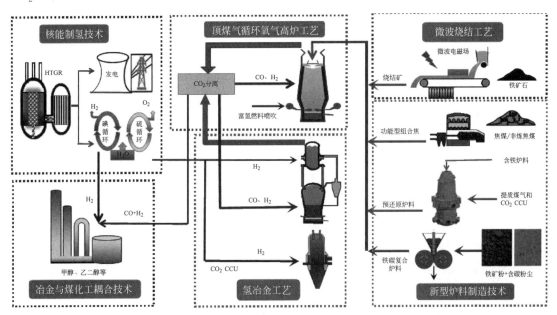

图 2-17　中国宝武低碳冶金技术路线图

2.4 "双碳"目标下钢铁行业绿色发展新模式与展望

2.4.1 绿色发展新模式

在 2021（第十二届）中国钢铁发展论坛上将钢铁行业"碳达峰"目标初步定为：2025 年前，钢铁行业实现碳排放达峰；到 2030 年，钢铁行业碳排放量较峰值降低 30%，预计将实现碳减排量 4.2 亿吨。如图 2-18 所示，实现"碳达峰"目标的五大路径分别是推动绿色布局、节能及提升能效、优化用能及流程结构、构建循环经济产业链和应用突破性低碳技术。然而，"碳达峰"仅是实现"碳中和"的第一步，未来还需要在生产技术、产业链等方面进行深度改造。

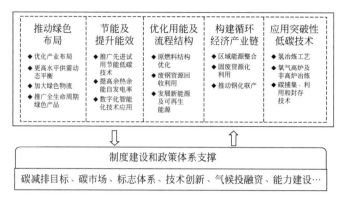

图 2-18　钢铁行业"碳达峰"及降碳行动方案

（资料来源：李新创，《中国钢铁工业发展趋势与低碳发展路径》）

2.4.1.1　压减钢铁产量，促进高水平供需动态平衡

控制钢铁产量是完成"碳达峰"目标最直接的手段。2021 年 4 月 17 日，工信部经商国家发展改革委、国务院国资委，将修订后的《钢铁行业产能置换实施办法》印发，自 2021 年 6 月 1 日起施行。办法要求京津冀、长三角、珠三角、汾渭平原等大气污染防治重点区域严禁增加钢铁产能，退出产能与建设产能之比不可低于 1.25∶1，坚决打击违法违规建设和生产项目，严控新增产能。同时，工信部也明确表示，压减钢铁产量是落实我国"碳达峰""碳中和"目标任务的重要举措，2021 年将从严禁新增钢铁产能、完善产能置换相关政策措施、推进钢铁行业兼并重组、提高行业集中度等方面坚决压减钢铁产量，并逐步建立以碳排放、污染物排放、能耗总量为依据的存量约束机制，确保 2021 年全面实现钢铁产量同比下降。

2.4.1.2　重塑竞争格局，推动兼并重组

碳约束下，钢铁行业兼并重组将提速。一方面，工信部、中钢协为落实"碳达峰""碳中和"目标，将通过兼并重组、提高产业集中度等方式压减钢铁产量、优化产业布局。另一方面，从推动钢铁行业高质量发展出发，兼并重组可以打破"小、散、弱"的现状，以先进带落后，通过先进企业的绿色发展理念、先进节能减排技术、低碳生产工艺、合理能源结构及产能置换等，从根本和源头上进行碳减排，加快推进钢铁行业的高质量发展。工信部明确提出，到 2025 年，钢铁工业供给侧结构性改革取得显著成效，中国钢铁产业 60%～70% 的产量将集中在 10 家左右的大集团，其中包括 8000 万吨级的钢铁集团 3～4 家、4000 万吨级的钢铁集团 6～8 家和一些专业化的钢铁集团。

2.4.1.3　推进能源结构调整和工艺流程创新，强化节能和能效提升

CO_2 排放主要来自化石能源消费，因此"碳达峰""碳中和"的关键是实施能源结构调整、创新工艺流程和低碳生产。优化原燃料结构，鼓励企业开展高效球团矿生产工艺、焙剂性球团生产、高炉大比例球团冶炼、高炉高效使用块矿等先进工艺技术研究和应用工作，减少烧结矿用量；加快提升钢铁企业余热余能自发电率，积极推广应用《国家重点节能低碳技术推广目录》中先进适用、成熟可靠的技术，促进高能效转化工艺、装备、管理技术创新开发及应用，实现降耗及提效；继续加强高炉低焦比高煤比冶炼技术研究应用，减少焦炭用量；有序引导电炉短流程发展，加强废钢资源回收利用；加大对非高炉炼铁和氢冶金技术研究；加大企业数智化转型，提升能源利用效率，加大节能减排力度；发展新能源及可再生能

源，提高新能源和可再生能源的使用占比；积极开展碳捕集、封存和利用技术（CCS/CCUS）的推广应用。

2.4.1.4   加快推动多产业协同，打造循环经济产业链

发挥钢铁生产流程能源加工转化功能，构建以钢铁生产为核心的能源产业链，与周边工业企业、居民及商业用户等实现煤气、蒸汽、氧气、氮气、氩气、水等互供，替代区域内能耗、污染物、碳排放较高的供应设施，实现区域能源、环境资源协同优化。大力推广以高炉渣、钢渣为原料的矿渣微粉、钢渣微粉生产应用；鼓励钢铁企业与水泥企业协同合作，延伸产业链，打造绿色低碳水泥及制品。鼓励开展高活性矿渣微粉、钢渣微粉技术研发与应用，提高水泥熟料替代率。推动钢化联产，依托钢铁企业副产——焦炉煤气、转炉煤气、高炉煤气富含的大量 H_2 和 CO 资源，生产高附加值化工产品；研究建立钢化联产"产学研用"创新平台，统筹有序推进钢铁与石化、化工行业协同发展，研发推广钢化联产先进技术。

2.4.1.5   加速钢铁行业超低排放改造进程

"碳达峰""碳中和"将加速钢铁行业超低排放改造进程。2019 年印发的《关于推进实施钢铁行业超低排放的意见》中要求，到 2020 年底前，重点区域钢铁企业力争 60％左右产能完成超低排放改造；到 2025 年底前，重点区域钢铁企业超低排放改造基本完成。全国力争 80％以上产能完成改造。目前，我国钢铁行业大约有 6.2 亿吨钢铁产能在实施全球最严的超低排放改造工程。同时，国家相关部门也将加大监督考核力度，对减排措施落实情况进行监督考核。2021 年 3 月 11 日，生态环境部突击检查某钢铁企业对 4 家未落实相应减排要求的钢铁企业予以行政处罚，对相关企业负责人予以行政拘留，企业绩效评级全部降为 D 级，暂扣排污许可证等。

2.4.1.6   推进数字化智能化碳管控，促进行业智能化升级

要推进大数据、云计算等互联网技术与低碳发展融合，依托现有超低排放监控体系，建立钢铁生产碳排放全过程管控与评估平台，实现碳排放的量化与数据质量保证的过程（monitoring reporting verfication，MRV）业务全流程管控。要推进新一代信息技术和制造技术的融合发展，推动数智化技术与钢铁生产过程的融合，加快实施智慧制造，推动工序互联共享，减少中间环节，促进资源能源高效利用，将低碳数字化转型贯穿钢铁生产全过程，助力生产过程的碳减排。

2.4.1.7   加快钢铁行业纳入全国碳市场的步伐

加快建设全国碳市场，将有力推动我国"碳达峰""碳中和"目标的实现。2021 年的政府工作报告提出将加快建设全国碳市场，2021 年 7 月 16 日启动全国碳市场上线交易。目前，《碳排放权交易管理办法（试行）》已于 2021 年 2 月 1 日正式施行，全国碳市场发电行业第一个履约周期正式启动，生态环境部表示"十四五"期间将加快推动钢铁行业纳入全国碳市场。

2.4.2 展望

2.4.2.1   减碳改造的资本支出规模庞大

"碳中和"下钢铁行业的生产工艺将发生巨大变化，因此钢铁企业需要投入大量资金用于生产设备及相关设施的更新改造。目前已经有部分相对成熟的技术可以大规模应用，比如

电炉炼钢、球团改造、能效提升、DRI 还原铁、高炉富氢等。应用这些技术可能并不足以完全实现"碳中和"，但在碳减排的前期阶段，预计会成为未来 10 年钢铁行业首先普遍实践的技术路径。

根据华宝证券的估算，未来 10 年我国钢铁行业减碳投资规模为建设以电炉为核心的系统需要新增投资 3000 亿元，以球团替代烧结，同时对目前老工艺改造需要新增投资 1800 亿元，以直接还原铁部分取代高炉实现减碳，需要新增投资 700 亿～1000 亿元，以富氢提升高炉能效，降低碳排放需要新增投资达到 2000 亿元，提高余热余能利用效率，提高自发电比例需新增投资超 2000 亿元。

2.4.2.2　行业集中度会显著提升

我国钢铁行业体量大但行业集中度低一直是产业发展存在的突出问题，使得国内钢铁企业缺少市场话语权，导致行业盈利波动剧烈。工信部早在《钢铁工业调整升级规划（2016—2020 年）》中就提出要促进兼并重组，在 2020 年实现前 10 家产业集中度达到 60%。然而，2020 年前十大钢企的粗钢产量占比仅有 37%，离目标相去甚远。

在"碳中和"背景下，钢铁行业在技术实力、管理水平、资本实力等方面的竞争将更加激烈，行业内竞争力相对较低的企业的市场份额可能会逐步被侵蚀，或企业自身被同行所兼并，钢铁行业整体的集中度会随之显著提升，而低碳领域的技术实力可能影响钢铁企业竞争实力最重要的要素。钢铁行业龙头企业在低碳技术储备、工艺改进和新技术拓展上实力相对更强，可以利用自身技术实力在吨钢碳排放量上获得更优的表现，或者以更低的成本实现碳减排目标。因此行业龙头企业无论在低碳环保达标和经营成本上可能都更有优势，未来在钢铁行业中会占据更高的市场份额。

2.4.2.3　钢铁行业将与化工、能源等其他行业深度融合

钢铁行业产业链牵涉甚广，其冶炼环节需要使用还原剂或电力提供能源，生产伴随的热能又可以用于发电、供热，生产的废弃物又可以用来生产其他化工产品等。在"碳中和"背景下，钢铁行业不仅需要革新自身的生产过程，还需要通过与化工、能源等其他行业进行融合发展，从全产业链的角度来降低 CO_2 排放。

考虑到钢铁生产的各个模块需要集成在一定范围内，以保证生产过程的效率，未来钢铁企业很可能会自建与冶炼钢铁相配套的能源、化工等生产设施。在这种情形下的钢铁企业实际上已经赋予钢铁生产流程更多的功能，除了原本的钢铁产品制造功能之外，还将具有能源转换、大宗废弃物处理以及为关联行业提供原料等多种功能。在钢铁行业与其他行业融合发展的情况下，钢铁产业链将更加复杂，企业的管理难度和技术要求也将更高。但更复杂的产业链也可以带来益处，例如企业生产成本的波动性会变小，企业销售的产品将不再局限于钢材，销售收入更加多元化，这些都有利于降低企业经营业绩的波动性。

参考文献

[1]　Lanza R，Martinsen T，Mohammad A K W，et al. IPCC guidelines for national greenhouse gas inventories [R]. Geneva：Intergovermental panel on climate change，2006.

[2]　上官方钦，张春霞，郦秀萍，等.关于钢铁行业 CO_2 排放计算方法的探讨 [J].钢铁研究学报，2010，22（11）：1-5.

[3]　王有亮.赣州工业碳排放估算及低碳发展路径思考 [J].有色金属科学与工程，2015，6（1）：95-98.

[4]　王刚，谷少党，赵瑞海，等.基于能量流研究的高炉节能分析 [J].冶金能源，2012，31（4）：6-9.

[5]　刘泽森，谢志辉，张泽龙，等.焦化工序能耗及二氧化碳排放量计算与参数影响［J］.钢铁研究，2016，44（2）：1-4，40.

[6]　霍首星，隋智通，娄文博，等.含钒硅铁水 CO_2 脱硅保钒实验研究［J］.材料与冶金学报，2016，15（3）：166-170.

[7]　勾丽明，张清华，陈瀛，等.基于碳排放抵扣的碳排放计量方法研究——以钢材生产为例［J］.中国环境管理，2016，8（6）：99-103.

[8]　国家发展和改革委员会.省级温室气体清单编制指南（试行）［R］.北京：国家发展和改革委员会，2011.

[9]　国家发展和改革委员会.中国钢铁生产企业温室气体排放计算方法与报告指南（试行）［R］.北京：国家发展和改革委员会，2011.

[10]　中国国家标准化管理委员会.温室气体排放核算与报告要求 第 5 部分：钢铁生产企业［S］.GB/T 32151.5—2015.北京：中国标准出版社，2015.

[11]　上官方钦，张春霞，胡长庆，等.中国钢铁工业的 CO_2 排放估算［J］.中国冶金，2010，20（5）：37-42.

[12]　张肖，向晓东，刘汉杰，等.钢铁行业碳排放量核算方法的实证性研究［J］.工业安全与环保，2012，38（6）：86-88.

[13]　叶友斌，邢芳芳，刘锟，等.我国钢铁企业二氧化碳排放结构探讨［J］.环境工程，2012，30（增刊）：224-227.

[14]　黄丽文，部龙江，贾艳艳.钢铁企业碳排放的计算与分析［J］.冶金能源，2013，32（3）：3-5.

[15]　张辉，李会泉，陈波，等.基于碳物质流分析的钢铁企业碳排放分析方法与案例［J］.钢铁，2013，48（2）：86-92.

[16]　张琦，贾国玉，蔡九菊，等.钢铁企业炼铁系统碳素流分析及 CO_2 减排措施［J］.东北大学学报，2013，34（3）：392-395.

[17]　He H，Guan H，Zhu X，et al. Assessment on the energy flow and carbon emissions of integrated steel-making plants［J］.Energy Reports，2017，3：29-36.

[18]　张玥，王让会，刘飞.钢铁生产过程碳足迹研究——以南京钢铁联合有限公司为例［J］.环境科学学报，2013，33（4）：1195-1201.

[19]　高成康，陈杉，陈胜，等.中国典型钢铁联合企业的碳足迹分析［J］.钢铁，2015，50（3）：1-8.

[20]　李新祥，卢鑫，杨世山，等.中国钢铁工业碳足迹和碳赤字分析［J］.内蒙古科技大学学报，2015，34（1）：45-49.

[21]　国家发展和改革委员会.工业其他行业企业温室气体排放核算方法与报告指南（试行）［R］.北京：国家发展和改革委员会，2015.

[22]　陈亮，郭慧婷，孙亮，等.钢铁生产企业《温室气体排放核算与报告要求》国家标准解读［J］.中国能源，2016，38（8）：43-46.

[23]　上官方钦，干磊，周继程，等.钢铁工业副产煤气资源化利用分析及案例［J］.钢铁，2019，54（7）：114-120.

[24]　殷瑞钰.关于新一代钢铁制造流程的命题［J］.上海金属，2006，（4）：1-5，13.

[25]　黑色金属矿产资源强国战略研究专题组.黑色金属矿产资源强国战略研究［M］.北京：科学出版社，2019.

[26]　Kushnir D，Hansen T，Vogl V，et al. Adopting hydrogen direct reduction for the Swedish steel industry：A technological innovation system（TIS）study［J］.Journal of Cleaner Production，2020，242：1.

[27]　Costa A R D，Wagner D，Patisson F. Modelling a new，low CO_2 emissions，hydrogen steelmaking process［J］.Journal of Cleaner Production，2013，46：27-35.

[28]　高建军，万新宇，齐渊洪，等.回转窑预还原-氧煤燃烧熔分炼铁技术分析［J］.钢铁研究学报，

　　　　2018，30（2）：91-96.

[29]　Quader M A，Ahmed S，Dawal S Z，et al. Present needs，recent progress and future trends of energy-efficient Ultra-Low Carbon Dioxide（CO$_2$）Steelmaking（ULCOS）program［J］. Renewable and Sustainable Energy Reviews，2016，55：537-549.

[30]　严珺洁. 超低二氧化碳排放炼钢项目的进展与未来［J］. 中国冶金，2017，27（2）：6-11.

[31]　Chung W，Roh K，Lee J H. Design and evaluation of CO$_2$ capture plants for the steelmaking industry by means of amine scrubbing and membrane separation［J］. International Journal of Greenhouse Gas Control，2018，74：259-270.

[32]　王东彦. 超低碳炼钢项目中的突破型炼铁技术［J］. 世界钢铁，2011，11（2）：7-12.

[33]　张宁，张紫禾，张景奇，等. 燃气-蒸汽联合循环发电 CO$_2$ 排放量量化方法比较［J］. 环境科学研究，2017，30（9）：1489-1496.

[34]　Salzgitter F. Linde in steel industry clean hydrogen project［J］. Fuel Cells Bulletin，2018，（12）：12.

[35]　赵沛，董鹏莉. 碳排放是中国钢铁业未来不容忽视的问题［J］. 钢铁，2018，53（8）：1-7.

[36]　张利娜，李辉，程琳，等. 国外钢铁行业低碳技术发展概况［J］. 冶金经济与管理，2018，（5）：30-33.

[37]　Quader M A，Ahmed S，Ghazilla R A R，et al. A comprehensive review on energy efficient CO$_2$ breakthrough technologies for sustainable green iron and steel manufacturing［J］. Renewable ＆ Sustainable Energy Reviews，2015，50：594-614.

[38]　王文堂，邓复平，吴智伟. 工业企业低碳节能技术［M］. 北京：化学工业出版社，2017.

[39]　赵艳红，李晓辉. 八钢欧冶炉（COREX）顶煤气除尘系统的改进［J］. 宝钢技术，2017，（3）：73-78.

[40]　张志霞. Corex 熔融还原技术研究进展［J］. 河北冶金，2019，（3）：14-16.

[41]　张建良，刘征建，王振华，等. 山东墨龙 HIsmelt 工艺生产运行概况及主要特点［J］. 中国冶金，2018，28（5）：37-41，46.

[42]　靳倩，史岩，袁陆. 配备自备电厂的钢铁企业碳排放量核算［J］. 节能，2020，39（4）：129-131.

[43]　黄海. 基于低碳经济的冶金工程技术探索［J］. 科技创新导报，2019，16（25）：51-52.

[44]　康建刚，李俊杰，魏进超. 基于生命周期评价的烧结烟气净化工艺碳足迹分析［J］. 烧结球团，2017，42（6）：11-15.

[45]　郦秀萍，上官方钦，周继程，等. 钢铁制造流程中碳素流运行与碳减排途径［M］. 北京：冶金工业出版社，2020.

[46]　高春艳，牛建广，王斐然. 钢材生产阶段碳排放核算方法和碳排放因子研究综述［J］. 当代经济管理，2021，43（8）：33-38.

[47]　陈德荣. 坚定不移走绿色发展道路，率先实现碳达峰、碳中和目标［N］. 人民日报，2021-04-02（10）.

[48]　蒋志颖. 中国钢铁行业全方位提升竞争力［J］. 中国发展观察，2020，（Z2）：104-109.

[49]　卢中强，陈红举，郝宗超，等. 钢铁企业二氧化碳排放计算修正方法探讨［J］. 河南科学，2019，37（8）：1317-1323.

[50]　康斌. 欧洲钢铁企业氢能利用研究项目探析［J］. 冶金管理，2019，（10）：56-60.

[51]　张利娜，李辉，程琳，等. 国外钢铁行业低碳技术发展概况［J］. 冶金经济与管理，2018，（5）：30-33.

[52]　温素彬，石路凤，陈晨. 碳资产管理绩效评价及其在企业的应用［J］. 会计之友，2017，（14）：132-136.

[53]　严珺洁. 超低二氧化碳排放炼钢项目的进展与未来［J］. 中国冶金，2017，27（2）：6-11.

[54]　刘宏强，付建勋，刘思雨，等. 钢铁生产过程二氧化碳排放计算方法与实践［J］. 钢铁，2016，51（4）：74-82.

[55]　上官方钦，郦秀萍，张春霞. 钢铁生产主要节能措施及其 CO$_2$ 减排潜力分析［J］. 冶金能源，2009，28（1）：3-7.

[56]　许茜，黎阿巧，孙晨藤，等.电化学方法制铁研究的进展 [J].上海金属，2021，43（1）：93-99，112.

[57]　魏光升，韩宝臣，朱荣.CO$_2$ 作为 RH 提升气的冶金反应行为研究 [J].工程科学学报，2020，42（2）：203-208.

[58]　毛蕴诗，Korabayev R，王婧.绿色全产业链：中国管理研究的前沿领域 [J].学术研究，2019，（12）：9.

[59]　李晓.我国炼钢工艺低碳技术发展方向 [J].冶金经济与管理，2019，（4）：21-24.

[60]　赵艺伟，左海滨，佘雪峰，等.钢铁工业二氧化碳排放计算方法实例研究 [J].有色金属科学与工程，2019，10（1）：34-40.

[61]　李季鹏，孙振.企业碳资产管理的问题与实施路径研究 [J].发展研究，2018，（7）：95-101.

[62]　杨书婷，涂建明，石羽珊.企业碳预算理论结构与管理减排功能 [J].新会计，2018，（5）：6-11.

[63]　Zhang X，Jiao K，Zhang J，et al. A review on low carbon emissions projects of steel industry in the World [J]. Journal of Cleaner Production，2021，306：127259.

第3章
建材行业双碳路径与绿色发展

　　建材行业作为基础性产业，在推动国民经济发展方面担任着举足轻重的角色。有关数据表明，我国水泥、陶瓷、平板玻璃等多种建材产品产量居于全球首位，二氧化碳排放量占据我国总二氧化碳排放总量的 8%。因此，在当前"30·60"双碳目标下，采取有效行动促使建材行业碳减排，为国家总体实现双碳目标作出积极贡献已成为建材领域的普遍认知。

　　2021 年 1 月中国建材行业联合会发布《推进建筑材料行业碳达峰、碳中和行动倡议书》，明确提出建筑材料行业要在 2025 年前全面实现碳达峰，水泥等行业要在 2023 年前率先实现碳达峰，较 2030 年碳达峰时间有所提前。建材行业的资源能源都依托于其他产业，这也决定了建材行业要坚持以节能减排为中心，探索实践循环经济、低碳经济等发展理念，走节约发展、清洁发展和绿色发展之路。

3.1　建材行业二氧化碳排放现状

3.1.1　全球典型建材行业产品产量及碳排放

　　水泥工业约占目前全世界人为二氧化碳排放量的 5%。世界水泥需求和产量正在增加，世界水泥年产量预计将从 2006 年的大约 2.54 亿吨增长到 2050 年的 3680 亿～4380 亿吨。这种增长的最大份额将发生在中国、印度和亚洲大陆的其他发展中国家。水泥生产的这种显著增长与水泥工业能源使用的绝对量和二氧化碳排放量的显著增加有关。

　　最近的一项调查显示，全球水泥产量超过 40 亿吨，而中国占据了大部分市场。如图 3-1 所示，2019 年全球前 30 家重点企业水泥产能数据显示，30 家水泥企业中，中国占 40%，有 12 家；30 家水泥生产企业合计产能 29.7 亿吨，中国 12 家企业占有一半以上，由此可以看出，中国的水泥产量非常大，是全世界水泥产出和消费最大的国家。

　　国家统计局显示，2020 年，我国水泥产量达到约 24 亿吨，约占全球水泥产量的 55%。我国水泥产量连续近 40 年居世界第一位，其能耗和 CO_2 排放仅次于电力行业，占据工业能

排名	企业	水泥产能/10⁴t
1	中国建材	52100
2	安徽海螺	35900
3	拉法基豪瑞	28600
4	海德堡	18700
5	金隅冀东	17000
6	超科水泥	11500
7	山东水泥	10200
8	华新水泥	10000
9	西麦斯	9300
10	华润水泥	8430
11	红狮控股	7920
12	台湾水泥	7470
13	欧洲水泥集团	6000
14	CRH老城堡	5900
15	天瑞水泥	5670
16	沃托兰廷集团(Votorantim)	5280
17	SIG印尼水泥集团	5260
18	丹格特集团	4555
19	Shree水泥	4440
20	亚洲水泥	4090
21	Buzzi Unicem	3960
22	InterCement	3900
23	尧柏水泥	3360
24	SCG暹罗水泥集团	3350
25	ACC LTD	3305
26	亚泰集团	3230
27	VICAT水泥集团	3000
28	Ambujia水泥	2965
29	越南VICEM	2700
30	Dalmia水泥	2700

图 3-1　2019 年全球前 30 家重点企业水泥产能

耗的 7%。水泥行业的温室气体排放量占全球总人类排放的 7%。如图 3-2 所示，2019 年，全球水泥产量达到 4.1Gt，2014 年产量达到 4.2Gt 的高点，此后一直保持在 4.1Gt 左右。我国是最大的水泥生产商，约占全球产量的 55%。水泥行业是高耗能、高排放的产业，一直是我国节能减排的重点行业。

众所周知，工业部门引领经济增长，在二氧化碳排放量上总是位居首位，约占 70%。如图 3-3 所示，2018 年工业直接二氧化碳排放量为 8.5Gt。其中，水泥工业直接二氧化碳排放量为 2.3Gt，钢铁工业直接二氧化碳排放量为 2.1Gt，二者位居全球碳排放量前列。

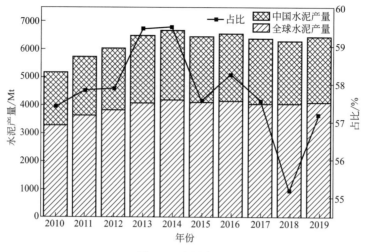

图 3-2　水泥产量

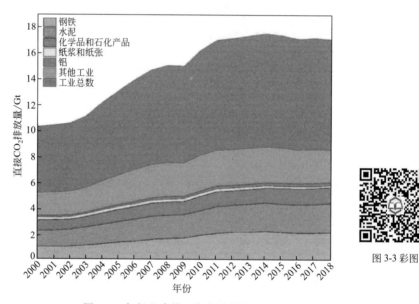

图 3-3 彩图

图 3-3　各行业直接二氧化碳排放量

建筑行业对水泥的需求推动了生产，是水泥分行业能耗和 CO_2 排放的重要决定因素。水泥是国民经济建设重要的基础材料，目前国内外没有能够代替它的合适的材料。作为国民经济的重要基础产业，水泥产业已经成为国民经济和社会发展水平和综合实力的重要标志。

3.1.2　中国典型建材行业产品产量及碳排放

《中国统计年鉴》中显示，我国建筑材料整体上呈现平稳增长的趋势。如图 3-4 所示，我国水泥产量在建材工业中位居首位，2020 年我国水泥产量达到了 2.4 亿吨，同比增长 1.6%。

我国《中国建筑材料工业碳排放报告（2020 年度）》显示，建材行业 2020 年二氧化碳排放量为 14.8 亿吨，相比于 2019 年，增加 2.7%。建材行业万元工业增加值二氧化碳排放比上年提高 0.2%，比 2005 年减少 73.8%。并且，电力消耗可间接折算成约 1.7 亿吨二氧化碳当量。

如图 3-5 所示，2020 年，水泥工业排放 12.3 亿吨 CO_2，占比约 83.1%，比 2019 年增

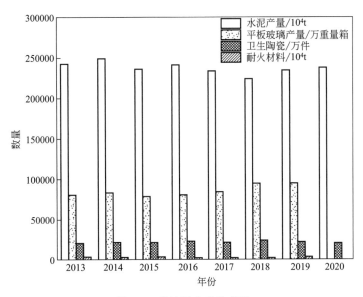

图 3-4　建材行业产品产量

加了约 1.8%；石灰石膏工业排放 1.2 亿吨 CO_2，比去年提高了 14.3%，占比约 8.1%。建筑卫生陶瓷工业排放 3758 万吨 CO_2，比去年减少 2.7%，占比约 2.5%；建筑技术玻璃工业排放 2740 万吨 CO_2，比去年提高了 3.9%，占比约 1.9%。综上可以看出，我国建筑材料工业中水泥工业的二氧化碳排放量所占比重在一半以上，位居首位，因此，水泥工业是整个建材行业减排的重点和核心。

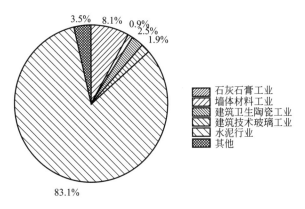

图 3-5　2020 年建筑材料工业碳排放量占比

［数据来源：中国建筑材料联合会，《中国建筑材料工业碳排放报告（2020 年度）》］

3.1.3　"双碳"目标下建材行业的政策环境

为顺利实现"双碳"目标，我国出台了一系列政策标准。2021 年 10 月 24 日，中共中央、国务院联合发布了《关于完整准确全面贯彻新发展理念做好碳达峰碳中和工作的意见》；2021 年 10 月 27 日，国务院新闻办公室发布《中国应对气候变化的政策与行动》白皮书。强调了中国实施积极应对气候变化国家战略。不断提高应对气候变化力度，强化自主贡献目标，加快构建碳达峰碳中和"1＋N"政策体系。所谓"1＋N"政策体系，即"1"是碳达峰、碳中和指导意见，"N"包括2030年前碳达峰行动方案以及重点领域和行业政策措施和行动，主要将从十个领域加速转型创新。

水泥行业作为重点节能减排领域之一，在温室气体（GHG）排放，特别是二氧化碳排放方面作出了巨大的贡献，国家及地方出台了很多相关政策。见表3-1，汇总了我国建材行业有关节能减排的相关政策。

表 3-1　中国建材行业相关政策汇总一览表

日期	文件	发布单位	要点
2021年12月	《"十四五"原材料工业发展规划》	工信部、科技部、自然资源部	水泥产品单位熟料能耗水平降低3.7%；推动水泥深度脱硫脱硝、化学团聚强化除尘、高效低碳节能等新技术研发。开展水泥、煤化工等行业二氧化碳捕集、封存技术推广应用试点，推进二氧化碳在驱油、合成有机化学品等方面应用，开展低碳水泥、氢能窑炉及固碳建材试点
2021年12月	《"十四五"节能减排综合工作方案》	国务院	到2025年，通过实施节能降碳行动，钢铁、电解铝、水泥、平板玻璃、炼油、乙烯、合成氨、电石等重点行业产能和数据中心达到能效标杆水平的比例超过30%
2021年12月	《"十四五"工业绿色发展规划》	工信部	1.到2025年，规模以上工业单位增加值能耗降低13.5%，粗钢、水泥、乙烯等重点工业产品单耗达到世界先进水平； 2.开展非高炉炼铁、水泥窑高比例燃料替代、二氧化碳耦合制化学品、可再生能源电解制氢、百万吨级二氧化碳捕集利用与封存等重大降碳工程示范； 3.严格执行钢铁、水泥、平板玻璃、电解铝等行业产能置换政策，严控尿素、磷铵、电石、烧碱、黄磷等行业新增产能，新建项目应实施产能等量或减量置换； 4.鼓励氢能、生物燃料、垃圾衍生燃料等替代能源在钢铁、水泥、化工等行业的应用，严格控制钢铁、煤化工、水泥等主要用煤行业煤炭消费，鼓励有条件地区新建、改扩建项目实行用煤减量替代； 5.重点推广钢铁行业铁水一罐到底、近终形连铸直接轧制，石化化工行业原油直接生产化学品、先进煤气化，建材行业水泥流化床悬浮煅烧与流程再造技术，玻璃熔窑全氧燃烧，有色金属行业高电流效率低能耗铝电解、钛合金等离子冷床炉半连续铸造等先进节能工艺流程； 6.推动钢铁窑炉、水泥窑、化工装置等协同处置固废； 7.深入推进钢铁行业超低排放改造，稳步实施水泥、焦化等行业超低排放改造； 8.实施水泥行业脱硫脱硝除尘超低排放、玻璃行业熔窑烟气除尘、脱硫脱硝、余热利用（发电）"一体化"工艺技术和成套设备改造
2021年10月	《关于严格能效约束推动重点领域节能降碳的若干意见》	发改委	到2025年，通过实施节能降碳行动，钢铁、电解铝、水泥、平板玻璃、炼油、乙烯、合成氨、电石等重点行业和数据中心达到标杆水平的产能比例超过30%，行业整体能效水平明显提升，碳排放强度明显下降，绿色低碳发展能力显著增强。到2030年，重点行业能效基准水平和标杆水平进一步提高，达到标杆水平企业比例大幅提升，行业整体能效水平和碳排放强度达到国际先进水平，为如期实现碳达峰目标提供有力支撑
2021年7月	《水泥玻璃行业产能置换实施办法》	工信部	提出位于国家规定的大气污染防治重点区域或跨省级辖区实施产能置换的水泥熟料，产能置换比例分别为2∶1；位于非大气污染防治重点区域的水泥熟料，产能置换比例分别为1.5∶1
2021年4月	《关于征求〈关于加强高耗能、高排放建设项目生态环境源头防控的指导意见（征求意见稿）〉意见的函》	生态环境部	今后将充分考虑区域和行业碳达峰目标约束，从严控发展规模、优化规划布局、产业结构与实施时序等方面，为水泥等"两高"行业有关规划提供决策支撑。水泥熟料生产项目将加强废气控制与治理，鼓励达到超低排放要求，采取高效预热分解、高效优化粉磨、窑系统节能监控、余热利用等节能技术，提高替代燃料或废弃物使用比例

续表

日期	文件	发布单位	要点
2021 年 1 月	《关于统筹和加强应对气候变化与生态环境保护相关工作的指导意见》	生态环境部	达峰行动有关工作将纳入中央生态环境保护督察,并对各地方达峰行动的进展情况开始考核评估。水泥行业正在抓紧制定碳达峰碳中和行动方案和路线图
2020 年 6 月	《建材工业智能制造数字转型行动计划(2021—2023 年)》	国新办	提出水泥行业要重点形成数字规划设计、智能工厂建设、自动采选配矿、窑炉优化控制、磨机一键启停、设备诊断运维、生产远程监控、智能质量控制、能耗水耗管理、清洁包装发运、安全环保管理、固废协同处置等集成系统解决方案

2001—2016 年水泥行业的 CO_2 气体排放量和增长率如图 3-6 所示。由图 3-6 可知,2001—2014 年水泥工业排放的 CO_2 量是在逐年增加的,但是增长率呈现下降趋势。熟料生产是水泥生产过程中的最主要的 CO_2 排放来源。其中石灰石煅烧过程所产生的二氧化碳,占整个生产过程碳排放总量的 55%~70%;高温煅烧过程有燃烧燃料的过程,因此产生的二氧化碳占整个生产过程碳排放总量的 25%~40%。水泥熟料产量逐年增多,中国水泥工业 CO_2 排放从 9.71 亿吨增长到 13.75 亿吨,增长率达 41.6%。再一次证明水泥工业在整个建材行业碳减排工作中担负着非常重要的角色。

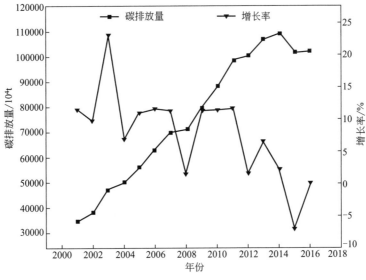

图 3-6   我国水泥行业二氧化碳排放量及增长率

3.2   典型建材产品碳排放核算

鉴于水泥行业在整个建材行业中是排碳大户,因此在后面的章节中,我们着重讨论水泥行业。

3.2.1   水泥工业的生产工艺流程及原理

水泥工业的生产工艺流程及碳排放情况如图 3-7 所示。

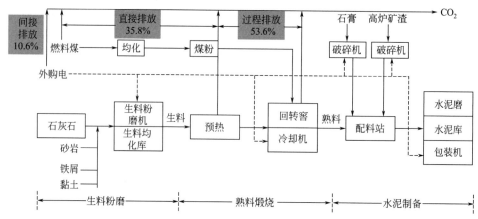

图 3-7   水泥工业的生产工艺流程及碳排放情况

3.2.1.1   破碎及预均化

（1）破碎

水泥生产工艺流程中，第一步是原材料的破碎。石灰石是生产水泥用量最大的原料，粒度较大，硬度较高。破碎之后紧接着是粉磨阶段，为减轻粉磨设备的磨损，提高磨机的产量，合理选用破碎和粉磨设备就显得尤为重要。应尽量将大颗粒物料磨碎成细小均匀的粉末状。

（2）原料预均化

原料预均化是指在原料的存取过程中，采用较为科学的堆取料方法，让原料初步均化，使原料堆场兼具储存和均化的功能。主要流程是在进料时，堆料机把原料按一定方式堆成相互平行、上下重叠和相同厚度的料层。取料时，在料层垂直方向上尽量同时切取所有料层，依次切取，直到取完，即"平铺直取"。

3.2.1.2   生料制备

水泥制备过程中，每生产 1t 硅酸盐水泥需要粉磨至少 3t 物料。有研究表明，干法水泥生产线粉磨作业需要消耗的动力约占全厂动力的 60％以上，其中生料粉磨占比大于 30％，煤磨占 3％左右，水泥粉磨占 40％左右。

3.2.1.3   生料均化

生料均化主要是通过空气进行搅拌，并利用重力作用，使生料粉在向下掉落时，尽可能切割多层料面，充分混合。利用不同的流化空气，使库内平行料面发生大小不同的流化膨胀作用，有的区域卸料，有的区域流化，从而使库内料面产生倾斜，进行径向混合均化。

3.2.1.4   预热分解

生料的预热分解是在预热器内完成，预热器能够利用回转窑和分解炉排出的废气余热加热生料，使生料预热及部分碳酸盐分解。为了最大限度提高气固间的换热效率，实现整个煅烧系统的优质、高产、低消耗，必须具备气固分散均匀、换热迅速和高效分离三个功能。

（1）物料分散

换热 80％在入口管道内进行。喂入预热器管道中的生料，在高速上升气流的冲击下，物料折转向上随气流运动，同时被分散。

（2）气固分离

当气流携带料粉进入旋风筒后，被迫在旋风筒筒体与内筒（排气管）之间的环状空间内做旋转流动，并且一边旋转一边向下运动，由筒体到锥体，一直可以延伸到锥体的端部，然后转而向上旋转上升，由排气管排出。

（3）预分解

预分解技术是在预热器和回转窑之间增设分解炉和利用窑尾上升烟道，设燃料喷入装置，使燃料燃烧的放热过程与生料的碳酸盐分解的吸热过程在分解炉内以悬浮态或流化态下迅速进行，使入窑生料的分解率提高到 90％以上。

3.2.1.5　水泥熟料的烧成

熟料的烧成是在回转窑中进行。在回转窑中碳酸盐进一步地迅速分解并发生一系列的固相反应，生成水泥熟料中的矿物。随着物料温度的升高，熟料内矿物质将会转变为液相，溶解于液相中的碳酸盐和铁酸盐进行反应生成大量新矿物（熟料）。熟料烧成后，温度开始降低。最后由水泥熟料冷却机将回转窑卸出的高温熟料冷却到下游输送、储存库和水泥磨所能承受的温度，同时回收高温熟料的显热，提高系统的热效率和熟料质量。

3.2.1.6　水泥粉磨

水泥粉磨是水泥制造的最后工序，也是耗电最多的工序。其主要功能是将水泥熟料（及胶凝剂、性能调节材料等）粉磨成合适的粒度（以细度、比表面积等表示），形成一定的颗粒级配，增大其水化面积，加速水化速度，满足水泥浆体凝结、硬化要求。

3.2.2　《中国水泥行业生产企业温室气体排放核算方法与报告指南（试行）》解读

国家发展改革委组织编制了《中国水泥生产企业温室气体排放核算方法与报告指南（试行）》，编制组借鉴了国内外有关企业温室气体排放核算与报告的研究成果和实践经验，参考了国家发展改革委办公厅印发的《省级温室气体清单编制指南（试行）》，经过实地调研、深入研究和案例试算，编制完成了《中国水泥生产企业温室气体排放核算方法与报告指南（试行）》。该指南在方法上力求科学性、完整性、规范性和可操作性。编制过程中得到了中国建筑材料科学研究总院、中国建材检验认证集团有限公司等相关行业协会和研究院所专家的大力支持。

该指南包括正文的七个部分以及附录，分别阐述了该指南的适用范围、引用文件和参考文献、术语和定义、核算边界、核算方法、质量保证和文件存档、报告内容和格式以及常用参数推荐值。该指南核算的温室气体为二氧化碳（不涉及其他温室气体），考虑的排放源包括燃料燃烧排放、工业生产过程排放、净调入使用的电力和热力相应的生产环节的排放等。适用范围为从事水泥熟料和水泥产品生产的具有法人资格的生产企业和视同法人的独立核算单位。

3.2.3 水泥企业碳排放核算案例（2019 年）

3.2.3.1 水泥企业生产工艺及能源统计

该水泥企业现有 6000t/d 和 4800t/d 两条新型干法水泥熟料生产线，6000t/d 新型干法熟料水泥生产线于 2005 年 4 月建成投产，4800t/d 新型干法熟料水泥生产线于 2007 年 10 月建成投产。年产水泥熟料 380 万吨、水泥 380 万吨。主要产品为水泥熟料和水泥，生产工艺如图 3-8 所示。

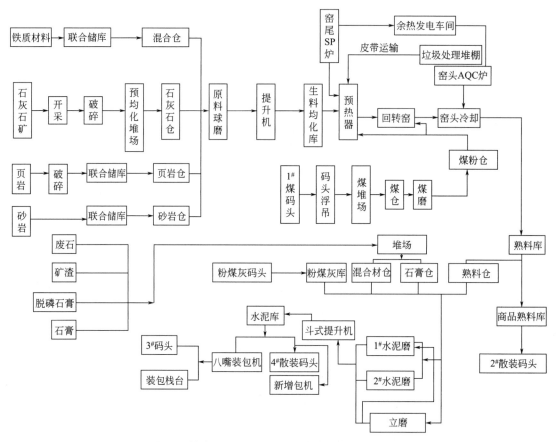

图 3-8　某水泥企业 6000t/d 生产线生产工艺流程图

2019 年企业使用的能源品种及其对应的直接/间接排放设施见表 3-2。

表 3-2　企业使用的能源品种

排放设施	能源品种
燃煤窑（供热锅炉）	烟煤、辅助燃油（柴油）
动力设施、空调、照明器具等	电力

3.2.3.2 水泥企业碳排放核算办法

具体而言，水泥生产企业核算边界内的关键排放源包括化石燃料的燃烧、替代燃料和协同处置的废弃物中非生物质碳的燃烧、原材料碳酸盐分解、原材料中非燃料碳煅烧、购入使用的电力和热力隐含的排放。

水泥生产企业的 CO_2 排放总量等于企业边界内所有的燃料燃烧排放量、工业生产过程排放量及企业净购入电力和热力对应的 CO_2 排放量之和，按式（3-1）计算。

$$E_{CO_2} = E_{燃烧} + E_{过程} + E_{电和热}$$
$$= E_{燃烧1} + E_{燃烧2} + E_{过程1} + E_{过程2} + E_{电和热} \tag{3-1}$$

式中　E_{CO_2}——企业 CO_2 排放总量，$t\,CO_2$；

$E_{燃烧}$——企业所消耗的燃料燃烧活动产生的 CO_2 排放量，$t\,CO_2$；

$E_{燃烧1}$——企业所消耗的化石燃料燃烧活动产生的 CO_2 排放量，$t\,CO_2$；

$E_{燃烧2}$——企业所消耗的替代燃料或废弃物燃烧产生的 CO_2 排放量，$t\,CO_2$；

$E_{过程}$——企业在工业生产过程中产生的 CO_2 排放量，$t\,CO_2$；

$E_{过程1}$——企业在生产过程中原料碳酸盐分解产生的 CO_2 排放量，$t\,CO_2$；

$E_{过程2}$——企业在生产过程中生料中的非燃料碳煅烧产生的 CO_2 排放量，$t\,CO_2$；

$E_{电和热}$——企业净购入的电力和热力所对应的 CO_2 排放量，$t\,CO_2$。

（1）化石燃料燃烧排放

① 计算公式　在水泥生产中，使用化石燃料，如实物煤、燃油等。化石燃料燃烧产生的二氧化碳排放，按照式（3-2）~式（3-4）计算。

$$E_{燃烧1} = \sum_{i=1}^{n}(AD_i \times EF_i) \tag{3-2}$$

式中　$E_{燃烧1}$——核算和报告期内消耗的化石燃料燃烧产生的 CO_2 排放，$t\,CO_2$；

AD_i——核算和报告期内消耗的第 i 种化石燃料的活动水平，GJ；

EF_i——第 i 种化石燃料的二氧化碳排放因子，$t\,CO_2/GJ$；

i——净消耗的化石燃料的类型。

核算和报告期内消耗的第 i 种化石燃料的活动水平 AD_i 按式（3-3）计算。

$$AD_i = NCV_i \times FC_i \tag{3-3}$$

式中　NCV_i——核算和报告期内第 i 种化石燃料的平均低位发热量，对固体或液体燃料，单位为 GJ/t，对气体燃料，单位为 $GJ/10^4\,m^3$；

FC_i——核算和报告期内第 i 种化石燃料的净消耗量，对固体或液体燃料，单位为 t，对气体燃料，单位为 $10^4\,m^3$。

化石燃料的二氧化碳排放因子按式（3-4）计算。

$$EF_i = CC_i \times OF_i \times 44/12 \tag{3-4}$$

式中　CC_i——第 i 种化石燃料的单位热值含碳量，$t\,C/GJ$；

OF_i——第 i 种化石燃料的碳氧化率，%。

② 活动水平数据获取　根据核算和报告期内各种化石燃料消耗的计量数据来确定各种化石燃料的净消耗量。

企业可选择采用该指南提供的化石燃料平均低位发热量数据，如表 3-3 所示。具备条件的企业可开展实测，或委托有资质的专业机构进行检测，也可采用与相关方结算凭证中提供的检测值。如选择实测，化石燃料低位发热量检测应遵循《煤的发热量测定方法》（GB/T 213）、《石油产品热值测定法》（GB/T 384）、《天然气能量的测定》（GB/T 22723）等相关标准。

表 3-3　中国水泥行业燃料热值

燃料名称	平均低位发热值	单位
原煤	20908	MJ/t
洗精煤	26344	MJ/t
洗中煤	8363	MJ/t
煤泥	10454	MJ/t
焦炭	28435	MJ/t
原油	41816	MJ/t
燃料油	41816	MJ/t
汽油	43070	MJ/t
煤油	43070	MJ/t
柴油	42652	MJ/t
液化石油气	50179	MJ/t
炼厂干气	45998	MJ/t
天然气	38.931	MJ/m³
焦炉煤气	17.354	MJ/m³
发生炉煤气	5.227	MJ/m³
重油催化裂解煤气	19.235	MJ/m³
重油热裂解煤气	35.544	MJ/m³
焦炭制气	16.308	MJ/m³
压力气化煤气	15.054	MJ/m³
水煤气	10.454	MJ/m³
煤焦油	33453	MJ/t

数据来源：《中国能源统计年鉴》。

③ 排放因子数据获取　企业可采用该指南提供的单位热值含碳量和碳氧化率数据，如表 3-4 和表 3-5 所示。

表 3-4　中国水泥行业燃料含碳量

燃料名称	含碳量/(t C/TJ)	燃料名称	含碳量/(t C/TJ)
原煤	26.37	汽油	18.90
无烟煤	27.49	柴油	20.20
一般烟煤	26.18	煤油	19.41
褐煤	27.97	液化石油气(LPG)	16.96
洗煤	25.41	炼厂干气	18.20
型煤	33.56	其他石油制品	20.00
焦炭	29.42	天然气	15.32
原油	20.08	焦炉煤气	13.58
燃料油	21.10	其他	11.96

数据来源：《省级温室气体清单编制指南（试行）》。

表 3-5　中国水泥行业燃料燃烧碳氧化率

燃料名称	碳氧化率/%	燃料名称	碳氧化率/%
煤（窑炉）	98	炼厂干气	99.5
煤（工业锅炉）	95	天然气	99.5
煤（其他燃烧设备）	91	焦炉煤气	99.5
焦炭	98	发生炉煤气	99.5
原油	99	重油催化裂解煤气	99.5
燃料油	99	重油热裂解煤气	99.5
汽油	99	焦炭制气	99.5
煤油	99	压力气化煤气	99.5
柴油	99	水煤气	99.5
液化石油气	99.5	煤焦油	99

数据来源：《省级温室气体清单编制指南（试行）》。

（2）替代燃料或废弃物中非生物质碳的燃烧排放

有的水泥企业在生产活动中，采用替代燃料或协同处理废弃物。这些替代燃料或废弃物中非生物质碳燃烧产生的 CO_2 排放量按式（3-5）计算：

$$E_{燃烧2} = \sum_i Q_i \times HV_i \times EF_i \times \alpha_i \tag{3-5}$$

式中　$E_{燃烧2}$——核算和报告期内替代燃料或废弃物中非生物质碳燃烧所产生的 CO_2 排放量，$t\,CO_2$；

Q_i——各种替代燃料或废弃物的用量，t；

HV_i——各种替代燃料或废弃物的加权平均低位发热量，GJ/t；

EF_i——各种替代燃料或废弃物燃烧的 CO_2 排放因子，$t\,CO_2/GJ$；

α_i——各种替代燃料或废弃物中非生物质碳的含量，%；

i——替代燃料或废弃物的种类。

各种替代燃料或废弃物的用量，采用核算和报告期内企业的生产记录数据，或者替代燃料或废弃物运进企业时的计量数据。

各种替代燃料或废弃物的平均低位发热量、CO_2 排放因子、非生物质碳的含量，可选择采用该指南提供的数据，如表 3-6 所示。

表 3-6　中国水泥行业部分替代燃料 CO_2 排放因子

替代燃料种类	低位发热量/(GJ/t)	排放因子/(t CO_2/GJ)	化石碳的质量分数/%	生物碳的质量分数/%
废油	40.2	0.074	100	0
废轮胎	31.4	0.085	20	80
塑料	50.8	0.075	100	0
废溶剂	51.5	0.074	80	20
废皮革	29.0	0.11	20	80
废玻璃钢	32.6	0.083	100	0

数据来源：1.《2006 年 IPCC 国家温室气体清单指南》。

2.《水泥行业二氧化碳减排议定书》，WBCSD，2005。

（3）原料分解产生的排放

原料碳酸盐分解产生的 CO_2 排放量，包括三部分：熟料对应的 CO_2 排放量；窑炉排气筒（窑头）粉尘对应的 CO_2 排放量；旁路放风粉尘对应的 CO_2 排放量。原料碳酸盐分解产生的 CO_2 排放量，可按式（3-6）计算：

$$E_{工艺1} = (\sum_i Q_i + Q_{ckd} + Q_{bpd}) \times [(FR_1 - FR_{10}) \times 44/56 + (FR_2 - FR_{20}) \times 44/40]$$

（3-6）

式中　$E_{工艺1}$——核算和报告期内，原料碳酸盐分解产生的 CO_2 排放量，$t\ CO_2$；

Q_i——生产的水泥熟料产量，t；

Q_{ckd}——窑炉排气筒（窑头）粉尘的质量，t；

Q_{bpd}——窑炉旁路放风粉尘的质量，t；

FR_1——熟料中 CaO 的含量，%；

FR_{10}——熟料中不是来源于碳酸盐分解的 CaO 的含量，%；

FR_2——熟料中 MgO 的含量，%；

FR_{20}——熟料中不是来源于碳酸盐分解的 MgO 的含量，%；

44/56——二氧化碳与氧化钙之间的分子量换算；

44/40——二氧化碳与氧化镁之间的分子量换算。

水泥企业生产的水泥熟料产量，采用核算和报告期内企业的生产记录数据。窑炉排气筒（窑头）粉尘的质量、窑炉旁路放风粉尘的质量，可采用企业的生产记录，根据物料衡算的方法获取；也可以采用企业测量的数据。

熟料中氧化钙和氧化镁的含量、熟料中不是来源于碳酸盐分解的氧化钙和氧化镁的含量，采用企业测量的数据。

（4）生料中非燃料碳煅烧的排放

水泥生产的生料中非燃料碳煅烧产生的二氧化碳排放量，可用式（3-7）计算。

$$E_{工艺2} = Q \times FR_0 \times 44/12$$

（3-7）

式中　$E_{工艺2}$——核算和报告期内生料中非燃料碳煅烧产生的 CO_2 排放量，$t\ CO_2$；

Q——生料的数量，t，可采用核算和报告期内企业的生产记录数据；

FR_0——生料中非燃料碳含量，%，如缺少测量数据，可取 0.1%～0.3%（干基），生料采用煤矸石、高碳粉煤灰等配料时取高值，否则取低值；

44/12——二氧化碳与碳的数量换算。

（5）净购入使用的电力和热力对应的排放

① 计算公式　净购入使用的电力、热力（如蒸汽）所对应的生产活动的 CO_2 排放量按式（3-8）计算。

$$E_{电和热} = AD_{电力} \times EF_{电力} + AD_{热力} \times EF_{热力}$$

（3-8）

式中　$E_{电和热}$——净购入使用的电力、热力所对应的生产活动的 CO_2 排放量，$t\ CO_2$；

$AD_{电力}$，$AD_{热力}$——核算和报告期内净购入的电量和热力量（如蒸汽量），MW·h 和 GJ；

$EF_{电力}$，$EF_{热力}$——电力和热力（如蒸汽）的 CO_2 排放因子，$t\ CO_2/(MW·h)$ 和 $t\ CO_2/GJ$。

② 活动水平数据获取　根据核算和报告期内电力（或热力）供应商、水泥生产企业存

档的购售结算凭证以及企业能源平衡表，采用式(3-9)计算。

净购入电量(热力量)=购入量-水泥之外的其他产品生产的用电量(热力量)-外销量 (3-9)

③ 排放因子数据获取　电力排放因子应根据企业生产所在地及目前的东北、华北、华东、华中、西北、南方电网划分，选用国家主管部门最近年份公布的相应区域电网排放因子。供热排放因子暂按 0.11t CO_2/GJ 计，并根据政府主管部门发布的官方数据保持更新。

3.2.3.3　某水泥企业 2019 年碳排放核算结果及分析

(1) 化石燃料燃烧排放

某水泥企业 2019 年度化石燃料燃烧排放量如表 3-7 所示。

表 3-7　某水泥企业 2019 年度化石燃料燃烧排放量

年度	种类	化石燃料消耗量 /t A	低位发热值 /(GJ/t) B	单位热值含碳量 /(t C/GJ) C	碳氧化率 /% D	排放量 /t CO_2 $G=A\times B\times C\times D\times 44/12$
2019	1# 烟煤	219295.508	23.365	0.02618	98	482017.12
	2# 烟煤	214429	23.365	0.02618	98	471320.41
	1# 柴油	101.548727	42.652	0.0202	99	317.59
	2# 柴油	52.1593	42.652	0.0202	99	163.13
	其他柴油	48.501973	42.652	0.0202	99	151.69
	合计					953969.94

(2) 原材料碳酸盐分解排放量

某水泥企业 2019 年度原材料碳酸盐分解排放量如表 3-8 所示。

表 3-8　某水泥企业 2019 年度原材料碳酸盐分解排放量

年度	项目	熟料产量 /t A	窑头粉尘 质量/t B	熟料中 CaO 含量/% C	熟料中不是 来源于碳酸盐 分解的 CaO 含量/% D	熟料中 MgO 含量 /% E	熟料中不是 来源于碳酸盐 分解的 MgO 含量/% F	排放量 /t CO_2 $H=(A+B)\times$ $[(C-D)\times 44/56+$ $(E-F)\times 44/40]$
2019	1# 线	1785254.61	12.82	64.90	1.13	1.76	0.24	924374.26
	2# 线	1805298.26	22.81	64.85	1.14	1.75	0.24	933703.01
	合计							1858077.28

(3) 生料中非燃料碳煅烧排放量

某水泥企业 2019 年度生料中非燃料碳煅烧排放量如表 3-9 所示。

表 3-9　某水泥企业 2019 年度生料中非燃料碳煅烧排放量

年度	生料数量/t A	生料中非燃料碳含量/% B	排放量/t CO_2 $C=A\times B\times 44/12$
2019	5642229.12	0.10	20688.17

（4）购入和输出电力、热力产生的排放量

某水泥企业 2019 年度购入和输出电力、热力产生的排放量如表 3-10 所示。

表 3-10　某水泥企业 2019 年度购入和输出电力、热力产生的排放量

年度	净购入电量/(MW·h) A	排放因子/[t CO$_2$/(MW·h)] B	排放量/t CO$_2$ $C=A\times B$
2019	323243.63	0.5257	169929.17

根据以上数据计算结果，我们得到了图 3-9。从表格及图中我们可以看出，整个水泥生产过程中不存在替代燃料和废弃物中非生物碳燃烧排放及热力排放二氧化碳，且共排放二氧化碳 3002665t，其中原料碳酸盐分解排放（61.88%）＞化石燃料燃烧排放（31.77%）＞净购入电力排放（5.66%）＞生料中非燃料碳燃烧排放（0.69%）。因此，原（燃）料替代及减少化石燃料的燃烧是水泥行业的减排重点。

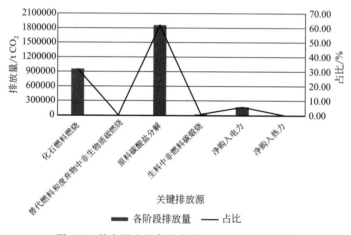

图 3-9　某水泥企业各阶段碳排放量及占比情况

3.3　典型建材碳减排碳中和路径与技术

3.3.1　水泥行业碳减排碳中和路径

3.3.1.1　市场与产业政策结合减排

主要是通过综合标准淘汰落后、产能减量置换、错峰生产手段进行碳减排。

《水泥单位产品能源消耗限额》（GB 16780—2012）在单位水泥产品综合能耗限额、单位熟料产品综合能耗、综合电耗与综合煤耗限额、水泥制备工段电耗限额等方面提出了更加严格的要求。《财政部 国家税务总局关于印发〈资源综合利用产品和劳务增值税优惠目录〉的通知》（财税〔2015〕78 号）和《财政部 税务总局关于资源综合利用增值税政策的公告》（财政部 税务总局公告 2019 年第 90 号）加大了废渣在水泥、水泥熟料的资源化利用的政策力度，"42.5 及以上等级水泥的原料 20% 以上来自所列资源，其他水泥、水泥熟料的原料

40％以上来自所列资源；纳税人符合《水泥工业大气污染物排放标准》（GB 4915—2013）规定的技术要求，退税比例为 70％"。这些标准规定有效推动了水泥节能降耗、鼓励替代原燃料等，支撑了碳减排工作。

2020 年 12 月，工信部、生态环境部联合发布《关于进一步做好水泥常态化错峰生产的通知》，推动全国水泥错峰生产地域和时间常态化，所有水泥熟料生产线都应进行错峰生产。错峰政策延续，13 省 2020—2021 年平均错峰天数达到 118 天，与上一年基本持平。做好水泥常态化错峰生产，减少碳排放，有利于促进行业绿色健康可持续发展。2020 年，我国应急减排措施针对重点行业绩效分级、实施差异管控，A 级企业可自主采取减排措施，更有利于实现碳中和目标。2021 年 7 月 21 日，工信部发布《水泥玻璃行业产能置换实施办法》的征求意见稿，提高了水泥玻璃行业产能置换的比例。修订稿规定，位于国家规定的大气污染防治重点区域实施产能置换的水泥熟料建设项目，产能置换比例为 2∶1；位于非大气污染防治重点区域的水泥熟料建设项目，产能置换比例分别为 1.5∶1。

错峰生产和产能减量置换政策已经成为压减水泥过剩产能的两大政策抓手。经统计，"十三五"期间水泥行业依靠工业和信息化部、生态环境部联合推行的错峰生产政策，实现减排二氧化碳 17.2 亿吨，节约煤炭亿余吨。错峰生产将在今后一个较长时期内成为水泥行业最有效的巩固去产能成果、巩固碳减排效果的产业政策。

2021 年 1 月 11 日，我国生态环境部又发布《关于统筹和加强应对气候变化与生态环境保护相关工作的指导意见》，其中再次直接点到了应推动建材等行业提出明确的达峰目标并制定达峰行动方案。

3.3.1.2　技术性减排

水泥行业是二氧化碳排放大户，其排放主要来自碳酸盐的分解、燃料的燃烧和电力消耗。技术性减排主要是通过改善生产工艺、加强生产管理、使用替代原燃料、余热发电、提高熟料质量以及产品合格率等手段进行碳减排。目前我国水泥行业低碳节能技术主要有水泥窑协同处置废弃物技术（如处置市政污泥、城市垃圾以及垃圾焚烧飞灰等危险废弃物）、替代原燃料技术（如生物质燃料等）、节能立磨工艺、节能风机工艺、节能辊压机粉磨技术、高能效熟料烧成技术、燃烧系统改进技术（如多通道高效燃烧器、燃煤催化剂等）、高效熟料篦冷机工艺、低温余热发电技术、水泥窑节能监控优化和能效管理技术等。"十三五"期间水泥行业加大了节能降耗减排技术的应用力度，据统计，2019—2020 年开工的水泥重大关键项目（包括新材料等产业链强链补链项目，智能化、绿色化、服务化、高端化技术改造项目）超过 200 个，总投资额约 590 亿元，超过 2016 年全行业利润。

3.3.1.3　相对减排

相对减排即通过建立国家碳交易体系等金融创新手段，将水泥企业间的纵向比较拓宽为产业间的横向比较，将行业内部的减排竞争转移到产业间的减排博弈。下一步将逐步加强应对气候变化减缓碳排放机制、开拓碳排放核查与监管、碳排放额分配、全国性碳排放权交易市场、碳资产管理、碳税和碳金融等工作，利用碳交易机制倒逼企业技术创新，减少碳排放强度。

2021 年 2 月 1 日起，我国开始实行由生态环境部发布的《碳排放权交易管理办法（试行）》，为减排再发力。

2021 年 6 月 22 日，上海环境能源交易所发布《关于全国碳排放权交易相关事项的公告》，对全国碳排放权交易的方式、时段、账户等相关事项进行了明确。全国统一的碳交易市场将于 6 月 25 日开启，交易中心设在上海，登记中心设在武汉，7 个试点的地方交易市场继续运营。

水泥行业的碳排放配额交易在 2012 年已有试行。2012 年广东省内 4 家水泥企业塔牌集团、海螺水泥、中材水泥、华润水泥以 60 元/吨的价格、花费 6799 万元认购了 130 万吨二氧化碳排放权配额，成为中国基于碳排放总量控制下的首宗配额交易。企业认购的配额是为未来新增水泥产能购买的碳排放配额，其中政府免费提供 90％的配额，企业自行购买 10％的配额。若参考欧盟碳排放交易体系，其给予成员一定的碳排放配额，成员使用剩余的配额可以通过碳交易所出售给碳排放超额的企业，率先实现减排目标的企业或将能拥有更高的利润。

以海螺水泥为例，公司通过一系列手段降低碳排放实现碳中和，2020 年将吨熟料二氧化碳排放较 2016 年减少 0.004t，2025 年预期将吨熟料二氧化碳排放较 2020 年下降 0.0031t。同时引进新技术将二氧化碳废气转化为二氧化碳产品。根据水泥网报道，海螺水泥通过一系列手段降低碳排放实现碳中和。如新型干法水泥生产线、富氧助力水泥熟料煅烧和水泥窑烟气二氧化碳捕集利用等方法。其中水泥窑烟气二氧化碳捕集利用技术拥有世界首条水泥窑烟气二氧化碳捕集纯化示范项目，规模为 50000t CO_2/a，实现了二氧化碳资源化利用。

3.3.2　水泥工业碳减排碳中和技术

3.3.2.1　能效提高技术

一般来说，水泥生产需要大量的能源。水泥生产过程中能量消耗主要来源于热耗和电耗。根据 IEA 的 CO_2 减排路线图，到 2050 年，采用能效提高技术减排潜力约为 10％。因此，水泥企业通过技术改造，应用节能设备，可提高热效率。同时，注重节能设备维护，可进一步提升设备运转效率，是提高能效、减少碳排放的重要措施之一。

近年来，新型干法窑水泥生产工艺系统不断优化、应用高效节能技术，提升了水泥工业能效水平。目前，水泥热耗国际先进指标约为 2842kJ/kg 熟料，综合电耗为 82kW·h/t 水泥。对新型干法窑水泥生产工艺，根据 CSI "把数据搞准"（GNR）中的数据，1990 年熟料烧成热耗全球加权平均值为 3605kJ/kg 熟料，2006 年为 3382kJ/kg 熟料，16 年来烧成热耗降低了 222kJ/kg 熟料（约 6％）。目前水泥窑生产规模已达 14000t/d，预计 2030—2050 年间熟料烧成热耗会有小幅下降，约减排 5％。1990 年水泥电耗为 115kW·h/t，2006 年下降为 111kW·h/t，预计 2030—2050 年间水泥综合电耗下降幅度有限。

3.3.2.2　熟料替代技术

传统水泥厂仅生产由 95％熟料和 4％～5％石膏组成的波特兰水泥。然而，水泥材料正在被熟料取代，这被认为是减少水泥厂二氧化碳排放的主要策略。生产 1t 熟料仅消耗 3.70MJ/t 熟料，排放 0.79t CO_2/t 熟料，因此，熟料替代被认为是目前水泥行业减排最直接和有效的方法之一。

矿物组分与熟料的混合不仅有助于减少 CO_2 的排放，而且可以为水泥厂的性能和水泥制品的性能提供多种辅助。这会促使水泥行业利用这些化合物，并自动降低水泥中使用的熟料比例 [或者称为熟料系数（CF）]。根据 GNR 记录的数据，熟料因子在 1990 年为 83％，2006 年降至 76％，这一数值预计将减少，到 2020 年将达到 74％，到 2050 年将降到 71％。

水泥熟料替代技术是低碳排放的重要选择。通过减少水泥中熟料占比,可显著降低水泥生产过程中与熟料生产产生的碳排放。目前我国水泥工业熟料替代总量居世界首位。随着我国水泥工业应用工业固体废物等可替代水泥熟料材料技术的不断提升,平均熟料系数约为0.66,水泥工业每年利用固体废物等替代熟料约7亿吨,节约了大量能源、资源,保护了生态环境。

3.3.2.3 替代原料及燃料技术

采用替代原料及燃料技术是控制全球水泥行业 CO_2 排放最有前途的策略之一。根据IEA 的 CO_2 减排路线图,到 2050 年,采用替代原料及燃料技术减排潜力 24%。目前常用作替代原料的有电石渣、造纸污泥、脱硫石膏、粉煤灰、冶金渣尾矿等工业废渣和火山灰等;替代燃料轮胎或轮胎碎片,也称轮胎衍生燃料(tyre derived fuel,TDF)、废弃物衍生燃料或残余物衍生燃料(RDF)、固体回收燃料(solid recovered fuel,SRF)、废油及溶剂、烘干的下水道淤泥(dried sewage sludge,DSS)、动物骨粉及其他生物质燃料(如木碎片、谷壳及其他农业废弃物)等。

目前,从技术层面可实现水泥生产中使用 100% 的替代燃料,但实际应用中还达不到这个比例,原因是替代原材料及燃料的物理和化学性质不同于传统的矿物燃料,使用起来还是有一定困难。例如,替代材料的粒度、输运特性和密度等物理化学性质会影响熟料的反应活性、烧成级别、颗粒孔隙率和熟料的晶粒尺寸;一些生物质燃料,如稻壳和麦秸,由卤素物质组成,会导致炉内结渣和氧化问题产生等。此外,替代原材料及燃料综合利用与政策和法规支持力不足等多种因素也有一定关系。

预计到 2030 年,传统燃料替代率在发展中国家可达 10%~20%,发达国家可达 50%~60%,平均可达 30%;到 2050 年,传统燃料替代率在发展中国家可达 20%~30%,发达国家仍为 50%~60%,平均可达 35%。这些传统燃料替代目标必须在法律、技术、经济各方面保障下才能实现。

我国水泥工业的原材料及燃料替代尚属初期,水泥窑协同处置、替代化石能源利用方面有待加大力度,目前替代燃料比例不足 2%,未来减排潜力较大。

3.3.2.4 余热发电技术

在干法水泥生产线中,通过余热锅炉将水泥窑窑头、窑尾排出的大量低品位废气余热进行回收换热,产生过热蒸汽和饱和蒸汽推动汽轮机,实现热能和机械能的转换,再带动发电机发出电能,供给水泥生产过程中的用电负荷,这是中国水泥工业节能减排的特色。我国水泥窑 85% 以上采用余热发电技术,5000t/d 及以上规模的大型水泥窑几乎 100% 采用余热发电技术,大大提高了熟料生产中能源的利用水平,保护环境同时也提升了企业成本竞争力,提高了水泥企业的经济效益。这对于提高能源利用效率、降低水泥生产间接 CO_2 排放有重要意义。

3.3.2.5 水泥碳捕集利用技术

CCUS 的目标是捕集二氧化碳,然后利用(即作为化学过程的原料,生产碳酸盐,提高原油采收率等)或将其储存在安全的地点(即深层盐层、油气藏和不可开采的煤层),防止其向大气排放。因此,CCUS 技术一般包括三个阶段:从烟气流中捕集二氧化碳,将捕集的二氧化碳输送到利用或储存场所,利用或长期储存二氧化碳。

根据国际能源署水泥路线图报告显示,为达到 2050 年减排目标,水泥工业碳中和离不开 CO_2 捕集和利用技术,约 56% CO_2 减排潜力需依赖碳捕集利用与封存技术。迄今为止,水泥工业的 CO_2 捕集技术主要有化学吸收法、钙循环法、全氧燃烧技术、物理吸附法和直接分离法等。其中，全氧燃烧技术目前正处于大型原型或预演示阶段，其投资、运行成本较为经济。

CCUS 技术在常规水泥生产应用中存在一些技术问题。例如，烟气中 CO_2 浓度高，当颗粒物、SO_x 和 NO_x 等杂质与 CO_2 混合时，会引起 CO_2 捕集材料的降解等，阻碍了 CCUS 技术的发展。因此，水泥企业需要通过与大学或研究机构密切合作，建立一个研发部门，互相分享信息等克服技术上的难题，同时需要获得国家政策和财政上的支出。

3.3.3　全球低碳水泥生产技术的发展

水泥是细小的粉末状物质，与水混合时具有很强的黏附能力。水泥作为重要的建筑原材料，水泥生产需求量很大。然而，据记录，水泥生产释放了目前全球二氧化碳排放量的 5% 左右，这些碳排放来源于窑炉中化石燃料的燃烧、研磨原材料和成品材料所产生的电力消耗，以及石灰石等主要原材料的熟化过程。因此，水泥行业目前正致力于减少在水泥生产过程中产生的碳排放和其他环境影响。主要包括能源效率的提高，废热回收利用，矿物燃料与可再生能源的替代，混合水泥或地质聚合物水泥的生产，碳捕集与储存等。表 3-11 列出了全球低碳水泥生产技术及应用情况。

表 3-11　全球低碳水泥生产技术清单

类型	低碳水泥生产技术	节能减排效果	应用情况
源头控制	原料替代	如果以 60% 的替代率进行核算，以硅钙渣替代 30% 左右石灰石原料，单位熟料 CO_2 排放量约为 425kg/t 熟料，比常规生产单位熟料碳排放量降低约 95kg/t 熟料；以钢渣替代 15% 左右石灰石质原料，单位熟料 CO_2 排放量约为 475kg/t 熟料，比常规生产时碳排放量降低约 45kg/t 熟料	钙质油页岩作为替代原料还处于试验阶段，不过油页岩在德国和俄罗斯的一些水泥厂已有使用；钢渣、电石渣作为替代原料处于半商业化阶段，例如，得克萨斯工业公司（得克萨斯中洛锡安）首次开发了 CemStar 工艺；华新水泥已经积极采用工业废渣替代原料生产
	燃料替代	海螺 ZL 公司替代燃料项目于 2020 年 10 月建成投产，总规模在 30 万吨/年，每年可消纳稻草、油菜秸秆及树皮总计 26 万吨，年节约标准煤 7.5 万吨，年减排二氧化碳 20 万吨。该项技术若在海螺集团全面推广应用，年节约标准煤 1080 万吨，年减排二氧化碳约 2800 万吨	在一些发达国家，替代燃料的使用已经从实验室转向实际应用，到 2050 年可达到 40%～60% 的替代率，而发展中国家的替代率将在 25%～35%。例如，西班牙的 Grupo SPR 公司将大量的城市生活垃圾加工成 RDF 后再用于水泥生产
	水泥替代	碱活化水泥可降低 CO_2 排放量约 70%；硫铝酸盐水泥可降低 CO_2 排放量 30%～40%；氧化镁水泥可降低 CO_2 排放量约 100kg/t；硅酸氢钙水泥可降低 CO_2 排放量约 50%；可碳化硅酸钙水泥可降低 CO_2 排放量约 70%	氧化镁水泥处于试验阶段，如 Novacem 公司开发了一个基于氧化镁和特殊的矿物添加剂的水泥生产系统，可将大气中的 CO_2 锁入其建筑材料；地质聚合物材料还处于示范阶段，与其有关的第一个工厂建在澳大利亚；由粉煤灰和再生材料制成的水泥处于半商业化阶段，Recode 水泥公司已经开发出一种完全由再生材料（主要是粉煤灰）制造水泥的技术；CERATECH 公司利用粉煤灰生产水泥，其产品已成功地被美国国防部、工业设施、国家交通部门、港务局、机场等部门使用

续表

类型	低碳水泥生产技术	节能减排效果	应用情况
过程控制	生产工艺改造	降低电耗,提高熟料冷却效率和热回收效率	高活化研磨技术处于半商业化阶段;流化床窑炉在日本和美国的发展正在进行中,处于示范阶段
	高效算式冷却机技术	高效算式冷却机电耗约每吨熟料 4kW·h,热回收率可达 74% 以上,比原有的第三代算冷机高 4%～6%,熟料热耗可比第三代算冷机降低 60～90kJ/kg	由于该技术产生时间比较晚,目前在国内普及率尚低,但因具有多项显著优点,应用前景广阔
	余热发电	可减少熟料生产中 50% 的购电量,约降低吨熟料成本 15 元	国内水泥行业余热发电经十多年发展,技术和运行日渐成熟
	富氧燃烧技术	扣除增加的 69.12×10^4 kW·h 电耗(折合标准煤为 252.98t),则综合节省标准煤 25077.02t/a。按热值 24.8MJ/kg,水分 8% 换算成实物原煤,每年综合节省原煤 32215.45t,综合效益 1449 万元	自 20 世纪 60 年代以来,美国水泥工业一直使用富氧燃烧技术。然而,仍需进一步研究
	高效优化粉磨节能技术	采用高效优化粉磨节能技术对 $\phi 3.2m \times 13m$ 水泥球磨机粉磨系统实施改造,年节电节能量达 1575t 标准煤,年减碳量 4095t CO_2,年经济效益 293 万元;对 $\phi 3.8m \times 13m$ 水泥球磨机粉磨系统实施改造,年节电节能量 2940t 标准煤,年减碳量 7644t CO_2,年经济效益 546 万元;对 MB32130 水泥球磨机生产系统实施改造,年节能 4107t 标准煤,年减碳量 10678t CO_2,年经济效益 762 万元	高效优化粉磨节能技术及其设备目前已在全国多家水泥制造、矿山企业粉磨生产线应用
末端控制	碳汇	通常植物的碳含量可达到约 50%,发展林业、种植业有助于二氧化碳的吸收	大都处于试验阶段,尚未大规模应用
	碳捕集、利用与封存技术	有望实现 CO_2 捕集效率>90%,即单位熟料 CO_2 排放量降低 90% 以上,是未来有可能得到大规模推广的技术之一	属于新兴工业技术,未商业化应用,美国加利福尼亚州和英国已开展试点项目

3.4 "碳中和"目标下典型建材产品绿色发展新模式与展望

3.4.1 绿色发展新模式

2021 年 6 月,工信部在"对十三届全国人大四号会议第 8207 号建议的答复中"说道,推进传统制造业绿色低碳转型,下一步将积极引导水泥等重点行业绿色转型。支持建设一批重点行业碳达峰、碳中和公共服务平台,提升绿色低碳技术装备服务能力。增加绿色低碳水泥产品、绿色环保装备供给,引导绿色消费,构建绿色增长新引擎,为建筑、交通等领域绿色低碳转型提供坚实保障。实施提质降碳行动，推动产品提质升级，延长使用寿命，降低全生命周期碳排放。

近年来，随着我国生态文明建设步伐的加快，水泥行业从协同处置、超低排放、节能减排、低碳等多方面展开绿色升级，如今正在一步一步蜕变成符合新时代绿色高质量发展要求的现代工业。关于中国水泥工业绿色发展的途径，史密斯（中国）公司高级顾问高长明于25年前提出了"四零一负"。如今，中国水泥行业已有一批水泥企业不遗余力地探索着、推动着水泥工业的绿色可持续发展，中国水泥行业绿色发展途径正日益明显。

"四零"指在水泥生产中实现对环境的零污染；降低熟料单位电耗，采用余热发电，实现熟料生产对外界电能的零消耗；自身消纳水泥厂的全部废料，实现水泥生产对废水、废渣、废料的零排放；水泥窑100％采用替代燃料，实现熟料生产对天然化石燃料的零消耗。"一负"指多用混合材，少用熟料，尽可能地消纳各种废弃物，用作水泥的替代原燃料，为全社会废弃物的负增长作出一定的贡献。

以中国联合水泥集团有限公司（以下简称中国联合水泥）为例，它是国务院国资委管理的大型央企——中国建材集团的核心企业，国家重点扶持的特大型水泥集团。

（1）严抓环保治理，助力绿色发展

近几年来中国联合水泥投入资金近7亿元对原辅材料堆棚、收尘器、污染物治理，按照"三精管理"，积极推进精细化管理提升工作，杜绝跑、冒、滴、漏，现场职场环境得到大幅度提升。

厂区、厂房设置防护带，消声降噪等设施升级技改：选择低噪声设备，采取吸声、消声、隔声、阻尼、隔振等声学处理措施降低噪声。

新建大棚，杜绝物料露天存放；车辆装车采用防尘罩密封；车辆进出厂安装冲洗装置；不间断对厂区道路、堆场清扫除尘；定期在厂区内洒水、喷雾；矿山开采，架设雾炮喷雾；主运道路进行硬化；增设喷淋装置，杜绝无组织排放。

（2）升级废气治理设备，减少污染物排放

脱硝项目技改减少氮氧化物排放：目前水泥行业现状，要实现水泥窑废气颗粒物、二氧化硫、氮氧化物三大污染物超低排放，难度并不相同。总体来看，颗粒物、二氧化硫实现超低排放要求问题不是很大，但氮氧化物减排却成了最大难点。中国联合水泥技术人员通过采用低氮燃烧、分级燃烧和选择性非催化还原（SNCR）脱销等技术的组合，并对喷枪位置和控制方法进行优化，致使氮氧化物排放持续降低，均低于各省排放控制的最新标准。

纯低温余热发电节煤降排：纯低温余热发电项目综合利用水泥生产线排放的中、低温废热资源用于发电，提高了能源利用效率，节约能源，降低废气温度，减轻大气污染和温室效应，降低生产成本，具有良好的经济效益、社会效益和环境效益。全年水泥余热发电装机容量2376.4MW，发电能力超102.6亿千瓦·时，相当于节约标准煤120万吨、减排二氧化碳超600万吨。

积极配合碳排放权交易：对碳排放进行配额管理，是政府推动低碳发展的重要举措，为配合地方政府降低碳排放量、控制大气污染，中国联合水泥大力配合并积极参与碳排放权交易工作，建立完善的碳排放管理体系，控制排放源头，降低排放水平，加强碳资产管理，盘活配额，实现碳资产保值增值。

（3）发展循环经济，实现资源再生

综合利用工业废渣探寻替代原燃料：中国联合水泥长期致力于研究和探索工业废渣在水泥生产中的应用。在工业废渣综合利用方面，所处置的废弃物包括脱硫石膏、粉煤灰、湿煤渣、炉底渣和矿渣等各类废渣，年消耗量约 1900 余万吨。

协同处置城市生活污泥能源再生又环保：截至目前，中国联合水泥拥有协同处置生产线 11 条，在建协同处置生产线 1 条，形成年处置能力 144.8 万吨，将极大促进企业经济效益和社会效益双提升。

（4）创建绿色矿山，再现金山银山

高度重视矿山复绿，以保护生态环境和促进矿地和谐为原则组织矿山生产。对开采区域，通过矿内水资源循环利用，污水零排放，废油及时回收利用，减震、弱震爆破技术的应用等措施，减少生产活动对环境的影响。对最终边坡、永久性区域采取及时复绿、保水固土，减少对生态环境破坏，同时逐步恢复。对未开采区域，划定保护及禁入区域，保护原生植被与原生动物种类，减少人为因素造成的物种迁徙，最终实现爆破作业低尘化、开采方式科学化、采矿过程清洁化、运输方式无尘化、资源利用高效化、矿山复垦生态化。

中国联合水泥在实施清洁生产、践行绿色发展的道路上已经走出了自己的路子，未来还将继续从产品、渠道等方面入手，继续推行绿色发展之路，一如既往坚持生态优先，打造出一批具有国际一流水平的生态文明示范企业，为企业高质量发展提供保障，为自然、社会作出自己应有的贡献，昂首走向社会主义生态文明新时代。

3.4.2　展望

“十四五”时期是我国建材行业提高质量、创新发展、实现碳达峰和碳中和目标的重要时期。在我国经济发展的新常态背景下，水泥产能过剩问题日益突出。因此，消除落后的生产能力，开拓新的需求，将产业链向高端拓展、向国外发展，已成为转型升级的新趋势。水泥行业是我国二氧化碳排放的重点行业，实现低碳减排十分重要。去产能、调结构、稳增长、增效益已成为当前水泥行业供给侧改革的主要任务。

3.4.2.1　改进水泥生产数据收集方式

改进水泥分部门能源业绩和二氧化碳排放统计数据的收集、透明度和可获得性，将有助于研究、监管和监测工作（如包括多国业绩基准评估）。尤其需要持续报告的数据涵盖更大份额的全球产量，因为目前一些关键地区的报告有限。行业参与和政府协调对于改进数据收集和报告都很重要。

3.4.2.2　加快低碳技术的创新和部署

加快创新和部署创新性低碳技术，特别是 CCUS 和替代性黏结材料，将是 2030 年后减少水泥生产排放的关键，因此，在未来 10 年进行研发和开发势在必行。虽然水泥生产的电气化处于比 CCUS 早得多的发展阶段，但也可以通过使用低排放电力和促进捕集工艺二氧化碳排放量（即熟料生产过程中石灰石分解产生的排放量）来帮助减少排放量。

同时通过采用原（燃）料替代、熟料或水泥替代、能源替代技术等多方面推动水泥绿色低碳生产、节能减排工作。这需要各国政府和金融投资者增加对研发和开发的支持，特别是推动已经显示出希望的技术的大规模示范和部署。公私伙伴关系可以提供帮助，绿色公共采购和差价合同也可以产生早期需求，使生产者能够获得经验并降低成本。政府协调利益攸关方的工作也可以将重点放在优先领域，避免重叠。

同样重要的是，开始规划和发展基础设施，以便最终部署创新进程，如用于运输二氧化碳的 CCUS 管道网络。在建设这些基础设施，尤其是二氧化碳运输和储存设施方面，获得社会认可也是必要的。

3.4.2.3　加大政策部署

虽然近年来出台了一些有希望的政策，但水泥脱碳仍需要更大的政策雄心。各国政府还可能需要制定或修改条例，以促进技术的吸收。例如，从规定性设计标准转变为基于性能的设计标准（如在建筑规范内）将促进采用低碳混合水泥，其中包括可替代的约束材料。

决策者可以通过采取强制性减排政策来促进减少二氧化碳排放的努力，例如逐步提高碳价格或可交易的行业绩效标准，要求每种关键材料的生产的平均二氧化碳浓度在整个经济中下降，并允许受管制的实体交易遵约信用额。

政府有关工作人员可以通过采取强制性减排政策促使公众参与到减排行列中，比如，逐步提高碳价格或行业绩效标准，促使关键材料生产过程中的平均二氧化碳排放有所降低，同时要求受管制的实体交易遵守碳排放交易等相关规定。

在未来 3～5 年内，水泥行业相关政策指标不用过于苛刻，其目的是为市场提供一种信号，促使企业做好碳减排的准备。这有助于减少水泥低碳生产的成本，从长远来看可以缓解对水泥价格的影响。政策执行过程中采取相应的补充措施是有一定积极作用的，比如，不同的水泥产品采取不同的碳排放要求及标准。

参考文献

［1］　喻悦.积极探索碳减排路径 全球建材同仁在行动［J］.中国建材，2021，（8）：35.

［2］　Orsini F，Marrone P. Approaches for a low-carbon production of building materials：Areview［J］. Journal of Cleaner Production，2019，241（5）：118380.

［3］　Siti Aktar Ishak，Haslenda Hashim. Low carbon measures for cement plant—a review［J］. Journal of Cleaner Production，2015，103：260-274.

［4］　李琛.水泥行业碳达峰碳中和的机遇与挑战［J］.中国水泥，2021，（5）：40-43.

［5］　高旭东，范永斌，王郁涛.水泥行业"十三五"科技发展报告［J］.中国水泥，2021，（7）：28-39.

［6］　张文春.水泥生产污染控制及低碳环保发展思路探索［J］.建材与装饰，2019，（22）：168-169.

［7］　Ali Naqi，Jeong Gook Jang. Recent Progress in Green Cement Technology Utilizing Low-Carbon Emission Fuels and Raw Materials：A Review［J］. Sustainability，2019，11（2）：537.

［8］　Development W. Cement technology roadmap 2009：Carbon emission reductions up to 2050［M］. Energy Consumption，2009.

［9］　Schnei De R M，Romer M，Tschudin M，et al. Sustainable Cement Production-Present and Future［J］. Cement and Concrete Research，2011，41（7）：642-650.

［10］　Hasanbeigi A，Price L，Lin E. Emerging energy-efficiency and CO_2 emission-reduction technologies for cement and concrete production：A technical review［J］. Renewable and Sustainable Energy Reviews，2012，16（8）：6220-6238.

［11］　Worrell E，Martin N，Price L. Potentials for energy efficiency improvement in the US cement industry［J］. Energy，2000，25（12）：1189-1214.

［12］　Kumar R，Kumar S，Mehrotra S P. Towards sustainable solutions for fly ash through mechanical activation［J］. Resources Conservation & Recycling，2008，52（2）：157-179.

[13]　中国建筑材料联合会.中国建筑材料工业碳排放报告（2020 年度）［J］.中国建材，2021，（4）：59-62.

[14]　中国建筑材料联合会.建筑材料工业二氧化碳排放核算方法［J］.石材，2021，（5）：6-8.

[15]　赵扬.建筑材料生命全周期 CO_2 排放研究评价［D］.天津：天津大学，2014.

[16]　张艳菲，王智昱.建筑企业材料碳排放计算方法及其减排策略研究［J］.知识经济，2017，（7）：109，111.

[17]　International Energy Agency. Technology Roadmap-Low-Carbon Transition in the Cement Industry ［R］. Paris：IEA，2021.

[18]　齐冬有，张标，罗宁.水泥工业碳减排的技术路径［N］.中国建材报，2021-06-08（3）.

[19]　丁美荣.水泥行业碳排放现状分析与减排关键路径探讨［N］.中国建材报，2021-06-15（3）.

[20]　本刊."双碳目标"催动建筑行业低碳转型［J］.建筑，2021，（8）：14-17.

[21]　佟庆，魏欣旸，秦旭映，等.我国水泥和钢铁行业突破性低碳技术研究［J］.上海节能，2020，（5）：380-385.

[22]　刘广伍.水泥工业低碳发展技术［J］.农家参谋，2020，（6）：200.

[23]　国家发展和改革委员会.中国水泥生产企业温室气体排放核算方法与报告指南（试行）［R］.北京：国家发展和改革委员会，2013.

[24]　Cao Z，Myers R J，Lupton R C，et al. The sponge effect and carbon emission mitigation potentials of the global cement cycle［J］. Nat Commun，2020，11（1）：3777.

[25]　Koci V，Madera J，Jerman M，et al. Application of waste ceramic dust as a ready-to-use replacement of cement in lime-cement plasters：an environmental-friendly and energy-efficient solution［J］. Clean Technologies & Environmental Policy，2016，18（6）：1-9.

[26]　Zheng C，Zhang H，Cai X，et al. Characteristics of CO_2 and atmospheric pollutant emissions from China's cement industry：A life-cycle perspective［J］. Journal of Cleaner Production，2020，282（7）：124533.

[27]　Sun B，Liu Y，Nie Z，et al. Exergy-based resource consumption analysis of cement clinker production using natural mineral and using calcium carbide sludge（CCS）as raw material in China［J］. The International Journal of Life Cycle Assessment，2020，25（4）：667-677.

[28]　丁卫青，龚秀美，沈卫国，等.低碳水泥与水泥工业低碳化的几个误区［J］.新世纪水泥导报，2015，21（1）：2，7-12.

[29]　王肇嘉.积极推进工业钢渣类固废替代水泥原料研究与规模化应用［N］.中国建材报，2020-08-31（2）.

[30]　崔素萍，刘宇.水泥碳减排潜力及评价方法研究［J］.中国水泥，2016，（1）：71-74.

[31]　高长明.我国水泥工业低碳转型的技术途径——兼评联合国新发布的《水泥工业低碳转型技术路线图》［J］.水泥，2019，（1）：4-8.

[32]　王克，王艳华.我国碳中和愿景与路线图［J］.中华环境，2021，（Z1）：36-39.

[33]　靳惠怡，李媛.中国建筑材料联合会召开座谈动员会推进行业碳达峰、碳中和行动［J］.中国建材，2021，（2）：24-25.

[34]　付立娟，杨勇，卢静华.水泥工业碳达峰与碳中和前景分析［J］.中国建材科技，2021，30（4）：80-84.

[35]　Benhelal E，Shamsaei E，Rashid M I. Challenges against CO_2 abatement strategies in cement industry：A review［J］. Journal of Environmental Sciences，2020，104（5）：84-101.

[36]　WBCSD. Cement Industry Energy and CO_2 Performance：Getting the Numbers Right（GNR）［R］. Geneva：WBCSD，2009.

[37]　刘作毅.谈水泥行业碳减排路径［J］.中国建材，2021，（7）：98-99.

[38]　丁美荣.水泥行业碳排放现状分析与减排关键路径探讨［N］.中国建材报，2021-06-15（3）.

[39]　周育先.勇担使命 积极作为 坚决打赢水泥碳达峰 碳中和的硬仗［J］.中国水泥，2021，（6）：16-21.

［40］　冯存伟.落实好错峰生产为碳达峰碳中和作贡献［N］.中国建材报，2021-05-31（1）.

［41］　孔祥忠.以碳减排和降污染为重点 全面推进水泥行业绿色低碳可持续发展［J］.中国水泥，2021，（6）：8-11.

［42］　Joshua O Ighalo，Adewale George Adeniyi. A perspective on environmental sustainability in the cement industry［J］. Waste Disposal & Sustainable Energy，2020，2（3）：4.

［43］　陈阳，李立凯，陈鹏.基于水泥工业碳减排核算实现碳达峰的研究——以贵州省水泥产能节能减排为例［J］.环境保护与循环经济，2021，41（4）：1-3.

［44］　李琛.中国水泥行业可提前实现碳达峰去产能是关键［J］.中国水泥，2021，（2）：11-13.

［45］　李琛.关于水泥行业碳减排工作的几点看法［J］.中国水泥，2018，（12）：22-26.

第4章
建筑行业双碳路径与绿色发展

4.1 建筑行业二氧化碳排放现状

4.1.1 国内外建筑行业碳排放研究现状

建筑行业的碳排放是我国碳排放的重要组成部分，也是中国节能减排工作的重点之一。建筑行业的碳排放包含建筑物的全生命周期碳排放，包括建筑施工改造阶段、建筑材料生产阶段、建筑运行阶段以及建筑后期维护阶段所产生的碳排放。另外，建筑行业全生命周期的碳排放包括建筑行业直接碳排放和建筑行业的间接碳排放。建筑行业直接碳排放是建筑行业运行过程中的燃料燃烧过程产生的 CO_2 排放，主要包括建筑内的直接供暖、厨房设施使用、生活热水、医院或者酒店蒸汽等导致的燃料排放。建筑行业的间接碳排放指从外界输入到建筑的电力、热力所包含的 CO_2 排放。

中国一直处于城镇化高速发展之中，建筑规模的增长带动了我国建筑行业用能与 CO_2 排放的持续增长。一方面，新建建筑会消耗大量建材，这些建材在生产、运输过程中会产生大量的能耗与 CO_2 排放，这在建材碳排放和碳中和一章中进行主要介绍。另一方面，建筑面积的增加也导致了更多的建筑运行能耗和碳排放，而且随着社会经济的发展，人民生活水平不断提升，采暖、空调、生活热水、家用电器等终端耗能和 CO_2 排放也在不断上升。中国建筑运行能耗约占全社会总量的 20%，新建建筑的原材料开采、建材生产、运输以及施工的能耗也占总能耗的 20% 以上。

目前，中国仍处于经济快速发展阶段，"碳达峰""碳中和"目标下的能源消费结构也在不断优化之中。建筑能耗作为类消费领域能耗的主要部分，其重要性也在不断增加。同时，环境保护需求使国际处于能源供需格局变化的关键节点，在这种大背景下，建筑领域的能源消费结构的改变和发展也应快速进行。

4.1.1.1 全球建筑行业温室气体排放状况

由伦敦大学学院（UCL）和欧洲建筑性能研究所（BPIE）为全球建筑建设联盟

（GlobalABC）和联合国环境规划署编制的《2020 全球建筑现状报告》指出，2019 年，全球建筑行业的能源消耗总量与 2018 年相比变化不大，但 CO_2 的排放继续升高，总量达到 100 亿吨，占到了全球能源相关碳排放总量的 28％。若加上建材生产过程的排放，这一比例将上升到 38％。具体来看，根据国际能源署（IEA）统计，居民和商用建筑的化石能源使用，即直接碳排放占全球碳排放的 9％，电力和热力使用，即间接碳排放占 19％，另外建筑建造过程的碳排放占 10％。

IPCC 的《第四次评估报告》基于不同的情景模式对全球建筑行业未来的温室气体排放给出了预测：经济发展在介于经济增长较低的 SRES B2 和经济发展迅速的 A1B2 情境之间时，包括用电产生的排放情况下，2020 年和 2030 年全球建筑行业的温室气体排放量可达到 114 亿吨 CO_2 当量和 143 亿吨 CO_2 当量。SRES B2 和 A1B2 情境模式下，2030 年相应的温室气体排放量为 114 亿吨 CO_2 当量和 156 亿吨 CO_2 当量。在经济增长较低的 SRES B2 情境模式下，北美洲和东亚是温室气体排放的最大增量。在经济发展快速的 A1B2 情境模式下，到 2039 年 CO_2 排放的年平均增长率为 1.5％，所有的温室气体排放的增量都来自发展中国家。

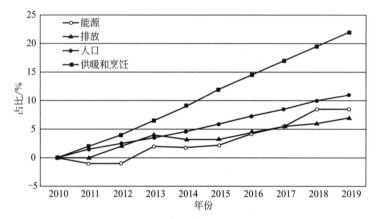

图 4-1　2010—2019 年全球建筑能源与排放驱动因素的变化趋势

从图 4-1 可以看出，建筑部门排放增加的原因是供暖和烹饪继续使用煤炭、石油和天然气等能源，加上电力碳密集型地区的活动水平较高（建筑行业用电量占全球用电量的近55％），最终导致建筑部门直接排放水平稳定，但间接排放不断增加。

4.1.1.2　我国建筑行业运行耗能及二氧化碳排放状况

目前我国是世界上建筑行业快速发展的国家，全国建筑总面积已超过 400 多亿平方米。我国每年的新建建筑中，高能耗建筑占 99％以上；在现有建筑中，仅有 4％采取了能源优化改造措施，可以看出建筑能耗的改造具有很大空间。

我国近几年的建筑能耗呈现逐年上升的趋势。1995 年我国建筑年能耗量为 3.15 亿吨标准煤，占能耗总量的 24.0％；2002 年达到 4.28 亿吨标准煤，占能耗的 28.2％；2006 年，我国建筑能耗达到 5.63 亿吨标准煤，占能耗总量的 23.1％，排放 14.8 亿吨 CO_2，占世界建筑行业 CO_2 排放的 16％。

（1）2019 年建筑行业碳排放状况

2019 年，中国建筑行业运行的化石能源消耗产生的碳排放约 22 亿吨 CO_2，直接 CO_2 排放约占 29％，电力相关的间接 CO_2 排放占 50％，热力相关的间接 CO_2 排放占 21％。

2019 年我国人均建筑运行 CO_2 排放指标为 1.6t/人，建筑运行单位面积平均 CO_2 排放指标为 35kg CO_2/m^2。四种建筑耗能分项的 CO_2 排放占比情况分别为：农村住宅占 23%，公共建筑占 30%，北方采暖占 26%，城镇住宅占 21%。

　　图 4-2 是四种建筑分项碳排放的规模、强度和总量。横向表示建筑面积，纵向表示 $1m^2$ 的碳排放强度，四个方块的面积即为 CO_2 排放总量。从图中可以看出，四个分项的 CO_2 排放与能耗不尽相同，公共建筑单位建筑面积的碳排放强度最高，为 48kg CO_2/m^2；北方供暖由于大量燃煤，碳排放强度为第二位，达到 36kg CO_2/m^2；农村住宅和城镇住宅 $1m^2$ 的一次性能耗强度差异不大，但农村住宅电气化水平较低，燃煤比例较高，所以 $1m^2$ 的 CO_2 排放强度高于城镇住宅。农村住宅单位建筑面积的 CO_2 排放强度为 23kg CO_2/m^2，城镇住宅单位建筑面积的 CO_2 排放强度为 16kg CO_2/m^2。

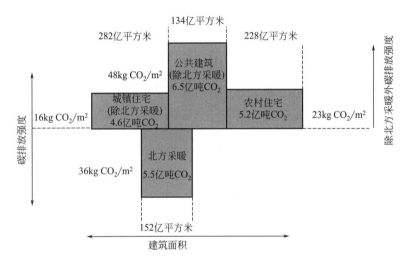

图 4-2　2019 年中国建筑运行相关二氧化碳排放量

(数据来源：清华大学建筑节能研究中心，《中国建筑节能年度发展研究报告 2019》)

　　除 CO_2 排放以外，建筑运行阶段使用的制冷装置，如制冷机、空调、冰箱使用的制冷剂泄漏后排放导致全球变暖的 HFCs 类气体，因此建筑运行阶段还会带来这部分非 CO_2 温室气体的排放。HFCs 类物质的全球变暖潜值（global warming performance，GWP）较高，目前也成为建筑行业非 CO_2 温室气体排放主要来源。HFCs 在用于建筑室内空调制冷装置之中，也是中国占比最大的非 CO_2 温室气体排放。根据北京大学胡建信教授团队的研究结果，中国由于家用和商业空调造成的 HFCs 温室气体排放每年有 1 亿～1.5 亿吨 CO_2 当量，呈现快速增长趋势。

　　（2）建筑行业全生命周期碳排放比重的变化趋势

　　建筑行业全生命周期碳排放在三个五年期间的年均增速不同。"十一五"期间，建筑行业全生命周期碳排放年均增速为 7.4%；除了 2011 年和 2012 年出现异常值外，"十二五"期间年均增速为 7%；"十三五"期间（仅统计了 2016—2018 年三年的数据）增速放缓，年均增速为 3.1%。

　　建材生产阶段的能耗和碳排放变化趋势基本一致（图 4-3），总体呈现上升趋势，能耗量从 2005 年的 4.23 亿吨标准煤增加到 2018 年的 10.93 亿吨标准煤，上涨了 2.58 倍，年平均增长率为 7.58%；碳排放量从 2005 年的 10.95 亿吨 CO_2 增加到 2018 年的 27.24 亿吨 CO_2，上涨了 2.48 倍，年平均增长率为 7.47%，略低于能耗的上涨增幅，说明建材生产过程中的碳排放因子处于下降趋势。建材生产阶段的能耗和碳排放呈现阶段性变化，如图 4-4 所示。

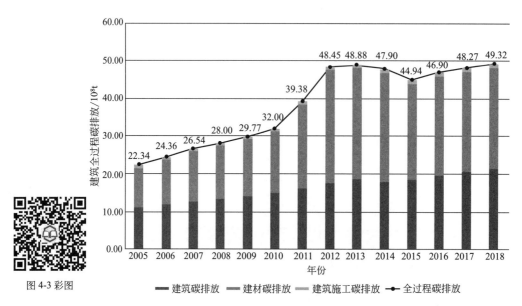

图 4-3 彩图

图 4-3　全国建筑全过程碳排放变化趋势（2005—2018 年）

（数据来源：清华大学建筑节能研究中心，《中国建筑节能年度发展研究报告 2019》）

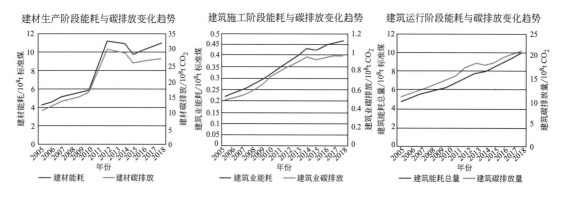

图 4-4　建筑全过程各阶段能耗和碳排放变化情况

（数据来源：清华大学建筑节能研究中心，《中国建筑节能年度发展研究报告 2019》）

建筑施工阶段的能耗与碳排放占建筑全生命周期的比例最小，年平均在 2% 左右，基本处于线性增长状态（图 4-4）。建筑施工阶段的能耗从 2005 年的 0.22 亿吨标准煤增加到 2018 年的 0.47 亿吨标准煤，年平均增长率为 6%。建筑施工阶段碳排放从 2005 年的 0.49 亿吨 CO_2 增长至 2018 年的 1 亿吨 CO_2，年平均增长率为 5.6%。

建筑运行阶段的能耗与碳排放占建筑全生命周期能耗与碳排放比例仅次于建材，各年基本维持在 47% 和 45% 之间，呈现线性增长状态（图 4-4）。建筑运行阶段的能耗从 2005 年的

4.8 亿吨标准煤增加到 2018 年的 9.5 亿吨标准煤，年平均增长 5.39％。建筑运行阶段的 CO_2 排放从 2005 年的 10.91 亿吨 CO_2 增加到 2018 年的 21.1 亿吨 CO_2，年平均增长 5.29％，略小于能耗的年平均增率，表明我国建筑能源的结构在逐渐优化之中。

（3）建筑行业碳排放的区域特征

2000—2018 年之间，建筑能耗量的重心向南移动了 0.92°，建筑 CO_2 排放的重心则向南移动了 1.08°，与我国人口和经济重心的移动趋势呈正相关，说明建筑能耗和碳排放与我国人口和经济息息相关。

我国各省的城镇民用建筑的能耗总量相差悬殊。位居前三位分别为：山东省 6504 万吨标准煤、广东省 5810 万吨标准煤、河北省 4600 万吨标准煤；而后三位的分别为：海南省 417 万吨标准煤、青海省 523 万吨标准煤、宁夏回族自治区 555 万吨标准煤。造成这种巨大差异的主要原因是城镇人口数的不同、地区生产总值不同、所处气候区不同等。城镇人口数量越多，地区生产总值越大，采暖需求越强，则城镇民用建筑的能耗总量就越高。

4.1.1.3 建筑行业的减少温室气体排放的潜力

IPCC 的《第四次评估报告》（IPCC AR4）通过对来自 36 个国家和 11 个国家群的 80 项最新研究，给出了全球建筑行业减少温室气体排放的潜力的评估：2030 年，通过全球住宅和商业建筑的采取减排措施，可以减少超过 30％预估的温室气体排放。CO_2 当量在以 0 美元/t CO_2 当量、20 美元/t CO_2 当量和 100 美元/t CO_2 当量的价格时，每年可分别减少 45 亿吨 CO_2 当量、50 亿吨 CO_2 当量和 56 亿吨 CO_2 当量，这相当于预测建筑行业减少温室气体排放量的 30％、35％和 40％。IPCC 的《第四次评估报告》（IPCC AR4）假设减排成本为 25 美元/t CO_2 当量时，2050 年建筑行业可减少大约 77 亿吨 CO_2 当量的排放。

"十一五"期间，国家提出建筑节能将要承担我国全部节能任务的 41％，大约节省 1 亿吨标准煤。如果认真执行我国的 50％节能标准，部分有能力地区执行 65％的节能标准，则到 2020 年，我国在建筑行业可节约 3.54 亿吨标准煤，即可控制在 7.54 亿吨标准煤以内。

清华大学课题组基于到 2030 年我国总人口达到 15 亿、城市化率为 60％等相关预测，考虑到建筑总面积的变化、生活方式的改变和技术水平的提高，采用中国建筑耗能计算模型 (CBEM)，对各种情境下 2030 年我国建筑的耗能情况进行了预测。结果显示，在节能措施不力的情况下，2030 年我国建筑行业的耗能可达到 15.1 亿吨标准煤，排放 39.6 亿吨 CO_2，相当于 2006 年的 2.7 倍。相反，在最佳节能情境下，建筑耗能仅为 6.4 亿吨标准煤，排放 16.8 亿吨 CO_2，与 2006 年相比仅增加 14％，占世界经济较低增长情景预估的 114 亿吨 CO_2 的 14.7％。

4.1.2 国内外建筑行业碳中和相关政策

自从 2020 年 9 月我国政府宣布在 2030 年前实现碳达峰、2060 年前实现碳中和的目标后，建筑行业进行了热烈的讨论。如果要减少建筑行业的碳排放，就需要迅速减少新建建筑、既有建筑以及建筑材料的碳排放，并且需要通过政策推动。

4.1.2.1 国外建筑碳中和相关政策

发达国家与建筑行业相关的"碳中和"目标与政策见表 4-1。

表 4-1　发达国家建筑行业碳中和目标与政策

国家或国际组织	目标	战略	路径
欧盟	2050 年碳中和	《欧洲绿色新政》七大行动、德国《气候行动规划 2050》	建设清洁、可负担、安全的能源体系 建设清洁循环的产业体系 推动建筑升级改造 发展智能可持续交通系统 实施"农场到餐桌"的绿色农业战略 保护自然生态和生物多样性 创建零污染的环境
美国		零碳排放行动计划(ZCAP)	电力零碳能源 交通运输电气化、低碳生物燃料和可再生能源 零碳建筑,新《建筑能源法规(NECB)》 零碳工业生产 零碳土地利用 零碳材料,新的国家可持续材料管理框架(SMM)和循环经济体系
英国		"绿色工业革命计划"10 项计划	海上风能 氢能 核能 电动汽车 公共交通、骑行和步行 喷气飞机零排放理事会和绿色航运 住宅和公共建筑 碳捕集 自然 创新和金融
韩国		"绿色新政"	新能源汽车 建筑与基础设施绿色转型,使之成为零能耗 绿色智慧城市 低碳分布式能源 智能电网 绿色产业创新
日本		《绿色增长战略》14 个产业	海上风电 氢燃料 氢能 核能 汽车和蓄电池 半导体和通信 船舶 交通物流 食品、农林和水产 航空 碳循环 下一代住宅、商业建筑和太阳能 资源循环 生活方式

（1）新建建筑相关政策

对于新建建筑来说，碳中和的目标为提升建筑能效、合理利用可再生能源，欧美各国均采取一些政策和标准来促进新建建筑的节能减排。一些国家或地区在新建建筑中采取的节能减排措施见表 4-2。

表 4-2   一些国家或地区新建建筑的相关节能减排措施

国家或地区	政策或措施内容
加拿大温哥华	城市分区规划调整的绿色建筑政策,要求所有需要调整分区规划的建筑必须满足近零碳排放标准或者低排放的绿色建筑标准
德国	《可再生能源供暖法案》要求在新建筑中采用可再生能供热水源供暖体系
美国加利福尼亚州	禁止在新建筑中建设天然气基础设施,2020 年起,加利福尼亚州的新建住宅需要安装太阳能光伏板
美国旧金山市	《更好屋顶法案》要求大多数新建建筑的屋顶安装光伏板
美国华盛顿特区	《清洁能源特区综合法案》提出从 2032 年起,所有的电力都将来自可再生能源,并且要求新建建筑和既有建筑提升能效
日本	《为实现脱碳社会的住宅和建筑物对策方案》规定日本国家和地方政府在建造学校、文化设施、政府大楼等公共建筑时,应安装太阳能发电设备,日本政府还将统一规定太阳能发电设备的标准

（2）既有建筑相关政策

既有建筑在节能减排碳中和方面主要关注能耗较高的大型建筑，世界上发达国家都有对既有建筑进行节能减排改造的相关政策或措施。表 4-3 是美国城市在既有建筑采取的节能减排措施。

表 4-3   美国城市在既有建筑采取的节能减排措施

城市	政策或措施内容
纽约市	对于大型建筑,应当在地产交易、重大翻新和升级时,进行建筑的节能改造、生产或购买可再生能源,以及限制化石能源的使用上限
	温室气体排放限值(当地法案 97)提出超过 2500m² 的特定建筑的温室气体排放不能超过限值,并满足重新调试的要求
波士顿	《建筑能源使用报告和披露条例》提出中型和大型的建筑需要报告年度能源和水消耗,并且需要每五年进行完成一次重大的节能行动、减排行动或能源评估
博尔德市	要求所有获得出租许可的房屋满足基本的能效标准,这一条件作为房屋出租审批中的重要条件
伯灵顿市	《房屋出售时的能效条例》规定原本出租的房屋进行出售时,需要满足强制的能效标准

（3）建材隐含碳排放相关政策

许多建筑材料，如钢铁和水泥，都是高温室气体排放的材料，需要迅速减少建筑材料的排放，主要的策略包括两个方向：总结和应用建筑材料在生产和施工中的低碳策略；计量建筑材料的碳排放，制定各类建材的排放上限。表 4-4 是一些国家或地区关于建材隐含碳排放的相关政策。

表 4-4   一些国家或地区关于建材隐含碳排放的相关政策

国家或地区	政策或措施内容
美国纽约州和新泽西州	《低碳混凝土领导力法案》(正在进展中)将为低碳混凝土在政府或者政府投资的招标中提供优惠的贴现率
美国 Marin 县	《低碳混凝土规范》中增加了低碳混凝土的规范条款,适用于所有私人和公共的混凝土建筑
美国加利福尼亚州	政府项目的招标中对于一些建筑材料要求提供 EPD,并需要低于政府制定的温室气体排放的上限
挪威	公共建设和地产部要求所有挪威政府的地产项目需要实现 30% 的碳减排,包括建筑运营碳、建材隐含碳、生物碳、交通和土地使用变化的碳排放。基准线为挪威目前的平均碳排放水平

4.1.2.2   国内建筑碳中和相关政策

我国在绿色建筑方面虽然起步较晚,但发展迅速,逐渐形成了目标清晰的管理和政策体系 (表 4-5)。我国在能源规划方面做得比较好,对建筑节能建设、建筑开发、城市化发展、应对气候变化等提出了相应的规划和方法,目前最主要的不足在于国内至今没有颁布一部具有法律地位的立法,所有的节能减排整治措施只是作为条例出现,缺乏较大的法律约束和执行力。不仅如此,相关的节能标准只在少数相对发达地区开始实施,其他城市没有深入贯彻低碳理念,更谈不上用标准建立。另外,在经济贴补上,我国确实投入了相应的节能经济补贴,由政府出面,市场搭建平台,针对低收入人群开展再生能源应用,但这项政策仅仅落实在产品上,并没有对建筑上的节能进行补贴。

表 4-5   我国建筑行业碳达峰与碳中和相关政策

时间	来源	相关文件	具体内容
2016 年 12 月 30 日	国务院	《国家人口发展规划(2016—2030 年)》	预计到 2030 年全国总人口达到 14.5 亿人左右,从而预计到 2030 年水泥总消费量下降至 17 亿吨左右
2019 年 8 月 1 日	住房和城乡建设部	修订《绿色建筑评价标准》	结合工程建设标准体制改革要求,改变重技术轻感受、重设计轻运营的模式,扩充绿色建筑内涵,提升绿色建筑品质,形成高质量绿色建筑技术指标体系,并与强制性工程建设规范有效衔接
2020 年 3 月	中国建材行业联合会	《建筑材料工业二氧化碳排放核算方法》	明确建筑材料工业二氧化碳排放分为燃料燃烧过程排放和工业生产过程(工业生产过程中碳酸盐原料分解)排放两部分。同时,二氧化碳排放核算中要体现建材工业为全社会实现碳中和所作贡献,包括易燃可再生能源和废弃物利用量、余热余压回收利用量、消纳电石渣的二氧化碳减排量、碳减排碳中和产品(如低辐射节能玻璃、光伏玻璃、风电部件等)
2020 年 7 月 24 日	住房和城乡建设部、工业和信息化部	《绿色建筑创建行动方案》	旨在推动绿色建筑高质量发展。目标:到 2022 年,当年城镇新建建筑中绿色建筑面积占比达到 70%,星级绿色建筑持续增加,建筑能效水平不断提高,住宅健康性能不断完善等;创建对象:城镇建筑

续表

时间	来源	相关文件	具体内容
2020 年 10 月 28 日	财政部、住房和城乡建设部	《关于政府采购支持绿色建材促进建筑品质提升试点工作的通知》	发挥政府采购政策功能,加快推广绿色建筑和绿色建材应用,促进建筑品质提升和新型建筑工业化发展,支持绿色建材促进建筑品质提升,助力我国早日实现碳达峰、碳中和的"双碳"目标
2020 年 10 月 29 日	发改委全国发展和改革工作会议	《中共中央关于制定国民经济和社会发展第十四个五年规划和二〇三五年远景目标的建议》	发展绿色建筑。开展绿色生活创建活动。降低碳排放强度,支持有条件的地方率先达到碳排放峰值,制定 2030 年前碳排放达峰行动方案
2021 年 1 月	中国建材行业联合会	《推进建筑材料行业碳达峰、碳中和行动倡议书》	建筑材料行业要在 2025 年前全面实现碳达峰,水泥等行业要在 2023 年前率先实现碳达峰,较 2030 年碳达峰时间有所提前。推进建筑材料行业低碳技术的推广应用,优化工艺技术,研发新型胶凝材料技术、低碳混凝土技术、吸碳技术,以及低碳水泥等低碳建材新产品
2021 年 6 月 6 日	国家机关事务管理局	《"十四五"公共机构节约能源资源工作规划》(简称《规划》)	深入推进"十四五"时期公共机构能源资源节约和生态环境保护工作高质量发展。《规划》明确了"十四五"时期公共机构节约能源资源的主要目标,包括到 2025 年公共机构单位建筑面积能耗下降 5%、单位建筑面积碳排放下降 7%、人均综合能耗下降 6%、二氧化碳排放总量控制在 4 亿吨以内等
2021 年 6 月 9 日	住房和城乡建设部	《关于加强县城绿色低碳建设的意见》(简称《意见》)	旨在推进县城绿色低碳建设。《意见》提出了限制县城建设密度、控制民用建筑高度、大力发展绿色建筑和建筑节能等十项低碳建设要求。针对发展绿色建筑和建筑节能,《意见》提出需不断提高新建建筑中绿色建筑的比例,推广应用绿色建材和绿色施工,推动区域清洁供热和北方县城清洁取暖等
2021 年 6 月 11 日	市场监管总局	《生态社区评价指南》国家标准	提高居民生活品质,形成可复制可推广的生态社区建设模式,助推新型城镇化建设。该国家标准从环境健康、资源节约、生活宜居、文明和谐、管理高效、安全保障等维度对社区作出评价,强化人与环境的协调发展
2021 年 9 月 8 日	住房和城乡建设部	《建筑节能与可再生能源利用通用规范》	提高了居住建筑、公共建筑的热工性能限值要求,与大部分地区现行节能标准不同,平均设计能耗水平在现行节能设计国家标准和行业标准的基础上分别降低 30% 和 20%
2021 年 10 月 23 日	中共中央、国务院	《关于完整准确全面贯彻新发展理念做好碳达峰碳中和工作的意见》	大力发展节能低碳建筑和加快优化建筑用能结构
2021 年 10 月 24 日	中共中央、国务院	《2030 年前碳达峰行动方案》	加快提升建筑能效水平和加快优化建筑用能结构

资料来源:国务院、发改委、住房和城乡建设部、工业和信息化部、中国建材行业联合会等机构。

在住建部行动方案的框架下，各地也均结合自身条件进一步细化了具体目标，具体见表 4-6。

表 4-6 我国主要省份绿色建筑相关政策

地区	政策/会议	绿色建筑相关政策表述
山东	2021 年全省住房和城乡建设工作会议	积极推广绿色建筑、钢结构建筑、装配式混凝土建筑，全年新增绿色建筑 8000 万平方米，新开工钢结构装配式住宅 100 万平方米
河北	《2021 年全省建筑节能与科技工作要点》	2021 年，河北全省城镇新建绿色建筑占比达 90%以上，新开工被动式超低能耗建筑 160 万平方米，新建装配式建筑占比达 25%以上
江西	关于印发《江西省绿色建筑创建行动实施方案》的通知	到 2022 年，全省城镇规划区内新建建筑全面实施《绿色建筑评价标准》(GB/T 50378—2019)建设标准，星级绿色建筑持续增加，既有建筑能效水平大幅度提高，住宅健康性能不断完善，装配式建筑新开工面积占新建建筑总面积的比例突破 30%，绿色建材应用进一步扩大
辽宁	关于印发《辽宁省绿色建筑创建行动实施方案》的通知	到 2022 年，当年城镇新建建筑中绿色建筑面积占比达到 70%，星级绿色建筑不断增加，建筑能效水平不断提升，住宅健康性能不断完善，装配化建造方式占比稳步提升
西藏	《建筑业发展"十四五"规划和二〇三五年远景目标》	到 2025 年，全区城镇每年新开工装配式建筑占当年新建建筑的比例达到 30%以上；当年城镇新建建筑绿色建材应用比例达到 50%以上

4.1.3 碳中和对建筑行业的影响

到 2060 年，要容纳 60 亿的城市人口，需要新增建筑面积 2300 亿平方米，现有建筑面积量需要翻倍。如此大的建筑需求，如果不进行碳减排措施，建筑行业的温室气体排放量会大量增加。我国城镇总建筑面积约 650 亿平方米，这些建筑运行过程中排放约 21 亿吨 CO_2，也占全球建筑行业运行总排放量的 20%。中国每年新增建筑面积约 20 亿平方米，相当于全球新增建筑面积的 1/3，导致建设活动每年产生的碳排放占全球总量的 11%。

4.1.3.1 建筑行业碳排放的影响因素

过高的建筑碳排放不仅会对环境产生巨大的冲击力，也是制约低碳城市建设和可持续发展的主要因素。为探索节能减排的有效路径，学者们对建筑碳排放的影响因素开展了大量研究。随机性环境影响评估模型（STIRPAT）、对数平均迪氏指数法（LMDI）、投入产出法、环境库兹涅茨曲线（EKC）和 Tapio 弹性脱钩模型等计量模型被大量用于研究。碳排放中具有显著驱动作用的因素包括建筑能源强度、建筑产业规模、人均 GDP、城镇化水平、城市人口规模。

1989 年日本教授提出 Yoichi Kaya 恒等式（以下简称 Kaya 恒等式），将 CO_2 排放量分解成四大要素，分别为能源结构、能源强度、经济规模和人口规模，可表征人类活动与碳排放之间的关系。结合我国建筑行业的情况，考虑城镇化因素对建筑行业碳排放的影响，可以对传统的 Kaya 恒等式进行适当优化，优化后 Kaya 恒等式如式(4-1) 所示。

$$CO_2 = \frac{CO_2}{BE} \times \frac{BE}{CGDP} \times \frac{CGDP}{GDP} \times \frac{GDP}{POP} \times \frac{POP}{CPOP} \times CPOP \qquad (4-1)$$

式中　CO_2——建筑行业 CO_2 排放总量，$t\ CO_2$；

　　　　BE——建筑行业消耗的能源总量，t 标准煤；

　　　$CGDP$——建筑行业的国内生产总值，万元；

GDP——国内生产总值，万元；

CPOP——城市人口数量，万人；

POP——总人口数量，万人。

建筑能源消费碳强度是指单位能源消费的建筑业 CO_2 排放量。在不同种能源消费中，化石能源的利用是造成 CO_2 排放的最主要因素，其次是生物质能，其他清洁能源和可再生能源的碳排放几乎为零。所以，该变量也称能源结构变量。清洁能源在建筑能源结构中占的比例越高，单位能源消费的建筑业碳排放就越低。

建筑能源强度是单位 CGDP 的生产过程中建筑行业的能源消费量。在我国城市化发展阶段，住宅设施的大量需求使得能源消费大幅度增长，而要在保证经济增速稳定的情况下减少能源消费量，就必须通过提高能源的利用效率来实现能源强度的降低。

建筑产业规模是国内生产总值中建筑行业产值所占的比重。建筑产业规模可以衡量建筑行业在国民经济中的地位，与建筑业生产总值这一指标互为替代变量，它的增长对于关联产业的发展具有极大的推动力。

人均 GDP 能够大致表明一个国家所处的经济发展水平，而不同的经济发展水平则意味着不同的能源消费特点。我国目前处于城镇化发展的快速阶段，经济发展迅速，能源需求量极大，在社会能源消费以化石能源为主的条件下，建筑行业的碳排放也会随之增加。

图 4-5 是我国 2017 年各省市城镇人均建筑能耗与人均 GDP 关系图。从图中可以看出：各省市人均建筑能耗受气候区影响，北方采暖地区的城镇人均建筑能耗的平均值为 1.2t 标准煤，是非采暖地区平均值（0.67t 标准煤）的 1.8 倍；不同区域中，各省市人均建筑能耗随人均 GDP 发生变化，当人均 GDP 每增加 1 万元时，城镇人均建筑能耗可以增加 75kg 标准煤。

图 4-5 彩图

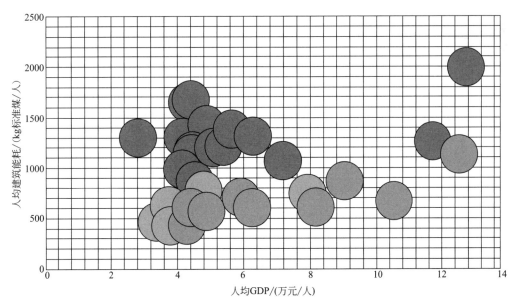

图 4-5　人均 GDP 和人均建筑能耗的关系

（数据来源：中国建筑节能协会能耗统计专委会、重庆大学可持续建设国际研究中心
建筑能源大数据研究所，《2019 中国建筑能耗研究报告》）

城镇化水平，以全社会总人口与城市人口的比值来衡量。这是一个逆向指标因素，该比值越大，城镇化率越小；该比值越小，城镇化率越大。从全社会整体角度考虑，许多学者认为城镇化的发展是引起我国 CO_2 排放量增加的重要因素。从图 4-6 可以看出，我国从 1996 年开始进入了高速城镇化发展的阶段。另外，城市人口规模的扩大会带来建筑行业经济不断增大，从而带动建筑业的能源消费水平会持续增加。

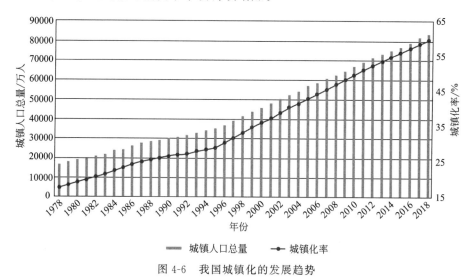

图 4-6   我国城镇化的发展趋势

4.1.3.2   "双碳"目标下建筑行业的对策

我国一直在探索城镇化进程中建筑的节能措施，并应用到新建建筑和已有建筑上。从 20 世纪 70 年代后期开始，经过了 40 多年的艰苦努力，我国的建筑节能经历了五个时代（图 4-7）。但是节能率依然无法完全达到碳中和、碳达峰目标，因此需要促进建筑行业从节能标准到建造方式向最优化改变。

图 4-7   建筑节能的五个时代

（1）促进建筑节能标准的不断提升

从节能率 30% 到节能率大于 90%，可以看出建筑节能标准的不断提升是行业发展的必然趋势。而根据对我国居住建筑年代分布分析统计来看，我国 90% 以上的住宅建成于 1980 年后，有一半建成于 2000 年后。不同建筑的节能效果根据当时实行标准必定有较大的差异，尤其节能设计标准的一个重点就是提升围护结构性能，以降低冬季采暖的热需求，尤其对于北方集中采暖地区，按照不同阶段标准设计建造的居住建筑，其供暖热需求差别能达到 3 倍以上。因此，对现有存量建筑进行建筑改造升级迫在眉睫。

（2）促进建筑用能方式的不断调整

减少直接碳排放，主要是减少使用各类化石燃料。目前，我国建筑内的 CO_2 直接排放总量约为 6 亿吨，其主要排放来源包括炊事、生活热水、农村与近郊区的分户燃煤采暖以及医院建筑、商业建筑、公共建筑等使用的燃气驱动蒸汽锅炉和热水锅炉的使用。在政策机制上全面推广"气改电"，加强宣传，使百姓在理念和认识上进行转变，是实现建筑零直接碳排放的最重要途径。

除了上述的直接碳排放外，由外而内的电力热力供应造成的间接排放也是建筑碳排放中的重要组成部分，降低这部分碳排放，也是建筑行业减排和实现碳中和的主要任务。

（3）减少建筑建造和维修中使用建材的碳排放

目前，我国有超过 100 亿平方米的建筑处于施工阶段，该部分产生的碳排放不容忽视。我国每年的城镇住宅和公共住宅竣工面积维持在 30 亿～40 亿平方米之间，每年拆除的建筑面积也接近 20 亿平方米，这一过程中消化大量的建筑材料，建筑材料在生产、使用和运输过程中都会产生碳排放，应采取相应措施进行减排。

（4）促进建筑业的建造方式的改革

对现有建筑进行改造或者采取升级换代模式，减少大拆大建，采取维修和改造方式，可大幅度降低建材的使用，从而减少建材生产过程的碳排放。另外，建筑业要在 2060 年实现碳中和，必须要进行能源转型，就是把建筑运行中使用的化石能源为主的碳基能源系统转为使用可再生能源为主的零碳能源系统。能源结构的变化将导致能源转换、输送和服务方式的变化，进而导致终端用能方式的变化。在零碳能源系统下，建筑的功能将从单纯的用能转为用能、产能和蓄能三位一体。这将给未来建筑的营造、改造、运行、维护等都带来巨大的变化。

4.1.4 建筑行业减碳潜力分析

"十三五"期间，碳排放增速的平均值为 2.15%，而且逐渐趋于稳定。我国建筑建造阶段的碳排放已基本达峰，但是建筑运行阶段的碳排放仍呈增长趋势。要达到"碳中和"的目标，建筑行业应主要针对建筑运行阶段的碳排放进行减排措施。在对不同碳减排措施进行情景模拟的情况下，可将建筑碳减排措施分成四个类型：建筑节能类型、建筑产能（即可再生能源建筑应用）类型、建筑电气化类型和电力部门脱碳、CCUS 技术类型。以此为基础形成 5 大情景：基准情景、节能情景、产能情景、脱碳情景和中和情景，结果如图 4-8 所示。

在基准情景下，我国建筑运行阶段的碳排放可在 2040 年达峰，碳排放峰值约为 27.01 亿吨 CO_2，达峰时间严重落后于我国 2030 年碳排放达峰目标，到 2060 年仍有 15 亿吨 CO_2，对我国碳中和目标的实现产生制约。因此，建筑部门应该以更积极的态度、更先进的技术手段和强制性的政策措施加速达峰时间，削减达峰峰值，助推我国碳达峰碳中和目标的实现。

与基准情景相比，采取不同技术措施到 2060 年可实现不同的减排量，分别为：建筑节能减排 3.3 亿吨 CO_2，建筑产能减排 2.99 亿吨 CO_2，建筑电气化与电力部门脱碳减排 4.5

亿吨 CO_2，CCUS 技术减排 4.2 亿吨 CO_2（图 4-9）。

图 4-8 彩图

由图 4-8 可以看到，在节能情景下，在 2030 年我国建筑运行阶段的碳排放可实现达峰，峰值为 26.08 亿吨 CO_2，可依此作为达峰目标来反推我国"十四五"期间建筑运行阶段的能耗与碳排放控制目标：到 2025 年，我国建筑碳行阶段的排放总量应控制在 25 亿吨 CO_2，年均增速应小于 1.5%；建筑行阶段的能耗总量应控制在 12 亿吨标准煤，年均增速应小于 2.2%。可见，我国采取积极的建筑碳减排措施，是可以实现"碳达峰""碳中和"目标的。

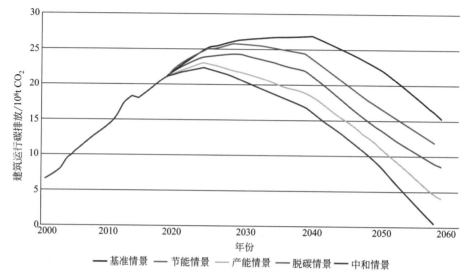

图 4-8　2060 年中国建筑运行碳排放情景分析

（数据来源：清华大学建筑节能研究中心，《中国建筑节能年度发展研究报告 2020》）

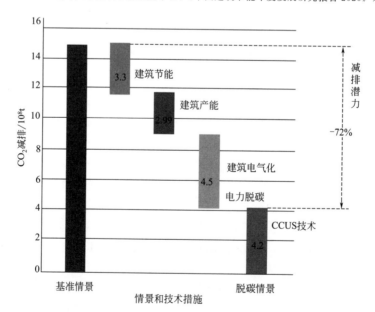

图 4-9　相比基准情景到 2060 年不同技术措施的减排潜力

（数据来源：清华大学建筑节能研究中心，《中国建筑节能年度发展研究报告 2020》）

4.2　建筑行业二氧化碳核算

4.2.1　建筑行业碳排放核算方法

关于建筑行业全生命周期的碳排放核算方法有三种：基于过程的生命周期清单分析法（P-LCA）、投入产出法（IO-LCA）及混合生命周期核算方法（H-LCA），每种方法都有各自的优缺点及适用范围。

① 基于过程的生命周期清单分析法使用在具备详细的工程量清单的情况下，是一种自下而上的方法。在计算建筑建造阶段的碳排放时，需要基于比较全面的建筑材料的碳排放因子来计算每一种建材的碳排放，因此这种方法多用于个体案例的研究和产品具体过程的碳排放计算，不适用于大规模的建筑碳排放的计算。

② 投入产出法使用在具备投入产出表的情况下，便是一种自上而下的线性宏观经济方法，以产业结构中的货币交易来描述复杂的产业间关系。国家经济结构内的所有能源交易是有记录可循的，可以用来计算能源的投入和产出。与基于过程的生命周期清单分析法相比，投入产出法的数据更具有完整性和可靠性，提高了 LCA 的可靠性。投入产出法是基于经济部门的数据来评价上游的碳排放，这种方法适用于计算建筑部门的宏观碳排放。

③ 采用混合生命周期核算方法可使碳排放核算更精确。这种方法结合了基于过程的生命周期清单分析法的优势，还使投入产出法的系统边界得到延展。混合生命周期核算方法的计算结果较准确，但是计算复杂，计算量大。

4.2.2　建筑行业能源消费分类

我国建筑行业使用包括煤炭、焦炭、原油、汽油、煤油、柴油、燃料油、天然气以及电力九种能源，为方便直观表达分析，现将这九种能源类型分为煤炭、石油、天然气以及电力四种。我国建筑行业碳排放中 99％是由煤炭、石油、电力消耗产生的，天然气消耗占比小于 1％。其中随着我国建筑行业能源消费量的不断增加，煤炭、石油、电力的消费量也随之增加，但电力消费的占比呈递增状态，石油消费的占比呈平稳无大变化状态，而煤炭消费的占比呈递减状态。因此，我国建筑行业的能源消耗在由传统能源向清洁能源转变过程中，短时期内石油消耗产生的碳排放会占该行业中能源消费总碳排放的较大比重。

从能源消费总量上看，石油在建筑领域的消费量逐年增长，且增长速度相对较平稳，如图 4-10 所示，石油消费产生的建筑碳排放量由 1997 年的 849.67 万吨增加到 2016 年的 3211.38 万吨，占比小幅增加，由 32.97％增加到 48.65％。在 2006 年之后，石油产生碳排放的占比保持了稳定的状态，始终维持在 45％左右。作为建筑领域能源消费碳排放的主要来源，石油的消费量在短时期内不会出现下降的趋势。天然气的碳排放量较少，在 1997—2016 年间呈波动式增长状态，从 1997 年的 0.22 万吨增长到了 2016 年的 42.16 万吨，但占比变化不大。煤炭消费虽逐年增加，但增长幅度不大，碳排放量由 1997 年的

763.16万吨增长到2016年的1550.46万吨，占比由38.79％降至22.17％。随着技术的进步，建筑行业中使用煤炭的情况日渐减少，所以20年间我国建筑行业中煤炭消费产生的碳排放增速不断下降。而与煤炭相比，电力在建筑业中的能源消费则逐年增多，其产生的碳排放量由1997年的354.49万吨快速增长到了2016年的2190.85万吨，增长了6倍左右，占比也在不断增长，已由18.02％增长到31.32％。天然气消费产生的碳排放在我国建筑行业碳排放中也呈递增状态，但其增速过于平稳，在能源消费碳排放中的占比相对而言也较低。

近年来，我国建筑行业碳排放最主要的来源是电力和石油，这两类能源消耗产生的碳排放在建筑业碳排放中的占比之和具有绝对的优势，且电力部分的碳排放占比会有继续增加的趋势。因此，电力的高效利用以及清洁能源的持续使用是我国建筑业低碳发展的关键所在。

图4-10 彩图

4.2.3　建筑行业碳排放核算

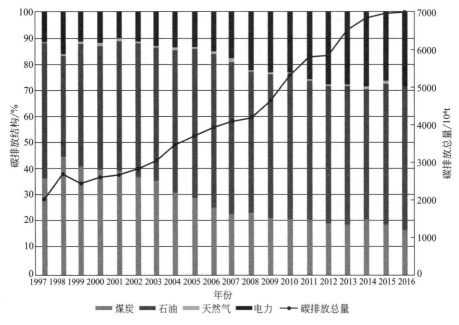

图4-10　建筑行业不同能源的碳排放量

（数据来源：中国建筑节能协会能耗统计专委会、重庆大学可持续建设国际研究中心
建筑能源大数据研究所，《2019中国建筑能耗研究报告》）

4.2.3.1　建筑行业相关指南解读

与建筑行业相关的有《建筑碳排放计算标准》（GB/T 51366—2019）和《公共建筑运营企业温室气体排放核算方法和报告指南（试行）》。

（1）《建筑碳排放计算标准》

根据住房和城乡建设部参考相关国际标准和国外先进标准，制定了《建筑碳排放计算标准》（GB/T 51366—2019）。标准的主要内容包括总则、术语和符号、基本规定、运行阶段排放计算、建造及拆除阶段碳排放计算、建材生产及运输阶段碳排放计算等。建筑物碳排放计算应以单栋建筑或建筑群为计算对象。标准中应注意：建筑碳排放计算方法可用于建筑设计阶段对碳排放量进行计算，或在建筑物建造后对碳排放量进行核算；建筑物碳排放计算应根据不同需求按阶段进行计算，并可将分段计算结果累计为建筑全生命期碳排放；碳排放计算应包含《IPCC 国家温室气体排放清单指南》中列出的各类温室气体；建筑运行、建造及拆除阶段中因电力消耗造成的碳排放计算，应采用由国家相关机构公布的区域电网平均碳排放因子；建筑碳排放量应按该标准提供的方法和数据进行计算，宜采用基于该标准计算方法和数据开发的建筑碳排放计算软件计算。

（2）《公共建筑运营企业温室气体排放核算方法和报告指南（试行）》

国家发展和改革委员会办公厅经过实地调研、深入研究和案例试算，制定了《公共建筑运营企业温室气体排放核算方法和报告指南（试行）》。该指南适用范围为从事公共建筑运营的具有法人资格的企业和视同法人的独立核算单位。指南内容包括八部分，分别明确了本指南的适用范围、相关引用文件和参考文献、所用术语、核算边界、核算方法、质量保证和文件存档要求以及报告内容和格式，附件和附录部分提供了企业温室气体排放报告表式和核算所需相关参数的推荐值等。该指南所核算的碳排放，是公共建筑运营过程中的排放，不包括公共建筑运营单位（企业）在边界范围外的排放，如公共建筑边界外企业生产活动的排放等。对于企业使用的不同批次的燃料，需要按批次测量质量、发热量等数据，以进行年度统计，而不是取年度平均值估算。运用该指南的公共建筑运营单位（企业）应根据指南提供的方法科学、客观地获取相关活动水平数据。如企业以实测的方式获取核算所需的相关参数，应严格按照该指南提供的标方法，进行检测并提供检测报告。

4.2.3.2 建筑行业碳排放边界界定

（1）民用建筑 CO_2 核算边界

建筑行业的用能和碳排放涉及建筑建造、运行、拆除等不同阶段，绝大部分的能耗和温室气体排放都是发生在建筑的建造和运行这两个阶段，如图 4-11 所示。

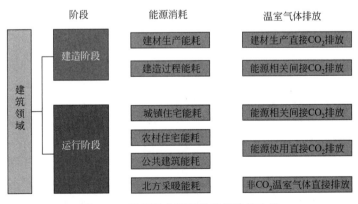

图 4-11　建筑行业能耗及碳排放的边界

建筑建造阶段的能源消耗是由于建筑建造过程中，由建材生产和现场施工等过程所产生的能源消耗。民用建筑建造与生产用建筑建造、基础设施建造都归于建筑业中，如图 4-12 所示。

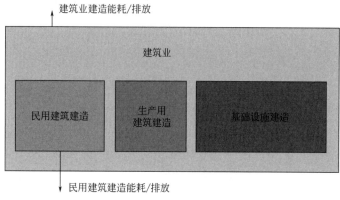

图 4-12　建造能耗与排放的边界

由于我国南北地区冬季采暖方式存在巨大差别、城乡的建筑形式和生活方式也有很大的差别，居住建筑和公共建筑的用能设备也具有差异性，可将我国的建筑用能分为三大类，分别是：北方城镇供暖用能、城镇住宅用能（不包括北方地区的供暖）以及农村住宅用能。这三类的用能边界详见《建筑碳排放计算标准》（GB/T 51366—2019）。

（2）公共建筑 CO_2 核算边界

核算边界为中国境内的公共建筑的运营过程中所产生的温室气体排放。公共建筑运营排放的 CO_2 核算主体是公共建筑运营单位（企业），既可以是公共建筑的使用单位（企业），也可以是公共建筑的产权所有者（建筑物的业主），还可以是公共建筑的租赁使用者。公共建筑里面的直接 CO_2 排放和由外供给的能源的间接 CO_2 排放都在该建筑的碳核算里面。

（3）核算气体

按照排放源类型可分为直接排放和间接排放。直接排放是指建筑运行期间的燃料燃烧产生的 CO_2 排放；间接排放是外购的电力和热力等引起的 CO_2 排放。对于某一建筑的运行过程来说，CO_2 排放源主要包括以下几个方面。

① 固定燃烧源的燃烧排放，如锅炉、灶、干燥机、备用发电机等化石燃料燃烧产生的排放等。

② 移动燃烧源的燃烧排放，如交通工具的排放等。

③ 逸散型排放源的排放，如冰箱、空调、灭火器和化粪池等产生的排放。由于逸散型排放源所产生的排放数量较小，一般情况下，不予考虑。

④ 新种植树木的排放抵消。由于建筑物周围新种植树木的温室气体抵消的数量较小，一般情况下不予考虑。

⑤ 外购电力和热力的排放。公共建筑运营中使用单位（企业）外购电力、外购蒸汽和热水的生产过程产生的排放，这些排放是由建筑运营中使用单位（企业）的生产活动需求所带来的，但实际排放源属于电力和热力的生产企业，是公共建筑运营中使用单位（企业）的经济活动给其他单位（企业）带来的间接排放。

⑥ 委托运输产生的排放，统计起来比较复杂，容易重复计算，一般不考虑。

4.2.4　案例分析

重庆市在经济发展的同时，建筑行业的碳排放量也在不断地升高。2004 年重庆市的地区生产总值为 3470.6392 亿元，2014 年为 14316.5413 亿元，2016 年前三个季度的建筑业行业生产总值为 4677 亿元，同比增长 12%；建筑行业产值增加值为 1186 亿元，增加率为 23.2%。重庆市建筑行业飞速发展，其产生的碳排放问题也日趋严重。重庆市 2005 年的 CO_2 排放为 898.7952 万吨，2015 年的 CO_2 排放为 2487.2479 万吨，增长率为 176%。可以看出，重庆市正面临着经济快速发展和环境保护之间的矛盾。

4.2.4.1　重庆市公共建筑碳排放量计算

（1）核算边界

对于公共建筑的运营排放，核算的排放源如图 4-13 所示。

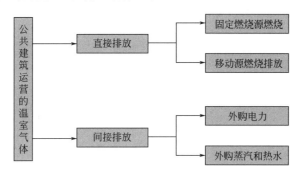

图 4-13　公共建筑运营过程中的排放源

（2）CO_2 排放量计算公式

公共建筑运营的 CO_2 排放总量包括公共建筑边界内所有使用者的燃料燃烧排放、购入电力和热力所对应的 CO_2 排放量。公共建筑运营过程的温室气体总排放量按式（4-2）计算。

$$E_{总}＝E_{燃料}＋E_{电力}＋E_{热力} \qquad (4-2)$$

式中　$E_{总}$——运营过程的温室气体排放总量，$t\ CO_2$；

$\quad\quad E_{燃料}$——燃料燃烧产生的 CO_2 排放量，$t\ CO_2$；

$\quad\quad E_{电力}$——购入电力所对应的 CO_2 排放量，$t\ CO_2$；

$\quad\quad E_{热力}$——购入热力所对应的 CO_2 排放量，$t\ CO_2$。

化石燃料燃烧排放、购入电力所对应的 CO_2 排放、购入热力所对应的 CO_2 排放均按《公共建筑运营企业温室气体排放核算方法和报告指南（试行）》进行计算。

（3）重庆市公共建筑运行阶段碳排放量计算

① 重庆市公共建筑运行阶段消耗的能源数量（Q_{1ij}）　目前没有专门的数据库或统计资料来统计公共建筑所消耗的能量，相关的统计数据比较分散，只能从现有的能耗统计数据中演化出公共建筑的能源消耗量。根据《中国能源统计年鉴》中各消费行业的能源消费量，扣除 95% 的汽油与 35% 的柴油之后，再加上《中国能源统计年鉴》统计的交通运输、仓储和邮政业消耗的电力，作为重庆市公共建筑的能源消耗数量。需要进行一部分扣除的原因在于服务业消耗的 95% 的汽油与 35% 的柴油用于交通运输。将《中国能源统计年鉴》中

上诉两部分的能源消耗相加再扣除批发、零售业、餐饮业和其他行业 95% 的汽油与 35% 的柴油的消耗量，得到重庆市公共建筑的能源消耗量（Q_{1ij}），见表 4-7。

表 4-7　重庆市 2005—2014 年公共建筑运行阶段消耗的能源数量（Q_{1ij}）

年份	2005	2006	2007	2008	2009
原煤/10^4t	0.82	1.19	1.19	1.2	10.75
焦炭/10^4t	0.5	0	0	0	0
汽油/10^4t	0.437	0.4585	0.4585	0.486	0.486
柴油/10^4t	1.1165	1.148	1.148	1.1515	1.1515
煤油/10^4t	0.1	0.1	0.1	0.1	0.1
液化石油气/10^4t	0	3	3.3	3.32	4.41
天然气/10^8m³	0.27	2.51	2.51	2.61	2.5
电力/（10^8kW·h）	24.68	25.35	28.29	32.88	33.28
年份	2010	2011	2012	2013	2014
原煤/10^4t	11.02	12.56	12.12	14.37	12.37
焦炭/10^4t	0	0	0	0	0
汽油/10^4t	0.5645	0.6435	0.949	1.0625	1.1125
柴油/10^4t	1.456	1.5225	1.8235	2.268	2.877
煤油/10^4t	2.24	0	0	0	0
液化石油气/10^4t	5.45	6.21	7.51	7.78	9.54
天然气/10^8m³	3.14	3.58	3.91	3.96	3.96
电力/（10^8kW·h）	34.4	24.63	46.05	52.85	60.29

② 能源的平均低位发热值（α_j）　为计算重庆市建筑运行阶段消耗的电力所产生的二氧化碳排放量，取《省级温室气体清单编制指南》中规定的重庆区域二氧化碳排放因子 0.801kg/（kW·h）乘以电力消耗量来计算这部分碳排放。除了电力以外，其余各种能源的平均低位发热值来源于《综合能耗计算通则》（GB/T 2589—2008），见表 4-8。

表 4-8　各种能源的平均低位发热值（α_j）

能源	原煤	焦炭	汽油	煤油	柴油	燃料油	液化石油气	天然气
平均低位发热值/（kJ/kg）	20908	28435	43070	43070	42652	41816	50179	355440

注：天然气的平均低位发热值单位为 kJ/m³。

③ 能源的缺省二氧化碳排放因子（β_j）　重庆市建筑运行阶段消耗的各能源的缺省 CO_2 排放因子来源于《2006 年 IPCC 国家温室气体排放清单指南》，见表 4-9。

表 4-9　各能源的缺省二氧化碳排放因子（β_j）

能源	原煤	焦炭	汽油	煤油	柴油	燃料油	液化石油气	天然气
缺省二氧化碳排放因子/（10^{-5}kg/kJ）	7.33	10.7	7.41	7.15	7.41	7.74	6.31	5.61

将表 4-7 和表 4-8 的数据代入式(4-3)计算得到重庆市 2005—2014 年重庆市公共建筑使用阶段的碳排放,见表 4-10。

表 4-10　重庆市 2005—2014 年公共建筑使用阶段的碳排放(E_{1i})

年份	2005	2006	2007	2008	2009
碳排放量/10^4t	211.0800	269.8255	294.3248	333.2622	352.3599
年份	2010	2011	2012	2013	2014
碳排放量/10^4t	385.6026	314.4493	497.9720	559.5072	623.6935

$$E_{1i} = \sum_{j=1}^{n} Q_{1ij} \alpha_j \beta_j \qquad (4-3)$$

式中　i——第 i 年;

　　　j——公共建筑由于采暖、空调运行、照明、办公设备使用以及热水供应等活动所消耗的第 j 种能源;

　　Q_{1ij}——公共建筑第 i 年第 j 种能源的使用量;

　　　n——公共建筑在使用阶段消耗了 n 种能量;

　　　α_j——第 j 种能源的平均低位发热量;

　　　β_j——第 j 种能源的缺省 CO_2 排放因子。

4.2.4.2　重庆市居民建筑碳排放量计算

(1) CO_2 排放量计算公式

居民建筑运行阶段的 CO_2 排放量根据各系统不同类型能源类型的消耗量和不同类型能源的碳排放因子来确定,其单位建筑面积的总 CO_2 排放量按式(4-4)计算。

$$C_M = \frac{\left[\sum_{i=1}^{n} (E_i EF_i) - C_p \right] y}{A} \qquad (4-4)$$

式中　C_M——建筑运行阶段单位建筑面积碳排放量,kg CO_2/m^2;

　　　E_i——建筑第 i 类能源年消耗量,单位/a;

　　EF_i——第 i 类能源的碳排放因子,按《综合能耗计算通则》附录 A 取值;

　　　i——建筑消耗终端能源类型,包括电力、燃气、石油、市政热力等;

　　　C_p——建筑绿地碳汇系统年减碳量,kg CO_2/a;

　　　y——建筑设计寿命,a;

　　　A——建筑面积,m^2。

暖通空调系统、生活热水系统、可再生能源系统的碳排放按《建筑碳排放计算标准》(GB/T 51366—2019)相关公式进行计算。

(2) 重庆市居民建筑运行阶段碳排放量计算

居民建筑运行阶段消耗的能源数值和《中国能源统计年鉴》中能源终端消费量中的生活消费能源数值相当,由于农业生产消耗的全部汽油和居民生活消耗的 95% 柴油是用于交通运输,所以需要去除全部汽油和 95% 柴油的消耗量。所以,重庆市 2005—2014 年居民建筑的能源消耗数量见表 4-11。各种能源的平均低位发热值和缺省 CO_2 排放因子见表 4-8 和表 4-9。

表 4-11 重庆市 2005—2014 年居民建筑的能源消耗数量（Q_{2ij}）

年份	2005	2006	2007	2008	2009
原煤/10^4t	155	155	150	172.34	173.02
焦炭/10^4t	0.49	0.5	0.6	0.68	0
煤油/10^4t	1.93	1.9	1.9	2.14	2.14
柴油/10^4t	0.14	0.14	0.1405	0.1615	0.2565
液化石油气/10^4t	0	4.21	4.26	4.4	4.69
液化天然气/10^4t	0	0	0	0	0
天然气/10^8m³	8	8	8	8.05	8.1
电力/(10^8kW·h)	60.9	76.47	74.99	84.99	94.41
年份	2010	2011	2012	2013	2014
原煤/10^4t	195.23	196.37	194.09	90.98	48.08
焦炭/10^4t	0	0	0	0	0
煤油/10^4t	0	2.46	2.62	2.57	3.27
柴油/10^4t	0.278	0.3115	0.346	0.371	0.3935
液化石油气/10^4t	5.49	6.25	7	7.25	9.06
液化天然气/10^4t	1.06	0.2	0.2	0.2	1.65
天然气/10^8m³	8.2	10.12	20.55	15.77	20.11
电力/(10^8kW·h)	98.57	119.27	123.42	140.68	136.54

将表 4-8、表 4-9、表 4-11 的数据代入计算公式计算得到重庆市 2005—2014 年居民建筑使用阶段的碳排放（E_{2i}），见表 4-12。

表 4-12 重庆市 2005—2014 年居民建筑使用阶段的碳排放（E_{2i}）

年份	2005	2006	2007	2008	2009
碳排放量/10^4t	892.7534	1030.7372	1011.6838	1128.5102	1205.1531
年份	2010	2011	2012	2013	2014
碳排放量/10^4t	1273.8893	1487.0809	1727.7808	1613.4141	1613.6164

4.2.4.3 重庆市建筑碳排放量总量

将表 4-10 和表 4-12 的数据代入式(4-5)计算得到重庆市 2005—2014 年建筑运行阶段的碳排放，见表 4-13。

$$E_i = E_{1i} + E_{2i} \tag{4-5}$$

式中　i——第 i 年；

　　E_i——第 i 年的重庆市建筑碳排放；

　　E_{1i}——第 i 年的公共建筑的碳排放；

　　E_{2i}——第 i 年的居民住宅建筑碳排放。

表 4-13　重庆市 2005—2014 年建筑运行阶段的碳排放（E_i）

年份	2005	2006	2007	2008	2009
碳排放量/10^4t	1103.8333	1300.5627	1306.0086	1461.7724	1557.5131
年份	2010	2011	2012	2013	2014
碳排放量/10^4t	1659.4920	1801.5303	2225.7527	2172.9213	2237.3099

　　从图 4-14 可以看出，重庆市建筑碳排放总量整体上呈现出上升的趋势，只有个别年份呈现出轻微的下降趋势。2005 年重庆市建筑碳排放量为 1103.8333 万吨，2014 年重庆市建筑碳排放量达到 2237.3099 万吨，年平均增长率为 11.4095％，其中 2013 年的建筑碳排放量相比 2012 年有所下降，从 2012 年的 2225.7527 万吨下降至 2013 年的 2172.9213 万吨，下降率达到 2.374％。

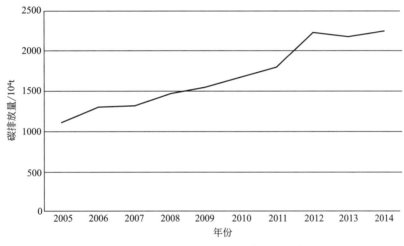

图 4-14　重庆市 2005—2014 年建筑碳排放量

4.3　建筑行业碳减排碳中和路径与技术

4.3.1　建筑行业碳达峰碳中和路径

　　从建筑行业的全生命周期看，CO_2 排放量由大到小的顺序为：建筑运行阶段、建造阶段、拆除处理阶段和建筑设计阶段。其中运行阶段的 CO_2 排放量最大是因为运行期较长，一般建筑的寿命长达 50～70 年；建造阶段的 CO_2 排放量占比较小是由于建设期基本在 1～2 年内，但短期排放的绝对量是很大的。针对建筑业 CO_2 排放的特点，探索适合的减碳路径势在必行。建筑行业碳中和路径图见图 4-15。

　　建筑行业的一大碳减排方面是源头碳减排。结合我国建材行业发展状况与特点，围绕碳达峰、碳中和技术路线，应强化顶层设计，从"减碳""补碳"和"颠覆性创新"三个中在建筑规划设计、建造准备和建筑施工中进行碳减排。

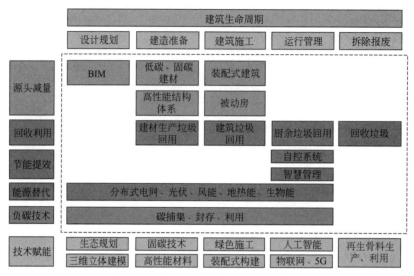

图 4-15　建筑全生命周期碳中和路径图

4.3.1.1　建筑规划设计阶段碳达峰碳中和路径

规划设计阶段就把碳中和的因素考虑在内对建筑行业碳减排的实现有很大的贡献。要实现现代建筑的低碳节能目标就要在设计阶段综合运用多种技术策略和手段。建筑师应该把低碳策略融入方案设计之中，可有效降低建筑使用阶段的能耗和 CO_2 排放。低碳设计可分为被动式和主动式，在同一个建筑中这两种形态要进行互补。被动式设计包括自然通风、天然采光、遮阳、被动式得热等方面；主动式设计包括光伏发电、风力发电、绿化种植等方面。在设计过程中采用建筑信息模型（BIM）技术可提高低碳设计的水平。

（1）绿色建筑设计

绿色建筑设计要充分考虑环境保护和节能的需求。建筑物要选择能够满足城市居民高质量的生活需求和高舒适度的生活环境要求，也就是进行绿色选址。建筑项目选址要避开大型公路及狭窄道路、避开城市中心、工业中心、商业发达地段，而且不能偏僻，还要考虑交通和购物等必要生活条件。另外，建筑物在设计时还要综合考虑建筑物的采光、用水、用电等因素。

绿色建筑设计的要求包括：①建筑内部要尽量向阳，可以被动地为生活在建筑物里面的居民提供室外采光和空间，以便降低主动的电能的依赖；②充分利用自然风，尽量不适用被动措施就让建筑房间内部达到冬暖夏凉的保温效果，降低主动供暖的碳排放；③设计保温层，可使建筑的保温和隔热效果更好，减少外在供能消耗；④建筑阳台的绿化设计，增加建筑的美观和环保效果。

（2）生态规划

在单一建筑满足绿色建筑的设计基础上，对建筑群或者城市设计要尽量满足生态规划的要求。建筑群是一个整体，应该充分利用自然地形、地貌特征，设计出的建筑物对基地的影响要最小化，减少对原生生态的破坏。

建设区内如果有湖泊、溪流和河道等环境因素，要充分进行保护，这些都具有良好的景观价值和生态意义。建筑群设计时充分结合原生的水文特征，减少对原有自然排水的干扰，实现节约用水、利用现有水循环和保护水资源的目的。结合水文特征的建筑群设计可采取的措施为：保护建筑场地内的湿地和水体，维护其蓄水能力；采取雨水收集措施，进行直接渗透或者储留渗透设计；保护区域内可渗透性土壤。建筑建设中的挖填土方、铺装、平整等过程都会破坏表层土壤，设计中也要充分考虑这部分工作，要设计表层土的剥离、储存内容，而且要设计建筑建成后的建筑垃圾清理程序和路线，回填优质表层土壤，达到保护生态环境的目的。

4.3.1.2　建筑建造施工阶段碳达峰碳中和路径

建造施工阶段分为建筑建造准备阶段和建筑施工阶段。

建筑建造准备阶段主要是建筑材料的选择，要选择低碳、固碳建材、高性能结构体系，并充分考虑建材生产垃圾回用，以做到全方位的低碳减碳作用。例如，水泥材料基因设计、制造技术与装备，稳定富氧源技术等；飞行熔化、等离子体熔化等新型熔化技术与装备，气浮式等新一代成型技术与装备，玻璃增材制造技术与装备；长寿命材料与结构改造技术，智慧建造的系统装备，自感知自修复技术，损伤精确诊断的系统装备，信息化防治技术等。建材方面的减碳路径详细见第 3 章。

建筑施工阶段的节能减排是一项重要的工作，在确保工程质量的前提下，通过应用先进的技术将施工对于建筑本身和建筑周边环境造成的负面影响降至最低，以"低能耗、低排放、低污染"为指导原则，通过科学合理的管理和规划达到建筑工程与环境的协调。在进行施工前从选料、规划等起始阶段便要进行严格的管控，在施工的全过程尽可能地做到"三低"，以最终实现绿色施工的目的。

绿色施工可以降低施工成本。施工成本是施工阶段非常重要的指标，传统的施工技术无论是从原料、施工方法还是管理方面，均存在着一定的缺点，如浪费材料、效率低下、管理混乱等。在绿色施工的过程中，通过应用先进的技术将传统意义上的"废料"进行合理化改进，大大降低原料的成本，在建筑管理和施工方面也秉持着节约的原则，能够提高施工设施和施工材料的利用率，从而极大地降低施工的成本。例如，通过技术改进，将原本摒弃的粉煤灰进行改性，制备出性能良好的粉煤灰水泥，施工成本降低了 20%。

绿色施工可以减少环境污染和节约资源。随着经济的高速发展，传统的施工技术给环境带来了非常严重的破坏，环境的恶化也给国民的健康造成了负面的影响，严重违背我国可持续发展的理念，在传统的施工阶段，工业固体废物已经成为困扰城市发展的一个主要因素，传统的填埋、焚烧等做法有污染我国国土资源和水资源的风险，在绿色施工中，废弃资源的回收处理，既能够避免资源的浪费又能够做到减少环境污染，将建筑废弃物进行分类，碎石类进行铺路和地基填埋，同时用可循环的石料代替自然的砾石材料从而达到循环利用的效果。建筑施工企业在施工设计阶段，要结合施工项目的具体要求，对整个施工环节涉及的可再生资源以及不可再生资源使用比例进行调整，借助于这种方式，实现资源损耗的有效控制，减少了废弃物的排出数量。

在绿色施工过程中，严把设备进场，禁止技术落后、效率低、耗能高的机械设备进入施工现场；和建筑环境相统一，充分利用气候特色，可有效节约资源和能源；科学管理贯彻施工始终，合理调配与使用各种机械设备，采用低能耗、效率高的设备，保证机械设备良好的技术状况，减少 CO_2 排放；选择合适的变压器容量，不至于导致能耗过量和能耗不足；现场施工防止机械设备空载运转，减少不必要的 CO_2 排放。

4.3.1.3   建筑运行管理阶段碳达峰碳中和路径

由于建筑运行时间长，其运行管理阶段是控制 CO_2 排放的关键阶段。在 5G、互联网等计算机和网络技术快速发展的今天，智慧能源管理平台必将成为公共建筑或者建筑群的首要选择。通过使用智慧能源管理平台，进行科学化、可视化的管理，提升建筑能效水平，通过平台就可以完成能耗统计、设备维护、能源收费等日常能源管理需要，既可以提高工作效率，也可以有效降低建筑的能源消耗。智慧能源管理平台还具有数据分析和诊断功能，实时智能分析建筑的能耗水平和变化趋势，挖掘建筑的节能潜力，为未来的节能减排提供合理的方案。

我国在一些大的公共建筑中实施了智慧能源管理平台，实践表明，平台可以带来良好的经济效益、人工效益和社会效益，不仅提高了建筑节能减排运营管理水平，降低了用户的能源成本，同时为社会树立了起绿色低碳的良好形象。在建筑运行阶段，智慧能源管理平台可以采用 BIM-IoT 空间实测技术、多维环境/能耗场和人体健康关联的海量数据挖掘、空间流线、环境低碳节能的 AI 运维技术等来对建筑运行进行管理，提高运行阶段的能源利用效率，达到低碳减排的效果。

4.3.1.4   城市建筑群碳达峰碳中和路径

低碳城市建设已成为中国实现应对气候变化目标，推动经济发展向绿色低碳转型，实现高质量发展的着力点。中国的低碳试点城市将碳排放指标和经济发展指标紧密挂钩，建筑低碳减排是其中重要部分，需要在能源、规划、居民等领域积极探索低碳城市的发展模式，具体减排路径见图 4-16。

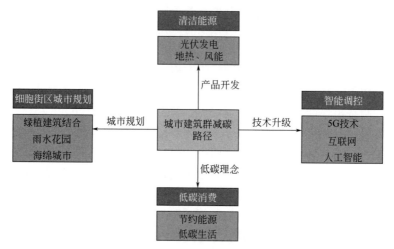

图 4-16   城市建筑群低碳减排路径示意图

（1）细胞街区城市规划

建筑群不仅有土木建设，还应与生态环境结合起来。建筑周围注重绿化，既能美化环境，也可以作为碳汇进行碳中和。建筑屋顶可以进行绿色屋顶设计，与太阳能设备结合，将产能、减碳有机结合在一起。雨水花园在建筑群中起到收集雨水、绿化城市和吸收 CO_2 的作用，在国内外的建筑小区中逐渐应用起来。海绵城市是从城市层面上实行碳减排的宏观手段，将对整个城市的碳中和起到至关重要的作用。通过上述各种手段，实现建筑与绿化相结合、节能与碳汇相联合的紧凑的细胞街区，成为城市碳减排的模块系统。

（2）清洁能源

对于低碳成熟型城市建筑群，碳减排的重点在于优化能源结构，合理发展可再生能源，并且增加科研投入，进行低碳技术的创新。将现有电力设施改造成清洁能源，是城市建造群进行碳减排的必要手段。对于既有建筑，可以增加太阳能光伏玻璃，覆盖于墙面外，这种光伏系统相当于一个通风式外遮阳结构，可以保护墙体，发电并且隔热。新建筑可以采用太阳能、地热能、风能相结合的形式，提高能源利用率，减少 CO_2 排放。

（3）智能调控

城市建造群是一个整体，是人们工作生活的重要模块，因此，对建筑群进行统一智能调控是节能减排的重要措施之一。利用 5G 技术、互联网技术、人工智能等手段，统一调控不同能源的使用，实现最优化减排方式，规划建筑群的供暖、制冷、室内电器的使用等，既可以节约大量能源的使用，又可以给人们生产生活带来舒适的感受，真正做到节能减排与人类生活有机结合。

（4）低碳消费

归根结底，建筑群是为人服务的，最终的使用权是人类。因此提高人们的绿色消费观念，让人们的生活与节约能源、低碳消费联系在一起，才能使碳中和的实现事半功倍。要加强低碳消费的宣传，让人们意识到日常的每一个动作都是与碳中和息息相关的；要实施低碳消费激励机制，通过奖励和惩罚督促人们的日常行为，使政策和措施真正进入到每个人的生活之中，为双碳目标的实现助力。

4.3.2　建筑行业碳减排碳中和技术

4.3.2.1　建筑信息模型（BIM）技术

BIM 技术的发展和应用为建筑节能设计提供了一个有效的途径。利用 BIM 技术，可有效进行设计方案的优化，达到我国建筑节能设计可持续性发展的目标。BIM 技术在建筑设计中的应用流程见图 4-17。

BIM 技术系统可以提供详细的数据信息。在 BIM 技术系统里可以存储所有项目数据，形成项目数据库，并且改变了人工输入大量数据信息的方式，减少了时间、人力和成本的浪费。通过项目数据库，建立项目设计模型，确保了设计的可信度与详细度。BIM 技术还可以完成节能减排分析，实现对建筑节能程度的预评估。

BIM 技术可以实现不同数据信息间的交互操作。BIM 技术可以创建建筑信息模型与大量的能耗分析软件之间的接口，将数据信息传输到分析软件上，使各个软件共用平台上的数据，实现数据集中和协调设计，进而解决了建筑节能设计过程中存在的数据流分割、数据丢失、重复输入、信息歧义等各种问题，提高了建筑节能设计的准确度。

BIM 技术能对建筑的整个生命周期进行控制。BIM 技术不仅用于设计阶段，还可用于施工阶段，可控制施工阶段的原材料配置、预料预埋、工程量统计、碰撞检查等工作，使项目施工管理更科学、高效地控制各个环节，从而保证工程质量。

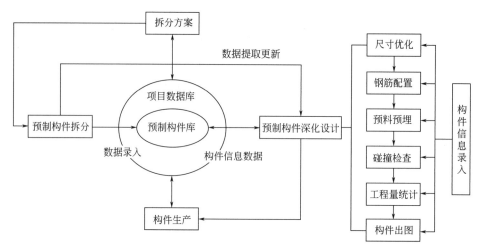

图 4-17　BIM 技术在设计中的应用流程

4.3.2.2　装配式建筑技术

装配式建筑技术不同于以往的建筑形式，建筑物所需的材料构件并非在施工现场完成，而是采用预制的形式，提前进行设计与部分施工，部分完成之后再运至施工现场，然后如同搭积木一样完成装配工作即可。这种方式实现了现代化的建筑施工流水化生产，提升了施工过程的工作效率，并且有效降低了施工成本。装配式建筑技术是符合低碳理念的，避免了全部在现场施工的大功率的使用，比现浇建筑在建造阶段减少 9.33％的 CO_2 排放（表 4-14）。

表 4-14　装配式建筑与现浇建筑建造阶段碳排放数据对比

资源	现浇住宅资源用量	装配式住宅资源用量	碳排放因子/(kg CO_2/m²)	现浇住宅碳排放量/kg	装配式住宅碳排放量/kg	节省率/%
钢材	55.04kg/m²	54.5kg/m²	2.00	110.08	109.00	0.98
混凝土	0.39m³/m²	0.43m³/m²	260.20	101.48	111.89	−10.26
木材	14.46m³/m²	4.2m³/m²	0.20	2.89	0.84	70.95
砂装	16.2kg/m²	2.68kg/m²	1.13	18.31	3.03	83.46
保温材料	3.06kg/m²	1.55kg/m²	11.20	34.27	17.36	49.35
合计				267.03	242.11	9.33

装配式建筑的关键技术包括：①预制构件连接施工关键技术，例如，剪力墙墙板后浇区模板应重点考虑使用轻便可周转模板，采用人工楼内倒运，减少塔吊吊次；构件边缘设计成企口，企口内放置密封条，保证浇筑时不漏浆；框架梁柱节点后浇区域及现浇剪力墙区域使用的模板宜采用定制钢模，也可采用周转次数少的木模板或其他类型复合板，防止在混凝土浇筑时产生较大变形；②装配式建筑吊装安装技术，包括起重设备的选型、布置、运行效率与附着锚固等；③支撑模板与施工外防护关键技术方面，国内采

用装配式混凝土结构体系，需要解决后浇混凝土的高效施工、预制构件的快速精准安装、安全施工等问题。装配式建筑技术应与 BIM 技术相结合，更有效地实现施工阶段的碳中和目标。

4.3.2.3　能源替代技术

目前建筑行业的发展越来越快，虽然确实在较大程度上满足了人们的多方面需求，提升了人们的居住舒适度，但是在能耗方面的要求同样也越来越突出，尤其是伴随着人们要求的不断提升，这种能耗损失越来越严重，这也就进一步加剧了整个社会发展的能源短缺问题。基于这一局面，在建筑设计中充分利用可再生能源就显得极为必要。

（1）太阳能

建筑领域碳排放很高，要实现建筑碳排放，除了降低建筑本身的能耗，也需要考虑光伏系统，将太阳能光伏与建筑外观一体化设计，既能够美化和改造外立面，也能实现产能的效果。中国建筑领域碳排放达到 22 亿吨，通过被动式超低能耗建筑，可以降低一定限度的碳排放，但是更多的碳排放还需要通过新能源发电来中和。建筑光伏市场未来可以达到 50 亿千瓦甚至更高的装机容量，而在既有建筑的外立面增加光伏措施，也能够实现很好的产能效果。中国有 300 亿平方米以上的既有建筑，如果把这些既有建筑的外立面都利用起来，可以实现几亿千瓦的光伏装机容量。

（2）风能

近年来，风能在各个行业中作为主要的动力来源正在发挥着不可替代的作用。在建筑设计中，对于风能的利用主要体现在两个方面：利用风力发电（主动式）和利用自然风力满足降低室内温度的需求（被动式）。风能的利用一般运用在建筑高层。但是并不是有风就能产生电力，当风机风速达到 2.7m/s 才能产生，因此，将发电机组安装在高楼的顶部，其实际应用性、可行性效果都不错，而且该项技术已经在国外发达国家被广泛应用。但是，如果想要利用设计高层风力发电技术，需要综合考虑以下内容：该地区年平均风力、风速以及高层建筑顶部距离地面的高度，这些因素都影响风力的采集；发电机组的负载、发电机组重量也要充分考虑，如果使用不恰当，将会对楼体造成破坏。所谓风能的被动利用，就是在建筑设计过程中，要对如何利用自然力会让居内空气保持畅通这个问题进行充分的考虑。

（3）地热能

在生产以及生活中利用地热能的具体程序如下：将地下表层带有温度的热水，通过地源热泵抽取出来，将这些热水用于日常生活的取暖和洗浴。地源热泵技术分为土-气型以及水-水型。土-气型技术是将地热通过地源热泵抽取出来，然后将热能转换为冷风或者热风，根据居民的需要来提供。水-水型技术是从地下水中取热和排热，经过热泵机转换成热水或者冷水。在使用地热能时，地点的选择在设计利用地热能方面发挥着重要的作用，在设计阶段就要对该地区地质结构进行充分的了解。

（4）其他再生能源

除了太阳能、风能以及地热能这些可再生资源，还有其他可再生资源，如生物能。生物能虽然在建筑设计中使用频率并不大，但是其发展潜力是巨大的。对于生物能的利用，目前主要有两个方面：城市对于垃圾进行处理之后所得到的热电联产；对农村沼气的开发。

在建筑设计中，生物能的功能主要在于为居民提供热量。该种新兴能源的利用方式极大解决了城市难以处理的垃圾，对这些垃圾进行技术处理，使之变废为宝，服务于城市生产以及生活。

图 4-18 是 1t 果木原料生物质气化的碳转化过程，在其气化过程中需要从环境中吸收 1.72t CO_2（光合作用）。1t 果木肥料、果壳气化后，有 0.84t CO_2（含碳 0.23t）被释放到环境中，而 0.24t 碳以生物碳或活性炭形式固定。因此，每消耗 1t 果木肥料、果壳，空气中的 0.88t CO_2 就会被固定为固体碳，实现了负碳效应。

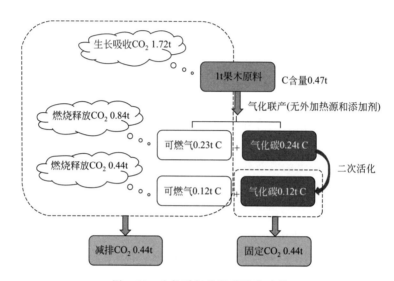

图 4-18　生物质气化的碳转化过程

可再生能源的利用已经成为社会发展能源采用的重要趋势，也是社会经济发展的重要发展方向。将可再生能源应用到建筑设计领域，不仅能够有效改善建筑设计质量，更加能够带给人们生活方式的改变，对于整个可再生能源技术来说具有广阔的应用前景，其应用市场空间也更加广泛。相信通过可再生能源的利用与发展，能够让社会经济的建设得以更好进行，能够让建筑设计得以充分利用和重视，让每个人的生活发生质的改变。

4.3.2.4　负碳技术

负碳技术包括碳汇，碳捕集、利用与封存技术（CCUS），直接空气碳捕集（DAC）技术。

碳汇是通过植树造林、森林恢复、植被恢复等措施，利用植物光合作用吸收大气中的 CO_2，并将其固定在植被和土壤中，以减少空气中 CO_2 的浓度。增加碳汇是应对气候变化的一项重要措施。

CCUS 是把 CO_2 收集起来进行封存（如地下封存、海底封存等）或者利用起来。

DAC 技术是从空气中捕集 CO_2 将其转化为产品封存起来的一种技术。目前通过 CCUS 技术和 DAC 技术收集到的 CO_2 可以转化为合成燃料，然后注入水泥或岩石中，或者用于化学和塑料生产的原料等。但是 DAC 技术的成本比 CCUS 技术的成本高，目前为 400～600 美元/t，因此该技术的应用市场有限。

作为负碳技术的 CCUS 技术和 DAC 技术是实现碳中和的重要技术路径，是在能源优化、技术革新等方面很难完全实现 CO_2 零排放的时候所采用的技术。具体的负碳技术可见上册的第 5 章。负碳技术在建筑行业的应用还在研究之中，但是随着建筑行业节能减排的迫切需要，负碳技术必将成为建筑行业实现碳中和目标的一项有力手段。

4.3.3 全球低碳建筑行业技术的发展

4.3.3.1 全球建筑行业低碳技术概况

气候变化的问题得到了大多数世界领导人和行业中坚分子的关注，大都市地区已经有了切实而有意识的"绿色化"举措。例如，澳大利亚绿色建筑委员会（GBCA）与世界绿色建筑委员会联手推出了一项国家"零净"建筑认证和培训计划。表 4-15 是 2020 年全球十大碳中和建筑列表。

表 4-15 2020 年全球十大碳中和建筑

序号	项目名称	项目地点	建筑类型	建筑层高	主要建材	建筑技术亮点
1	包霍夫大街酒店	德国/路德维希堡	酒店建筑	4 层	木材	装配式建筑，5 天建成、木质预制木块
2	浮动办公室	荷兰/鹿特丹	办公建筑	3 层	木材	太阳能电池板、海水源热交换系统、自遮阳、木质结构
3	天堂（Paradise）	英国/伦敦	办公建筑	6 层	木材	采用复合层压木质材料
4	Telemark 发电厂	挪威/西福尔	办公建筑	11 层	大量木材	光伏系统、倾斜屋面、固定外遮阳等
5	A-Block 建筑扩建	加拿大/安大略省	高教教育建筑	5 层	木材	光伏系统、木质结构
6	低层被动房住宅	英国/约克郡	住宅	600 多栋	—	空气源热泵、光伏系统等
7	平房零碳农舍（Flat House）	英国/剑桥郡	住宅（农村平房）	1 层	大麻预制混凝土板	新型建筑材料：预制厚纤维混凝土（大麻），2 天建成
8	GSH 酒店扩建	丹麦/博恩霍尔姆岛	酒店建筑	3 层	木材	几乎全部采用木质材料、交叉层压木材结构、太阳能光热系统、绿电
9	无足迹住宅	哥斯达黎加/某一村庄	住宅	2 层	钢材、木材	装配式建筑、木质装饰面浮动钢结构、室内外空间功能灵活变换、太阳能光热系统、绿电
10	CLT 被动式节能建筑（Passivhaus）	美国/波士顿	公寓	5 层	木材	交叉叠层木材（CLT）板、太阳能光伏、保温外墙、CLT 屋顶天篷

4.3.3.2 美国低碳建筑技术

华盛顿州西雅图的布利特中心汇集了许多最常用的公共服务电子化计划：厕所堆肥、无毒材料和 FSC 木材等，并将它们"同时"应用于一个地方。

作为生活建筑挑战赛（2.0版）认证的生活建筑，该项目旨在实现节能，但最终依赖于竣工后租户的行为，以确保所有年度净能源需求均由建筑现场可再生能源供应。这是通过一个智能展示系统显示该建筑的能源和水资源使用的实时数据。

其他可持续发展的特征包括一个 $14303ft^2$（$1ft^2=0.092903m^2$）的光伏屋顶和建筑立面，为建筑提供足够的能量；一个 56000US gal（1US gal＝$3.78541dm^3$）的地下蓄水池，用于收集和再利用雨水；400ft（1ft＝0.3048m）的地热墙；和堆肥厕所，其中堆肥厕所的应用规模是世界第一。

该建筑中的所有工作站都在 30ft 的大型可操作窗口内（该建筑 82％的内部都有自然光），为工人提供直接接触新鲜空气和自然日光的机会。项目团队花了两年多的时间来确定和选择不包含"红色清单"即危险化学品的材料和产品，如聚氯乙烯、镉、铅、汞和激素模拟物质。开业两年后，报告显示布利特中心产生的能量比使用的多60％。这意味着租户不必为他们的能源使用支付任何费用，因为他们已经达到了预算。

4.3.3.3　澳大利亚低碳建筑技术

位于布里斯班的坚韧谷的罗伯逊街 69 号是澳大利亚第一座正式公开采用澳大利亚可持续建筑环境委员会（ASBEC）零碳建筑标准认证的建筑。它的零碳技术体系由以下部分组成。

① 改善立面和整体建筑服务，将运行阶段的碳排放减少 53％。

② 屋顶安装的太阳能光伏系统将建筑的最终运行能量再抵消 28％。

③ 从 Origin 购买的 100％绿色电源。太阳能光伏系统产生的免费电力将抵消绿色电力公司的额外运营成本。

④ 利用可持续发展原则指导了该建筑的静电放电设计，使用日光控制的发光二极管（LED）照明系统和热回收空调系统减少能源消费。

4.3.3.4　英国低碳建筑技术

英国政府为倡导低碳建筑的计划，下达了在 2020 年让非住宅建筑基本达到零排放的计划。为了推行计划，许多不用石油、煤炭等化石燃料做能源的"零能耗"（zero energy consumption）、"零 CO_2 排放"（zero CO_2 emission）住宅小区在英国不断出现。如伦敦郊区建造了一个供 82 户居住的"希望屋"，房屋完全依靠铺设在房顶的太阳能电池板来维系各种电气设备的用电。

伦敦零碳馆坐落于上海，案例原型取自世界上第一个零 CO_2 排放的社区贝丁顿（BedZED）零碳社区。展馆由两栋零碳排放的建筑前后相接而成，总面积 $2500m^2$。建筑中设置了零碳报告厅、零碳餐厅、零碳展示厅和六套零碳样板房，全方位地向参观者展示建筑领域对抗气候变化的策略和方法。

在零碳馆中，温度调适由太阳能和风力驱动的吸收式制冷风帽系统提供，电力则通过太阳能发电板和生物能热电联产生。为了减少 CO_2 排放，太阳能热水驱动的溶液除湿制冷系统使进入室内的新风降温除湿，同时灵活转动的 22 个风帽则驱动室内通风和热回收（表 4-16）。本案例利用世博的区域级江水源热泵体系设置有冷辐射吊顶，并且高效利用城市废弃物的生物能热电联用系统，该系统将食品废弃物和有机质混合，通过生物降解过程产生电和热，处理后的产品可作为还田生物肥使用。零碳馆还采用雨水收集最大效率地减少水资源的流失污染，所收集的雨水将大于建筑消耗的水资源量。

表 4-16　伦敦零碳馆环保技术一览

房屋结构	节能减碳措施	作用
屋顶	太阳能光伏板	家用热水机
		蒸发和浓缩溶液用于被动制冷
	风能装置	被动式风力通风和热回收
墙体	太阳能遮阳板	被动式采热
	雨水管	雨水收集
	提高建筑气包性的材料	被动式暖通
	超级保温构造表皮	建筑冬暖夏凉
室内	人体发热采集装置	保暖
	裸露的混凝土楼板和天花板	被动式制冷
	可再生能源驱动的制暖制冷装置	主动式制冷制暖
室外	沼气制备装置	废弃食物及有机肥料制备沼气

4.4　"碳中和"目标下建筑行业绿色发展新模式与展望

4.4.1　绿色发展新模式

4.4.1.1　新式节能建筑智能共生模式

新式节能建筑包括被动式超低能耗建筑和装配式建筑。可通过分析建筑个体或建筑群的需求和节能减排需要，选择一种或两种进行建筑设计和建筑，通过合理调配和共生更好地达到节能减排目的。

被动式超低能耗建筑俗称"被动房"，其节能效果比 75％节能标准的建筑更好。"被动房"是国外倡导的一种全新节能建筑概念，也是我国推动建筑节能工作的重要契机。被动房是各种技术产品的集大成者，通过充分利用可再生能源，使所消耗的一次性能源总和不超过 $120kW \cdot h/(m^2 \cdot a)$。如此低的能耗标准是通过高隔热隔声、密封性强的建筑外墙和可再生能源来实现的。

另外，在国家政策的推动下，推动装配式建筑设计标准化、生产工厂化、施工装配化、装修一体化、管理信息化、应用智能化，可促进建筑产业转型升级，培育新产业新动能。另一方面，可推进既有建筑节能改造工作和可再生能源建筑应用工作。将既有民用建筑节能改造纳入各地节能规划，制定分步实施计划；推动太阳能光伏在建筑中分布式、一体化应用，因地制宜采用太阳能、浅层地热能、空气热能、生物质能等可再生能源。

"碳达峰""碳中和"目标从来不是一种方式来实现的，不同种类的新技术、新模式共生发展，才能有效地达到低碳减排目的。

4.4.1.2　智能建造与建筑工业化模式

作为碳排放量极高的建筑产业，技术变革和模式革新是必然的。为实现碳中和，我国大力发展绿色建筑和建筑节能，不断出台相应政策文件，支持各类建设活动。

2020 年 8 月，住建部等 13 部门联合印发了《关于推动智能建造与建筑工业化协同发展的指导意见》，提出到 2025 年，智能建造与建筑工业化协同发展的政策体系和产业体系基本建立。

2021 年 6 月 24 日，中国建筑科学大会暨绿色智慧建筑博览会，以"绿色智慧建筑"开启"十四五"规划新篇章。而"绿色智慧建筑"是实现"碳达峰""碳中和"的重要基石，也是推动建筑业转型升级的关键。

我国目前仍属建造大国，距离建造强国还有很长一段路要走。面对社会经济发展新阶段：物联网、大数据、云计算、人工智能等新技术的崛起，将催生新一轮产业革命。国外诸发达国家因地制宜以智能建造为核心制定建筑业变革战略，我国建筑业同样需满足目前社会新需求、不落后国际发展，急需转型升级。

在国家政策的推动和扶持下，中国"制造"正在向中国"智造"转型，5G 时代的到来，更是进一步推动"中国智造"的发展。当今，智能建造产业逐步呈现良好的发展状态，这不仅增大了对智能建造专业技术人才的需求量，同时对其质量要求更为严格。可以说，伴随着新型建筑工业化和新型基础设施建设的发展，智能建造师将作为新时代工匠，成为未来建设时代的引领者与创造者。

4.4.1.3 可持续发展的建筑群模式

可持续能源系统设计包括能量储存系统、污水处理系统、雨水储存系统，这些系统合理贯通整个建筑群（图 4-19）。太阳能板建设在所有建筑屋顶，为建筑群提供能量，形成能量储存系统，污水处理系统与清洁能源相结合，可以实现建筑群的减污降碳复合效果。雨水系统通过收集利用雨水，使资源得到充分利用，减少浪费。整体来说，可持续发展的建筑群模式让整个建筑群中 70％的能源消耗通过自身循环供给，实现了绿色能源的回收与利用。

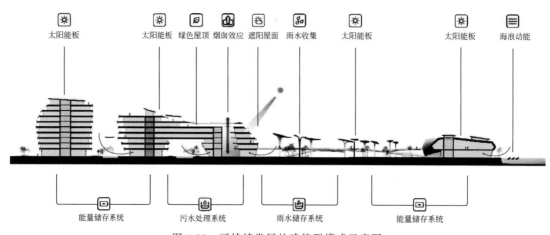

图 4-19　可持续发展的建筑群模式示意图

4.4.1.4 农村建筑的低碳发展模式

我国第七次人口普查数据显示，全国人口总数 14.1178 亿人，居住在乡村的人口为 50979 万人，占人口总数的 36.11％。2019 年我国农村房屋施工面积为 6.95 亿平方米，住房总面积 2000 多亿平方米。而且，中国农村住房多以单层建筑为主，因此屋顶面积巨大，如果都建设了太阳能光伏设施，将获得巨大的太阳能可再生资源，可取代大部分的化石能源消费。

另外，农村拥有大量的生物质原材料，如果将 10 亿吨农林生物质用于农村居民供暖，可供暖约 300 亿平方米，减排 CO_2 约 9 亿吨，同时产生生物质炭 2 亿吨，固定 CO_2 约 6 亿吨，总减排 CO_2 约 15 亿吨。如果将 100 亿吨农林生物质用于农村居民电力使用，可发电约 6 万亿千瓦·时，减排 CO_2 约 60 亿吨，同时产生生物质炭 20 亿吨，固定 CO_2 约 50 亿吨，总减排 CO_2 约 110 亿吨。如果将 10%～30% 的生物质炭和生物液添加到肥料中，按照我国每年肥料用量 6000 万吨计，每年可减少肥料用量 1200 万吨，将大力促进农村的绿色循环和可持续发展。

综上所述，如果将太阳能光伏、生物质能广泛利用于农村区域，可以加快我国"碳达峰""碳中和"目标实现的进度。

4.4.2 展望

我国已从高速发展阶段转向高质量发展阶段，但是地区发展、城市和乡村发展的不平衡问题仍然存在。我国在新的发展阶段应贯彻新的发展理念，推进建筑行业绿色低碳发展。

（1）加快绿色建造，实现中国建造高质量发展

我国正处于快速发展绿色建造时期，近几年出台了很多绿色建设、绿色设计以及绿色施工的标准。我国绿色施工发展的规模极大、覆盖面极广，取得了很好的成果。

2020 年 9 月，我国提出 CO_2 排放力争在 2030 年前达到峰值，2060 年前实现碳中和。在"双碳"目标之下，绿色建造成为建筑行业实现碳减排的核心。绿色建筑的理念体现在建筑物的全生命周期之中，要求各项建筑活动减少不可再生资源的投入、提高资源的利用效率、减少废弃物的排放甚至是零排放，这些都需要先进的节能减排技术和现代化的管理体系来实现。在绿色建筑理念的驱动下，我国已经出现了很多优秀的绿色建筑，为建筑行业的碳中和打下了坚实的基础。

在中国经济高质量发展形势下，建筑行业必须改变发展理念，采用新的建造模式，将现代化科技和网络智能管理模式充分运用到建筑行业之中，加快绿色建造的进程，拓展绿色建筑建设，实现建筑行业的高质量发展。

（2）加速新型建筑材料的研发创新，实现绿色建筑节能

当前城市建设过程中各种临时性建筑及"短寿"建筑造成大量建材消耗。钢材和水泥是土木领域最重要的建筑材料，2020 年我国钢材生产总量约 13.25 亿吨，建筑行业大概消耗量占 50%，也就是 6 亿多吨左右，按照吨钢碳排量 1765kg 来折算，钢铁行业碳排放达到 11.7 亿吨。2020 年我国水泥生产量达 24.76 亿吨，排放 CO_2 的量约为 14.8 亿吨。2020 年中国 CO_2 排放总量 100 亿吨，钢铁和水泥碳排放占总量的 26% 左右。建筑行业与工业、交通为我国能耗量的前三名，我国基础设施建设和运维过程中也会有大量能源消耗和 CO_2 排放，因此，建筑材料的创新发展和研发是当务之急。

在建筑材料方面，应用更多先进的土木工程新材料，注重与绿色节能的结合，更好地服务于国家重点基础建设；同时，对建筑垃圾、工业废弃物等进行资源化利用，优先采用地缘性、低消耗与低排放的材料，尽可能采用高性能建筑材料提高建筑寿命，进而达到总体的碳减排。

（3）把零碳概念纳入新建建筑及既有建筑改造过程

"碳达峰""碳中和"目标的提出，对我国未来发展的愿景、技术路线及经济、社会、生活结构都将产生重大影响。据相关数据显示，主要发达国家在 2012 年前已基本达到碳达峰，对它们而言，在 2050—2060 年实现"碳中和"目标，时间比较充裕；我国仍处于发展中国家阶段，实现"碳中和"目标，面对的挑战或许比机遇更多。

如何解决清洁能源发电储存与输送的问题，是未来绿色建筑等领域必须面对的一大挑战，这也促成了新基建领域中"特高压"概念的产生。"碳达峰"和"碳中和"这两个目标相互递进，不能割裂地看待。达成"碳中和"目标任重道远，在建筑行业应当把低碳、减碳、零碳甚至碳汇概念纳入下一步城市更新、新建建筑及既有建筑改造过程中去。

（4）推进数字化技术应用，转变建设及运维管理思维方式

"碳达峰""碳中和"是我国的战略方针，也是中国对世界的庄严承诺。从近年的统计来看，建筑业总体碳排量较高。若对建筑业碳排放再进行细分，建材生产制造及建设占 55% 左右，建筑运维占 45% 左右。因此，我们应从建材及运维两个方面来对碳排放进行控制。就目前而言，我们在建筑业碳排放监测和控制的手段并不成熟，认识也不够系统全面。因此，在这一方面，业界还需要加强研究，进行系统性的布局与规划。

因此，我们要转变建设及运维管理思维方式，从理念上进行转型。充分利用计算机技术和网络技术，集中控制建设过程中的施工调配、建筑运行中的各种能耗使用频率，从而通过合理调控，提高各阶段的能源利用率，达到建筑行业碳减排的目的。

参考文献

[1] Zhang Y，Yan D，Hu S，et al. Modelling of energy consumption and carbon emission from the building construction sector in China，a process-based LCA approach [J]. Energy Policy，2019，134：110949.

[2] 清华大学建筑节能研究中心.中国建筑节能年度发展研究报告 2020 [M].北京：中国建筑工业出版社，2020.

[3] 郭偆悦.类消费领域用能特征与节能途径研究 [D].北京：清华大学，2017.

[4] 国家统计局.中国建筑业统计年鉴 [M].北京：中国统计出版社，2018.

[5] 住房和城乡建设部.民用建筑能耗标准 [S].北京：中国建筑工业出版社，2016.

[6] 杨秀.基于能耗数据的中国建筑节能问题研究 [D].北京：清华大学，2009.

[7] 谷立静.基于生命周期评价的中国建筑行业环境影响研究 [D].北京：清华大学，2009.

[8] 黄振华.基于 STIRPAT 模型的重庆市建筑碳排放影响因素研究 [D].重庆：重庆大学，2018.

[9] 李兆坚，江亿.我国广义建筑能耗状况的分析与思考 [J].建筑学报，2006，(7)：30-33.

[10] 重庆市统计局和国家统计局重庆调查总队.重庆统计年鉴 2005—2015 [M].北京：中国统计出版社，2006-2016.

[11] 李孝坤，韦杰.重庆都市区环境压力与经济发展退耦研究 [J].自然资源学报，2010，25 (1)：139-147.

[12] 重庆市绿色建筑专业委员会.重庆市建筑绿色化发展年度报告 [R].重庆：重庆市绿色建筑专业委员会，2016.

[13] 李晓辉.中国城镇化对建筑碳排放的影响效应研究 [D].重庆：重庆大学，2019.

[14] 陶东.我国建筑业碳排放影响因素的时空演变及仿真研究 [D].徐州：中国矿业大学，2019.

[15] 仓玉洁，罗智星.工程设计中不同阶段建筑建材物化碳排放核算方法研究 [J].城市建筑，2019，16 (26)：33-35.

[16] 刘烨，燕达，郭偲悦.商业综合体建筑减排路径分析方法研究［J］.建筑节能，2020，357（11）：112-116.

[17] 禹湘，陈楠，李曼琪.中国低碳试点城市的碳排放特征与碳减排路径研究［J］.中国人口·资源与环境，2020，7：1-9.

[18] 李菁菁，李安琦.城市低碳发展模式研究——以济宁市为例［J］.环境保护科学，47（2）：6.

[19] 侯博，李蒙，姜利勇，等.浅析 BIM 技术在建筑节能设计评估中的应用［J］.建筑节能，2014，12：38-41.

[20] 谢柏建.低碳建筑设计策略的潜力分析与比较［J］.建筑发展，2019，5：79-80.

[21] 仇月冬.低碳节能装配式建筑技术浅析［J］.建筑工程技术与设计，2018，29：3665.

[22] 宿佩君.基于绿色低碳理念下的施工现状及技术应用［J］.价值工程，2019，20：212-214.

[23] 孟凡军.建筑施工阶段碳排分析及节能减排措施研究［J］.建筑工程技术与设计，2017，32：927.

[24] 周咏，王彬彬，李清，等.智慧能源管理平台在大型公共建筑中的应用研究——以苏州现代传媒广场为例［J］.建筑节能（中英文），2021，49（3）：113-118.

[25] 张斌.可再生能源在建筑设计中的利用探微［J］.建材与装饰，2018，526（17）：101.

[26] 中国建筑节能协会能耗统计专委会，重庆大学可持续建设国际研究中心建筑能源大数据研究所.2019 中国建筑能耗研究报告［R］.上海：中国建筑节能协会能耗统计专委会，2020.

[27] 刘蓓.预制装配与现浇模式住宅建造节能减排评测比较［J］.工业 C，2016，（6）：148-148.

[28] 易信."十三五"时期我国城镇化发展趋势、难点及建议［J］.全球化，2017，11：73-85.

[29] United Nations Environment Programme. 2020 Global Status Report for Buildings and Construction：Towards a Zero-emission，Efficient and Resilient Buildings and Construction Sector［R］. Nairobi，Kenya. 2020.

第5章
有色金属行业双碳路径与绿色发展

我国经济发展、人民日常生活及国防、工业生产、科学技术发展都离不开有色金属，有色金属是必不可少的基础材料和重要战略物资。世界很多国家，尤其是工业发达的国家，竞相发展有色金属工业，增加有色金属的战略储备。

中国作为有色金属生产的第一大国，致力于有色金属的研究，在复杂低品位有色金属资源的开发和利用上取得了重大进展。有色金属产业有完整的产业链，以有色金属生产及服务为中心，形成了一系列相互联系的上下游链条，主要环节包括：矿产勘探、矿产开采、选矿、冶炼、金属加工（含粗加工和精加工）、终端消费生产等。上游行业主要包括矿产资源、能源、交通运输，下游行业包括建筑业、汽车、家电业及电力行业，在铜和铝的终端消费中，占比重最大的是电力和建筑，锌主要用于电镀版，在汽车、建筑和船舶行业应用广泛。

有色金属是指不含铁、锰及铬的金属。有色金属包括 64 种元素，包括铜、铝、铅、锌及镍等常用金属，钨、钼等稀有金属，金及银等贵金属，铈及镧等稀土金属，硅及硒等半金属。从全球来看，有色金属年总产量约 1.2 亿吨，2020 年，中国有色金属年产量达 6168.0 万吨，同比增长 5.5%，产量超过国外其他国家产量总和。

2018 年 1—8 月，全国十种有色金属产量达 3571 万吨，同比增长 3.8%，增速同比回落 1.1%（图 5-1）。由数据可知，铜产量为 584 万吨，增长 11.4%，提高 5.2%；电解铝产量为 2221 万吨，增长 3.5%，回落 2.6%；铅产量为 310 万吨，增长 6.2%，提高 1.1%；锌产量为 370 万吨，同比下降 1.4%，回落 0.9%。氧化铝产量为 4476 万吨，增长 2.8%，增速同比下降 14.7%。

2017 年，中国有色金属进出口贸易总额（含黄金首饰及零件贸易额）达 1349 亿美元，同比增长 15.1%。其中，进口额 974 亿美元，同比增长 26.3%；出口额 375 亿美元，同比下降 6.3%，贸易逆差规模在 2011—2017 年间波动上升，2017 年，贸易逆差为 599 亿美元，达最大值（图 5-2）。

近年来，随着社会与经济的不断发展，有色金属行业规模不断扩大，碳排放总量也相应升高，有色金属冶炼行业成为纳入全国碳排放交易的重点工业行业之一。据统计，2020 年，我国有色金属行业二氧化碳排放量约 6.6 亿吨，其中，有色金属冶炼行业二氧化碳排放量占

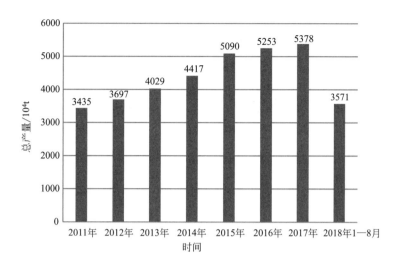

图 5-1　2011—2018 年中国十种有色金属产量

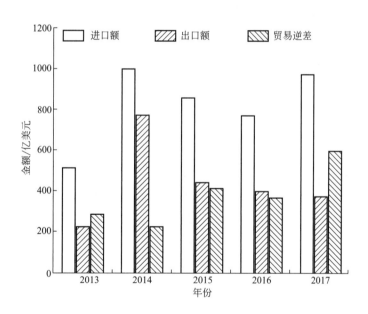

图 5-2　2013—2017 年中国有色金属行业进出口情况

有色金属行业总排放量的 89％，达 5.88 亿吨，矿山采选和压延加工碳排放量分别占全总排放量的 1％ 和 10％。

　　在我国，若根据金属品种划分，铝行业无疑是有色金属行业中碳排放量最高的行业。2020 年，我国铝产业链的碳排放量为 5.6 亿吨左右，仅次于工业品生产环节钢铁的 21.1 亿吨和水泥的 20.4 亿吨，远高于铜、铅、锌行业等碳排放不超过 0.5 亿吨的其他有色金属行业。在整个铝产业链中，2020 年电解铝环节的碳排放量为 4.2 亿吨，占铝行业碳排放的 75％。综上所述，要想实现碳减排，对电解铝环节的能耗控制和总量控制是关键，意义重大。

5.1   电解铝行业碳排放现状

5.1.1   全球铝行业产量及碳排放

（1）全球铝行业产量

铝是全球第二大常用金属，仅在铁之下。近50年的发展，铝作为全球最广泛应用的金属之一，与我们的生活息息相关。铝具有质量轻、加工性能好、强度高、耐腐蚀以及易回收再利用等优点，可进一步加工成轧制材、挤压材、锻件等多种材料，广泛用于各行各业，是我国国民经济发展的基础。

铝由氧化铝中冶炼提取，而氧化铝是从铝土矿中加工而来的一种铝氧化物。根据经验可得，4t铝土矿可产2t氧化铝，并进一步加工成约1t铝。国际通用的制取氧化铝的方法为拜耳法。工业生产原铝的唯一方法是霍尔-铝电解法，即以熔化的冰晶石为熔剂，使氧化铝在960℃左右溶解于液态的冰晶石中，成为冰晶石和氧化铝的熔融体，然后在电解槽中进行电解，使氧化铝分解为铝和氧。电解铝再经浇铸、压铸、拉伸、挤压成形后，加工成铝锭。2020年，在疫情的大环境下，铝产量仍维持稳定的发展趋势，全球电解铝产量为6526.7万吨，同比增长2%（图5-3）。

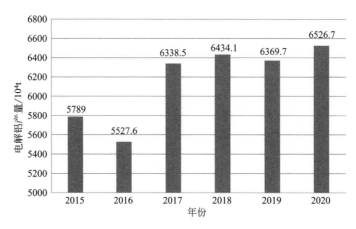

图5-3   2015—2020年全球电解铝产量情况

（数据来源：《2019—2025年中国铝材行业市场专项调研及投资前景预测报告》）

根据电解铝的生产地区分布，我们可知中国的电解铝产量占57.18%；其次，海湾国家占8.93%左右；此外，中东欧、不包括中国的亚洲国家等产量也占一定比重。综合可知，中国电解铝产量超过全球产量的一半（图5-4）。

从电解铝消耗量来看，世界金属统计局（WBMS）数据表明，2019年全球电解铝需求为6227万吨，较上年减少103.2万吨。全球消费力减弱，如今市场无法消耗原来预定的电解铝产量。2020年1—11月电解铝需求量为5911万吨，与2019年相比，减少58.3万吨（图5-5）。

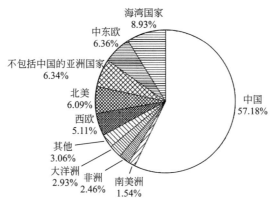

图 5-4　全球电解铝产量区域分布情况

（数据来源：国际铝业协会 IAI 前瞻产业研究院）

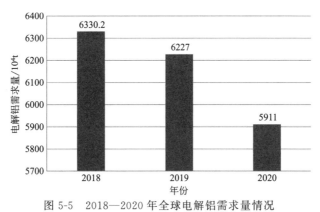

图 5-5　2018—2020 年全球电解铝需求量情况

（数据来源：《2019—2025 年中国铝材行业市场专项调研及投资前景预测报告》）

（2）全球有色金属行业碳排放

由全球电解铝企业 IAI 数据可知，2019 年全球吨铝碳排放（从铝土矿到铝材）为 16.5t（图 5-6）。其中，电解铝占比 77.6%，为 12.8t。电力能耗是主要碳排放来源，对应碳排放为 10.4t，占电解铝环节的比例达 81.3%。

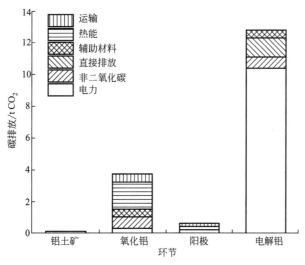

图 5-6　2019 年全球吨铝二氧化碳排放量

2019 年全球电解铝产量为 6433 万吨，碳排放量 10.52 亿吨。2005—2019 年，全球电解铝碳排放总量从 5.55 亿吨涨至 10.52 亿吨，增幅为 89.55％，复合增长率 4.36％。综上所述，电解铝行业产生的碳排放量巨大，超过 10 亿吨，占全球总碳排放量比例超过 3％，情况如图 5-7 所示。

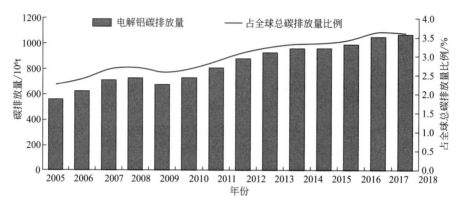

图 5-7　电解铝行业产生的碳排放量占全球总碳排放量比例

电解铝产业链主要碳排放量来源是电力环节。由 IAI 数据可知，2019 年吨电解铝碳排放中，电力环节排放量居首位，10.7t 左右，占比 64.8％；其次是热能和生产过程中的直接排放，分别为 2.1t、1.5t，占比分别为 12.5％、9.3％；非 CO_2 排放 1.1t(6.4％)，辅料排放 0.6t(3.8％)，运输过程中排放 0.5t（3.2％）。虽然碳排放量巨大，但是电解法仍是全球工业生产原铝的唯一工艺。近年来，电解铝环节的碳排放量占比不断提升，2019 年达 65％。

5.1.2　中国铝行业产量及碳排放

5.1.2.1　中国铝行业产量

到 2020 年 12 月，国内铝冶炼企业建成产能 4295 万吨，运行产能 3835 万吨，产能运行率为 89.3％（根据初步电解铝产能置换及淘汰调整统计口径）。从近几年的发展看，我国电解铝产量总体稳定增长。

2017—2020 年受我国经济、房地产及环保政策等因素的影响，电解铝产量出现波动。在 2018 年，电解铝产量增长迅速，达 3683 万吨。2019 年出现回落，约为 3513 万吨。经济刺激下，2020 年，我国电解铝产量显著回升，达 3708 万吨。随着经济不断地发展，产能逐渐接近天花板，整体产能投放速度渐缓，预估到 2022 年/2023 年国内电解铝产量为 4138 万吨/4240 万吨，同比增速下滑至 3.2％/2.5％，2024 年起基本达到国内产量上限（图 5-8）。

电解铝下游的消费市场主要分布在建筑、交通运输、电力电子、包装以及耐用消费品等行业，需求分散。根据国内铝消费的分项占比，我们可知，电解铝的消费大头是建筑行业，占比达 29％，以房地产需求为重。紧随其后的是交通运输和电力电子，分别占比 23％和 17％。出口方面，因电解铝自身进出口关税，我国每年有 10％左右的电解铝消费，以铝材形式出口国外，整体占比相对较小。2020 年在逆周期政策调节与经济活动快速修复下，国内电解铝消费量同比大幅度提升 4.7％至 3686 万吨（图 5-9）。

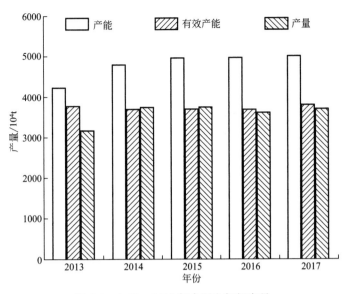

图 5-8　2013—2017 年中国电解铝产量

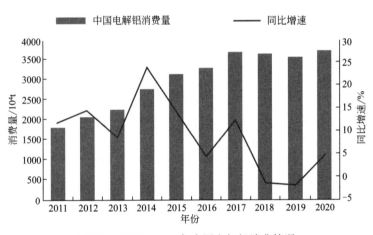

图 5-9　2011—2020 年中国电解铝消费情况

5.1.2.2　中国铝行业碳排放

2020 年我国铝产业链的碳排放量约为 5.6 亿吨，仅次于工业品生产环节钢铁的 21.1 亿吨和水泥的 20.4 亿吨，远高于铜、铅、锌行业等碳排放不超过 0.5 亿吨的其他有色金属行业。2020 年电解铝环节的碳排放量为 4.2 亿吨，占铝行业碳排放的 75%（图 5-10）。

电解铝行业属于高碳排放行业，2005—2020 年电解铝企业带来的碳排放量几乎翻番（图 5-11）。2020 年，我国电解铝产量为 3712.4 万吨，生产 1t 电解铝约需消耗 13500kW・h 电能，2020 年行业总耗电约为 5011.74 亿千瓦・时，占 2020 年我国全社会用电量 75110 亿千瓦・时的 6.67%。生产电解铝的过程中，每产出 1t 电解铝所排放的二氧化碳约为 11.2t，依据碳交易所披露的数据来看，2020 年电解铝行业二氧化碳总排放量约为 4.26 亿吨。

电解铝生产过程中的二氧化碳排放主要来自两方面：一是电力消耗，这是电解铝产生二氧化碳的主要来源；二是电解过程中阳极消耗和阳极效应排出的二氧化碳。根据国家统计局数据显示，2020 年，我国电解铝总耗电量 5375 亿千瓦・时，占国内发电量的 7.44%。采用

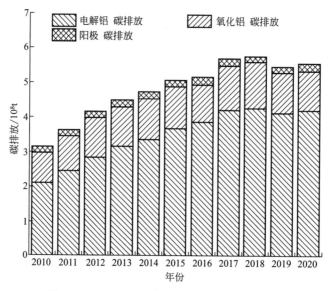

图 5-10   2010—2020 年中国铝产业链碳排放量

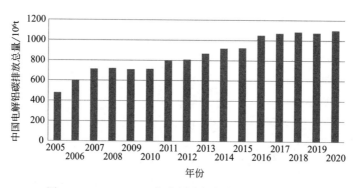

图 5-11   2005—2020 年中国电解铝行业碳排放总量

火电生产的电解铝二氧化碳排放量为 3.7 亿吨，其他排放量 0.55 亿吨，合计二氧化碳排放约 4.25 亿吨。然而，全球原铝生产的电力结构中，煤电占比 64%，水电占比 25%，天然气、核能分别占比 10%、1%；在我国电力结构中，煤电占比高达 88%，水电仅为 11%。由于煤电碳排放量远高于水电，我国电力环节的排放量达 12.8t CO_2/t 铝。而全球平均水平为 10.4t CO_2/t 铝，较我国低 18.8%。因此，电解铝环节的能耗控制和总量控制，成为降低铝行业碳排放的关键环节。根据国际铝协的数据，我国电解铝能耗强度已是世界领先水平，但与国际同行相比，在能源结构、绿色循环发展方面，仍存在诸多差距（图 5-12、图 5-13）。

5.1.3   "双碳"目标下电解铝行业的政策环境

近日，国际铝业协会发布了《2050 年全球铝行业温室气体减排路径》报告，报告提出到 2050 年，在全球铝产量增长 80% 的情况下，同时满足"两度以下温升情景"的目标要求，需要将铝行业的温室气体排放总量从 2018 年的 11 亿吨和"一切照旧情景"下的 16 亿吨 CO_2 基准值，减少到 2.5 亿吨 CO_2 当量，全行业减排幅度要高达 77.27%。针对这一目标，各国颁发了一系列新政策。日本政府为了促进电解铝产业发展，采取了包括减免相应税

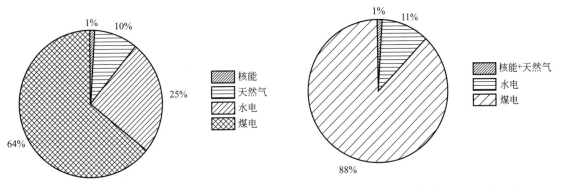

图 5-12   全球原铝行业电力结构占比   图 5-13   我国原铝行业电力结构占比

费、向金融机构融资、设备折旧周期缩短、鼓励引进外国技术等多种措施。同时，不但给予电解铝企业的经营情况高度重视，而且同样注重生产过程中对环境的影响和其长远发展；并且有针对性地进行技术研发、产业升级改造，及时采取相应对策化解可能出现的产能过剩问题。其一，日本的税收政策是针对不同区域的电解铝产业情况来制定的，并通过明确的法律法规来保障政策的执行力度。其二，及时出台各种政策，以保证电解铝企业在不同的发展阶段不会因体制性问题而受到制约，并鼓励企业研发和成果转化。并且，日本建立起了有效的协调和积极传导机制，促进各种政策要素通过媒介相互作用形成一个有机整体，以此保障针对电解铝行业的各项财税政策能够通过媒介的传导，最终实现由量变而质变并达到促进产业发展的目的。其三，日本政府在对电解铝行业实行减税、免税、贷款优惠利率等措施的同时，更加注重企业生产过程中的折旧、纳税抵扣、税收抵免等手段，以多元化的财政方式推动化解电解铝行业产能过剩。

我国电解铝行业经历了 30 多年的发展，逐渐衍生出产能过剩、高能耗、环保、产业链合规性等问题。为解决上述问题，2017 年，国家从政策层面陆续出台了《清理整顿电解铝行业违法违规项目专项行动工作方案》《京津冀及周边地区 2017 年大气污染防治工作方案》和《关于开展燃煤自备电厂规范建设及运行专项督查的通知》，旨在限制电解铝产能扩张、控制区域空气污染和规范自备电厂建设运营情况并追缴前期欠缴政府性基金。随着"碳中和"目标的出现，我国也出台了一系列行业低碳绿色发展的政策。2021 年 1 月中国铝业和山东魏桥联合发布《加快铝工业绿色低碳发展联合倡议书》，强调铝行业在"碳中和"的责任和义务。2 月 2 日发改委发布关于各地区 2019 年能源消费总量和强度双控目标考核结果的公告，其中内蒙古未能达成 2019 年双控目标。2 月 4 日和 2 月 25 日，内蒙古先后出台《关于调整部分行业电价政策和电力市场交易政策的通知》和《关于确保完成"十四五"能耗双控目标任务若干保障措施（征求意见稿）》两份文件。一方面是直接取消蒙西、蒙东地区的电价优惠；另一方面严控省内的电解铝新增产能（表 5-1）。

表 5-1   2020 年至今铝行业碳中和主要政策

时间	文件	主要内容
2020 年 11 月	中国有色金属工业协会《中国铝工业"十四五"发展思路》	"十四五"期间，国内电解铝布局调整将基本完成，产能形成天花板
2021 年 1 月	《加快铝工业绿色低碳发展联合倡议书》	倡议涉及控制总量、节能降耗和优化能源结构等
2021 年 1 月	《电解铝行业节能监察技术规范》	进一步规范了电解铝行业的节能监察内容及方法

续表

时间	文件	主要内容
2021年1月	《电解铝行业绿色工厂评价要求》	要求能源低碳化，电解铝铝液综合交流电耗应低于13500kW·h/t，宜低于13150kW·h/t
2021年2月	国务院《关于加快建立健全绿色低碳循环发展经济体系的指导意见》	强调推进能源结构优化，完善绿色标准，加强清洁能源领域监测等
2021年2月	内蒙古发改委、工信厅《关于调整部分行业电价政策和电力市场交易政策的通知》	取消蒙西地区电价倒阶梯政策和3.39分/（kW·h）的优惠政策
2021年2月	内蒙古《关于确保完成"十四五"能耗双控目标任务若干保障措施（征求意见稿）》	1. 从2021年起，不再审批电解铝、氧化铝（高铝粉煤灰提取氧化铝除外）等新增产能项目； 2.2021—2023年重点对电解铝等高耗能行业重点用能企业实施节能技术改造等
2021年10月	《关于完整准确全面贯彻新发展理念做好碳达峰碳中和工作的意见》	严控煤电、钢铁、电解铝、水泥、石化等高碳项目投资
2021年10月	《2030年前碳达峰行动方案》	推动有色金属行业碳达峰。巩固化解电解铝过剩产能成果，严格执行产能置换，严控新增产能

5.2　有色金属行业碳排放核算

5.2.1　有色金属行业 CO$_2$ 排放计算主要方法

有色金属冶炼企业由于原材料、所处生产环节不同，生产工艺流程和技术参数差异较大，但从碳排放角度分析，其排放类型和核算方法较为统一。梳理分析可知，有色金属冶炼企业核算边界应以企业法人或视同法人的独立核算单位为界。通过文献调研发现，针对铝工业相关的温室气体排放，研究对象涵盖了从铝土矿开采、氧化铝冶炼、铝电解到铝加工材生产的原生铝工业、再生铝生产以及炭素阳极生产等各个方面，核算方法以国际铝协方法、IPCC 方法和物料平衡法为主。

5.2.2　《中国电解铝生产企业温室气体排放核算方法与报告指南（试行）》解读

针对有色金属冶炼业等重点领域，国家发展改革委先后印发《中国电解铝生产企业温室气体排放核算方法与报告指南（试行）》和《其他有色金属冶炼及压延加工业企业温室气体排放核算方法与报告指南（试行）》。

这两份指南通过借鉴国内外的研究成果和实践经验，经过实地调研、深入研究和案例试算，根据我国实际情况编写指南。在方法上，力求科学性、完整性、规范性和可操作性，将有力推动电解铝行业的碳减排，使我国向"碳中和"和"碳减排"的目标更近一步。

5.2.3　有色金属企业碳排放核算典型案例

温室气体排放量的核算主要包括对象选择、边界确定、制定清单、计算排放量四个部分。下面采用案例形式，以山西某铝业公司为例计算电解铝生产的温室气体排放量。

5.2.3.1　核算对象

山西某铝业有限公司是拥有"矿山-氧化铝-电解铝-铝加工"并配套自备发电机组的完整

铝产业链的大型企业。主要产品年产能力氧化铝 250 万吨、电解铝 42 万吨、铝合金 15 万吨、阳极炭素 21 万吨，配备 1×4MW、5×25MW 和 2×300MW 燃煤发电机组。核算方有电解一厂和电解二厂 2 个电解工序，均于 2005 年 3 月 1 日投产。

5.2.3.2　主要工艺流程

（1）铝生产厂区

核算主要生产装置为电解铝生产装置和自备电厂 3#、4# 机组。生产工艺如图 5-14 所示。

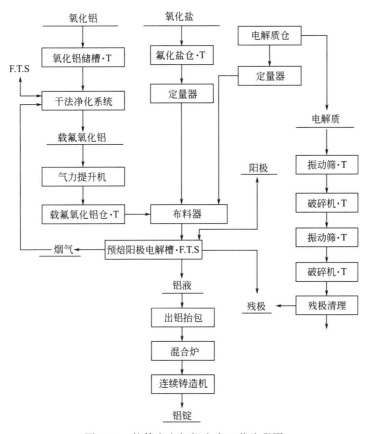

图 5-14　核算方电解铝生产工艺流程图

① 电解铝工艺　电解系列：公司目前建成两个电解系列，分别为电解一系列和电解二系列，每个系列分为 6 个工区，共 12 个工区；电解一厂、电解二厂分别负责电解一系列和电解二系列的生产管理工作。其中，电解铝生产采用熔盐电解法。铝电解生产所需的原材料为氧化铝和氟化盐等，电解所需的直流电由整流所供给。熔解在电解质中的氧化铝在直流电的作用下，还原出金属铝。生产电解铝的直接设备称作电解槽。电解槽主要由炭素材料为主体的阳极和阴极组成。氧化铝输送：电解铝生产所需要的氧化铝由公司三期 80 万吨氧化铝厂供给，通过 80 万吨氧化储运系统转运至 4300t 新鲜氧化铝储槽，80 万吨氧化铝检修期间或投产前所需要的氧化铝由山西分公司一、二期氧化铝生产系统供给，通过汽车槽车将氧化铝运至 4300t 新鲜氧化铝储槽；氧化铝计量后由气垫式皮带直接输送至电解一系列电解车间新鲜氧化铝储槽内，一系列新鲜氧化铝通过浓相输送系统将设氧化铝输送至二系列新鲜氧化铝储槽。

氟化盐运输：氟化铝和冰晶石从厂外运至厂内氟化盐仓库，一部分袋装氟化铝在仓库内拆袋装入汽车槽车，用气力输送至载氟氧化铝储槽内氟化盐储仓，参与载氟氧化铝配料；另一部分袋装氟化铝拆袋后装入汽车槽车，用气力输送至两电解厂房间的 80t 高位料仓，氟化铝经风动溜槽送到电解车间内的电解多功能机组的氟化铝料箱内，再由电解多功能机组加入每台电解槽氟化铝料箱内，参与电解质分子比的调整，按需向槽内添加。冰晶石由电解工根据工艺要求直接加到电解质中。

阳极运送：铝电解生产用的阳极组，由炭素阳极组装车间供给。生产过程中从电解槽换下的残极送往阳极组装及残极处理车间处理。

直流电供给：铝电解生产用的直流电能，由毗邻的能源动力厂整流所，通过连接母线导入串联的电解槽。

铝产品铸造：电解槽产出的液态原铝，通过由压缩空气造成的负压吸入真空出铝抬包，送往铸造厂。

② 电解铝自备电厂工艺　核算方电解铝自备电厂将原煤磨成煤粉后，送入锅炉中燃烧，把水加热成高温、高压蒸汽，送入汽轮机中膨胀做功，将热能转换为机械能，汽轮机带动发电机发电，将机械能转换为电能。做功后的蒸汽，通过空冷系统冷却后，进入水循环系统，再次加热用于发电。生产工艺流程如图 5-15 所示。

（2）氧化铝自备电厂

核算方氧化铝热电分厂有 5 台 25MW、高压、直接空冷燃煤机组，其中老系统 3 台机组，锅炉为煤粉炉，新系统 2 台发电机组，1 台 4MW 机组，锅炉为循环流化床锅炉。

① 老系统生产工艺　老系统生产工艺如图 5-16 所示。

② 新系统生产工艺　新系统生产工艺如图 5-17 所示。

5.2.3.3　核算边界的核算

在山西省行政辖区范围内，核算方包括电解铝生产厂区及其电解铝自备电厂、氧化铝热电分厂（表 5-2）。

表 5-2　经核算的排放源信息

核算方	序号	排放类别	温室气体排放种类	能源/物料品种	设备名称
电解铝生产厂区	1	燃料燃烧排放	CO_2	天然气	煅烧炉、铸造系统
			CO_2	柴油	装载机、叉车
					厂内运输工具
	2	能源作为原材料用途的排放	CO_2	阳极炭	电解槽
	3	工业生产过程排放	CF_4、C_2F_6	阳极效应	电解槽
	4	净购入的电力、热力消费的排放	CO_2	电力	厂内用电设施
电解铝自备电厂	1	化石燃料燃烧	CO_2	烟煤	3#、4#蒸汽锅炉（煤粉炉）
			CO_2	柴油	3#、4#蒸汽锅炉（煤粉炉）
	2	脱硫过程排放	CO_2	石灰石	3#、4#蒸汽锅炉（煤粉炉）
氧化铝热电分厂	1	化石燃料燃烧	CO_2	烟煤	老系统（煤粉炉）、新系统（循环流化床炉）
			CO_2	柴油	老系统（煤粉炉）、新系统（循环流化床炉）、内燃机、叉车

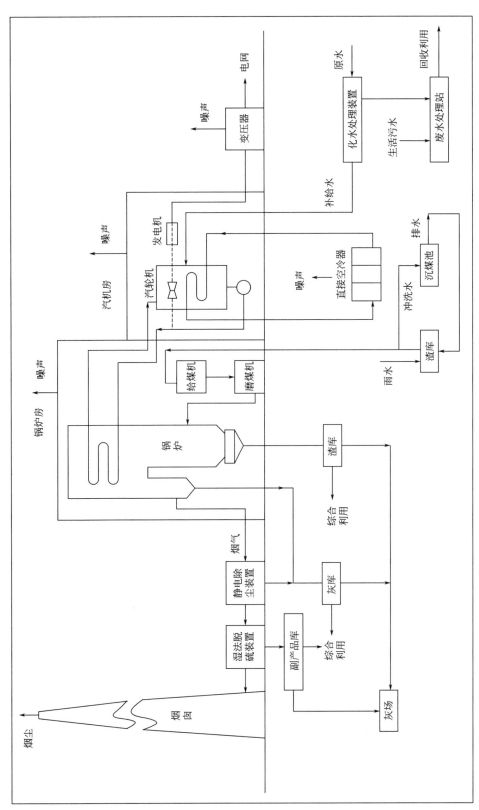

图 5-15　核算方电解铝自备电厂生产工艺流程图

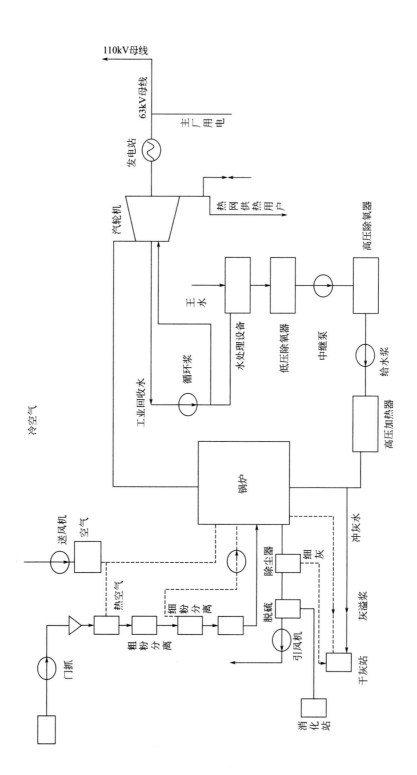

图 5-16　核算方氧化铝自备电厂（老系统）生产工艺流程图

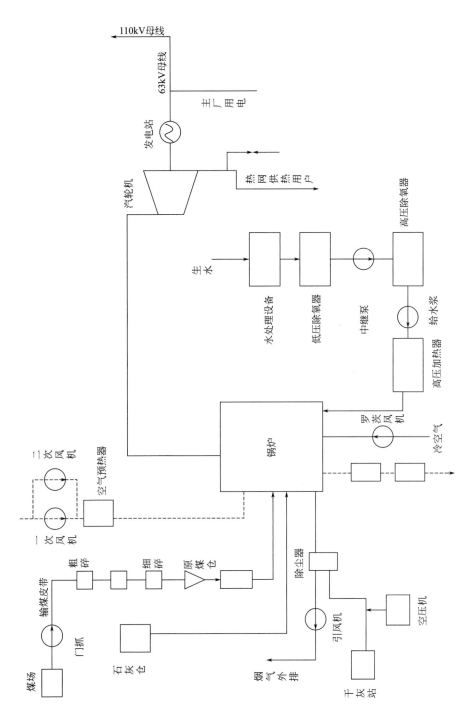

图 5-17　核算方氧化铝自备电厂（新系统）生产工艺流程图

5.2.3.4　核算方法

电解铝生产核算方法，采用《中国电解铝生产企业温室气体排放核算方法与报告指南》中的核算方法。

企业温室气体排放总量等于化石燃料燃烧排放、能源作为原材料用途产生的 CO_2 排放、工业生产过程 CO_2 排放、净购入使用电力和热力产生的 CO_2 排放之和。排放量（E）计算如下：

$$E_{CO_2} = E_{燃烧} + E_{原材料} + E_{过程} + E_{电和热} \tag{5-1}$$

式中　E_{CO_2}——企业 CO_2 排放总量，$t\,CO_2$；

　　　$E_{燃烧}$——企业所消耗的燃料燃烧活动产生的 CO_2 排放量，$t\,CO_2$；

　　　$E_{原材料}$——企业在能源作为原材料用途产生的 CO_2 排放量，$t\,CO_2$；

　　　$E_{过程}$——企业在工业生产过程中产生的 CO_2 排放量，$t\,CO_2$；

　　　$E_{电和热}$——企业净购入的电力和热力消费所产生的 CO_2 排放量，$t\,CO_2$。

（1）燃料燃烧排放

化石燃料燃烧产生的 CO_2 排放量主要基于分品种的燃料燃烧量、单位燃料的含碳量和碳氧化率计算得到，公式如下：

$$E_{燃烧} = \sum_{i=1}^{n} AD_i \times EF_i \tag{5-2}$$

式中　$E_{燃烧}$——核算和报告年度内化石燃料燃烧产生的 CO_2 排放量，$t\,CO_2$；

　　　AD_i——核算和报告期内第 i 种化石燃料的活动水平，GJ；

　　　EF_i——第 i 种化石燃料的二氧化碳排放因子，$t\,CO_2/GJ$；

　　　i——化石燃料类型代号。

核算和报告期内第 i 种化石燃料的活动水平 AD_i 按式（5-3）计算：

$$AD_i = NCV_i \times FC_i \tag{5-3}$$

式中　NCV_i——核算和报告期第 i 种化石燃料的低位发热量，对固体或液体燃料，单位为 GJ/t，对气体燃料，单位为 $GJ/10^4\,m^3$；

　　　FC_i——核算和报告期内第 i 种化石燃料的净消耗量，对固体或液体燃料，单位为 t；对气体燃料，单位为 $10^4\,m^3$。

化石燃料的二氧化碳排放因子按式（5-4）计算：

$$EF_i = CC_i \times OF_i \times 44/12 \tag{5-4}$$

式中　CC_i——第 i 种化石燃料的单位热值含碳量，$t\,C/GJ$；

　　　OF_i——第 i 种化石燃料的碳氧化率，%。

（2）能源作为原材料用途的排放

$$E_{原材料} = EF_{炭阳极} \times P \tag{5-5}$$

式中　$E_{原材料}$——核算和报告期内消耗的炭阳极产生的 CO_2 排放，$t\,CO_2$；

　　　$EF_{炭阳极}$——核算和报告期内炭阳极消耗的二氧化碳排放因子，$t\,CO_2/t\,Al$；

　　　P——核算和报告期内的原铝产量，t。

$$EF_{炭阳极} = NC_{炭阳极} \times (1 - S_{炭阳极} - A_{炭阳极}) \times 44/12 \tag{5-6}$$

式中　$EF_{炭阳极}$——炭阳极消耗的二氧化碳排放因子，$t\,CO_2/t\,Al$；

　　　$NC_{炭阳极}$——核算和报告年度内的吨铝炭阳极净耗，$t\,CO_2/t\,Al$，可采用中国有色金

　　　　属工业协会的推荐值 t C/t Al，具备条件的企业可以按月称重检测，取年度平均值；

$S_{炭阳极}$——核算和报告年度内的炭阳极平均含硫量，%，可采用中国有色金属工业协会的推荐值 2%，具备条件的企业可以按照《铝用炭素材料检测方法 第 20 部分：硫分的测定》（YS/T 63.20—2006），对每个批次的炭阳极进行抽样检测，取年度平均值；

$A_{炭阳极}$——核算和报告年度内的炭阳极平均灰分含量，%，可采用中国有色金属工业协会的推荐值 0.4%，具备条件的企业可以按照《铝用炭素材料检测方法 第 19 部分：灰分含量的测定》（YS/T 63.19—2006），对每个批次的炭阳极进行抽样检测，取年度平均值。

（3）工业生产过程排放

$$E_{过程} = E_{PFCs} \times E_{石灰} \tag{5-7}$$

式中　$E_{过程}$——核算和报告期内工业生产过程产生的 CO_2 排放，$t CO_2$；

　　　E_{PFCs}——核算和报告期内的阳极效应全氟化碳排放量，$t CO_2$ 当量；

　　　$E_{石灰}$——核算和报告期内的煅烧石灰石排放量，$t CO_2$ 当量。

① 阳极效应　电解铝企业在发生阳极效应时，会排放四氟化碳（CF_4，PFC-14）和六氟化二碳（C_2F_6，PFC-116）两种全氟化碳（PFCs）。阳极效应温室气体排放量的计算公式如下：

$$E_{PFCs} = (6500 \times EF_{CF_4} + 9200 \times EF_{C_2F_6}) \times P/1000 \tag{5-8}$$

式中　E_{PFCs}——核算和报告年度内的阳极效应全氟化碳排放量，$t CO_2$ 当量；

　　　6500——CF_4 的 GWP 值；

　　　EF_{CF_4}——阳极效应的 CF_4 排放因子，$kg CF_4/t Al$；

　　　9200——C_2F_6 的 GWP 值；

　　　$EF_{C_2F_6}$——阳极效应的 C_2F_6 排放因子，$kg C_2F_6/t Al$；

　　　P——阳极效应的活动水平，即核算和报告年度内的原铝产量，t。

② 煅烧石灰石　不涉及净购入电力和热力消费引起的 CO_2 排放量。

a. 净购入电力排放计算公式如下：

$$E_{电} = AD_{电} \times EF_{电} \tag{5-9}$$

式中　$E_{电}$——企业净购入的电力消费引起的 CO_2 排放量，$t CO_2$；

　　　$AD_{电}$——电企业的净购入使用电量，$MW \cdot h$；

　　　$EF_{电}$——区域电网年平均供电排放因子，$t CO_2/(MW \cdot h)$。

b. 净购入热力排放计算公式如下：

$$E_{CO_2-净热} = AD_{热力} \times EF_{热力} \tag{5-10}$$

式中　$E_{CO_2-净热}$——企业净购入的热力消费引起的 CO_2 排放量，$t CO_2$；

　　　$AD_{热力}$——企业净购入的热力消费，GJ；

　　　$EF_{热力}$——热力供应的 CO_2 排放因子，$t CO_2/GJ$。

5.2.3.5　核算数据

活动水平数据、排放因子/计算系数如表 5-3 所示。

表5-3　活动水平数据、排放因子/计算系数清单

厂区	排放类型	活动水平数据	排放因子/计算系数
电解铝厂区	燃料燃烧的CO_2排放	天然气消耗量	天然气单位热值含碳量
		天然气低位发热量	天然气碳氧化率
		柴油消耗量	柴油单位热值含碳量
		柴油低位发热量	柴油碳氧化率
	能源作为原材料用途的CO_2排放	原铝产量	吨铝炭阳极净耗（NC炭阳极）
			炭阳极平均含硫量（S炭阳极）
			炭阳极平均灰分（A炭阳极）
	工业过程产生的排放（CF_4、C_2F_6）	原铝产量	阳极效应的CF_4排放因子
			阳极效应的C_2F_6排放因子
	净购入使用的电力对应的CO_2排放	外购电力	外购电力排放因子
电解铝自备电厂 & 氧化铝自备电厂	化石燃料燃烧的CO_2排放	烟煤消耗量	烟煤单位热值含碳量
		烟煤低位发热量	烟煤碳氧化率
		柴油消耗量	柴油单位热值含碳量
		柴油低位发热量	柴油碳氧化率
	脱硫过程产生的CO_2排放	石灰石消耗量	碳酸盐排放因子
			碳酸盐含量
			转化率

5.2.3.6　碳排放量计算

（1）电解铝

2018年化石燃料燃烧排放量计算如表5-4所示。

表5-4　2018年化石燃料燃烧排放量计算（一）

燃料种类	消耗量 /(t/10⁴m³) A	低位发热量(固体或液体燃料)/(GJ/t)(气体燃料)/(GJ/10⁴m³) B	单位热值含碳量 /(t C/GJ) C	碳氧化率 /% D	折算因子 E	排放量/t CO_2 $F=A\times B\times C\times D\times E/100$
天然气	2361.5591	389.31	0.0153	99	44/12	51061.37
柴油	375.66	42.652	0.0202	98	44/12	1163.01
合计	—	—	—	—	—	52224.38

能源作为原材料用途的排放量计算如表5-5所示。

表5-5　能源作为原材料用途的排放量计算

能源种类	原铝产量/t A	吨铝炭阳极净耗 /(t CO_2/t Al) B	炭阳极平均含硫量/% C	炭阳极平均灰分含量/% D	排放量/t CO_2 $E=A\times B\times(1-C-D)\times\dfrac{44}{12}$
炭阳极	431476.4	0.4103	2.03	0.3505	633675.00

工业生产过程阳极效应的排放量计算如表 5-6 所示。

表 5-6　工业生产过程排放量计算-阳极效应

原铝产量/t A	阳极效应的 CF_4 排放因子 /(kg CF_4/t Al) B	阳极效应的 C_2F_6 排放因子 /(kg C_2F_6/t Al) C	CF_4 的 GWP D	C_2F_6 的 GWP E	排放量/t CO_2 $F=A\times(B\times D+C\times E)/1000$
431476.452	0.034	0.0034	6500	9200	108852.88

2018 年净购入的电力、热力消费的排放量计算如表 5-7 所示。

表 5-7　2018 年净购入的电力、热力消费的排放量计算

净购入使用电力/(MW·h)	外购电力排放因子/[t CO_2/(MW·h)]	CO_2 排放量/t CO_2
2894036.64	0.8843	2559196.60

排放量汇总如表 5-8 所示。

表 5-8　排放量汇总（一）

类别	数值
燃料燃烧排放量/t CO_2	52224.38
能源作为原材料用途的排放量/t CO_2	633675.00
工业生产过程排放量/t CO_2	108852.88
净购入的电力、热力消费的排放量/t CO_2	2559196.60
总排放量/t CO_2	3353948.86

（2）自备电厂

2018 年化石燃料燃烧排放量计算如表 5-9 所示。

表 5-9　2018 化石燃料燃烧排放量计算（二）

燃料种类		消耗量/t A	低位发热量 /(GJ/t) B	单位热值含碳 量/(t C/GJ) C	碳氧化率/% D	折算因子 E	排放量/t CO_2 $F=A\times B\times C\times$ $D\times E/100$
电解铝自备电厂、 氧化铝自备电厂 （老系统）	烟煤	2351477	19.399	0.3356	100	44/12	5613380.60
氧化铝自备 电厂（新系统）	烟煤	553390	20.513	0.03356	100	44/12	1396863.18
柴油		688.02	42.652	0.0202	98	44/12	2130.05
合计							7012373.83

2018 年脱硫过程排放量计算如表 5-10 所示。

表 5-10 2018 年脱硫过程排放量计算

项目	脱硫剂种类	消耗量/t A	脱硫剂中碳酸盐含量/% B	完全转化时脱硫过程的排放因子 /(t CO_2/t) C	转化率/% D	排放量/t CO_2 $F = A \times B \times C \times D / 10000$
电解铝自备电厂	石灰石	105708	90	0.44	100	41860.4
	合计					41860.4

排放量汇总如表 5-11 所示。

表 5-11 排放量汇总（二）

类别	数值
燃料燃烧排放量/t CO_2	7012373.83
工业生产过程排放量/t CO_2	41860.40
净购入的电力、热力消费的排放/t CO_2	0
总排放量/t CO_2	7054234

（3）法人边界

企业边界排放量汇总如表 5-12 所示。

表 5-12 企业边界排放量汇总

类别	数值
燃料燃烧排放量/t CO_2	7064442.16
能源作为原材料用途的排放量/t CO_2	633675.00
工业生产过程阳极效应的 CF_4 排放量/t CO_2	95356.30
工业生产过程阳极效应的 C_2F_6 排放量/t CO_2	13496.58
净购入的电力消费的排放量/t CO_2	2559196.60
净购入的热力消费的排放量/t CO_2	0
发电脱硫过程产生的排放量/t CO_2	41860.40
总排放量/t CO_2	10408027

5.3 电解铝行业碳减排碳中和路径与技术

5.3.1 电解铝行业碳减排碳中和路径

5.3.1.1 加大对可再生能源的利用

中国电解铝以绿色能源为主题，正进行着巨大的变迁。为了云南和四川水电资源，很多企业正在进行产能转移，包括：中国宏桥从山东向云南转移 203 万吨电解铝产能，神火集团和其亚集团分别向云南转移 90 万吨和 35 万吨产能，中孚实业从河南向四川转移 50 万吨产能等。在此种趋势下，可再生能源的充分利用将推动中国生产更多的低碳原铝。

国家也采取各种鼓励政策，政府在拥有丰富可再生能源的省份实施发电权交易政策，一些电解铝企业开始关闭其自备燃煤电站，购买可再生能源，电解铝企业不仅可以通过发电权交易和大用户直购电政策降低其电力成本，同时降低其碳排放，可再生能源企业则通过这些政策提高其运转率，提高收益。

5.3.1.2　废铝回收利用在减碳过程中将扮演重要的角色

目前，在电解铝产能转移的驱动下，越来越多的废铝回收项目正在建设中。中国铝板带企业，特别是罐料生产商正在与专业的再生铝企业合作，将更多的废旧易拉罐（UBC）用于罐料生产，这可以避免目前我国废铝回收中的降级使用，提高我国废铝回收利用的水平，也为将来汽车车身板（ABS）的回收利用提供有力的探索。

目前，我国存在的主要问题是废铝的供应，既然是废铝的回收利用，就必然要求在废料收集和分类上增加投资，才能保证废铝的供应量和品质。所以在接下来的一段时间内，我们要增大对废铝回收利用研发的投入，使其为实现碳减排作出更大的贡献。

5.3.1.3　电解铝产能外移有利于我国实现绿色经济转型

长远来看，我国与国际市场对原铝的需求还会有所增加，我国企业可以在海外兴建电解铝项目，这样不仅能为我国原铝的供应提供保障，还能积极地参与到国际市场，降低国际贸易纠纷，同时产能海外转移，有利于我国的节能减排减碳，实现绿色经济转型。

5.3.1.4　电解铝新技术的研发和应用

在电解铝行业中，惰性阳极并不是一个新的技术，但是在碳减排的号召下，变得越来越重要，国际各大铝业公司也加强了这方面的研发投入。惰性阳极可以替换传统的炭阳极，从而使电解铝的还原反应将不会产生二氧化碳，同时还会避免发生阳极效应，使原铝生产过程中没有碳氟化合物气体（四氟化碳和六氟化二碳）的产生。除了新技术的改进，中国电解铝企业还可以通过植树造林的碳汇、碳捕集与封存（CCUS）来达到碳减排的目的。

5.3.2　电解铝行业碳减排碳中和技术

5.3.2.1　阻流块技术

阻流块技术，从本质上来说就是电解铝中相对传统的一类节能降耗技术，在先前传统槽底的表面放置独特材质的凸台，从而能够使铝液的流态得以优化。在阻流块技术的应用过程之中，要充分考虑该项技术的运用和使用范围，我们可以从以下两点来考虑：

第一，槽底情况的技术因素。建立在计算机控制技术的大型铝电解槽之中，对于氧化铝方面的浓度与生产技术有着相对严格的标准，在电解槽之中的部分工作区域模式依旧有很多问题，如炉底与炉膛不够规范等，从而使得阻流块欠缺基础条件，导致槽内的功能无法达到统一化。在这种情况下，只有电机槽自身情况相对优良，才可以在运用的初期展现出相对优良的效果。

第二，阻流块材质。在应用阻流块技术的过程中，由于电解质对于清洁度有一定要求，且无法找到符合清洁度要求的材料，阻流块就会很容易引发漂移、过轻、断裂以及溶解的情况，从而与阻流块技术的运用标准有一定差距。

5.3.2.2　异型阴极节能技术

异型阴极节能技术，主要是指改善铝电解槽底之中的平底特征，从而进一步提升附带凸台和凸台阴极的阻流功能，进而达到铝业的表面改善、优化极距，优化槽内铝液流态等目的。

目前，异型阴极节能技术在很多铝业公司已经有所应用，但是在运用期限慢慢增长的情况下，炭素材料的凸台不断磨损，节能效果逐渐减弱，这是我们针对电解铝的节能降耗来说是需要突破的瓶颈。其次，异型阴极节能的效益与槽龄标准不符。随着科学技术的不断进步与发展，异型阴极节能技术已经在 350kA 系列的工业生产中有所应用，有力推动了电解铝节能降耗技术的进一步发展。

5.3.2.3　异型阴极钢棒技术

异型阴极钢棒技术，主要是指分析铝电解槽之中的钢棒，并针对其进行必要的"双钢棒"处理，从而在最大限度上来对槽周边的磁场平衡与槽内的铝液流态进行优化，进而减小槽工作的电压，降低电解铝阶段的直流电耗。异型阴极钢板技术的应用相对便捷，槽底的表面是平面底，在维护规整槽腔方面起到积极作用。

5.3.3　全球低碳电解铝行业生产技术的发展

目前，现在已有欧盟、美国、日本、韩国、南非等 121 个国家及地区承诺在 2050 年之前实现"碳中和"，其他近 100 个国家正在研究各自的"碳中和"目标并进行进一步的制定。碳减排又被称作"第三次工业革命"，注定会对全球的经济和产业带来深远影响。铝作为能源密集型产业，因耗能大且排放强度高，是碳减排的重点领域。跨国铝业公司采取了各种有效措施来达到碳减排的目标，其统筹全产业链的减排思路非常值得中国铝行业和企业借鉴。

5.3.3.1　诺贝丽斯（印度）

诺贝丽斯是印度一家铝回收企业，规模庞大。在过去的十几年中，公司一直秉承可持续发展的核心与使命，在公司产品组合中以使用回收利用的材料为主，进一步保护了环境效益。

诺贝丽斯的碳减排路径主要从以下板块展开，包括：铝罐、汽车、航空、材料。首先，对于铝罐业务，该企业在北美、南美、欧洲和亚洲均设置罐板生产线和回收中心，每年回收的铝罐数量达 740 亿只。在汽车领域，通过与汽车制造商合作，进一步提高再生铝的使用率，一辆铝合金汽车可以在整个生命周期内减少 20％的能源消耗以及 17％的 CO_2 排放。同时通过往返铁路服务地运送材料，与传统铁路相比，可以减少 80％ CO_2 当量排放量；在航空航天业领域，专门生产机身和机翼结构件所用的铝压延板和板材，为了减少原铝的消耗以及生产过程中的浪费，该企业同客户一起打造了闭环回收系统，进行产业链优化。客户将生产废料运回工厂，再循环用于新产品的生产。在材料方面，该企业与客户共同创造了可持续发展的建筑设计（如武汉天河国际机场 3 号航站楼外幕墙）、有保护性和环保性的包装、醒目鲜亮的标识和印刷物、更轻便的商用车、更环保的工业和能源应用，以及更具吸引力的电子产品；通过技术革新让新铝合金的回收率达到了 80％～90％，同时闭环回收系统也进一步减少了废弃物产生。

5.3.3.2　海德鲁（挪威）

海德鲁是挪威的工业企业，以可持续发展的未来为愿景。公司主营业务包括铝土矿和氧化铝、铝挤压材、建筑型材、低碳铝、再生铝等全产业链产品。该企业利用数字化、大数据、人工智能优化和自动化流程，减少在用户阶段的碳排放。公司铝的生产以可再生水力发电为主，达 70％。在产品技术方面，早在 2019 年，该企业就推出其低碳铝品牌 CIRCAL、REDUXA，并取得 ISO 14064 认证。承诺该产品碳排放最高为 4kg CO_2/kg Al。

低碳铝适用于汽车、建筑、包装等各个领域。在建筑型材方面，该企业已成为建筑系统供应商，包括节能屋顶、外墙和窗户解决方案，目前公司已交付批海德鲁 4.0 和海德鲁 75R 系列物理金属，低碳足迹众所周知，消费后废料再生成分达到 75％ 以上，创出新高。

2013 年，海德鲁定下了在生命周期中实现"碳中和"的目标。碳中和有很多定义，海德鲁将其定义为自身操作的直接和间接排放的平衡，以及在使用阶段海德鲁铝产品所减少的碳排放。计算结果表明，2019 年海德鲁公司生产中的全部碳排放量低于其产品（部分）使用过程中的减排量，差值为 21.9 万吨 CO_2，这标志着企业已进入负碳生产时代。

5.3.3.3　肯联铝业（瑞士）

肯联铝业是全球的高附加值铝产品及其解决方案的制造商，产品主要应用于航空航天、汽车工业、建筑工业和包装市场。肯联以推动全球回收率，提高能源效率为最终目标。目前正通过各种措施来提高能源效率，如 LED 照明、生产路线优化、升级设备闲置模式等。为进一步实现低碳，肯联在能源结构调整上不断探索，寻找新的可能性，例如，使用可再生能源发电，或以更节能的能源替代高排放能源等。在汽车领域，肯联与汽车制造商合作开发了轻型汽车结构和部件，并开发了铝合金的新一代滚动底盘材料，汽车车身结构的重量减轻至原来的 60％。在包装领域，其对罐子圆顶进行优化，使饮料罐的重量减至原来的 90％。在航空航天和运输部门领域，肯联提供创新的铝轧制和挤压产品，有助于提高轻型飞机和其他类型的车辆的燃油效率。

肯联还为地面交通运输市场生产轧制钢板、卷材和薄板，其产品如踏板可以减轻拖车重量、降低燃料消耗。在回收利用领域，通过上下游产业链之间的合作，废品回收率进一步提高；创建更有效的闭环回收系统及优化回收过程，评估与主要金属采购相关的温室气体排放，使用更多经铝业管理倡议组织（ASI）认证的金属，并在优先使用可再生能源等方面进一步实施降碳路径。

5.3.3.4　日本联合铝业（UACJ）

日本联合铝业公司是一个生产铝材及制造深加工产品的跨国铝业集团，它生产与经营的产业主要由以下业务组成：轧制（平轧产品）业务、挤压业务、制箔业务、铸锻业务、铜管业务、加工业务。

为实现可持续发展，日本联合铝业纵观产品的全生命周期，从每一环节抓起，努力降低环境负荷，将保护地球环境和形成循环型社会作为重要的经营课题之一。为实现"碳中和"的目标，日本联合铝业制定八点措施：①在应对全球变暖和减少 CO_2 方面，进一步加强对节能设施的推进，并进行燃料转化的深入研究；②在发展以循环为导向的社会方面，推进 3R（reduce，reuse，recycle）资源保护措施，同时提高废品利用率，减少工业废弃物、垃圾填埋的产生；③在使用化学物质方面，做到有效控制产品中的化学物质，包括减少挥发性有机化合物的使用以及建立客户的环境质量管理体系；④在法律方面，严格遵守本港及海外的法例及条例；⑤在环境管理制度方面，通过推行环境管理系统，持续改善及加强公司的环境管理工作；⑥在环保教育方面，定期组织培训，提高员工环保意识；⑦在铝材方面，努力改善铝产品的环保性能，通过开发和供应材料，大限度地发挥铝材的环保特性，为减少下游客户产品的碳足迹作出贡献；⑧为当地社区环境保护作贡献。

5.3.3.5　力拓集团（西班牙）

力拓集团是资源开采和矿产品供应商，第二大铁矿石生产商，规模较大。主营产品包括铝、铜、钻石、能源产品（煤和铀）、金、工业矿物和铁矿等。该企业在碳减排方面的措施有：生产低碳未来所需的材料、减少运营业务的碳足迹、携手合作伙伴（国际合作）减少整个产业链的碳足迹、加强应对气候物理风险的能力。

在生产低碳所需的材料方面，拒绝开采化石燃料，专注于生产低碳未来所需的材料。在减少运营业务的碳足迹方面，自 2010 年，该企业通过工艺用热技术改进，和增加可再生能源使用，碳排放大大减少。车辆用柴油和工艺技术也得到了突破。在国际合作方面，与行业的产业链合作，例如，在钢铁行业，力拓与中国宝武钢铁集团、清华大学、新日铁公司等开展合作；在铝行业中，力拓的合资企业 ELYSIS 也在开发无碳电解铝技术。在加强应对气候物理风险的能力方面，力拓进行书面审核和案例研究、气候建模等工作，并对生产运营单位韧性、关键风险进行评估。为了 2050 年实现净零排放，力拓承诺将在十年目标期的五年内，在减排项目上投入约 10 亿美元。

5.3.3.6　俄铝

俄铝（UCRUSAL）是俄罗斯的铝业主导型公司，是正处在蓬勃发展的大型公司之一。俄铝成立于 2000 年 3 月，联合俄罗斯和国外制铝工业中有实力的公司，构成了一个涵盖从原料开采、加工到初级铝、半成品、合金铝和成品铝的全部生命流程的公司。在环境保护方面，该企业的克拉斯诺亚尔斯克铝冶炼厂配备了现代化的两级气体净化设备，以减少温室气体的排放。该企业在减少温室气体排放方面主要有如下措施：有效处理生产废物、开发基于惰性阳极的铝生产用无碳技术以及一项为期 5 年的大规模造林项目。该企业接管了克拉斯诺亚尔斯克地区和伊尔库茨克州 250hm^2 土地上 100 万棵松树的种植和护理。同时在库拉金斯基（Kuraginsky）林业领域内进行大气保护工作，面积超过 60 万公顷。在产品技术研发方面，该企业推出了低碳铝品牌"ALLOW"，其温室气体排放量远低于业内碳足迹的平均值：ALLOW 品牌的低碳铝平均吨铝碳足迹为 2.4t CO_2 当量，符合不断变化的低碳铝市场需求，即吨铝生产 CO_2 排放当量不得超过 4t，比全球平均水平低数倍（约 12t）。2020 年 6 月，该企业开始对一种惰性阳极的试点工业电解池进行测试，这一重大改进有助于迈向低碳新征程。2020 年 10 月，俄铝启动波古汉斯基铝厂电解生产线，波古汉斯基铝厂是波古汉尼能源-金属联合体（BogyChany Energy and Metals Complex，BEMO）的一部分，依靠全部采用水电的优势，可提供和低碳足迹的重熔用铝锭。2021 年 1 月 18 日，俄铝集团公布了到 2050 年实现净零排放和到 2030 年将温室气体排放最少减少 35％的目标。这些目标包括所有业务的全部排放，包括铝生产和热电生产。

5.3.3.7　美铝

美铝公司是一家生产商，主要包括生产氧化铝、电解铝和铝加工产品，产品涉猎十分广泛，包括航空航天、汽车、包装、建筑、商业运输、消费电子等领域，多年来，一直致力于生产铝这种具有可持续性的产品，自 1888 年至今，75％左右的铝仍在使用。

在废铝的回收利用上，美铝的铸造作业回收外部购买的废料。Eco Dura 铝至少有 50％的废铝，包括来自有认证来源的清洁废料，以确保产品没有质量问题。2020 年，美铝在全球业务中消耗了 12.3 万吨左右废铝。在产品技术研发方面，美铝的全球氧化铝厂投资组合是全球生产商中碳足迹最低的，通过工艺改进和投资组合评估来降低铝冶炼过程中的温室气体足迹，采用演示机械蒸汽再压缩技术，使氧化铝精炼过程脱碳。该技术可以实现蒸汽发电的经济电气化，并减少化石燃料锅炉的利用。美铝也在研究一种可以取代化石燃料的方法，想利用太阳能热来提供过程热。在未来减排目标上，将温室气体（直接＋间接）减排目标与《巴黎气候协定》规定的 2℃ 以下脱碳路线相一致。美铝承诺到 2025 年，把温室气体排放强度降低 30％，到 2030 年下降 50％（以 2015 年为基准值）。目前，据 2020 年数据显示，比基准已降低 14.6％。

5.4　"碳中和"目标下铝行业绿色发展新模式与展望

5.4.1　绿色发展新模式

纵观整个铝行业发展，实现碳减排，并不仅仅是电解铝环节，而是全产业链的共同努力，才能实现这一目标。国外大型综合性铝业公司全生命周期的减排思路非常值得我们学习。不仅电解铝等能源密集的上游生产环节需要提升清洁能源比例，改善能源结构，下游环节如铝加工也需要作出自己的一份努力，承担降低铝行业碳排放的重任：

5.4.1.1　强化绿色发展理念，加快推进产能产量达峰

坚决贯彻落实国家、地方、行业关于实现"碳达峰""碳中和"的各项政策，加快推进电解铝产能指标置换政策，落实执行。严格把控新增产能，守住 4500 万吨天花板。实现行业自律，注重行业发展秩序，开展 CO_2 排放达峰行动，提升行业自主贡献力度，"十四五"期间，力争我国电解铝实现产能、产量双达峰，助推铝工业提前实现碳达峰。

5.4.1.2　持续优化能源结构，加大清洁能源消纳力度

要顺应能源结构变化需求，优化产业布局。在清洁能源富集地区，要充分考虑生态及环境承载力。对于电解铝企业，自身也要积极调整用能结构、利用绿色可再生能源，使我国水电、风电、光伏、核电资源等得到充分利用。要推动以煤电为主的电解铝产能向具有清洁能源优势的区域转移，由自备电向网点转化，从源头抓起，减少 CO_2 排放量，综合提升清洁能源冶炼的使用比重。

5.4.1.3　加大自主创新力度，开发高效低耗减排技术

要坚持科技引领，创新驱动，顺应绿色低碳发展方向，开发利用低碳特别是深度脱碳、零碳、惰性阳极、高效用电、可再生能源发电等高效低耗的前沿科技。要提升管理水平，实现智能化、信息化，减少在能源消耗环节的间接性排放。

针对铝电解过程中不可避免的 CO_2 排放，要积极跟踪先进的碳捕集、利用与封存技术，研发适用于铝电解二氧化碳捕集的阳极结构及烟气回收治理技术，实现资源化利用，为碳中和作出贡献。

5.4.1.4　提高再生铝占比水平，助推铝产业绿色循环发展

要探索建立规范的废铝回收体系，明确铝废处理环节的规模、能耗、排放标准等指标。要鼓励引导大型铝企业进入废铝回收处理领域，逐步限制、取消零散式的废铝回收方式。建立集约化废旧金属回收、分类、提纯、清理园区，提高废铝回收效率和再生铝质量。要鼓励铝加工企业与再生铝企业联合发展，形成稳定的供需合作模式，加快推动再生铝替代原铝生产比例。

5.4.1.5　深度拓展应用领域，助力实现绿色低碳社会

要充分发挥金属铝多种优良的结构和功能特性，通过技术创新延伸产业链，鼓励铝企业探索从源头材料供应商向终端整体解决方案提供商的转变，引导形成"以铝代钢""以铝节木""以铝节铜"的社会共识。特别是在交通轻量化方面，铝材具有天然的优势，在保证车辆强度和安全性能的前提下，能够最大化地降低整车重量，提高动力性和续航里程，减少燃料消耗，降低碳排放，据欧洲铝业协会报告，车辆每减重 1t，每百公里可节约燃油 6L，减少 $8\sim9kg\ CO_2$ 排放。因此，应广泛拓展铝的应用领域，助力深度减碳、降碳，实现低碳社会。

5.4.1.6　全面推进国际合作，构建国内外双循环发展格局

要打破我国电解铝国际产能合作的空白状态，积极响应"一带一路"倡议，客观分析我国清洁可再生能源资源禀赋有限和未来电解铝需求可能存在少量短缺之间的矛盾，主动对接产业链上下游企业，发挥各自优势，抱团出海，在境外政治经济风险较小、资源能源丰富、物流便利的地区发展铝工业，带动国内装备、技术出口，加快我国全球铝工业强国建设步伐。

此外，要探索通过关税政策调整，减少高品质废铝、未锻轧铝、再生铝和部分铝中间产品的出口，同时探索建立全球化的废铝回收、加工、运输体系，以此弥补我国可能出现的供需缺口，推动我国绿色低碳发展进程。

5.4.2　展望

在新时代、新形势下，正是有色金属的历史转折与重大机遇期。我们要把重点放在让产业链、供应链更加安全稳定，掌握关键核心技术上。在实现建设有色金属工业强国的道路上迈出关键一步。

为实现这一目标，我们可以从三个层面出发：第一个层面是要向世界一流国家学习，加速有色金属工业强国的建设；找出差距，学习先进，定指标，重行动，尽快补齐短板，加速步伐。

第二个层面是坚持供给侧结构性改革，形成发展新格局；用好"加减乘除"四字口诀，推动供给侧结构性改革连续取得突破。除此之外，还要加强需求侧管理，发掘市场潜力，积极参与全球的资源开发。

第三个层面是坚守"大有色"发展方向，保证发展方向不动摇，充分发挥我国集中力量办大事的优势，推动整个行业产业链上下游之间、各类所有制企业之间、中央和地方企业之间更好地协作，提高产业集中度和行业自治自律水平，打造更具有凝聚力的有色大家庭，提高在国际的影响力。

参考文献

［1］刘楠楠，杨晓松，楚敬龙，等.有色金属冶炼企业碳排放核算与减排策略［J］.矿冶，2021，30（3）：1-6.

［2］佚名.中国有色金属工业协会党委中心组专题学习碳达峰碳中和目标要求　研究有色金属行业碳达峰碳中和实施路径及措施［J］.资源再生，2021，（5）：2-3.

［3］佚名.国家发展改革委召开钢铁、有色、建材行业碳达峰研讨会［J］.铁合金，2021，52（2）：44.

[4]   刘梦飞.节能减排有色金属行业重任在肩 [J].中国有色金属，2021，(3)：44-45.

[5]   杨钰尧.我国有色金属材料现状及发展战略 [J].中国金属通报，2020，(5)：20-21.

[6]   周东生，李佳，张蕾.我国有色金属行业环境效率评价研究——基于低碳经济背景下的分析 [J].价格理论与实践，2020，(1)：91-94.

[7]   郭学益，田庆华，刘咏，等.有色金属资源循环研究应用进展 [J].中国有色金属学报，2019，29(9)：1859-1901.

[8]   屈秋实，王礼茂，王博，向宁.中国有色金属产业链碳排放及碳减排潜力省际差异 [J].资源科学，2021，43 (4)：756-763.

[9]   刘卫东."中国碳达峰研究"专栏序言 [J].资源科学，2021，43 (4)：637-638.

[10]   张伟伟.有色金属工业碳排放现状与实现碳中和的途径 [J].有色冶金节能，2021，37 (2)：1-3.

[11]   陈星.中国有色金属工业全要素碳排放效率与碳排放绩效研究 [D].厦门：厦门大学，2017.

[12]   时玉茹，李灵.中国有色金属行业能源消耗碳排放影响因素分析 [J].有色金属工程，2014，4 (6)：1-4.

[13]   邵朱强，杨云博.有色金属行业技术进步对碳排放的影响分析 [C] //第十三届中国科协年会第7分会场-实现 "2020 年单位 GDP 二氧化碳排放强度下降 40-45％" 的途径研讨会论文集.中国科协，2011.

[14]   胡针.中国有色金属产业发展与二氧化碳排放脱钩关系研究 [D].长沙：中南大学，2011.

[15]   佟庆，周胜.电解铝企业温室气体排放核算方法研究 [J].中国经贸导刊，2013 (23)：10-12.

[16]   佟庆，吉日格图，秦旭映.有色行业控制温室气体排放的前沿探索——其他有色金属冶炼及压延加工业企业温室气体排放核算方法研究 [J].中国经贸导刊，2015，(31)：68-70.

[17]   时玉茹.中国有色金属行业碳排放分解分析与预测 [D].天津：天津大学，2014.

[18]   周松林.低碳铜冶炼工艺技术研究与应用 [J].中国有色冶金，2010，39 (4)：1-4，53.

[19]   佟庆，鲁传一.镁冶炼企业温室气体排放核算方法研究 [J].中国经贸导刊，2013，(26)：31-32.

[20]   张宏，郭国标.铜冶炼企业降低碳排放强度的措施 [J].有色冶金节能，2018，34 (1)：34-36.

[21]   孙麟.中国有色金属产业整合研究 [D].武汉：武汉理工大学，2012.

[22]   王迪，聂锐.中国制造业碳排放的演变特征与影响因素分析 [J].干旱区资源与环境，2012，26 (9)：132-136.

[23]   付加锋，刘小敏.基于情景分析法的中国低碳经济研究框架与问题探索 [J].资源科学，2010，32 (2)：205-210.

[24]   何煜.试点省市碳排放因素分解及排放权初始分配研究 [D].成都：电子科技大学，2014.

[25]   徐雅萍.坚持习近平新时代中国特色社会主义经济思想引领   推动有色金属行业新发展——浅论有色金属行业高质量发展之路 [J].中国有色金属，2020，(S2)：62-65.

[26]   段理杰，魏未，唐卉君，党照亮.电解铝企业温室气体排放现状分析 [J].节能，2019，38 (9)：171-172.

[27]   王锋.关于我国电解铝行业的现状与发展研究 [J].中外企业家，2018，(26)：136.

[28]   孙林贤，董文貌，刘咏杭.我国电解铝工业现状及未来发展 [J].轻金属，2015，(3)：1-6.

[29]   刘大钧，汪家权.我国电解铝行业现状分析及环保优化发展的对策建议 [J].轻金属，2014，(9)：9-13.

[30]   单淑秀.我国电解铝工业的现状及发展方向 [J].轻金属，2011，(8)：3-8.

[31]   佚名.聚焦全国有色金属工业节能减排工作会议 [J].中国有色金属，2007，(10)：20.

[32]   佚名.工业和信息化部关于有色金属工业节能减排的指导意见 [J].中国资源综合利用，2013，31 (2)：9-13.

[33]   康义.全面落实科学发展观   大力推进有色金属工业节能减排工作——在全国有色金属工业节能减排工作会议上的讲话（节选）[J].中国金属通报，2007，(36)：4-8，11.

[34]   陈向国.有色金属行业要持续推进节能减排 [J].节能与环保，2016，(6)：40-41.

[35]   赵宇爽，张亚楠，彭崇.有色金属材料应用现状及发展出路 [J].农业开发与装备，2016，(7)：36.

[36]   叶倩.发展绿色低碳铝产业   参与全球竞争 [N].中国有色金属报，2015-12-01 (1).

［37］　鞠琳.我国铝业低碳生产效应的实证研究［D］.北京：北方工业大学，2015.

［38］　张建玲，彭频，刘怡君.有色金属行业生态低碳实现途径［J］.中国矿业，2014，23（12）：47-50.

［39］　张歆.低碳经济视角下业绩评价问题研究［D］.蚌埠：安徽财经大学，2014.

［40］　余群波.铜火法冶炼过程高效清洁关键技术研究与应用［J］.中国资源综合利用，2021，39（3）：50-51，62.

［41］　张文娟，李会泉，陈波，等.我国原铝冶炼行业温室气体排放模型［J］.环境科学研究，2013，26（10）：1132-1138.

［42］　杨桃艳，黄晓梅，胡学军.浅析电解铝企业的环境污染问题及治理措施［J］.有色金属设计，2020，47（1）：37-41.

［43］　金岭.电解铝生产工艺的优化分析［J］.世界有色金属，2019，（18）：20-21.

［44］　杜心，谢文俊，王世兴.我国铝行业碳达峰碳中和路径研究［J］.有色冶金节能，2021，37（4）：1-4.

［45］　窦宏秀，王震.加快电解铝行业碳达峰助力铝产业绿色低碳发展［J］.轻金属，2021，（7）：1-3.

［46］　徐树彪，周大伟.服务有色冶金　助力低碳发展［N］.中国有色金属报，2021-04-08（3）.

［47］　郭倩，于瑶.央地多举措力促工业绿色低碳发展［N］.经济参考报，2021-06-25（1）.

［48］　赵中义.探究电解铝生产节能减排技术［J］.世界有色金属，2019，（8）：28，31.

［49］　任嘉祥.有色金属工业环保问题及可持续发展研究［J］.世界有色金属，2016，（17）：136-137.

［50］　吴才伍，吴和平.有色金属绿色矿山建设的现状与思考［J］.现代矿业，2020，36（6）：6-10.

［51］　吴蒙.有色金属行业废气污染物治理和优化对策研究［J］.世界有色金属，2017，（7）：154-155.

［52］　佚名.山西明确有色金属工业发展五大任务［J］.中国有色金属，2016，（23）：23.

［53］　张梅.中国有色金属工业环保问题与可持续发展对策［J］.矿冶，2006，（4）：91-94.

［54］　张立诚，吴义千，成先红.中国有色金属工业可持续发展方向［J］.有色金属，2003，（S1）：1-4.

［55］　鲁旭峰.实现我国有色金属工业可持续发展途径初探［J］.有色设备，2002，（5）：32-34.

第6章
化工行业双碳路径与绿色发展

国家生态环境部发文，在我国"十四五"期间全国碳市场将逐步把石化、化工、建材、钢铁等行业纳入其中。其中化工行业属于资源型和能源型产业，在化工产品的不同生产工艺中，产品均以煤炭、天然气等化石能源为原材料，故生产过程中温室气体排放量大，在低碳发展中扮演着极其重要的角色。

在我国所有工业部门中，化工行业作为传统高排放行业，将从多个方面受到"双碳"规划的影响。并且化工行业在我国国民经济中扮演着十分重要的角色，很多行业依赖于化工行业提供的产品作支撑，而这些产品几乎涉及所有的工业品和消费品。

据BP公司统计的结果显示，现阶段，我国能源消费总量中煤炭占比高达58%，而世界平均水平仅有27%。在实际的工业应用中，煤炭不仅仅被用于提供热力、电力，同时也是煤化工的主要产品甲醇、合成氨的原材料之一。煤化工作为化工行业的主要分支之一，其碳排放有着单个排放源排放强度大、生产工艺过程中碳排放浓度高的特征，并且煤化工生产过程中的碳排放强度是全国工业平均水平的10～20倍。因此，碳排放问题成为我国化工行业发展的掣肘之一。

根据以上情况可知，随"双碳"任务的广泛落实，今后化工行业中的高排放子行业（如甲醇、氮肥等）的产能将极度受限，未来新增项目的审核难度也将加大幅度。化工行业生产企业需要采用清洁生产、优化产品生产工艺、替换低碳排放的工艺设备、降低高碳排产品产量等一系列措施，全面推进化工行业的零碳转型，实现"碳中和"目标。

6.1 化工行业碳排放现状

6.1.1 全球化工行业产量及碳排放

从20世纪开始，化工行业不停地发展，使化工行业成为当前全球最大的传统基础产业。从产业布局来看，大宗石油化工产品向发展中国家和地区转移。全球化工行业自2002年以来，呈现出新兴市场国家的化学产品需求高速增长、化工原材料及其产品价格大幅度上涨的特征，开始进入了新的发展周期。据美国化工理事会（ACC）预测，在 2020 年全球化工产品出现 40 年来最大降幅 2.6％之后，2021 年将会反弹，根据各地化工行业企业未来的发展，预测将会上涨 3.9％左右。ACC 评估，虽然受新冠肺炎疫情影响，全球化学品总产量由峰值到低谷的跌幅为 7.8％，但截至 2020 年 11 月中旬，数据显示几乎所有国家和地区化工产业都在逐渐复苏。

ACC 数据显示，各地区的表现也不相同，拉丁美洲化学品产量下降了 7.2％，北美下降了 3.9％，欧洲下降了 2.2％，亚太地区整体下降了 2.1％。2021 年，所有地区化学品产量都在上涨，其中以中国引领的亚洲化学品产量增长前景最为强劲。预计中国 2021 年化学品产量将增长 5.4％，亚太地区整体增长 4.4％，北美增长 4.1％，拉丁美洲增长 4.6％，欧洲化学工业也将增长 3.1％。

从全球化工行业产值来看，2019 年世界化工市场产值总计 34150 亿美元。与 2018 年相比上升 2％。而中国作为当前最大的化工生产国，2019 年中国化工产值约占全球的 36％，达到 11980 亿美元。预计到 2030 年左右，仅凭中国的化工产值就会占据全球 50％的份额。

化学工业约占世界能源需求的 10％，温室气体排放的 7％，图 6-1 所示为世界化工行业产品的碳排放量。行业主要产品为：氨、乙烯、芳烃、丙烯、甲醇，其中氨的产量、能耗和碳排放遥遥领先。世界上第一个合成氨工厂于 1913 年在德国奥堡（Oppau）工厂建成投产，当时合成氨每天能生产 5t 左右。目前，俄罗斯、中国、美国、印度等十国合成氨产量最高，占世界总产量的一半以上，全球各地区合成氨产能见图 6-2。其中，由于 2/3 以上的合成氨的原料都是煤炭，而生产 1t 合成氨，煤头二氧化碳排放量约为 4.2t，气头约为 2.04t；2020 年，我国合成氨产业二氧化碳总排放量为 2.19 亿吨，占产业排放总量的 19.9％。

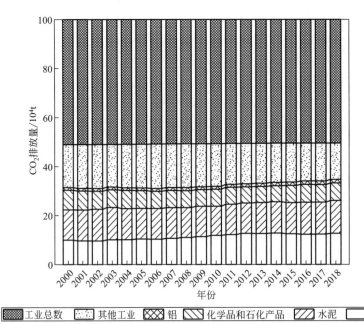

图 6-1　世界化工行业产品的碳排放量

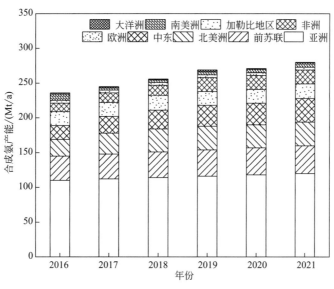

图 6-2　全球各地区合成氨产能

表 6-1 给出欧盟的部分化工产品碳含量及碳排放数据。

表 6-1　欧盟部分化工产品碳含量及碳排放数据

序号	产品	含碳量/(t C/t)	碳排放系数/(t CO_2/t)
1	乙腈	0.5852	2.144
2	丙烯腈	0.6664	2.442
3	丁二烯	0.888	3.254
4	炭黑	0.97	3.554
5	乙烯	0.856	3.136
6	二氯乙烯	0.245	0.898
7	乙二醇	0.387	1.418
8	环氧乙烷	0.545	1.997
9	氰化氢	0.4444	1.628
10	甲醇	0.375	1.374
11	甲烷	0.749	2.744
12	丙烷	0.817	2.993
13	丙二醇	0.8563	3.137
14	氯乙烯	0.384	1.407

资料来源：EUR-Lex。

6.1.2　中国化工行业主要产品产量及碳排放

"十三五"阶段，我国化工行业进入调整期，响应低碳化工的号召，逐渐向精细化工升级转型。根据调研数据可知，截至 2020 年 12 月末，化工行业全年实现利润总额 4279.2 亿元，同比增长 25.4%；营业收入成本 6.57 万亿元，同比下降 3.6%。2020 年，化工行业营业收入利润率为 6.51%，同比提高 1.51 个百分点。2021 年主要化学品中乙烯、农药、合成树脂、化肥等产品产量位居世界前列，我国已成为世界化工生产和消费大国。

图 6-3、图 6-4 为我国 2019 年主要化工产品产量及增长趋势以及 2016—2020 年部分产品产量统计，可以看出，"十三五"阶段我国主要化学品增长总体平稳。

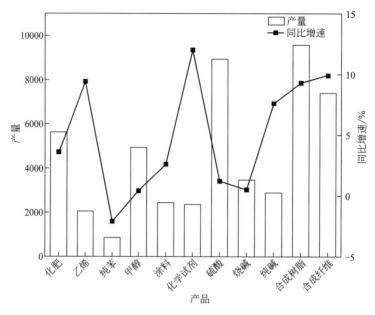

图 6-3   2019 年中国化工行业产品产量情况（合成纤维产量为亿吨，其余产品产量为万吨）

（数据来源：《中国统计年鉴》）

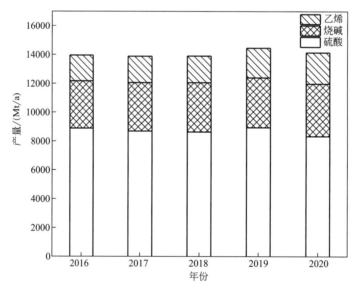

图 6-4   2016—2020 年中国化工行业主要产品产量统计

（数据来源：《中国统计年鉴》、中商产业研究院数据库）

根据《中国能源统计年鉴》数据显示，2015—2019 年我国化学原料及化学制品制造业能源消耗总量呈现上升趋势，2019 年全国化学原料及化学制品能源消耗总量同比增长 3.89%，占制造业能源消费总量的 20%（图 6-5）。

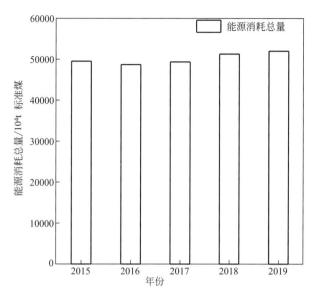

图 6-5　2015—2019 年全国化学原料及化学制品制造能源消耗总量情况
（数据来源：《中国能源统计年鉴》）

从能源消费结构上看，化学原料及化学制品制造业能源消费主要以煤炭、油品、电力、热力、天然气为主；以终端能源消费为例，其中煤最多，2019 年消耗原煤、洗精煤、焦炭、焦炉煤气、高炉煤气等煤合计 10586 万吨标准煤，占比 21.1%；其次消耗原油、汽油、煤油、柴油、燃料油、石脑油等油品合计 9671 万吨标准煤，占比 19.3%；消耗电力 6697 万吨标准煤，占比 13.4%（图 6-6）。

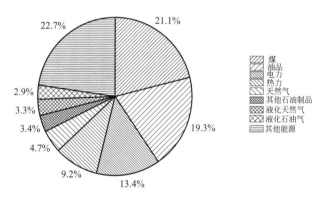

图 6-6　化学原料及化学制品制造业终端能源消费结构
（数据来源：《中国能源统计年鉴》）

近年来，化工产品产量的显著上升使单位能耗有所降低，但整个行业的能耗水平依然呈上升趋势，与能耗对应的是排放问题。表 6-2、图 6-7 显示了我国化工行业 2000—2018 年的碳排放情况：

鉴于温室气体中的主要成分是二氧化碳，此处忽略其他温室气体的碳足迹。"折标准煤后二氧化碳的排放系数"采用国家发改委能源研究所推荐的值 2.46kg CO_2/kg 标准煤。能源消耗数据来自《中国统计年鉴》。

表 6-2   我国 2000—2018 年化工行业碳排放的情况

年份	化学原料及制品制造业		化学纤维制造业		橡胶和塑料制品业	
	能源消耗量 /10^4t 标准煤	二氧化碳排放量 /t CO_2	能源消耗量 /10^4t 标准煤	二氧化碳排放量 /t CO_2	能源消耗量 /10^4t 标准煤	二氧化碳排放量 /t CO_2
2000	12700.7	31243.6	1677.96	4127.78	1191.79	2931.8
2001	12886.5	31700.7	1705.02	4194.35	1304.7	3209.56
2002	14507.7	35689	1942.76	4779.19	1346.43	3312.22
2003	17108.2	42086.2	2199.87	5411.68	1557.1	3830.47
2004	20346.9	50053.3	1303.03	3205.45	2013.01	4952
2005	22494.1	55335.4	1342	3301.32	2526.19	6214.43
2006	24779	60956.4	1423.97	3502.97	2737.91	6735.26
2007	27245.3	67023.4	1553.97	3822.77	2885.11	7097.37
2008	28961.1	71244.4	1448.58	3563.51	3188.2	7842.97
2009	28946.1	71207.3	1436.85	3534.65	3239.68	7969.61
2010	29688.9	73034.8	1440.91	3544.64	3558.68	8754.35
2011	34713.1	85394.3	1530.4	3764.78	3537.89	8703.21
2012	36995.5	91009	1558	3832.68	3897.14	9586.96
2013	44081.5	108440	1909.22	4696.68	4350.05	10701.1
2014	47527.8	116918	1833.47	4510.34	4459.17	10969.6
2015	49009.4	120563	1902.68	4680.59	4417.52	10867.1
2016	48682.8	119760	2071.69	5096.36	4533.67	11152.8
2017	49054.9	120675	2174.81	5350.03	4761.41	11713.1
2018	51278	126144	2329	5729.34	4793	11790.8

数据来源:《中国统计年鉴》。

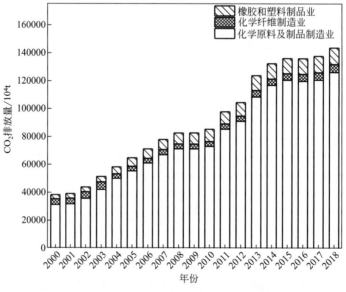

图 6-7   我国 2000—2018 年化工行业分行业碳排放的情况
(数据来源:《中国统计年鉴》)

2019 年，我国化工行业的碳排放量估算约 5.88 亿吨，约占工业领域的 16.7%，占全国能源碳排放比例的 6%。由此可以看出，化工行业的碳排放量与电力、水泥等行业相比，并非排放大户。但从碳排放强度看，化工行业的单位收入碳排放量明显高于工业行业单位收入碳排放量的平均水平；并且由于不同省份的经济结构、资源禀赋以及当前发展水平、未来发展规划的差异性，导致化工行业在部分地区可能会面临来自碳排放的发展牵制。

依照部分省市统计年鉴中工业以及其细分化工行业的规模以上工业企业的收入与能源消耗，对每万元收入对应的能源消耗以及碳排放进行简单测算。选取了其中表现一般的三个省（区、市）（内蒙古、宁夏、辽宁）以及表现前三的省（区、市）（北京、河北、甘肃），并与全国测算数据结果进行比较（图 6-8、图 6-9）。

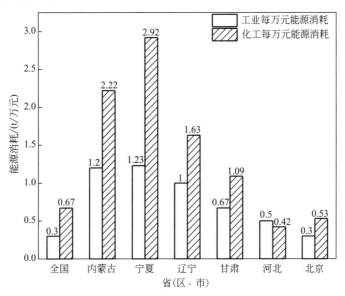

图 6-8 部分省（区、市）的万元收入能源消耗
（数据来源：《中国统计年鉴》及各地方统计年鉴数据）

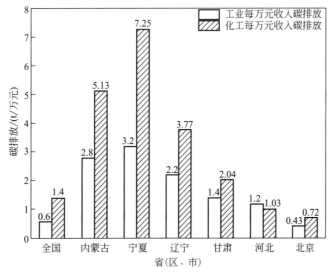

图 6-9 部分省（区、市）的万元收入能源消耗相关碳排放
（数据来源：《中国统计年鉴》及各地方统计年鉴数据）

首先从行业的单位能源消耗量来看，化工行业显著高于工业行业的平均水平。其次从地区差异上看，对于万元能源消耗指标表现较差的省市，单位收入的碳排放代价也明显较高。故从排放强度进行分析，化工行业的碳排放在地区上的差异化十分显著，减排面临严峻的挑战。

我国化工行业碳排放结构集中，大部分碳排放集中在一些主要子行业，根据中国石油和化学工业联合调查数据显示，全行业碳排放量超过 2.6 万吨标准煤的企业约 2300 家，碳排放量之和占全行业总量 65%，而其中主要集中在甲醇、合成氨、电石、PVC、煤制油等子行业。

表 6-3 对重点高碳排子行业进行了简单的介绍。

表 6-3 高碳排化工产品不同工艺碳排放量

品种	工艺	工业过程碳排放量 /(t CO$_2$/t)	公用工程碳排放量 /(t CO$_2$/t)	总排放量 /(t CO$_2$/t)	过程占比 /%
甲醇	煤头	2.13	1.78	3.91	54
	气头	0.67	0.92	1.59	42
尿素	煤头	1.47	1.54	3.01	49
	气头	0.46	1.06	1.52	30
烯烃	煤头	5.97	4.06	10.03	60
	油头	1.73	0.94	2.67	65
	气头（MTO）	0.95	0.94	1.89	50
乙二醇	煤头	2.84	1.86	4.7	60
	油头	0.97	1.31	2.28	43
	气头	0.53	1.31	1.84	29
PVC	电石	2.23	5.14	7.73	30
	乙烯裂解	0.43	1.83	2.25	19
合成氨	煤头	4.22	1.83	6.05	70
	气头	2.10	1.00	3.10	68

资料来源：Wind。

其中，煤制甲醇的二氧化碳排放主要来自两个部分，一个是燃料燃烧、电力供应带来的间接碳排放，另一个是生产工艺中变换净化环节所带来的碳排放。煤制甲醇需要 H$_2$/CO 的值为 2，因此就需要对气化后的粗煤气进行变换，将剩余的 CO 转化成 CO$_2$，再净化排出系统，因此此环节会产生较多碳排放。

气头工艺的工业过程碳排放量可参考由 IPCC 发布的排放因子：0.67t CO$_2$/t 甲醇，以及相关研究数据得出的公用工程排放量为 0.92t CO$_2$/t 甲醇，故气头路线甲醇的总排放量为 1.59t CO$_2$/t。

煤制合成氨工艺生产过程中，二氧化碳排放来自两个部分，一个是燃料燃烧、电力供应带来的间接碳排放，另一个是在煤气化之后，为了调节后期生产所需气体比例，需进行转化处理，将余出的 CO 转化成 CO$_2$，进入低温甲醇洗工艺分离。

在我国，约 80% 以上的 PVC 由电石法生产，我们以电石法生产 PVC 工艺为例，由于电石和焦炭生产都是高耗能，因此整个工艺燃料燃烧和电力供应所带来的间接碳排放较多。

工艺流程碳排放方面，主要来自石灰石锻造以及电石生成两个环节。

6.1.3 "双碳"目标下化工行业的政策环境

近年来，随着"双碳"规划的布局，化工行业正加快转型升级步伐，向低碳节能、绿色、高质量的方向发展。国家相继出台了一系列政策促进转型升级，如 2021 年 2 月，国务院出台的《关于加快建立健全绿色低碳循环发展经济体系的指导意见》中指出，化工行业要加快实施绿色化改造，推进清洁生产。2021 年 1 月生态环境部出台的《关于统筹和加强应对气候变化与生态环境保护相关工作的指导意见》中指出，要推动化工行业提出明确的达峰目标并制定达峰行动方案。2017 年，工信部和发改委在《现代煤化工产业创新发展布局方案》中指出，煤化工产业要开展二氧化碳减排等技术应用示范，推动末端治理向综合治理转变，提高产业清洁低碳发展水平。新建现代煤化工项目与各省（区、市）高耗能项目的落后产能淘汰紧密结合，确保全国及各有关省（区、市）单位国内生产总值二氧化碳排放降低目标的实现。2016 年，在《石化和化学工业发展规划（2016—2020 年)》中指出，要坚持绿色发展。发展循环经济，推行清洁生产，加大节能减排力度，推广新型、高效、低碳的节能节水工艺，提高资源能源利用效率。

2021 年 12 月 28 日，工业和信息化部、自然资源部、生态环境部、住房和城乡建设部、交通运输部、应急管理部发布了关于印发《化工园区建设标准和认定管理办法（试行）》的通知。

2021 年 11 月 26 日，国家发展改革委等部门联合印发《关于发布〈高耗能行业重点领域能效标杆水平和基准水平（2021 年版）〉的通知》（以下简称《通知》），将煤制烯烃、乙二醇等现代煤化工产品纳入节能降碳工作范围，这对提升现代煤化工产业资源能源利用效率、加快行业绿色低碳转型，具有重要促进作用。

2021 年 10 月 29 日，"十四五"全国清洁生产推行方案，在国家统一规划的前提下，支持有条件的重点行业二氧化碳排放率先达峰。在钢铁、焦化、建材、有色金属、石化化工等行业选择 100 家企业实施清洁生产改造工程建设，推动一批重点企业达到国际清洁生产领先水平。

2021 年 10 月 18 日，国家发展改革委等 5 部门随《关于严格能效约束推动重点领域节能降碳的若干意见》同步出台了《石化化工重点行业严格能效约束推动节能降碳行动方案（2021—2025 年）》（以下简称《方案》），提出了炼油、乙烯、合成氨、电石等重点行业节能降碳的行动目标、重点任务、工作要求，将有力提升我国石化化工行业能效水平，促进产业转型升级，推动碳达峰目标如期实现。

在国家政策的号召下，各省（区、市）也积极制定化工行业"十四五"发展规划（表6-4），如内蒙古自治区提出：从 2021 年起，不再审批焦炭、电石、PVC、合成氨等新增产能项目，确有必要建设的，在区内实施产能和能耗减量置换；"十四五"期间原则上不再审批新的现代煤化工项目。

表 6-4　全国部分省（区、市）化工行业"十四五"规划内容

省(区、市)	政策	具体内容
山东省	《2021 年全省能源工作指导意见》	控制煤炭消费总量,大力发展新能源
陕西省	《2021 年政府工作报告》《全省国民经济和社会发展第十四个五年规划和二〇三五年远景目标的建议》	2030 年前实现"碳达峰",推动煤炭清洁高效转化,大力发展新能源

续表

省(区、市)	政策	具体内容
宁夏回族自治区	《2021年政府工作报告》	推进煤炭减量替代、加大新能源开发利用,实现减污降碳协同效应最大化
天津市	《2021年政府工作报告》	控制煤炭消费;大力发展可再生能源
广东省	《2021年政府工作报告》《中共广东省委关于制定广东省国民经济和社会发展第十四个五年规划和二〇三五年远景目标的建议》	大力发展天然气、风能清洁能源;支持沿海经济发展海上风电、植电、绿色石化等产业
上海市	"十四五"规划相关文件	着力推动化工行业节能降碳,确保在2025年前实现碳排放达峰
江苏省	《江苏省石化产业规划布局方案》	持续推进化工行业清洁生产,着力发展化工循环经济体系
山西省	关于印发山西省"十四五"未来产业发展规划的通知	以"高端化、差异化、市场化、环境友好型"为发展方向,依托资源禀赋及煤化工、焦化产业基础,大力发展高端炭材料和碳基合成材料。在燃煤发电、现代煤化工、煤炭加工废弃物资源化利用三个方向推进煤炭清洁高效利用

其余各省市中,山东省在能源方面出台政策,控制煤炭消费总量的同时大力发展新能源。

6.2　化工行业碳排放核算

6.2.1　各省市地区化工行业 CO_2 排放计算方法

针对化工行业 CO_2 高强度排放的生产特性,结合目前国际上对化工行业节能减排日益重视的现状,国内外研究人员和相关研究机构对如何准确计算化工行业 CO_2 排放量和如何降低 CO_2 排放的新技术进行了探索工作。

张凯等基于《石化行业VOCs污染源排查工作指南》,对西北某煤制烯烃项目VOCs排放源项进行识别,分别采用实测、物料衡算、模型/公式及排放系数等方法对各VOCs排放源项的排放量进行核算,并对比煤化工行业较石化行业在核算结果上的异同,旨在解析各源项VOCs排放的贡献率以及源项内部的排放情况。张凌云等基于参考国内外研究中普遍采用的碳排放核算方法,选用实测排放因子,计算分析了我国2005—2015年煤化工行业的碳排放量。并运用情景分析法,以产品为视角,设置3种发展情景,预测了2020年煤化工行业的碳排放量及排放强度。

目前国内包括国家标准《温室气体排放核算与报告要求 第10部分:化工生产企业》(GB/T 32151.10)以及7个试点省市的温室气体核算指南中,GB/T 32151.10是针对化工行业的温室气体排放指南,该指南要求核算化工行业的 CO_2 和 N_2O 的排放量。

北京、天津、上海针对化工行业都单独编制了温室气体核算指南,但各化工行业指南包含的企业类型有所不同。《北京市企业(单位)二氧化碳排放核算和报告指南》包含了石油加工、炼焦及核燃料加工业,以及化学原料及化学制品制造业的化工生产企业,其他类型的化工生产活动也可以参考该指南。天津市编制了《天津市化工行业碳排放核算指南》和《天津市炼油和乙烯企业碳排放核算指南(试行)》,分别适用于化工行业包括炼焦工业、化学原料和化学制品制造业,以及炼油和乙烯企业生产全过程或部分生产环节产生的碳排放量的计算。《上海市化工行业温室气体排放核算与报告方法(试行)》包括石油加工和炼焦工业、化学原料和化学制品制造业、化学纤维制造业及橡胶制品业等。这 3 个试点核算的温室气体只为 CO_2。

重庆、湖北、广东、深圳 4 个试点并未单独编制化工行业的核算指南,化工行业的碳排放量核算采用当地发布的通用指南,其中重庆、湖北在通用指南中给出了部分化工生产过程排放的计算方法。在需要核算碳排放量的温室气体种类方面,重庆和深圳要求核算排放的温室气体为《京都议定书》所规定的 6 种温室气体,分别为二氧化碳(CO_2)、甲烷(CH_4)、氧化亚氮(N_2O)、氢氟碳化物(HFCs)、全氟碳化物(PFCs)和六氟化硫(SF_6),广东和湖北只核算 CO_2 排放量。

6.2.2 《中国化工行业生产企业温室气体排放核算方法与报告指南(试行)》解读

《中国化工生产企业温室气体排放核算方法与报告指南(试行)》由国家发展改革委委托国家应对气候变化战略研究和国际合作中心编制。编制组借鉴了国内外相关企业温室气体核算报告研究成果和实践经验,参考了国家发展改革委办公厅印发的《省级温室气体清单编制指南(试行)》,经过实地调研、深入研究和案例试算,编制完成了《中国化工生产企业温室气体排放核算方法与报告指南(试行)》(以下简称《指南》)。该指南在方法上力求科学性、完整性、规范性和可操作性。编制过程中得到了中国石油和化学工业联合会、中国电石工业协会、中国氮肥工业协会、全国乙烯工业协会等行业协会的大力支持。

《指南》包括正文及两个附录,规定了化工生产企业温室气体排放量的核算和报告相关的术语、核算边界、核算步骤与核算方法、质量保证和文件存档、报告内容和格式等内容。排放源类别包括燃料燃烧排放、过程排放、CO_2 回收利用以及净购入的电力、热力产生的排放,温室气体包括二氧化碳以及硝酸、己二酸生产过程的氧化亚氮排放。适用于以化工产品生产活动为主营业务的具有法人资格的生产企业和视同法人的独立核算单位,不包括石油化工或含氟气体的生产活动。

6.2.3 化工企业碳排放核算典型案例

6.2.3.1 湖北省某化工企业主要产品生产工艺及产品产量

排放单位为化工类型企业,主要产品为磷酸一铵、磷酸二铵、复合肥、工业级磷酸一铵。生产工艺如图 6-10 所示(▲表示关键过程)。

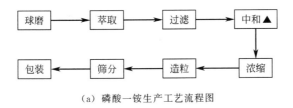

(a)磷酸一铵生产工艺流程图

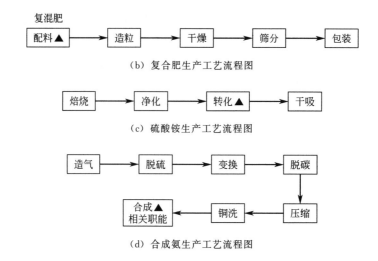

（b）复合肥生产工艺流程图

（c）硫酸铵生产工艺流程图

（d）合成氨生产工艺流程图

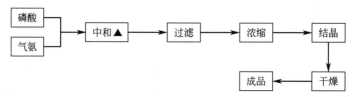

（e）工业磷铵生产工艺流程图

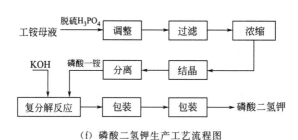

（f）磷酸二氢钾生产工艺流程图

图6-10　企业生产各产品工艺流程图

2019年企业使用的能源品种及其对应的直接/间接排放设施如表6-5所示。

表6-5　企业使用的能源品种

排放设施	能源品种
燃煤热风炉	无烟煤
电焊	乙炔
叉车、铲车等	柴油
厂内用电设施	电力

该企业2019年度产品产量情况见表6-6。

表6-6　企业产品产量等相关信息表

项目	数值	数据来源
工业总产值/万元	633200	工业总产值及主要产品产量
合成氨/t	5689	主营产品产量月报表
磷酸一铵/t	1836774.83	主营产品产量月报表

项目	数值	数据来源
磷酸二铵/t	284593.24	主营产品产量月报表
工业级磷酸一铵/t	113053.51	主营产品产量月报表
磷酸二氢钾/t	32604.38	主营产品产量月报表
复合肥/t	577818.53	主营产品产量月报表
综合能耗/t 标准煤	92935	依据《综合能耗计算通则》计算

6.2.3.2　湖北省某化工企业核算边界确定及排放源种类

通过查看现场及访谈企业，确认企业的场所边界为企业在湖北省内的厂区；设施边界包括企业在湖北省内所有排放设施；核算边界包括设施边界内排放设施的二氧化碳直接排放和二氧化碳间接排放，并确认以上边界均符合《中国化工生产企业温室气体排放核算方法与报告指南（试行）》的要求。

核算和报告范围包括：化石燃料燃烧产生的排放工业过程产生的排放、净购入使用电力产生的排放。核查组通过与企业相关人员交谈、现场核查，确认企业温室气体排放种类为二氧化碳。其中，《化工生产企业（合成氨生产/其他化工产品）2019 年温室气体排放报告补充数据表》要求的边界为生产消耗的化石燃料燃烧、能源作为原材料产生的排放（合成氨工序）和净购入电力产生的排放。

通过查看现场，审阅工艺流程图、厂区布局图、现场访谈企业，确认每一个排放设施的名称、型号和物理位置。企业所有碳排放源的信息如表 6-7 所示。

表 6-7　企业碳排放源识别

排放源类型	设施/工序名称	设备型号	设备物理位置
化石燃料燃烧排放	热风炉(12)	SMJ002-600	复肥车间、磷铵车间
	电焊	—	各车间
	叉车、铲车	—	各车间
脱硫过程排放	造气炉	JZQ350-23.34-Ⅰ	合成氨造气车间
净购入使用电力排放	全厂用电设备	—	全厂

6.2.3.3　湖北省某化工企业采用的核算方法及结果

企业进行温室气体排放核算的完整工作流程主要包括：确定企业边界-确定应核算的排放源和气体种类-识别流入流出企业边界的碳源流及其类别-收集各个碳源流的活动水平数据-选择和获取排放因子数据-依据相应的公式分排放源核算各种温室气体的排放量-核算净购入的电力和净购入的热力导致的 CO_2 排放量-汇总计算企业温室气体排放总量。

企业的温室气体排放总量应等于燃料燃烧 CO_2 排放加上工业生产过程 CO_2 当量排放，减去企业回收且外供的 CO_2 量，再加上企业净购入的电力和热力消费引起的 CO_2 排放量：

$$E_{GHG} = E_{CO_2\text{-燃烧}} + E_{GHG\text{-过程}} - R_{CO_2\text{-回收}} + E_{CO_2\text{-净电}} + E_{CO_2\text{-净热}} \tag{6-1}$$

式中　E_{GHG}——报告主体的温室气体排放总量，t CO_2 当量；

$E_{CO_2\text{-燃烧}}$——企业边界内化石燃料燃烧产生的 CO_2 排放，t CO_2 当量；

$E_{GHG\text{-过程}}$——企业边界内工业生产过程产生的各种温室气体 CO_2 当量排放，t CO_2

当量；

$R_{CO_2-回收}$——企业回收且外供的 CO_2 量，$t\ CO_2$ 当量；

$E_{CO_2-净电}$——企业净购入的电力消费引起的 CO_2 排放，$t\ CO_2$ 当量；

$E_{CO_2-净热}$——企业净购入的热力消费引起的 CO_2 排放，$t\ CO_2$ 当量。

（1）化石燃料燃烧排放

排放企业化石燃料燃烧包括热风炉燃料无烟煤、运输车辆燃料柴油。

$$E_{燃烧} = \sum_{i=1}^{n}(AD_i \times EF_i) \tag{6-2}$$

式中 $E_{燃烧}$——核算和报告期内消耗的化石燃料燃烧产生的 CO_2 排放，$t\ CO_2$；

　　　AD_i——核算和报告期内消耗的第 i 种化石燃料的活动水平，GJ；

　　　EF_i——第 i 种化石燃料的二氧化碳排放因子，$t\ CO_2/GJ$；

　　　i——净消耗的化石燃料的类型。

$$AD_i = NCV_i \times FC_i \tag{6-3}$$

式中 NCV_i——核算和报告期内第 i 种化石燃料的平均低位发热量，对固体或液体燃料，单位为 GJ/t，对气体燃料，单位为 $GJ/10^4 m^3$；

　　　FC_i——核算和报告期内第 i 种化石燃料的净消耗量，对固体或液体燃料，单位为 t，对气体燃料，单位为 $10^4 m^3$。

$$EF_i = CC_i \times OF_i \times 44/12 \tag{6-4}$$

式中 CC_i——第 i 种化石燃料的单位热值含碳量，$t\ C/GJ$；

　　　OF_i——第 i 种化石燃料的碳氧化率，%。

（2）工业生产过程排放

排放企业工业生产过程排放为磷酸产品原料磷矿石的分解［磷矿石分解碳排放＝磷矿石消耗量（t）×磷矿石排放因子（$t\ CO_2/t$）］；碳输入部分包括造气炉原料无烟煤，碳输出部分为外售炉渣，无其他含碳产品。

化石燃料和其他烃类用作原材料产生的 CO_2 排放，根据原材料输入的碳量以及产品输出的碳量按碳质量平衡法计算：

$$E_{CO_2-原料} = \{\sum_r(AD_r \times CC_r) - [\sum_p(AD_p \times CC_p) + \sum_w(AD_w \times CC_w)]\} \times 44/12 \tag{6-5}$$

式中 $E_{CO_2-原料}$——化石燃料和其他烃类用作原材料产生的 CO_2 排放，t；

　　　r——进入企业边界的原材料种类，如具体品种的化石燃料，具体名称的烃类、碳电极以及 CO_2 原料；

　　　AD_r——原材料 r 的投入量，对固体或液体原料以 t 为单位，对气体原料以 $10^4 m^3$ 为单位；

　　　CC_r——原材料 r 的含碳量，对固体或液体原料以 $t\ C/t$ 原料为单位，对气体原料以 $t\ C/10^4 m^3$ 为单位；

　　　p——流出企业边界的含碳产品种类，包括各种具体名称的主产品、联产产品、副产品等；

AD_p——含碳产品 p 的产量，对固体或液体产品以 t 为单位，对气体产品以 $10^4 m^3$ 为单位；

CC_p——含碳产品 p 的含碳量，对固体或液体产品以 t C/t 产品为单位，对气体产品以 t C/$10^4 m^3$ 为单位；

w——流出企业边界且没有计入产品范畴的其他含碳输出物种类，如炉渣、粉尘、污泥等含碳的废物；

AD_w——含碳废物 w 的输出量，t；

CC_w——含碳废物 w 的含碳量，t C/t 废物。

（3）外购电力热力产生的排放

排放单位有外购电力，无外购热力。

$$E_{电和热} = AD_{电力} \times EF_{电力} + AD_{热力} \times EF_{热力} \tag{6-6}$$

式中　　$E_{电和热}$——净购入使用的电力、热力所对应的生产活动的 CO_2 排放量，t CO_2；

$AD_{电力}$，$AD_{热力}$——核算和报告期内净购入的电量和热力量（如蒸汽量），MW·h 和 GJ；

$EF_{电力}$，$EF_{热力}$——电力和热力（如蒸汽）的 CO_2 排放因子，t CO_2/(MW·h) 和 t CO_2/GJ。

（4）活动水平数据及排放因子/计算系数类型

企业活动水平和排放因子（计算系数）类别如表 6-8 所示。

表 6-8　企业活动水平和排放因子（计算系数）类别一览表

排放种类	活动水平	排放因子/计算系数
化石燃料燃烧	(1)燃料无烟煤的消费量； (2)无烟煤平均低位发热值； (3)燃油(柴油)消费量； (4)柴油平均低位发热值； (5)乙炔消耗量	(1)无烟煤单位热值含碳量； (2)无烟煤氧化率； (3)柴油单位热值含碳量； (4)柴油氧化率； (5)乙炔含碳量
脱硫过程	① 磷矿石消耗量； ② 原料无烟煤消耗量；	① 磷矿石二氧化碳含量； ② 无烟煤含碳量
净购入使用电力	净购入电量	电力排放因子

（5）计算结果

① 企业法人边界的碳排放量计算结果汇总如表 6-9～表 6-13 所示。

表 6-9　2019 年化石燃料排放量计算表

种类	化石燃料消耗量 /t A	低位发热值 /(GJ/t) B	单位热值含碳量/(t C/GJ) C	碳氧化率 /% D	排放量/t CO_2 $G = A \times B \times C \times D \times \dfrac{44}{12}$
烟煤	63350.02	20.304	0.02749	94	121871.56
柴油	28.10	43.33	0.0202	98	88.38
乙炔	104.45	0.9231			353.53
合计					122313.47

表 6-10　2019 年磷矿石分解过程产生的排放量计算表

物质种类	消耗量/t A	磷矿石排放因子/% B	排放量/t CO_2 $C=A×B$
磷矿石	4185222.37	8.56	358255.03

表 6-11　2019 年工业工程产生的排放计算表

碳输入			碳输出		
名称	消耗量/t	含碳量/(t C/t)	名称	产量/t	含碳量/(t C/t)
原料无烟煤	7829.9	0.6748	炉渣	企业未对造气部分产生的炉渣进行监测,不符合要求,因此不予扣除	
碳输入总量/t	5283.62		碳输出总量/t	0	
二氧化碳排放量/t CO_2	19374.22				

注:碳输出量按炉渣外售量扣除,与历史年度保持一致。

表 6-12　2019 年净购入使用电力产生的排放量计算表

净购入电量/(MW·h) A	排放因子/[t CO_2/(MW·h)] B	排放量/t CO_2 $C=A×B$
387655.599	0.5257	203790.55

表 6-13　2019 年法人边界排放量汇总

化石燃料燃烧排放量 /t CO_2	工业过程产生的排放 /t CO_2	净购入电力引起的 排放量/t CO_2	总排放量 /t CO_2
122313.47	377629.25	203790.55	703733.27

② 各项产品 2019 年的碳排放核算如表 6-14 所示。

表 6-14　各机组/生产线/车间生产二氧化碳排放量

机组/生产线/车间名称	类型	数值
合成氨	能源作为原材料产生的排放量/t CO_2	19373.26
	消耗电力对应的排放量/t CO_2	5035.19
	消耗热力对应的排放量/t CO_2	4733.34
	总排放量/t CO_2	29141.79
	合成氨产量/t	5689
磷酸一铵	化石燃料燃烧排放量/t CO_2	86137.99
	消耗电力对应的排放量/t CO_2	132616.29
	消耗热力对应的排放量/t CO_2	292558.17
	总排放量/t CO_2	511312.45
	磷酸一铵产量/t	1836774.83
磷酸二铵	化石燃料燃烧排放量/t CO_2	7013.01
	消耗电力对应的排放量/t CO_2	28365.98
	消耗热力对应的排放量/t CO_2	94047.01
	总排放量/t CO_2	129426.01
	磷酸二铵产量/t	284593.24

续表

机组/生产线/车间名称	类型	数值
工业级磷酸一铵	化石燃料燃烧排放量/t CO_2	0
	消耗电力对应的排放量/t CO_2	17864.34
	消耗热力对应的排放量/t CO_2	70218.47
	总排放量/t CO_2	88082.84
	工业级磷酸一铵产量/t	113053.51
复合肥	化石燃料燃烧排放量/t CO_2	26385.10
	消耗电力对应的排放量/t CO_2	17850.43
	消耗热力对应的排放量/t CO_2	17076.35
	总排放量/t CO_2	61311.87
	复合肥产量/t	577818.53
磷酸二氢钾	化石燃料燃烧排放量/t CO_2	0
	消耗电力对应的排放量/t CO_2	5037.87
	消耗热力对应的排放量/t CO_2	21129.18
	总排放量/t CO_2	26167.04
	磷酸二氢钾产量/t	32604.38
补充数据表总排放量/t CO_2		845411.99

③ 企业历史排放量及强度对比分析如表 6-15、图 6-11 所示。

表 6-15　2017—2019 年企业各产品碳排放量及强度

年度	产品名称	排放量/t CO_2	产品产量/t	碳排放强度/(t CO_2/t)	排放量变化率/%	排放强度变化率/%
2017	合成氨	88259	15817.36	5.5799	−52.54	−1.08
	磷酸一铵	442568	1430026	0.3095	3.64	−2.16
	磷酸二铵	126250	268731	0.4698	59.44	−21.03
	工业级磷酸一铵	121293	143364	0.8460	11.25	−0.44
	复合肥	62598	520360	0.1203	20.94	3.79
2018	合成氨	26193.25	5391	4.8587	−70.32	−12.92
	磷酸一铵	426075.47	1510797	0.2820	−3.73	−8.88
	磷酸二铵	117439.63	250214	0.4694	−6.98	−0.09
	工业级磷酸一铵	101361.51	122914	0.8247	−16.43	−2.52
	复合肥	59250.30	531334	0.1115	−5.35	−7.30

续表

年度	产品 名称	排放量 /t CO₂	产品产量 /t	碳排放强度 /(t CO₂/t)	排放量 变化率 /%	排放强度 变化率 /%
2019	合成氨	29141.79	5689	5.1225	11.26	5.43
	磷酸一铵	511312.45	1836774.83	0.2784	16.67	−1.30
	磷酸二铵	129426.01	284593.24	0.4548	10.21	−3.12
	工业级磷酸一铵	88082.84	113053.51	0.7791	−13.10	−5.53
	复合肥	61311.87	577818.53	0.1061	3.48	−4.83
	磷酸二氢钾	26167.04	32604.38	0.8026	—	—

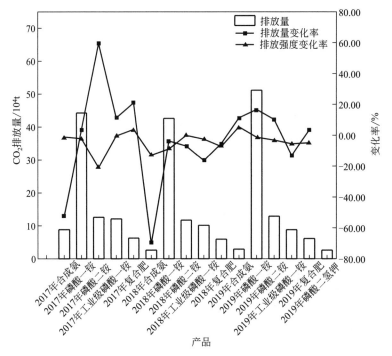

图 6-11   2017—2019 年各产品碳排放总量及碳排放强度变化曲线

湖北某化工公司 2019 年度排放量比 2018 年上升了 15.55%，主要是由于产量增加、能耗增加以及增加了新产品磷酸二氢钾；2019 年排放强度相比 2018 年合成氨部分上升了 5.43%，磷酸一铵部分下降了 1.30%，磷酸二铵部分下降了 3.12%，工业级磷酸一铵部分下降了 5.53%，主要是由于：a. 2019 年度蒸汽的压力温度下降至更适合产品生产的 0.3MPa，160℃，焓值降低，因此热量减少；b. 2019 年度的开机效率提升，能量损失减少；c. 合成氨部分排放强度增加主要是由于企业造气对应产生的炉渣计量不符合要求，因此本次核查不予扣除。波动无异常。

湖北某化工公司全厂边界 2019 年度比 2018 年度排放量增加了 16.05%，主要是由于产品产量的增加，以及 2019 年度新增尾矿库、磷酸二氢钾生产线以及磷酸一铵生产线扩产等情况，无异常波动（表 6-16）。

表 6-16 2018 年、2019 年化工企业法人边界排放总量及变化率

年度	排放量/t CO$_2$	排放量变化率/%
2018	606413	—
2019	703733	16.05

6.3 化工的碳减排碳中和路径与技术

6.3.1 化工行业的碳达峰碳中和路径

2021 年 1 月,17 家石油和化工企业、园区以及石化联合会联合共同签署发布了《中国石油和化学工业碳达峰与碳中和宣言》(以下简称《宣言》)。《宣言》中表明,现阶段我国的石油与化学工业体系是世界上最为完整、齐全的。在工业生产过程中,我们采用了世界一流的工艺、设备、技术,并且大力提升节能环保水平,现已进入世界先进行列,目前,国内一批企业的能效水平已达到世界先进水平,并建设成为绿色工厂、低碳工厂,产品已经属于绿色产品、低碳产品,许多工业园区已经成为绿色园区、生态园区。

并且"十四五"期间,化工行业发展的主要任务有:围绕化工新材料、新能源、工业环保、环境治理、现代化建造等重点方向开展科研专项攻关,突破一批石油化工、化工新材料、新能源等重大核心技术;研究"碳达峰"指标设定和"碳中和"最终解决方案,实现经济效益和环境效益的统一。

在双碳政策下,对化工行业带来以下几方面的影响。

(1) 作为高排碳的行业,其价值会被重新估计

化工行业作为高排放行业,"双碳"规划下,行业若想扩大产能,新增项目将会受到限制,整个行业的壁垒将会不断提高。此外,产品的需求量保持着稳定增长的趋势,行业的利润将大幅度改善,其价值得到提升。

(2) 利好有技术优势及国际化布局的企业

在"双碳"约束下,化工行业需要不断提升工艺技术水平,降能减排,实现绿色化生产,减少碳排放相关成本;提高产品附加值,降低单位产值的能耗成本。其次,由于全球各国碳减排政策的差异化,对资源的合理分配成为关键,故前期具有技术优势及全球化布局的化工企业将获得利好,获得优势。

6.3.1.1 国家层面促进减排

国家出台一些产品限额标准,例如《甲醇单位产品能源消耗限额》(GB 29436)中,对于煤制甲醇、天然气制甲醇、合成氨联产甲醇、焦炉煤气制甲醇的单位产品能耗限定值、单位产品能耗准入值、单位产品能耗先进值进行了严格界定,并给出了统计范围及计算方法、节能措施及节能技术。此外还有《煤直接液化制油单位产品能源消耗限额》(GB 30178—2013)、《煤制天然气单位产品能源消耗限额》(GB 30179—2013)、《煤制烯烃单位产品能源

消耗限额》（GB 30180—2013）等。即通过综合标准淘汰落后，错峰生产、减量置换等压减过剩产能手段进行碳减排。

这些标准规定有效推动了化工产品节能降耗，支撑了碳减排工作。2021年1月11日，我国生态环境部又发布《关于统筹和加强应对气候变化与生态环境保护相关工作的指导意见》，其中再次点到了应推动化工等行业提出明确的达峰目标并制定达峰行动方案。

6.3.1.2　企业层面减排

（1）化工行业生产供能低碳化，实施清洁生产

能源低碳化是实现化工行业在源头减碳的最佳选择。天然气作为传统能源中的低碳清洁能源，在制合成氨和甲醇的碳排放强度相比煤为原料要低50%以上。化工企业应以清洁生产为前提，走可持续发展道路，例如现阶段部分企业化工生产仍以燃煤为生产动力源，对此可以利用天然气、电能、核能等取代传统燃煤，以及可能会大量采用"绿氢"，这样就可以彻底扭转行业对化石能源的路径依赖，大大减轻行业碳减排压力。另外，企业还需借助对先进设备与工艺应用，进行清洁型产品的生产，做到在产品使用、回收过程中进行节能减排目标的渗透。此外，化工企业还需以节能减排为理念核心，构建具备再循环、减量化特点的循环经济体系，实现在化工生产过程中进行废物的再利用，在显著提升化工企业资源利用率的同时，避免因丢弃产品废物而造成环境污染破坏。

（2）化工企业建设智慧化管理平台，实施实时监测

智慧管理监测平台的建设需要依靠5G、工业互联网、大数据分析等技术，通过加强能源消耗的监控管理，能源管理体系的健全完备，在优化产品能源消耗、二氧化碳排放控制等方面对化工产品生产制造各环节的能源消耗及碳排放进行智能化管理，从而提高能效，降低单位能耗。

（3）进行产业结构调整，工艺的节能替代

要进行产业结构调整，立足于节能减排的角度，对高能耗、高污染设备、工艺进行淘汰，对高碳排产品的生产工艺进行改进与升级。以煤化工项目为例，可以加大对IGCC技术（煤气化联合循环发电系统）的引进与应用，充分利用气化一体化联合循环技术来改善生产品质，并做到在生产期间合理控制污染排放。

在我国当前煤化工的生产过程中，虽然乙炔、乙烯等基础原料的应用覆盖面积广，生产工艺及制备方法均已相对成熟，但是能源消耗的总量依然很高，生产过程中产生的污染等对环境造成的压力仍然严重。例如，对于催化剂的选择和不饱和烯烃、炔烃的来源进行改良，可以寻找更高效、合适的催化剂，即可实现改变反应条件，降低能耗和减少排放。

6.3.1.3　市场层面减排

日前，生态环境部应对气候变化司向中国石油和化学工业联合会发出《关于委托中国石油和化学工业联合会开展石化和化工行业碳排放权交易相关工作的函》，委托开展全国碳市场相关工作，其中氮肥协会主要负责氮肥、甲醇行业的工作。并且协会将主要围绕碳配额分配方案制定、全国碳市场运行测试、行业碳排放数据调查、碳市场建设和运行过程中问题的反馈以及碳市场基础能力建设等方面开展研究工作，为行业纳入全国碳市场做好各项准备。

6.3.2　化工行业碳减排碳中和技术

6.3.2.1　煤化工多联产技术

煤化工多联产技术是指将煤化工行业生产中现有的多种关键性技术进行联合应用，促进其生产工艺的综合化发展和提升。煤化工技术分为传统煤化工技术以及新型煤化工技术。传统煤化工技术包含煤焦化技术、煤气化技术、煤液化技术。而新型煤化工技术包含甲醇生产技术、新型煤气化技术、煤合成烯烃新型技术、新型合成氨技术、水煤浆技术等。其中，煤化工多联产技术在新型煤化工生产中，作为一种节能减排技术进行应用，能够有效促进物质资源利用率提升，从而获取更高的节能减排效益（表 6-17）。

表 6-17　煤化工多联产技术举例

联产技术类型	技术介绍	优势
以合成氨为基础的联产技术	合成氨与甲醇，在合成氨工序的甲烷化塔之前串联甲醇合成系统，即可实现同一装置得到两种产品	为企业从甲醇出发，发展一系列高附加值下游产品奠定基础。利用合成氨过程中富余的二氧化碳生产纯碱，可大幅度减少二氧化碳排放
以 IGCC 为基础的联产技术	IGCC 与煤化工，IGCC 技术是超清洁、高效发电技术，具有污染物排放低、节能节水等优势	采用 IGCC 与煤化工联产，实现物料、能量的总体优化，使装置的能源利用效率提高，单一项目的经济效益改善，污染物排放减少
以低阶煤利用为基础的联产技术	以低阶煤为原料，将热解、气化、燃烧、合成等过程有机结合，把煤炭中的挥发分转化为具有较高附加值的产品，把半焦作为气化、电石化、锅炉等的原料。焦油直接作为燃料或通过加氢制取高品质油品，煤气通过净化、转化、合成等工序生产燃料油、化工品	将煤炭资源有效组分进行最大程度的转化，全生命周期污染物排放大幅度减少，最终实现焦化、炼化、间接合成等工艺技术的有机结合，实现煤、气、油综合利用
其他联产技术	油-煤气联产、油-芳烃联产、油-蜡-煤气联产、合成氨联产二甲醚、水泥与煤气化联产工艺（将水泥生产利用纯氧、CO_2 作气化剂制 CO 技术进行联合）此外，煤气化还可以与冶金工艺联产，生产海绵铁后的剩余合成气直接用于生产化工品	

6.3.2.2　化工行业二氧化碳的回收利用技术

二氧化碳回收存储利用也是实现"双碳"目标的另一种形式。CCUS 即碳捕集、利用与封存，是应对全球气候变化的关键技术之一。煤化工的生产过程中会释放大量的温室气体，二氧化碳是其中最为重要的一种，做好碳捕集和处理工作能够有效减少二氧化碳排放量，顺利实现"碳达峰""碳中和"的目标。

一些新型煤化工项目中也会循环利用 CO_2，如一些采用粉煤气化技术的新型煤化工项目中，采用回收的 CO_2 替代氮气作为煤粉输送介质等；在化肥生产过程中，通常可将煤基合成氨过程回收的 CO_2 用作生产尿素的原料之一；CO_2 的矿化利用也是一个新的技术方向；利用天然矿物或工业废料中蕴含着的丰富的镁、钾、钙等矿化二氧化碳，并生产出高附加值的化工产品。

6.3.2.3　余热回收技术

在当下化工工艺节能降耗方案中，要将相应的热量进行回收处理，在进行实际的化工生产时所产生的余热不仅促使能源消耗量随之增加，而且致使发生大气污染。将化工工艺中所产生的余热进行回收并重新应用于化工生产中，可以使企业自身的能源消耗问题得到有效控制。对于一些低品位蒸汽，对其进行回收后，可以在供暖以及发电项目上进行有效应用，例如，热水热量、烟气热量等，可以将其进行有效的回收再利用，从而使相应资源利用率明显提升，进而为企业创造更大的经济效益。

6.3.2.4　煤炭的高效清洁技术

目前煤炭资源处理的方式主要有以下三种。一是借助物理或者化学等手段对煤炭进行处理，使其转变为清洁能源，最为常见的处理方式是煤炭的干馏，以获取甲醇、甲烷等原料。国内相关企业通过有效结合煤炭干馏技术和煤焦油加氢技术，最大限度地提高原料的利用率，实现了煤炭的绿色化处理。二是煤炭资源处理方式是提纯，将煤炭中的各项物质进行有效分离、分类，碳排量较高的物质要重点处理，如分离出来的原料容易被氧化，则需要使用固定剂进行有效固定，需要使用的时候立即取出并使用，避免因为不合适的保存引起原料污染。三是对处理完成的原料进行有效预测，思考经过低碳处理的原材料使用后可能对环境造成的影响，提前做好相应的防护工作，将煤化工行业的污染降至最低。

发展煤气化技术，当前煤气化技术主要分为三种：气流床技术、固定床技术以及流化床技术，三种煤气化技术各有优劣。根据我国当前的能源结构来看，大力发展煤气化技术不仅可以有效丰富能源结构，提高社会能源的均衡利用率，同时，能够推动我国社会经济的稳健发展。

6.3.2.5　新兴气化炉与燃料电气化技术

我国现有气化炉仍以老旧固定床为主，其单炉生产能力低、污染处理困难，已普遍被国外现代煤化工行业淘汰。随着碳排放要求提高，煤化工企业需要积极置换产能，淘汰升级高煤耗的老旧固定床气化技术，使用新兴高效率的粉煤气化等技术。预计在 2030 年，通过升级煤气设备，行业单位煤耗有潜力减少 30%，从而将碳排放量降低约 15%。

燃煤电气化可以消除燃煤碳排放（占总体的 50%），这项技术已经成熟，但是在高温流程中会显著提高运营成本，预计减排 1t 二氧化碳的成本超过 100 美元。

6.3.3　全球低碳化工生产技术的发展

"双碳"背景下，化工行业除了要进行行业结构转型、能源低碳化变革外，在化工行业生产过程中节能低碳技术的应用也尤为重要，当下全球化工行业正努力从"末端治理"向"生产全过程控制"转变，下面对重点高碳排的产品的低碳生产技术进行介绍，表 6-18 列举了全球低碳化工产品生产技术及其工艺特点。

表 6-18　全球低碳化工产品生产技术清单

产品	低碳工艺	工艺介绍	工艺特点
烯烃	流化床氢气燃烧技术	该技术将使用氧转移剂在烃原料和产品存在的情况下,通过氢气的选择性燃烧,将乙烷转化为乙烯	显著减少能源消耗和二氧化碳排放,二氧化碳排放将减少 75%～80%
	甲醇制烯烃技术(MTO)	用煤或者天然气为原料制合成气,以合成气为原料合成甲醇,再以甲醇为原料合成低碳烯烃	代表工艺有:埃克森美孚公司的 MTO 工艺、UOP/Hydro 公司的 MTO 工艺
	甲醇制低碳烯烃技术(DMTO)	用煤或者天然气为原料制合成气,以合成气为原料合成二甲醚,再以二甲醚为原料合成低碳烯烃	代表工艺有:中科院大连物化所 DMTO 工艺等。DMTO 工艺没有甲醇合成单元,工艺流程简化,同时二甲醚合成与甲醇合成相比,二甲醚合成在热力学上更为有利,效率更高,同时该工艺具有较好的热稳定性和低碳烯烃选择性,该工艺在工业应用上更为适用
乙二醇	低品位蒸汽管网梯级利用发电及制冷技术	采用低品位蒸汽冷凝液热量驱动冷冻机组,先将乙二醇与制冷剂换热降温至 -20.2℃ 后供冷。冷却至 105℃ 的冷凝液进入低品位蒸汽发电装置同时配合使用,将蒸汽冷凝液降温至 45℃,产生电能并入电网。再回收工艺冷凝液	充分利用了装置生产中产生的废热能,实现绿色环保、节能降耗。中盐红四方股份有限公司经计算,可以产生经济效益 237.6 万元/年
	荒煤气制乙二醇技术	通过转化、变换、低温甲醇洗、变压吸附技术(PSA)吸附分离等一系列工序,将荒煤气中价值较高的合成气组分 H_2、CO 提出,通过羰化、加氢、精制技术生产高端化工产品——聚酯级乙二醇	中国五环公司建设哈密广汇荒煤气综合利用年产 40 万吨乙醇项目中,每年可直接减排 CO_2 约 60 万吨,间接减排 CO_2 170 万吨
甲醇	水煤气技术	粗煤气通过加热处理进入到预变炉中。经过一段时间后,预变炉合成气体进入到主变炉中。在主变炉中气体交换温度超过 300℃,最后使合成气体在副产蒸汽和粗煤气原料中输入,合成气体温度降低到 176℃。在合成气体降到 40℃ 左右时,输入到低温甲醇生产工艺中	通过水煤气技术能够产生合成气,其氢碳比例为 0.5。传统化工工艺最佳氢碳比例为 2.1～2.2,以此表示甲醇生产工艺中,水煤气技术的使用能够降低能耗
	酸性气体脱除技术	使用物理吸收策略脱除气体,在低温甲醇生产时,煤化气体具有大量酸性气体,此气体在煤化气体中融合,保证甲醇提取工艺效率和质量	降低合成气体二氧化碳含量到 1.5% 以下,降低硫化氢含量为 $0.1×10^{-6}$,满足甲醇生产节能降耗原则
	煤天然气联合造气技术	采用煤和天然气联合造气工艺,充分考虑两种原料的特点,结合两种原料生产合成气的优势,实现碳氢互补。降低粗煤气中 CO 变换深度,甚至取消 CO 变换工序	节省粗煤气 CO 变换和脱除 CO_2 过程中消耗的额外能量,降低单位产品能耗,减少温室气体 CO_2 的排放
	煤化工与可再生能源制氢结合	绿 H_2 用作补氢原料。如果不发生变换反应,煤气化后进入合成气中的 C 只有少量 CO_2(煤气化过程中产生)在后续工序排放,大部分都通过合成反应进入产品。后续合成反应所需要的 H_2 大部分由可再生能源制氢补充	工艺过程基本不排放 CO_2。但缺点在于可再生能源制氢的成本问题

续表

产品	低碳工艺	工艺介绍	工艺特点
合成氨	气流床水煤浆气化技术	以氧气和水煤浆为原料,采用气流床反应器,在加压非催化条件下进行部分氧化反应,生成以一氧化碳和氢气为有效成分的粗煤气,作为氨和甲醇合成的合成气	提高煤的综合利用率;降低气体压缩功耗,节能;可以对热量进行回收利用
合成树脂	酶回收 PET 塑料的技术	Carbios 公司的工艺使用生物催化剂(一种酶),经过设计和优化,可以无限回收 PET 塑料,如瓶子、包装物和 PET 聚酯纤维,通过塑料废物的酶促进生物再循环生产出第一批用 100% 纯化对苯二甲酸(rPTA)制成的 PET 瓶	整个过程不再需要使用新的化石资源作为原料;这些单体可以重复用于生产新塑料,促进循环经济,不会降低质量
废气处理	高效节能的氨基气体处理技术（OASE sulfexx）	采用了新开发的专有氨基溶剂,可以达到选择性脱除 H_2S,最大限度降低气体物流中对 CO_2 的共吸收目的	提高产能、降低成本;为克劳斯尾气处理装置、高压酸气脱除和酸气浓缩装置提供了良好的解决方案,可大幅度降低产品中 H_2S 体积含量,并减少 CO_2 的吸收
	新型温室气体干重整催化剂	将温室气体干重整为可用于 CO、H_2 和其他化学品。该催化剂由廉价而丰富的镍、镁和钼制成,可引发并加快 CO_2 和 CH_4 转化为 H_2 的反应,有效催化时间超过 30d	催化剂不会发生积炭,使干重整反应均匀可控。这种经济耐用的催化剂,对迈向碳循环经济具有很高的现实意义

此外,在化工企业生产过程中,还可以采用以下措施达到节能降耗、低碳生产的目的,例如,采用结晶分离技术,从化工行业高碳原料中收集对生产有用的原材料,降低工业生产过程中的能源损耗现象,在一定程度上提高原子反应率,属于节能降耗模式中的最优模式。其次选用先进适配的催化剂来降低能耗,当所使用的催化剂和生产过程相匹配时不仅能够减少原料用量,还能够提高原料利用率,减少副产品生成,达到提高产率、降低能耗的目的。

6.4　"碳中和"目标下化工行业绿色发展新模式与展望

6.4.1　绿色发展新模式

在"双碳"背景下,化工生产企业的绿色低碳发展承担着相当大的压力,但在艰难探索、努力转型的过程中,伴随着新的发展机会,例如,发展新能源、新型材料等的机遇,将从前以化石能源为主导的能源、产业及经济结构逐步变为以可再生能源为主导的方向,这一过程将驱动整个化工行业重新构造其产业链、价值链,所以,这番举措更加依赖于技术创新,在实现"双碳"目标的过程中从本质上改变现阶段化工行业的结构形态。

"十四五"时期,化工行业的绿色发展需要重点做好以下几个方面。

首先,要做到将我国现阶段化工行业的短板弱项补齐,其中包括化工新材料和高端精细化学品两大重点。其次,要将我们的强项继续发挥出来,优势更加明显。我国化工行业中的一匹黑马就是现代煤化工,在其面临绿色低碳转型的压力下,如何走出一条使高碳含量的原材料在生产过程中低排放的新道路,面临着极大的技术、管理和资源考验。最后,是做好

"传统产业转型"，氮肥、氯碱、纯碱、橡胶等传统产业如何在转型升级中开拓市场新需求，化解产能过剩矛盾，提升市场竞争能力，面临着大量艰苦细致的工作。

此外，化工企业必须调整自身的主营业务，把以传统的化石燃料能源为主转变到以综合利用能源为主，尤其要以更清洁能源体系为主。研发和应用更先进的节能低碳减排技术，从而逐步转型为一个综合性的能源技术解决方案的制造商，取得更加稳定的增长。提高化工资源的开采及下游生产资源的利用效率是其必由之路，如此我们才有可能在保障经济运行的同时，产生较低的能源消耗，进而达到较低的污染物排放。

同时，利用煤基能源化工过程中的副产物二氧化碳高浓度的优势，积极地探索 CCUS 技术。积极拓宽二氧化碳资源化综合利用的途径和领域，将二氧化碳作为资源，并加以进行产业化的综合利用，推动二氧化碳资源综合利用，从而生产出具有较高附加值的烯烃、甲醇等化工产品。通过现代煤炭化工、石油化工、可再生能源制造工艺的融合，降低碳排放。着力于研究利用煤转化、油-煤气机械生产燃料及大宗化学品的创造性路线，顺利将煤化工与石油化工融合，一同发展。

组织现代煤化工行业开展节水企业建设试点工作，试点应涵盖节水技术普及、节水管理、节水意识树立等方面，创新节水管理模式，实现节水管理水平及效益提升，加强用水计量及信息化管理，提高节水智能化管理水平。推动节水技术改造，推动采用高效节水工艺技术，因地制宜积极推广空冷、闭式循环水系统等节水技术的应用。

尽快制定煤化工行业达峰目标和行动方案，从政策层面倒逼和引导现代煤化工产业低碳转型；加强管控，针对行业出台更详细的碳盘查、碳核算指南，适时积极参与全国碳交易市场。

6.4.2　展望

"碳中和"是中国化工行业中未来确定性的发展趋势，在"碳达峰"及"碳中和"的"双碳"发展趋势下，中国化工行业将会迎来巨大的转变。转变的大方向，将会是化工产业转型升级、减碳及"双碳"能源革命的转变。在这样的大趋势下，中国化工行业发展将会出现较多变化。

中国新能源行业的发展本质是清洁可再生能源的发展，其中光伏能源、风能具有最大的发展契合度，光伏能源、风能的本质，在于电能传输、储能和新能源汽车的产业链一体化模式，所以，储能有望成为未来重要的发展方向。所以未来储能行业前景乐观，储能规模的增长在于化工新材料的发展。储能主要是指电能的储存，主要有电池储能、电感器储能、电容器储能等方式，其中电池储能是目前重要的应用方向。电池储能如铅酸电池储能、镍氢电池储能、锂离子电池储能等，这些电池的背后是对中国化工新材的重要应用体现。另外，随着中国化工新材料的发展，新型的储能电池也在快速发展，如 sp^2 杂化碳质储能电池、石墨烯电池等，都将是未来的重要方向。

对于未来化工新材料的行业发展驱动，归于两个驱动逻辑，一个是"双碳"政策驱动的消费需求增长，另一个是低碳和可降解材料的政策驱动增长。其中低碳和可降解材料将会受到政策驱动呈现爆发式增长，从未来拟在建的 PLA 和 PBAT 产业规模高速增长可以看到此趋势的发生。另外，关于新能源消费驱动带来的新材料需求，如光伏级乙烯-乙酸乙烯共聚物（EVA）、玻璃纤维增强改性、光伏风电涂料等，将会受到大趋势带来的消费驱动增长。

煤化工是化工行业重要的碳排放领域，也是未来重点的改造、升级产业。未来的煤化工行业，将会是高效化煤炭转化、低碳化生产运行行业，其中煤改气有望成为重要的发展方向。关于煤化工行业的"碳中和"发展趋势，可以有以下几个发展机遇，其一是太阳能发电后电解制氢，可以满足煤化工行业中对氢的需求，如煤制气、煤制烯烃、煤制甲醇等，降低氢气采集成本及降低制氢过程中的碳排放。其二是提升煤气化工艺，增强碳转化率，降低煤炭单耗是煤化工行业技术研究的重要方向。如采用先进的气流床煤气化工艺，对煤炭品质要求更低，碳转化率更高。

最后，国家与地方需多为化工行业制定减排政策，设立强制性法规，用以激励行业主动减排，提高化工生产企业更换减少碳排放的技术设备的积极性。

参考文献

[1] 倪吉.碳中和背景下，化工行业碳排放压力有多大？[J].中国石油工，2021，(4)：22-27.
[2] 杨光杰，李飞，王旭峰，谷小虎.合成气制低碳烯烃研究进展[J].现代化工，2020，40 (4)：61-64.
[3] 李志庆，赵红娟，王宝杰，高雄厚.煤基甲醇制烯烃技术进展及产业化进程[J].石化技术与应用，2015，33 (2)：180-184，189.
[4] 刘蓉，肖天存，王晓龙，何忠.介孔导向剂制备多级孔结构 SAPO-34 分子筛催化剂及其在甲醇制烯烃反应中的应用[J].工业催化，2016，24 (12)：23-30.
[5] 刘殿栋，王钰.现代煤化工产业碳减排、碳中和方案探讨[J].煤炭加工与综合利用，2021，(5)：67-72.
[6] 胡迁林，赵明."十四五"时期现代煤化工发展思考[J].中国煤炭，2021，47 (3)：2-8.
[7] 刘剑.化工工艺中节能降耗技术的应用[J].化工设计通讯，2021，47 (8)：60-61，83.
[8] 叶新友.化学工艺中常见的节能减排技术研究[J].化工管理，2021，(23)：21-22.
[9] 黄莹.化工工艺中常见节能降耗技术研究[J].化工管理，2019，(20)：59-60.
[10] 赵乐.我国煤气化技术的特点及应用[J].中小企业管理与科技(下旬刊)，2021，(7)：188-189.
[11] 王宁，刘刚，高宝宝.煤化工技术发展现状及其新型技术研究[J].智能城市，2020，6 (11)：122-123.
[12] 贾薇.新型煤化工技术的研究进展[J].化工管理，2020，(34)：115-116.
[13] 李博.煤化工技术现状及发展趋势研究[J].科技资讯，2019，17 (23)：61，63.
[14] 刘畅，王文龙.新型煤化工技术的研究[J].化工管理，2020，(8)：119-120.
[15] 任怡静.我国合成氨行业碳减排潜力研究[D].北京：北京化工大学，2015.
[16] GB/T 32151.10.温室气体排放核算与报告要求 第 10 部分：化工生产企业[S].
[17] 翟吉人，贾志慧，张汇.我国碳交易试点地区化工行业碳排放量核算方法比较分析[J].环境与可持续发展，2018，43 (2)：31-35.
[18] 陶杨，凌宗勇，孙晓红.年产 30 万吨煤制乙二醇绿色化工生产新技术[J].安徽化工，2020，46 (3)：57-59.
[19] 刘园园，赵建婷，金建涛.探索化工工艺中节能降耗技术应用[J].中国化工贸易，2019，(19)：157.
[20] 丁秋琴.化工工艺中的新型节能降耗技术及其应用[J].化工设计通讯，2021，47 (2)：29-30.
[21] 崔轶群.化工工艺中的节能降耗方法探析[J].中国石油和化工标准与质量，2020，40 (16)：234-235.
[22] 本刊编辑部.2020 化工行业数字化转型现状报告[J].流程工业，2020，(9)：13-16.
[23] 马凤仙.基于低能耗化工分离技术的发展现状研究[J].化工设计通讯，2021，47 (4)：50-51.
[24] 麻文斌.低耗水煤化工不再是梦[N].中国煤炭报，2016-04-20 (4).
[25] 石华信.利用 CO_2 生产化工产品的多种新技术[J].石油石化节能与减排，2013，3 (5)：46-47.
[26] 王月平.煤化工工艺中二氧化碳排放与减排分析[J].化工管理，2021，(5)：41-42.
[27] 杨帆.碳中和对化工品行业影响不一[N].期货日报，2021-04-27 (4).
[28] 顾宗勤.现代煤化工是碳减排重点[N].中国环境报，2016-02-18 (12).

［29］ 霍婧，赵卫东.用政策倒逼现代煤化工减碳［N］.中国能源报，2021-04-12 (16).

［30］ 王红秋.2021 年"碳中和"推动行业绿色发展 全球化工市场有望走出低谷［N］.中国石油报，2021-02-23 (6).

［31］ 李寿生."十四五"石化工业高质量发展五大战略任务［J］.上海化工，2021，46 (3)：1-2.

［32］ Guang-jian Liu, et al. Energy savings by co-production：A methanol/electricity case study［J］. Applied Energy，2009，87 (9)：2854-2859.

［33］ Jing-Ming Chen, Biying Yu, Yi-Ming Wei. CO_2 emissions accounting for the chemical industry：An empirical analysis for China［J］. Natural Hazards，2019，99 (3)：1327-1343.

［34］ Wei Y M，et al. An integrated assessment of INDCs under shared socioeconomic pathways：An implementation of C^3 IAM［J］. Nat Hazards，2018，92：585-618.

［35］ You Zhang，et al. Intensive carbon dioxide emission of coal chemical industry in China［J］. Applied Energy，2019，236：540-550.

［36］ Yi Q，Li W，Feng J，et al. Carbon cycle in advanced coal chemical engineering［J］. Chem Soc Rev，2015，44：5409-5445.

第7章
石油化工行业双碳路径与绿色发展

18世纪60年代第一次工业革命以来,煤炭、石油、天然气等化石能源的产量和消耗总量呈现爆炸性增长,随之而来的便是化石燃料引起的碳排放同样大幅度增加。虽然目前全球正在经历从化石能源向氢能等清洁能源转变,但在非化石燃料还远远无法替代化石能源的今天,促进能源结构从以煤炭为主向以油气为主转变将成为大趋势。2020年受新冠疫情的影响,全球石油产量呈现断崖式下跌,跌至37.77亿吨/年,占全球一次能源消耗量净下降量的近3/4。与此相对应的,一次能源使用产生的碳排放也同比下降了6.3%。然而即使在这样的大背景下,中国的石油消耗量依然处在增长的趋势,且增长速率最高(2.1%,22万桶/天),也预示着我国在石油行业的领域逐渐占据重要地位。同时随着疫情逐渐控制,石油输出国组织(Organization of Petroleum Exporting Countries,OPEC)秘书处发布的国际石油市场报告显示,大多数经济信号表明,国际石油需求出现新趋势。若世界经济能够按照预期逐渐复苏,国际石油需求将在2020年下降140万桶/天后开始重新增长,有望达到日增80万桶的增速,足可见石油化工行业与我们的生活生产息息相关。因而在"碳中和""碳达峰"的大背景下,探究石油化工行业双碳路径及策略迫在眉睫。

7.1 石油化工行业碳排放现状

7.1.1 全球石油化工产业产值及碳排放量

2020年以来,新冠肺炎疫情在全球急剧蔓延,导致石油需求断崖式下跌,原油产量同样直降7.59%,低于2013年的原油产量(37.96亿吨)。2014—2020年全球原油产量及增长速率如图7-1所示。其中石油需求量下降最多的是美国(−230万桶/天)、欧盟(−150万桶/天)和印度(−48万桶/天)。此外,全球炼油利润持续低迷,炼油业也受到了很大的影响。受疫情影响,全球炼厂加工状况惨淡。欧洲、美洲和亚太地区炼厂纷纷降低开工率,菲律宾、澳大利亚、比利时和美国等国的多个炼厂甚至都在考虑永久关闭或持续停产。数据显示,过去5年全球炼厂加工量平均为8028万桶/天,而在2020年2月疫情暴发后,加工

量开始下降，降至 8000 万桶/天以下。4 月和 5 月，加工量更是大幅度降至 6877 万桶/天和
6826 万桶/天，创近 10 年来的历史新低。在此之前，精炼石油产品产量持续处于上升状态，
2012—2018 年全球精炼产品量及其增长速率如图 7-2 所示。

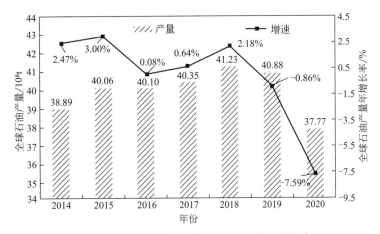

图 7-1　2014—2020 年全球原油产量及增长速率

图 7-2　2012—2018 年全球精炼石油产品产量及增长速率

　　但从长远角度看，核能、水、风、太阳能等自然能以及沼气、薪柴等可再生能源都还远
没有达到能够真正取代石油作为人类要紧能源的程度。同时，预期疫情影响在 2021 年下半
年后逐渐受到控制，世界整体的经济以及石油需求的强劲复苏也处于相对乐观的状态。因而
石油依然将是未来十几年甚至几十年关系着全球经济生产生活命脉的重要能源资源。而全球
石油、天然气等化石能源的产量和消耗总量持续攀升也直接导致了化石燃料消耗产生的碳排
放量逐年增加。世界银行公布了全球化石燃料消耗产生的二氧化碳排放数据及其占所有燃料
的比重情况，2000—2016 年全球具体的变化趋势如图 7-3 所示。燃料一共分为三种形态，
液体燃料是指使用石油提炼的燃料作为能源，气体燃料是指以天然气为能源，固体燃料主要
是指以煤炭为能源。从数据来看，石油和天然气等燃料消耗产生的二氧化碳排放量呈现逐年
增加的趋势，而煤炭燃料消耗产生的碳排放量在近几年略有降低。这是全球在温室效应的驱
动下，大力发展绿色工业的必然结果。因为在燃烧过程中，不同的化石燃料在相同的能源使
用水平下会释放不同数量的二氧化碳：石油释放的二氧化碳大约比天然气多 50%，而煤炭

释放的二氧化碳大约是天然气的 2 倍，因而煤炭的使用在多个国家都受到了一定的制约。而就排放比重来说，石油燃料消费产生的碳排放所占比重逐年下降，天然气比重在经过较大的回落波动后，呈现快速增长的趋势。而石油和天然气的加和比重已经超过了煤炭的比重。碳强度是二氧化碳与单位能源的比率，或生产中使用单位能源所排放的二氧化碳量。排放强度也被用来比较不同燃料或活动对环境的影响。该指标通常可以与排放因子互换使用，可以更加直观地表现出石油在利用过程中产生的碳排放。由图 7-3 可知，全球碳强度在 2000 年后逐渐增加，趋于平缓，平均值约为 2.44kg/kgoe。在 2015 年有比较明显的下降，这也是技术进步和经济增长的一个趋势。总的来说，在全球范围内，石油和天然气等这些相对比较清洁的化石能源将会逐渐占据世界主舞台。

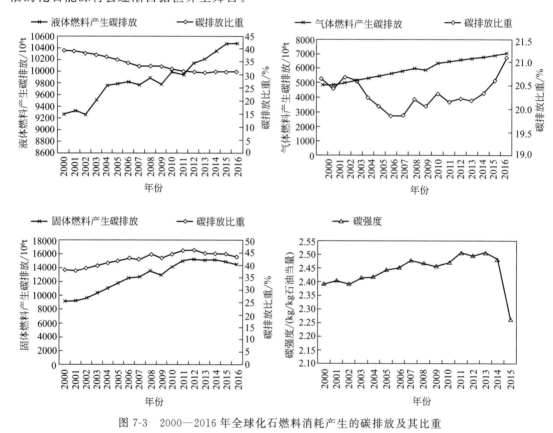

图 7-3　2000—2016 年全球化石燃料消耗产生的碳排放及其比重

7.1.2　中国石油化工产业产值及碳排放量

在国家的大力支持下，我国石油化工行业一直处于快速发展状态。在 2015—2018 年间，我国原油生产量有所回落，此后我国石油产量又重新回升，2019 年中国原油产量 19101.4 万吨，同比增长 1.01%。为保障国家能源安全，积极应对新冠肺炎疫情、低油价、需求不振等不利因素影响，国内石油生产企业继续加大国内勘探开发力度，调整投资策略，加强重点战略区域、潜力优质区块的勘探，有效控制成本，积极释放优质产能。因而在疫情影响经济的大背景下，2020 年原油产量呈持续增长态势，达到 1.95 亿吨，年均增长 2.04%，同比增长 2.3%，位居世界第五位。近 7 年我国原油产量及其增长速率如图 7-4(a) 所示。相较

而言，我国的原油加工量则一直处于增长状态。截至 2020 年底中国原油加工能力达到 6.74
亿吨/年，同比增长 3.44%。2014—2020 年中国原油加工量及增长速率如图 7-4(b) 所示。

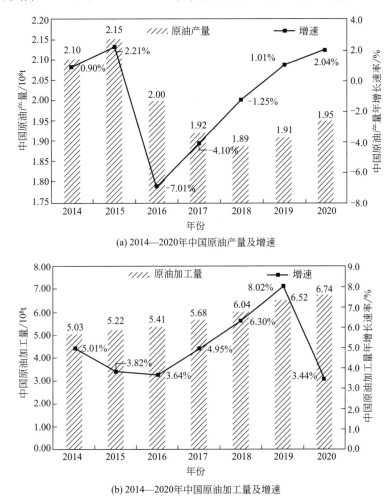

(a) 2014—2020年中国原油产量及增速

(b) 2014—2020年中国原油加工量及增速

图 7-4　2014—2020 年中国原油产量及增速和原油加工量及增速

　　我国石油化工行业主要以化学工业为主，占 56% 以上，其次为炼油业（约 33%）和石
油和天然气开采业（约 9%）。石油加工主要在华东和东北地区，华东地区原油加工产量占
比 44.6%，东北地区原油加工产量占比 19.1%。而 2020 年各省市中原油加工产量最多的为
山东，产量为 14545.6 万吨；其次为辽宁，产量为 10276.3 万吨。排名前十的省（区、市）
如图 7-5 所示。

　　石油化工行业作为传统高排放行业，将从多个方面，受到"双碳"浪潮的重大影响。根
据《中国化工报》数据显示，截至 2020 年底，石油化工行业年碳排放量超过 2.6 万吨的企
业约 2300 家，约占生产型企业总量的 1.9%。但这 2300 家企业的碳排放量之和占全行业碳
排放总量的 65%，因而石油化工行业碳减排任务艰巨。世界银行同样公布了我国化石燃料
消耗产生的二氧化碳排放数据及其占所有燃料的比重情况，2000—2016 年我国具体的变化
趋势图如图 7-6 所示。由图可知我国使用石油作为燃料消耗产生的二氧化碳整体呈上升的趋
势，这是由于我国的石油使用量仍处于每年增加的状态，即使所占比重在 2000—2013 年呈

图 7-5 2020 年中国各省（区、市）原油加工产量前十地区

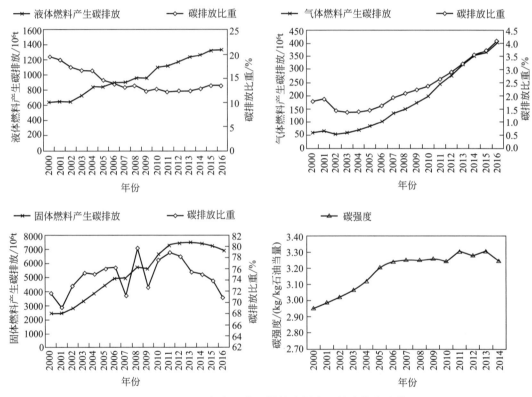

图 7-6 2000—2016 年中国化石燃料消耗产生的碳排放及其比重

现下降趋势，但是 2013 年以后略微有重新上升的趋势。气体燃料消耗产生的二氧化碳量及其所占比重均处于快速上升的趋势。固体燃料燃烧产生的二氧化碳量在近几年趋于平缓，所占比重也迅速下降。近几年，我国推动了石油和天然气等相对清洁能源特别是天然气的快速发展。但固体燃料燃烧产生的二氧化碳依然在我国占据绝对的主导地位，2011 年后占 80% 左右。这同样也预示着我国的能源结构改革还需走较长的技术革新道路。而我国碳强度在 2000 年后快速增加，但在 2007 年后趋于平缓，趋于平缓的阶段的碳强度平均值为 3.26kg/kgoe，要高于全球水平，进一步证实了我国的能源结构和科学技术亟须改革。

7.1.3　"双碳"目标下石油化工行业的政策环境

石油化工行业存在产能结构性过剩、自主创新能力不强、产业布局不尽合理、安全环保压力大等问题。石化行业作为高污染性产业，面临结构性改革的矛盾，国家政策引导对于促进石化产业持续健康发展具有重要意义。我国"十三五"期间绿色发展概念提出后，石化行业的相关政策已有相应的调整，详细见表 7-1。

表 7-1　2015—2020 年我国石油化工行业政策一览表

时间	配套政策	主要内容
2015 年 6 月	《石化产业规划布局方案》	旨在通过科学合理规划，优化调整布局，从源头上破解产业发展的"邻避困境"，提高发展质量，促进民生改善，推动石化产业绿色、安全、高效发展；方案对新建项目（基地）相关指标提出了要求
2016 年 4 月	《石油和化学工业"十三五"发展指南》	按照发展指南要求，"十三五"期间全行业主营业务收入年均增长 7% 左右，到 2020 年达到 184 万亿元；化工新材料等战略性新兴产业占比明显提高，新经济增长点带动成效显著，产品精细化率有较大提升，行业发展的质量和效益明显增强；技术创新体系初步形成，产学研协同创新效果显著，掌握一批具有自主知识产权的关键核心技术，互联网与信息技术广泛应用，形成转型升级的新动力和新优势
2016 年 7 月	《国务院办公厅关于石化产业调结构促转型增效益的指导意见》	加快淘汰工艺技术落后、安全隐患大、环境污染严重的落后产能，有效化解产能过剩矛盾，烯烃、芳烃等基础原料的保障能力显著增强，化工新材料等高端产品的自给率明显提高，产业发展质量和核心竞争能力得到进一步提升
2017 年 12 月	《关于促进石化产业绿色发展的指导意见》（简称《意见》）	增强企业绿色发展的主体责任意识，全提升石化企业绿色发展水平，是当前石化行业的重点工作之一。根据《意见》，石化产业绿色发展要完成四项重点任务：一是优化产业布局，规范园区发展；二是加快升级改造，大力发展绿色产品；三是提升科技支撑能力；四是健全行业绿色标准
2018 年 7 月	《石化产业规划布局方案》	方案要求安全环保优先，并支持民营和外资企业独资或控股投资，促进产业升级
2019 年 5 月	《油气管网设施公平开放监管办法》	完善油气管网公平接入机制，油气干线管道、省内和省际管网均向第三方市场主体公平开放，油气管网设施运营企业应当公平、无歧视地向所有符合条件的用户提供服务
2020 年 1 月	《石油炼制工业废气治理工程技术规范》（HJ 1094—2020）	首次规定了石油炼制工业废气治理工程中的总体要求、工艺设计、检测与过程控制、施工与验收、运行管理的技术要求

2020 年 9 月，中国基于推动实现可持续发展的内在要求和构建人类命运共同体的责任担当，宣布了碳达峰、碳中和目标愿景。为落实国家"双碳"目标，国家有关部门、行业都在积极行动。2020 年 11 月，中国石化与国家发展和改革委员会能源研究所、国家应对气候变化战略研究和国际合作中心、清华大学低碳能源实验室三家单位分别签订战略合作意向书，共同研究提出中国石化率先引领能源化工行业实现"双碳"的战略路径。同时 2021 年 1 月 15 日，中国石油和化学工业联合会联合 17 家企业和园区发起的《中国石油和化学工业碳达峰与碳中和宣言》也为新时代中国石油和化工行业践行绿色发展理念、建设生态文明确立了新起点。在此之后，国家相关部门及行业领头羊陆续推出相应的政策及文件指南，具体的新政策及新文件如表 7-2 所示。

表 7-2　"双碳"环境下石油化工行业的新政策及新文件

时间	政策/文件	主要内容
2021 年 1 月	《石油和化学工业"十四五"发展指南》	明确了今后 5 年行业绿色发展的目标。即要加快实施绿色可持续发展战略,提升行业绿色、低碳和循环经济发展水平。到 2025 年,万元增加值能源消耗、碳排放量、用水量分别比"十三五"末降低 10%;重点行业挥发性有机物排放量下降 30%,固体废物综合利用率达到 80% 以上,危险废物安全处置率达到 100%;本质安全度大幅度提升,重特大安全生产事故得到有效遏制;并从降低资源能源消耗、深化绿色制造体系建设、落实污染防治行动计划、深入实施责任关怀等 5 个方面做了详细具体的部署
2021 年 1 月	《石化绿色工艺名录(2020 版)》	该目录较 2019 年版新增 7 个条目、10 项工艺,共 30 个条目。列出了在产品品质、能耗、物耗、"三废"排放、工艺安全等方面综合评估具有显著的优势,行业推广价值较大的生产工艺
2021 年 2 月	《关于加快建立健全绿色低碳循环发展经济体系的指导意见》	意见第四条提出要加快实施钢铁、石化、化工、有色金属、建材、纺织、造纸、皮革等行业绿色化改造。推行产品绿色设计,建设绿色制造体系
2021 年 4 月	《国内外油气行业发展分析与展望报告蓝皮书(2020—2021)》	随着世界主要经济体碳达峰、碳中和目标的明确,将深度引发油气供需两侧的结构性变革,油气行业正加速转型升级。未来五年,全球油气市场将进入变动期,天然气仍将是需求增长最快的化石能源。油气企业必须顺应形势、主动作为,但也应防止跟风,注重根据企业的实际,实现转型中的有效发展
2021 年 4 月	《中国低碳经济发展报告蓝皮书(2020—2021)》	中国油气企业应对气候变化及低碳转型,实现减排承诺的途径绝不是单纯减排温室气体,而是包括调整组织架构;改变投资组合,增加可再生能源投资;提高能源利用效率和生产效率;发展 CCUS(二氧化碳的捕集、存储和利用)和自然碳汇;加强下游高附加值、低碳排放的化工产业建设等多种措施。同时提出三大重要策略:一要在油气组合中提升天然气占比;二是增加对低碳领域和新能源项目投资;三要加强技术和商业模式创新
2021 年 5 月	《关于加强高耗能、高排放建设项目生态环境源头防控的指导意见》	严格审查涉"两高"行业的有关综合性规划和工业、能源等专项规划环评,特别对为上马"两高"项目而修编的规划。在环评审查中应严格控制"两高"行业发展规模。石化、现代煤化工项目应纳入国家产业规划。新建、扩建石化、化工、焦化、有色金属冶炼、平板玻璃项目应布设在依法合规设立并经规划环评的产业园区
2021 年 9 月	《关于完整准确全面贯彻新发展理念做好碳达峰碳中和工作的意见》	制定能源、钢铁、有色金属、石化化工、建材、交通、建筑等行业和领域碳达峰实施方案。严格控制化石能源消费。加快煤炭减量步伐,"十四五"时期严控煤炭消费增长,"十五五"时期逐步减少。石油消费"十五五"时期进入峰值平台期。加快推进页岩气、煤层气、致密油气等非常规油气资源规模化开发
2021 年 10 月	《石化化工重点行业严格能效约束推动节能降碳行动方案(2021—2025 年)》	确定了炼油、乙烯、合成氨、电石行业能效基准水平和标杆水平。提出四大重点任务:建立技术改造企业清单、制定技术改造实施方案、稳妥组织企业实施改造、引导低效产能有序退出。此外,强调要强化产业政策标准协同、加大财政金融支持力度,以及加大配套监督管理力度。如建立炼油、乙烯、合成氨、电石等行业企业能耗和碳排放监测与评价体系,稳步推进企业能耗和碳排放核算、报告、核查和评价工作等

时间	政策/文件	主要内容
2021 年 10 月	《2030 年前碳达峰行动方案》	推动石化化工行业碳达峰。优化产能规模和布局，加大落后产能淘汰力度，有效化解结构性过剩矛盾。严格项目准入，合理安排建设时序，严控新增炼油和传统煤化工生产能力，稳妥有序发展现代煤化工。优化产品结构，促进石化化工与煤炭开采、冶金、建材、化纤等产业协同发展，加强炼厂干气、液化气等副产气体高效利用。鼓励企业节能升级改造，推动能量梯级利用、物料循环利用。到 2025 年，国内原油一次加工能力控制在 10 亿吨以内，主要产品产能利用率提升至 80% 以上
2021 年 12 月	中央经济工作会议	明确提出"创造条件尽早实现能耗双控向碳排放总量和强度双控转变"。在"十四五"期间，石化、化工、建材、钢铁、有色金属、造纸、电力和民航等八大高耗能行业将逐步纳入该政策。石化行业最有可能也采用基准线法

7.2　石油化工行业碳排放核算

7.2.1　石油化工行业碳排放计算主要方法

7.2.1.1　石油化工行业简介

石油化工是以石油和天然气为原料，生产石油产品和石油化工产品的加工工业。石油化工原料主要为来自石油炼制过程产生的各种石油馏分和炼厂气，以及油田气、天然气等。石油化工生产，一般与石油炼制或天然气加工结合，相互提供原料、副产品或半成品，以提高经济效益。石化产业生产线长，涉及面广，产品多，影响大，从最初的原油到化工原料再到化工产品，经过了众多生产和加工流程。从产业链来看，石油化工产业上游主要为勘探、开发、生产三个环节，中游的任务主要是石油的储运，下游的任务是石油的加工和销售，具体包括炼油、化工、销售三个环节。石油化工产业构成及产业链图谱如图 7-7 所示。

7.2.1.2　典型石油化工行业排放环节

石油化工行业既是能源生产者，同时也是产生大量碳排放的行业。从开采、运输、储存到终端应用环节，贯穿于上、中、下游全产业链，都会产生碳排放。碳排放主要包括二氧化碳与甲烷两类。二氧化碳排放主要来自生产过程中的供热与供能需求，甲烷主要来自油气开采、运输过程中的气体逃逸。因而对于我们常规理解的石油化工企业来说，如无特殊情况，温室气体只核算 CO_2 一种气体。

由于石油炼制是大部分石油产品生产所必经的环节，且为了与化工行业有一定的区分，在本章节中，以石油炼制行业为代表探讨生产过程中的碳排放情况。石油化工与其他工业生产部门类似，石化企业的碳排放也可以分为直接排放与间接排放两部分，见图 7-8。其中石化企业的碳排放中，间接排放主要是指外购的化石能源转换的电、蒸汽等能源所产生的排放；直接排放主要是指化石燃料直接燃烧排放、生产过程中的工艺排放以及各种设备部件泄漏导致的逃逸排放。目前，燃料型、炼化一体化及润滑油型三种典型炼厂的直接碳排放占比均在 60% 以上。而生产过程排放的环节主要有以下几个。

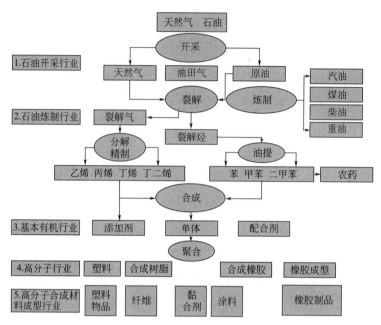

图 7-7 石油化工产业链图谱

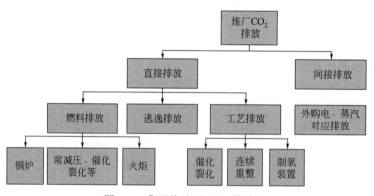

图 7-8 典型炼油厂 CO_2 排放源

① 石油化工生产过程中要使用各种各样的催化剂，某些工艺生产过程的催化剂会出现结焦，需要对催化剂连续烧焦以保持催化剂活性和工艺运转。典型的工艺包括：催化裂化、催化重整、各类加氢工艺等。其中催化裂化工艺需要对催化剂进行连续再生过程，相对 CO_2 排放较多。

② 石油炼制过程中的氢气消耗量较多，制氢工艺 CO_2 排放量显著，产出的 CO_2 纯度很高。制氢装置 CO_2 排放量取决于制氢原料中的碳氢比例以及制氢工艺，大多数情况下，装置采用蒸汽转化工艺需要以天然气、炼厂干气为原料；有的企业制氢装置以煤（焦）气化工艺制氢。

③ 乙烯为原料氧化生产乙二醇工艺过程中，乙烯氧化生产环氧乙烷单元会产生 CO_2 排放。

"十四五"期间，包括石化、化工、建材、钢铁、有色金属、造纸等在内的八大行业将全部被纳入全国碳市场，充分利用市场机制控制和减少温室气体排放，因此碳排放核算体系和碳资产管理体系的建设也迫在眉睫。目前来看，石化企业这两方面的能力已基本具备。但石化行业除了炼油外，还涉及更复杂的后端产品，流程比较多，工序比较复杂，无法像电力核算那样直接简单。且石化产业链条长，情况也较为复杂，能不能分产品、分工序地把能耗、排放数据统计出来，对石化行业来说也是一种挑战。也因为产业链的复杂性，没有一个核算方法能够适用于所有企业，在真正核算过程中，可能会需要使用多种指南和要求来进行核算。

石油化工系统自身有一套企业内部的碳排放核算方法，要求核算的排放源甚至超过国家指南和试点地区的要求，更为严格。但随着国家相应指南和标准的出台，以及未来全国碳交易市场的启动，对石油化工企业强化数据质量管理方面将提出更高要求，包括但不限于：① 对排放源的数据计量提出精度要求，包括数据准确度、计量仪器准确度、质量控制、人员操作等过程；② 对排放因子的计量有更苛刻的要求，即使国家指南为所有的排放源都给出了一个缺省排放因子，但排放量大、技术水平高的企业最好能实测自己的排放因子和碳含量数据，甚至把这些企业实测的排放因子加以统计分析，得到更能反映当年实际水平的排放因子数据作为该行业某种排放源的缺省值，使国家标准中提供的缺省排放因子更加准确；③ 核算边界范围将会更加精确；④ 各个行业企业间的核算规范和标准将趋于统一，增加可比性；⑤ 将逐渐引入第三方核查，确保公平公正以及准确性。

目前为止，国家和部分省市均发布了有关石油化工企业碳排放核算方法的文件指南。2014 年国家发改委发布了《中国石油化工企业温室气体排放核算方法与报告指南（试行）》，这也是目前石油化工行业比较常用的碳排放核算方法指南。2017 年中国标准研究院也发布了《温室气体排放核算与报告要求 石油化工企业（征求意见稿）》。同年天津市发布了《天津市炼油和乙烯企业碳排放核算指南（试行）》，广东省发布了《广东省炼油企业碳排放报告指南》《广东省乙烯企业碳排放报告指南》，2020 年北京市更新了《二氧化碳排放核算和报告要求 石油化工生产业》。而企业碳核算过程中采用的要求和指南根据实际情况而定，一般以国家标准为首选。

7.2.2 《中国石油化工企业温室气体排放核算方法与报告指南（试行）》解读

为建立完善温室气体统计核算制度，逐步建立碳排放交易市场，构建国家、地方、企业三级温室气体排放核算工作体系，实行重点企业直接报送能源和温室气体排放数据制度，国家发展和改革委员会编制了《中国石油化工企业温室气体排放核算方法与报告指南（试行）》。该指南包括正文及两个附录，其中正文分七个部分阐述了指南的适用范围、引用文件、术语和定义、核算边界、核算方法、质量保证和文件存档以及报告内容。在使用该指南之前需要明确以下几个问题。

① 明确核算主体。该指南的核算主体应为中国境内从事石油炼制或石油化工生产的具有温室气体排放行为的独立法人企业或视同法人的独立核算单位。

② 确定核算边界。该报告应以最低一级的独立法人企业或视同法人的独立核算单位为企业边界，核算和报告在运营上受其控制的所有生产设施产生的温室气体排放。设施范围包括基本生产系统、辅助生产系统，以及直接为生产服务的附属生产系统。原则上企业厂界内生活区域能耗导致的碳排放不在核算范围内。比较通俗一点地说，就是该企业内属于企业法人或者核算目标的所有排放源，包括法人或核算目标所有，但是不在企业地理范围内产生碳排放的排放源（如运输车辆）。但较特殊的一点是，若该企业边界内存在产生碳排放却不属于该独立法人企或独立核算单位的排放源，该部分的碳排放量依然属于使用者，而非所有者。简而言之，在碳排放核算过程中，比较侧重于按照运营控制权确定责任归属而非实际所有权。

③ 鉴别排放源及气体种类。一般来说，石油化工行业只会产生 CO_2 这一类温室气体的排放。碳排放也分为直接排放和间接排放，如 7.2.1.2 所描述的。在该指南中，将会分别对这些排放环节进行核算，工业生产过程中产生的碳排放也会根据各个工艺环节进行细分核算。简而言之，在石油化工企业进行核算之前，需要确定企业内涉及的生产过程及其计算方式，不涉及的生产过程忽略不计。除此之外，该指南还提供了 CO_2 回收利用量（包括企业回收燃料燃烧或工业生产过程产生的 CO_2 作为生产原料自用的部分，以及作为产品外供给其他单位的部分）的核算方法，该部分可从企业总排放量中予以扣除。

④ 确定需监测数据。核算过程中涉及的大部分数据均会有企业生产原始记录或者统计台账，该部分数据选用企业实测数据，如工业原料的使用量和产品产量。部分数据可以根据指南中列举的方法进行实测，如化石燃料含碳量、燃料低位发热量、排放因子等数据。若没有条件实测，企业也可参考指南中列举的合适缺省值进行计算。

⑤ 若某核算边界内除石油产品和石油化工产品外还存在其他产品生产活动且伴有温室气体排放的，还应参考这些生产活动所属行业的企业温室气体排放核算方法与报告指南，核算并报告这些生产活动的温室气体排放量。

7.2.3 石油化工行业碳排放核算典型案例

7.2.3.1 企业简介及产品工艺流程

沈阳某石蜡化工企业公司成立于 1997 年，2018 年主要产品有线性低密度聚乙烯树脂、丙烯酸酯、液体石蜡、液化石油气等。

裂解石脑油加氢装置设计处理能力 8 万吨/年。裂解石脑油中含有大量的单烯烃、双烯烃、烯基芳烃、茚等不饱和烃以及硫、氮、氧等有机化合物，采用两段加氢工艺脱除裂解石脑油中 C_5 以下馏分和 C_9 以上馏分，对 $C_6 \sim C_8$ 馏分进行加氢。一段低温选择性加氢脱除双烯烃，二段高温加氢脱除单烯烃及剩余双烯烃以及 S、N 等杂质，加氢合格的 $C_6 \sim C_8$ 物料送入稳定塔脱除 H_2S 等杂质后去芳烃抽提单元。SED 工艺是一个典型的抽提蒸馏分离芳烃的过程，即利用选择性溶剂对芳烃和非芳烃沸点影响的不同，使其在蒸馏塔中进行的气液分离过程。最终可以精馏分离得到石油苯、石油甲苯产品。

催化热裂解制乙烯流程为：原料常压渣油在提升管反应器中遇高温催化剂后裂解成油气，经分馏塔分离成裂解气、粗裂解石脑油、T-4202 底油、T-4201 底油，裂解气经下游裂解气精制与分离系统处理后，分离成甲烷氢、氢气、乙烯。丙烯、混合碳四、裂解碳五。

聚乙烯流程为：乙烯和共聚单体由罐区送至界区内经过精制系统脱除主要杂质 CO、CO_2、CH_3OH、H_2O、O_2 以及羰基化合物等，进入反应系统在氢气和其他助剂的作用下进行聚合反应，可生产 13 个生产牌号聚乙烯树脂，再经过树脂脱气、加入添加剂后挤压造粒，包装成产成品进行销售。

丙烯酸及酯装置采用日本三菱化学的丙烯氧化制丙烯酸及丙烯酸酯化制丙烯酸酯的专利技术。装置设计生产能力为丙烯酸 8 万吨/年、丙烯酸甲酯 1 万吨/年、丙烯酸乙酯 1 万吨/年、丙烯酸丁酯 8 万吨/年、丙烯酸异辛酯 2 万吨/年，其中丙烯酸甲酯与丙烯酸乙酯共用一套装置切换生产，丙烯酸丁酯与丙烯酸异辛酯共用一套装置切换生产。

该企业具体的生产工艺流程如图 7-9 所示。

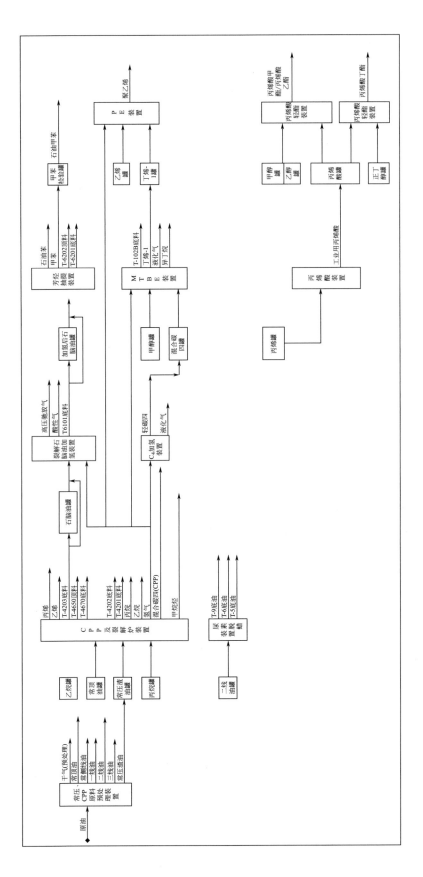

图 7-9 核算主体生产工艺流程图

7.2.3.2 核算边界与排放源

该企业只有一个生产厂区，并没有其他分支机构，因而在 2018 年期间，不涉及合并、分立和地理边界变化等情况。经过调研可知，该核算主体在 2018 年度主要能源消耗品中为洗精煤、燃料油、炼厂干气、柴油、汽油和外购电力。其详细排放源如表 7-3 所示。

表 7-3 该核算主体排放源列表

序号	排放类别	温室气体排放种类	能源/物料品种	设备名称
1	化石燃料燃烧排放	CO_2	洗精煤	蒸汽锅炉
		CO_2	炼厂干气	蒸汽锅炉
		CO_2	燃料油	蒸汽锅炉
		CO_2	柴油	厂内运输工具
		CO_2	汽油	公车
2	火炬燃料燃烧排放	核算主体各生产活动中产生的可燃废气集中到一至数支火炬系统中进行排放前的燃烧处理，火炬系统燃烧中的 CO_2 排放		
3	工业过程排放	CO_2	碳原材料和产品之间碳平衡排放	催化裂化装置（DCC）、催化热裂解工艺（CPP）、合成聚乙烯等
4	CO_2 回收利用量	不涉及 CO_2 的回收利用		
5	净购入电力和热力排放	CO_2	—	电力:厂内用电设施;热力:不涉及

核算说明如下。

① 因该核算主体使用的燃煤为洗精煤，无法通过挥发分等检测数据确认燃煤的类别。其锅炉入炉燃料为水煤浆，而水煤浆只能通过附近煤矿采购的抚顺八级精煤进行加工。此外，该核算主体的水煤浆加工过程未使用含碳原料，因此以洗精煤消耗量计算排放量是合理的。

② 该核算主体厂区内的食堂为外包食堂，因而不计入核算范围。

综上所述，该核算主体的核算边界与排放源与《中国石油化工企业温室气体排放核算方法与报告指南（试行）》（以下简称《核算指南》）的指南范围相同，因而可以只将该指南作为核算依据。

7.2.3.3 核算数据监测方法及其来源

该核算主体的活动水平数据大部分来源于企业每月的《统计月报》或者《计量月报》，活动数据大部分采用每班记录或者连续计量的方式进行统计，并且每月汇总一次。而排放因子和计算系数等数据则采用《核算指南》中的缺省值，并未单独检测。核算主体所涉及的活动水平数据、排放因子/计算系数如表 7-4 所示。

7.2.3.4 二氧化碳排放量核算方法

在企业核算过程中，大部分可直接根据《核算指南》中的计算公式以及前端体积的数据来源汇总数据后，分模块进行计算，最后将结果进行加和［式(7-1)］，若企业不存在某个环节，则该环节直接记为 0。

表 7-4　企业碳排放活动源数据监测方法及其来源

排放类型	活动水平数据	数据来源	监测方法	监测频次	记录频次	排放因子/计算系数	来源
化石燃料燃烧的 CO₂ 排放	洗精煤消耗量	企业年度"统计月报"	通过入炉皮带秤计量	连续监测	每班记录、每天统计	洗精煤单位热值含碳量	
	燃料油消耗量		通过质量流量计计量	连续计量	每日抄表、每日记录	燃料油单位热值含碳量	
	炼厂干气消耗量					炼厂干气单位热值含碳量	
	柴油消耗量	2018 年"主要能源消费情况统计表"	根据每批次入库情况统计	每批次计量	每批次记录、月度汇总	柴油单位热值含碳量	
	汽油消耗量					汽油单位热值含碳量	
	化石燃料①低位发热量	《核算指南》中缺省值	无	—	—	化石燃料碳氧化率	《核算指南》中缺省值
火炬燃烧 CO 排放量	事故火炬持续时间	2018 年度"事故火炬情况表"	记录时间	每次开启监测	每次记录、每年汇总	火炬燃烧的碳氧化率	
	平均气体流量		记录流量			气体组分平均碳原子数目	
工业生产过程 CO₂ 排放	烧焦量	2018 年度"计量月报"计算值	物料平衡计算	按班次记录	每班记录、月度汇总	结焦的平均含碳量	根据分子式计算
						烧焦的碳氧化率	
	生产原料②消耗量	2018 年度"计量月报"				生产原料的碳含量	
	生产产品③产量					生产产品碳含量	
CO₂ 回收利用量	不涉及		—	—	—	不涉及	—
净购入使用电力和热力的 CO₂ 排放	净外购电力	2018 年"统计月报"	结算布设电表电量	连续监测	每月记录	净外购电力排放因子	国家电网数据④
	不涉及		—	—	—	不涉及	—

① 化石燃料包括洗精煤、燃料油、炼厂干气、柴油、汽油等。
② 生产原料包括乙烯、丙烯、丁烯、己烷、异戊烷、丙烯酸、甲醇、乙醇、丁醇等。
③ 生产产品包括聚乙烯、丙烯酸甲酯、丙烯酸乙酯、丙烯酸丁酯、丙烯、丙烯酸酯等。
④ 这里采用《2011 年和 2012 年中国区域电网平均二氧化碳排放因子》。

$$E_{\text{GHG}} = E_{\text{CO}_2\text{-燃烧}} + E_{\text{CO}_2\text{-火炬}} + E_{\text{CO}_2\text{-过程}} - E_{\text{CO}_2\text{-回收}} + E_{\text{CO}_2\text{-净电}} + E_{\text{CO}_2\text{-净热}} \tag{7-1}$$

式中　E_{GHG}——企业温室气体排放总量，$t\,CO_2$；

$E_{\text{CO}_2\text{-燃烧}}$——企业由于化石燃料燃烧活动产生的 CO_2 排放，$t\,CO_2$；

$E_{\text{CO}_2\text{-火炬}}$——企业由于火炬燃烧导致的 CO_2 直接排放，$t\,CO_2$；

$E_{\text{CO}_2\text{-过程}}$——企业的工业生产过程 CO_2 排放，$t\,CO_2$；

$E_{\text{CO}_2\text{-回收}}$——企业的 CO_2 回收利用量，$t\,CO_2$，此处为 0；

$E_{\text{CO}_2\text{-净电}}$——企业的净购入电力隐含的 CO_2 排放，$t\,CO_2$；

$E_{\text{CO}_2\text{-净热}}$——企业的净购入热力隐含的 CO_2 排放，$t\,CO_2$，该企业并未外购热力，此处为 0。

（1）燃料燃烧产生的 CO_2 排放

燃料燃烧 CO_2 排放量主要基于企业边界内各个燃烧设施分品种的化石燃料燃烧量，乘以相应的燃料含碳量和碳氧化率，再逐层累加汇总，公式如下：

$$E_{\text{CO}_2\text{-燃烧}} = \sum_j \sum_i (\text{AD}_{i,j} \times \text{CC}_{i,j} \times \text{OF}_{i,j} \times 44/12) \tag{7-2}$$

式中　$E_{\text{CO}_2\text{-燃烧}}$——企业由于化石燃料燃烧活动产生的 CO_2 排放，$t\,CO_2$；

i——化石燃料的种类；

j——燃烧设施序号；

$\text{AD}_{i,j}$——燃烧设施 j 内燃烧的化石燃料品种 i 消费量，对固体或液体燃料以及炼厂干气以 t 为单位，对其他气体燃料以气体燃料标准状况下的体积（$10^4\,m^3$）为单位，非标准状况下的体积需转化成况下进行计算；

$\text{CC}_{i,j}$——设施 j 内燃烧的化石燃料 i 的含碳量，对固体和液体燃料以 $t\,C/t$ 燃料为单位，对气体燃料以 $t\,C/10^4\,m^3$ 为单位；

$\text{OF}_{i,j}$——燃烧的化石燃料 i 的碳氧化率，取值范围为 0~1。

该核算主体 2018 年度各化石燃料燃烧产生的碳排放量如表 7-5 所示。

表 7-5　2018 年度各化石燃料燃烧排放量计算

燃料种类	消耗量/t A	低位发热量 /(GJ/t) B	单位热值含碳量 /(t C/GJ) C	碳氧化率/% D	折算因子 E	排放量/t CO_2 $F=A\times B\times C\times D\times E$
洗精煤	119205.00	26.334	0.0254	0.93	44/12	271893.86
炼厂干气	40335.30	46.05	0.0182	0.99	44/12	122713.67
燃料油	16209.03	40.19	0.0211	0.98	44/12	49391.82
柴油	54.06	43.33	0.0202	0.98	44/12	170.02
汽油	7.74	44.8	0.0189	0.98	44/12	23.55
合计	—	—	—	—	—	444192.91

（2）火炬燃烧过程产生的 CO_2 排放

在本核算主体中，只有在事故状态下才会进行火炬燃烧，因而《核算指南》中的正常工况下火炬排放量为 0，而事故状态下火炬燃烧产生的 CO_2 排放计算公式如下式：

$$E_{CO_2\text{-事故火炬}} = \sum_j \left(GF_{事故,j} \times T_{事故,j} \times CN_{n,j} \times \frac{44}{22.4} \times 10 \right) \tag{7-3}$$

式中　$E_{CO_2\text{-事故火炬}}$——由于事故导致的火炬气燃烧产生的 CO_2 排放，t CO_2；

　　　　j——事故次数；

　　　　$GF_{事故,j}$——报告期内第 j 次事故状态时的平均火炬气流速度，$10^4 m^3/h$；

　　　　$T_{事故,j}$——报告期内第 j 次事故的持续时间，h；

　　　　$CN_{n,j}$——第 j 次事故火炬气气体摩尔组分的平均碳原子数目；

　　　　44——CO_2 的摩尔质量，g/mol。

该核算主体 2018 年事故火炬燃烧产生的 CO_2 排放量如表 7-6 所示。

表 7-6　2018 年事故火炬燃烧过程排放量计算

事故火炬的持续时间/h A	平均气体流量 /($10^4 m^3/h$) B	火炬气体摩尔组分的平均碳原子数目 C	火炬燃烧的碳氧化率/% D	折算因子 E	碳排放量 /t CO_2 $F=A\times B\times C\times D\times E\times 10$
85	0.4416	0.65	98	44/22.4	469.67

（3）生产过程中产生的 CO_2 排放计算

结合分析《核算指南》和实际生产工艺，可将核算主体的生产活动分为两类：催化裂化过程和其他反应过程。在催化裂化工艺中，反应的副产物焦炭沉积在催化剂表面上，容易使催化剂失去活性，企业一般采用连续烧焦的方式来清除催化剂表面的结焦。烧焦产生的尾气若直接排放，则利用式(7-4) 计算：

$$E_{CO_2\text{-烧焦}} = \sum_{j=1}^{n} (MC_j \times CF_j \times OF \times 44/12) \tag{7-4}$$

式中　$E_{CO_2\text{-烧焦}}$——催化裂化装置烧焦产生的 CO_2 年排放量，t CO_2；

　　　　j——催化裂化装置序号；

　　　　MC_j——第 j 套催化裂化装置烧焦量，t；

　　　　CF_j——第 j 套催化裂化装置催化剂结焦的平均含碳量，t C/t 焦；

　　　　OF——烧焦过程的碳氧化率。

除上述过程之外，炼油与石油化工生产涉及的产品领域比较广泛，生产过程中的 CO_2 排放源主要是燃料燃烧，个别化工产品生产过程还可能会产生工业生产过程排放。这些产品的工业生产过程 CO_2 排放量可参考原料-产品流程采用碳质量平衡法进行核算，如式(7-5) 所示。

$$E_{CO_2\text{-其他}} = \{\sum_r (AD_r \times CC_r) - [\sum_p (Y_p \times CC_p) + \sum_w (Q_w \times CC_w)]\} \times 44/12 \tag{7-5}$$

式中　$E_{CO_2\text{-其他}}$——某个其他产品生产装置 CO_2 排放量，t CO_2；

　　　　AD_r——该装置生产原料 r 的投入量，对固体或液体原料以 t 为单位，对气体原料以 $10^4 m^3$ 为单位；

　　　　CC_r——原料 r 的含碳量，对固体或液体原料以 t C/t 原料为单元，对气体原料以 t C/$10^4 m^3$ 为单位；

　　　　Y_p——该装置产出的产品 p 的产量，对固体或液体产品以 t 为单位，对气体产

品以 10^4m^3 为单位；

CC_p——产品 p 的含碳量，对固体或液体产品以 t C/t 产品为单元，对气体产品以 t C/10^4m^3 为单位；

Q_w——该装置产出的各种含碳废弃物的量，t；

CC_w——含碳废弃物 w 的含碳量，t C/t 废弃物。

根据上述公式及核算主体的活动数据可得催化裂化过程和其他生产装置的碳排放量，如表 7-7 和表 7-8 所示。

表 7-7 2018 年工业过程（催化裂化装置）排放量计算

烧焦量/t A	结焦的平均含碳量/% B	碳氧化率/% C	折算因子 D	碳排放量/t CO_2 $E = A \times B \times C \times D$
48755.71	100	98	44/12	175195.52

表 7-8 2018 年工业过程（其他生产装置）排放量计算

碳输入/碳输出				排放量/t CO_2 $D = (C_1 - C_2) \times 44/12$
输入物	消耗量/t A_1	含碳量/(t C/t) B_1	碳输入量/t C C_1	
丙烯	59837.56	0.8571		
乙烯	98895.46	0.8571		
丁烯	8262.10	0.8571		
己烯	421.75	0.8571	239438.84	89762.71
异戊烷	377.26	0.8333		
丙烯酸	81746.37	0.5		
甲醇	15016.20	0.375		
乙醇	10105.31	0.5217	239438.84	
丁醇	67615.28	0.6486		
输出物	输出量/t A_2	含碳量/(t C/t) B_2	碳输出量/t C C_2	
丙烯酸	84303.97	0.5		89762.71
聚乙烯	97659.84	0.8571		
丙烯酸甲酯	117.76	0.5581	214958.10	
丙烯酸乙酯	19922.84	0.6		
丙烯酸丁酯	117450.01	0.6563		

（4）净购入使用电力产生的 CO_2 排放计算

该核算主体净购入电力隐含的 CO_2 排放量按式（7-6）计算：

$$E_{CO_2\text{-净电}} = AD_{电力} \times EF_{电力} \qquad (7\text{-}6)$$

式中 $E_{CO_2\text{-净电}}$——报告主体净购入电力隐含的 CO_2 排放量，t CO_2；

$AD_{电力}$——企业净购入的电力消费量，$MW \cdot h$；

$EF_{电力}$——电力供应的 CO_2 排放因子，$t \, CO_2/(MW \cdot h)$。

根据核算主体和活动数据计算得到净购入电力产生的碳排放量如表 7-9 所示。

表 7-9　净购入使用电力产生的排放量计算

年份	净购入使用电力 /(MW·h)	外购电力排放因子 /[t CO₂/(MW·h)]	CO₂ 排放量 /t CO₂
2018	198096.76	0.7769	153901.37

（5）排放量汇总

将核算主体上述各个环节过程中的碳排放量加和得到 2018 年度该企业的整体二氧化碳排放量，如表 7-10 所示。

表 7-10　核算主体排放量汇总

排放类型	数值
化石燃料燃烧排放/t CO₂	451394.60
火炬燃烧排放/t CO₂	469.67
工业生产过程排放/t CO₂	264958.23
CO₂ 回收利用量/t CO₂	—
净购入的电力消费引起的排放/t CO₂	153901.37
净购入的热力消费引起的排放/t CO₂	—
总排放量/t CO₂	870723.87

由汇总表可知，该企业 2018 年度总的二氧化碳排放量为 863522t。其中化石燃料燃烧占最大比重，为 51.84%。

7.3　石油化工行业碳减排碳中和路径与技术

7.3.1　石油化工行业的碳减排碳中和路径

（1）通过装置、工艺及设备降低能耗

加强石油生产过程的能源管理是石油化工行业低碳转型的重要策略，也是短期内降低 CO_2 排放量最有效的途径。石油炼制业作为石油化工产业中最主要的行业之一，其中能耗和 CO_2 排放量较大的炼油工艺装置有催化裂化、常减压蒸馏、制氢、加氢处理和加氢裂化等。下面以炼油行业为例进行说明。工艺装置可以采取提高换热效率、减少结垢、优化控制等措施来降低能耗，或者采用节能技术、新建预处理设备等方法降低主体工艺装置的能耗。

① 改进工艺条件，减少工艺总用能。石油炼制业主要用能工艺包括用热工艺、用汽工艺、动力工艺。从这三方面减少工艺总用能，一是降低用热工艺总用能，主要通过采用新型的节能工艺流程，如常减压蒸馏装置，把初馏塔、常压塔的过汽化油直接抽出，绕过加热提温设备，避免过汽化油的反复汽化和冷凝，可减少加热炉的热负荷和初馏塔底油的换热负荷，从而减少带入分馏塔的能量，使用热工艺总用能减少。二是减少用汽工艺总用能，通过改进操作加强管理汽提蒸汽，结合工艺操作条件和设备的流体力学状况，减少吹汽量。三是减少动力工艺总用能，如采用可调速泵，节约扬程，避免大量节流损失；对管线系统进行优化设计，选取经济管径，降低流动阻力，另外系统管线各处的节流阀，可适当减少调节阀压降；改进工艺流程，避免反复加压，缩短工艺路线；减少反应系统未转化原料的循环量等。

② 提高设备能量回收率，减少能量损失。装置散热能耗占总能耗的 $10\% \sim 20\%$，减少其能量损失是重要环节。减少散热能耗虽投资不多，但效果却很显著。可按照经济保温层厚度方法对设备管线、阀门进行优化保温，通过改进管线设备的保温减少散热。其次可优化换热系统减少传热损失，一是优化设备结构，使设备处于最佳工况下传热；二是合理安排换热流程，使冷热物流匹配合理，避免过度的不可逆传热；三是与系统结合提高产品输出装置温度，不仅能降低装置冷却负荷，减少冷却介质的使用，而且还能增加装置输出热能，对于储运系统，相应节省了罐区加热能耗。

③ 提高装置能量转换效率，减少装置供入能耗。一是提高加热炉效率，采用空气预热器和利用燃气轮机加热炉联合供电供热是提高加热炉效率的两个主要途径，在此过程中应注意降低过剩空气系数，避免冷风渗漏，加强看火孔及对流管箱的堵漏及管理。二是采用可自动调速设施，如新型高效节能泵。三是在选择蒸汽动力驱动方式时，重视背压式蒸汽轮机的选用，进行蒸汽动力系统的优化，因为其利用蒸汽先做功，排出的蒸汽仍可做工艺用汽。四是催化裂化再生器排烟能量的回收利用。由余热锅炉回收烟气显热能，可用作其他物流的加热热源。

（2）通过原料、结构调整实现降碳

① 从原料端减少碳源的摄入以实现降碳。石油化工在加工转化化石能源的过程中，可选择低碳原料，而非高碳原料。如生产甲醇的原料，现在大多数为煤制甲醇，若能提高天然气这种低碳原料制甲醇，将有利于从源头降低碳排放。在生产烯烃及下游产品时，可利用轻烃、液化气等低碳原料实现源头降碳。所以，采用低碳原料是实现降碳的一个很重要的手段。

② 调整结构，推动企业绿色低碳发展。首先加快能源结构调整，严控化石能源消耗，推动清洁能源和可再生能源替代，如可再生电力、可再生氢，推行清洁生产。实施清洁生产是石油化工产业实现低碳发展的关键一步，石油化工产业通过推进能源结构调整，淘汰落后产能，限制高消耗、高污染产品的发展，转变粗放的发展理念和模式。

其次加快调整产业结构，推进产业提质升级，发展分子炼油、高端化工材料、氢燃料电池材料等。长期以来，我国石油化工低端产品产能过剩，高端专用化学品和化工新材料等大量依赖进口，我国出口的一些石油化工产品国外经过进一步加工，变成专用、精细化学品又高价返销国内。另外，由于新产品、新技术开发不足，近年来各地盲目投资、重复建设，造成低端产品产能过剩进一步加剧。因此，要加快结构调整，严格控制低端产品盲目扩张和重复建设，大力提高产品的专用化和精细化率，推进产业结构的优化升级，实现企业低碳发展。

（3）发展新型能源，实现可再生能源替代

发展新型能源如天然气、太阳能、绿氢、地热能等能源，是石油化工企业低碳发展路上的关键一步。首先天然气具有绿色低碳能源属性，石油化工企业应大力实施"稳油增气"策略，推动天然气产量快速增长。如中国石油和中国海油在"稳油"的基础上，也大力气勘探开发天然气，加快天然气发展，构建清洁、低碳、高效以及安全的能源体系。

其次，我国光伏发电发展的速度较快，在 2010—2020 年期间，国内的光伏装机规模从小于 1GW 发展到了 253GW。截止到 2021 年 8 月，中国石化已在全国 25 个省区市建成分布式光伏发电站点 205 座。这是石化行业加快转型升级、践行绿色低碳发展的重要实践，也是实现能源洁净、多元、安全供给的创新举措。

第三，加快构建氢能工业，用"绿氢"替代"灰氢"，可降低 CO_2 排放。此外还需加快推进储氢、运氢、氢燃料电池及加氢站等产业链整体发展，与油气工业融合，推进氢工业体系高质量发展。以中石油和中石化为代表的石化企业在推进氢能发展方面作出了贡献。中国石油在储氢材料、加氢站、管道输氢以及燃料电池等多项储备技术领域有一定的进展，开发了低水碳比重整制氢催化剂，在制氢装置节能降耗方面作出了贡献。中国石化已经在加氢站、制氢技术、氢燃料电池、储氢材料等多个领域开展了工作，目前，已经打通了氢气制备提纯、储存运输、终端加注全产业链，走在国内同行前列。

第四，我国有丰富的地热资源，如中国西南部滇西、藏南等地区有高温地热资源。"十三五"期间我国新增地热发电装机容量只有 18.08MW，新增地热发电装机容量缺口较大。中国石油于 20 世纪七八十年代在华北地区就利用地热进行供暖，先后开展了中低温地热发电试验、华北油田中低温地热发电试验和辽河油田地热能的研究与利用。中国石化地热业务发展较快，在利用中深层地热方面处于领先位置。在河北、陕西、河南和山东等省建成地热供暖能力 $5700 \times 10^4 \, \mathrm{m}^2$。

（4）积极开展"碳抵消"项目

积极开展碳补偿和林业碳汇等"碳抵消"项目，是应对实现碳中和的关键技术。发展碳补偿，可将 CO_2 转化为化工产品或燃料等。有研究提出可将"绿氢"与 CO_2 反应制成甲醇，生产 1t 甲醇可固定 1.375t CO_2。中国如采用这种技术提高甲醇产能，则可以固定上亿吨 CO_2。另外 CO_2 在特定的催化剂和反应条件下，可与许多物质发生反应，生产重要的化工原料产品，如尿素、碳酸氢铵、碳酸二甲酯、聚碳酸酯等。

林业碳汇是基于自然的解决方案，是实现"净零"碳排放的重要手段。近年来持续开发林业碳汇、热带雨林保护等基于自然解决方案的"碳中和"项目，也是中国油气企业实现"碳中和"的方向。石化企业应提前储备好碳减排量，重点开发林业碳汇项目，为实现"碳抵消"做准备。

7.3.2　石油化工行业的碳减排碳中和技术

7.3.2.1　高选择性、低能耗的加工技术

石油化工行业中炼化催化剂改进和工艺优化，是降低装置能耗的重要途径。例如，应用原油直接制烯烃技术，"三烯"（乙烯、丙烯、丁二烯）收率可达 37%～44%，节省了炼油

中间步骤，既实现"油转化工"，也降低了过程能耗；丙烷脱氢技术能耗较高，但是利用丙烷催化氧化脱氢技术，开发非铂贵金属高效催化剂，选择性高，可达到低排放的目的。

7.3.2.2　低碳燃料和原料的替代技术

原油是炼厂加工最主要的原料，但"碳达峰"和"碳中和"要求使石油等高碳原料的加工量和占比加速下降。当前全球能源需求中，石油占32%，可再生能源占14%。据国际能源署预测，到2030年，石油在一次能源需求中的占比将降至30%，可再生能源的占比将升至19%。化石能源在能源结构中的占比取决于替代能源和碳减排技术规模化应用的速度。

其他原料也将作为炼油原料的补充。一是生物质能源。这不是指投资新建生物燃料工厂，而是将生物质（木质纤维素、植物/动物油脂等）处理后与原油或炼厂馏分混合，经加氢处理等工艺生产低碳强度油品。目前，生物质替代化石原料成本仍然较高，但生物质原料的多样性、获得便利性及政策支持，有可能使其成为未来炼油低碳原料的重要组成部分。美国几家炼油厂正在进行改造，将生物质原料与化石燃料混炼，生产可再生柴油或低碳航空燃料。BP公司计划在炼厂进行加氢植物油和废弃油脂与化石原料混炼加工，生产低碳生物柴油和生物航空燃料。生物燃料生产技术本质上是一种CO_2循环利用技术，由于减少石油的使用，从而达到"碳减排"的目的。可发展以非粮作物为原料的醇类燃料生产技术，逐步解决原料加工、定向转化和生产成本等问题。应扩大生物柴油装置的原料来源，开发先进的低成本、短流程、高收率生产工艺。生物航空煤油生产技术的原料来源于不同类型的动植物油脂，优选具有高脱金属能力和容金属能力的催化剂，通过加氢转化可获得航空煤油等燃料。二是废塑料等废弃化工产品。将废塑料循环利用的研究一直在推进，一些公司已经实现了工业化应用。例如，伊士曼化学公司将回收的废塑料（非聚酯塑料、软包装等）转化为附加值更高的先进材料和纤维；埃克森美孚公司也开展了废塑料化学回收利用的工业试验。在市场和政策的推动下，可循环利用的废弃产品将成为石油产品的原料之一进入炼厂的加工装置。

7.3.2.3　"绿电"的化学反应技术

石油化工企业进军氢能领域，比其他企业更具优势，因为氢气从制取、储存到运输、应用，与传统油气业务的模式高度契合。石油化工企业正在加快构建形成氢能生产、提纯、储运和销售全流程产业链格局。在氢能供应方面，将在现有的炼化、煤化工制氢基础上，进一步扩大氢气生产利用规模，大力发展可再生电力制氢，并积极利用核电、可再生能源弃电等制氢，持续优化氢气来源结构。如烃类化合物分解成烯烃和芳烃需要消耗大量的能量，需要在850℃时完成反应。目前主要是通过燃烧化石燃料完成升温，但是通过电力驱动加热过程可减少90%的CO_2排放比例。

7.3.2.4　CO_2捕集、利用与封存技术

碳捕集与封存技术（CCUS）是炼油厂减排CO_2最有效且直接的碳减排方案。CCUS是直接捕集生产中待排放的CO_2，并进行利用或封存，与炼油厂工艺优化相结合后能在保持经济性的同时实现碳减排。石油化工行业中主要的碳排放均来自炼油工艺过程排放。CCUS技术在石油和天然气行业商业化运行已有数十年。大型工厂和电厂捕集CO_2的过高的增量投资与额外能耗，以及缺乏可靠的将CO_2运输/封存到适宜场地，是开展碳捕集与封存的关

键障碍。图 7-10 是石油化工碳利用和封存技术示意图。图 7-11 为石油化工业 CO_2 捕集与封存技术的整体概念模型。

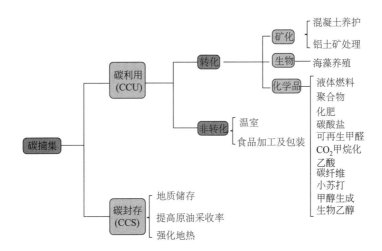

图 7-10   石油化工碳利用和封存技术示意图

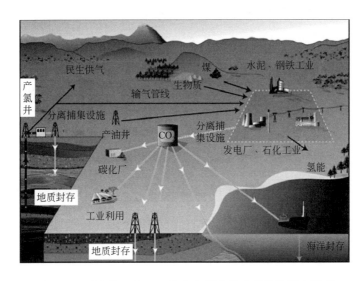

图 7-11   石油化工业 CO_2 捕集与封存技术的整体概念模型

CO_2 捕集、埋存与提高采收率技术（CCUS-EOR）是中国石油具有代表性的创新成果之一。此项技术可以达到 CO_2 埋存和提高油田采收率的双重目的，形成的碳产业链对国家制定 CO_2 温室气体减排相关政策具有指导意义。CCUS-EOR 技术中 CO_2 驱油机理是 CO_2 溶于原油和水，使原油和水碳酸化，原油碳酸化后，其黏度随之降低，水碳酸化后，水的黏度将提高 20% 以上，同时也降低了水的流度。CCUS-EOR 技术可以把捕集来的 CO_2 注入油田中，可应用于原油采收的第三阶段，在适当的地质条件下，CO_2 可以注入成熟的油田并可使原油显著增产，并将 CO_2 永久地储存于地下。我国石油化工 CO_2 捕集技术各示范工程详细情况如表 7-11 所示。

表 7-11   石油化工 CO_2 捕集技术各示范工程

项目	捕集对象	捕集方法	回收量和成本	利用和封存
中国石油吉林油田 CO_2 捕集驱油	长岭气田	化学吸收法	截至 2011 年 5 月 8 日,吉林油田公司累计生产含 CO_2 天然气 18.3 亿立方米,通过开展 CO_2 驱油实验累计产油 11.7 万吨,封存 $CO_2$16.7 万吨	用于陆相沉积低渗透油藏 CO_2 驱油,提高单井产量和采收率
中国石化胜利油田 CO_2 捕集驱油	燃煤电厂	化学吸收法	每年预计可减少 CO_2 排放 3 万多吨,并可提高采油率 20.5%	用于"低渗透油藏 CO_2 驱油"先导试验
华能北京高碑店热电厂 CO_2 捕集示范工程	热电厂	化学吸收法	年回收 $CO_2$3000t	捕集的 CO_2 卖给食品工厂
华能石洞口第二电厂 CO_2 捕获	电厂	化学吸收法	预计年捕获 $CO_2$10 万吨,工程投资约 1 亿元	捕集的 CO_2 卖给食品工厂
神华集团内蒙古自治区鄂尔多斯市 CO_2 捕集封存全流程项目	煤制油生产线	变压吸附法	设计年捕集封存 $CO_2$10 万吨,未来将分两步建成年收集与封存 $CO_2$100 万吨和 300 万吨的项目,工程投资约 2.1 亿元	经过提纯、液化等环节,运送距离捕集地约 17km 地下约 3000m 的区域封存起来

7.3.3   全球低碳石油化工生产技术的发展现状

过去 10 年,美国通过先进的钻井水平和水力压裂技术,提升生产效率,大幅度降低了原油开采成本,成为重要的原油生成地区。2020 年全球石油产量中,美国产量 5.65 亿吨,沙特阿拉伯产量 5.58 亿吨,俄罗斯石油产量 5.33 亿吨,中国产量 1.95 亿吨。图 7-12 为 2020 年全球部分国家石油产量统计图（不含天然气）。

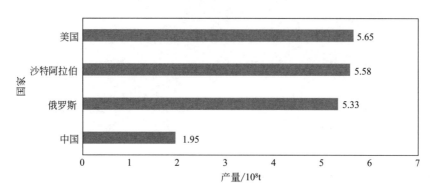

图 7-12   2020 年全球部分国家石油产量（不含天然气）

7.3.3.1   美国

美国是低碳经济的积极倡导者,2009 年 6 月,美国众议院通过了《美国清洁能源安全法案》。该法案要求美国大力发展清洁能源,并引入温室气体排放权交易机制,建立新型碳金融市场。为了支持低碳能源的发展,2010 年美国能源部和环保署联合其他机构分别组成美国生物燃料工作组以及碳储存和碳捕获（CCS）工作组,分别负责美国生物燃料的研发和 CCS 产业化项目的资金支持和监管。

油气产品作为能源消耗导致的甲烷排放是主要排放环节。以埃克森美孚和雪佛龙公司为代表的北美石油公司，减少传统业务，进行油气资产的逆市收购，在降碳领域开展一定尝试。美国在新能源产业、碳减排技术、相关知识产权等都处于全球领导地位，从 2020 年开始，对不实施温室气体减排限额国家的高耗能进口产品征收"碳关税"，这一措施将使美国成为最大的清洁能源技术出国口，进一步抢占全球低碳经济市场。

7.3.3.2　沙特阿拉伯

沙特阿拉伯（以下简称沙特）一直致力于经济多元化发展，坚信石油化工和原油直接制化学品技术是从石油储量中挖掘更高价值的关键，其中化工产品出口约占沙特非石油出口的60%。目前沙特已成为全球第三大石化产品生产国。此外，沙特阿美公司专注亚洲国家石化行业的投资，延长了能源产业链，涵盖石油供应、炼油和石化、特种化学品、润滑油、销售等各个领域。

沙特政府已在全国范围内启动碳捕集和存储计划。沙特阿美公司作为国家石油公司积极执行国家战略，承诺降低碳排放，表示在 2030 年前把天然气放空燃烧量降至零。为实现此目标，沙特阿美公司大力发展 CO_2 捕集技术，使用 CO_2 制造聚醚多元醇的生产工艺，进军 CO_2 基聚氨酯领域。除此之外，沙特阿美公司与马自达汽车公司等三方合作研发低碳燃料，以及采用汽油压燃技术的内燃机，这项技术与传统汽油火花点燃式发动机相比，预计可减少25%～30%的 CO_2 排放量。沙特阿美公司宣布将锡卢利亚技术公司的天然气制烯烃技术与未来的原油制化学品装置组合在一起，该项技术是基于甲烷的氧化偶联反应，两套装置组合的目的即是将加氢裂化装置气体产物中甲烷、乙烷供应至天然气制烯烃装置，以实现最大程度的废弃物高附加值利用，这成为全球理念最为先进的炼化一体化项目。后期沙特阿美公司还将此技术推广至其他炼厂，可实现炼厂大量裂解气的高价值再生利用。

7.3.3.3　俄罗斯

俄罗斯油气企业积极采取碳减排措施，诸多油气企业开发森林资源的碳吸收能力，通过发展新能源或建设太阳能、风能等新能源发电站以碳中和交易应对欧盟碳税。俄罗斯政府确定计划至 2035 年将可再生能源在俄罗斯能源市场占比从当前的 1% 提高至 4%。

俄罗斯石油公司与 BP 签署战略合作协议，聚焦支持两家公司的碳管理和可持续发展业务。该协议以双方多年合作关系为基础，致力于开发碳减排活动、探索低碳合作机会。探索并开发全新的低碳解决方案与项目，助力实现共同的可持续发展目标。两家公司还有意采取共同行动，制定行业碳管理方法和标准，包括甲烷减排计划和能效应用软件。俄罗斯石油和BP 还将联手评估一些新项目。此类项目涉及可再生能源的使用、碳捕集、利用和封存的机会以及氢能的开发。双方计划寻求下游业务低碳解决方案的机会，包括开发高端燃料、评估开发天然林碳汇和森林碳抵消额度交易的可能性。

7.3.3.4　中国

我国的部分油田，都处于二次开采和三次开采开发阶段，这两个阶段能源耗损和温室气体的排放会明显增加。另外，我国的石化行业与国外发达国家企业相比，存在着装置差、规模小、运转周期短、能源耗损高、油品质量低、污染排放物高等问题。

在低碳能源发展方面，国外在先进能源的研发和 CO_2 的捕集、储存和利用上，已经做了诸多实践。我国在低碳排放领域，还需建立系统化、制度化的管理体系，管理方式与国外发达国家相比还相对粗放滞后。但是，从国际能源消费的发展趋势来看，我国油气能源消费仍具有一定发展空间。

为实现全球长期温度控制目标，我国需要控制能源消费总量增长。首先需要降低化石能源的占比，其中石油的消费量将逐步稳定且占比下降，并在 2030 年左右达峰；天然气的消费量以及占比在 2040 年前后仍将保持上升趋势。另外，在低碳经济的背景下，我国石油化工企业须克服成本和技术上的重重困难，提高技术上的创新、提高企业经营效率和管理水平，保障新经济形势下的低碳要求和未来国际竞争的需要。表 7-12 为国际油气公司应对气候变化目标情况，表 7-13 为全球各石油公司应对气候变化措施。

表 7-12　国际油气公司应对气候变化目标情况

公司名称	主要目标
BP	2025 年，油气生产的甲烷排放强度下降到 0.2%； 2030 年，运营所产生的碳排放在 2019 年基础上减少 30%～35%，产品碳强度在 2019 年基础上降低 15%； 2050 年或之前，成为净零排放公司，上游油气产品排放达到净零，2050 年或之前，产品碳强度降低 50%（全生命周期）
壳牌	2025 年，油气生产的甲烷排放强度下降到 0.2%； 2035 年，能源产品碳足迹将比 2016 年减少 30%； 2050 年或更早实现能源业务净零排放，产品制造过程实现净零排放，协助客户使用壳牌能源产品实现净零排放，能源产品碳足迹减少 65%
雷普索尔	以 2016 年为基准，到 2025 年碳排放强度下降 10%，以炼油为主的工业领域直接排放减少 25%，低碳发电能力增加至 7.5GW； 2030 年碳排放强度下降 20%，到 2040 年下降 40%； 2050 年实现净零排放
挪威国家石油	2026 年可再生能源产能提高 10 倍，达到 4～6GW； 2030 年挪威地区生产中排放降低 40%，消除常规火炬，实现甲烷近零排放； 2035 年可再生能源产能增加至 12～16GW，发展成为全球海上风电产业巨头； 2040 年挪威地区生产过程中的排放量降低 70%； 2050 年碳排放强度降低 50%，挪威地区生产过程实现零排放
埃及	2030 年，上游活动净碳足迹为零； 2040 年，公司全部业务的净碳足迹为零； 2050 年碳排放强度在 2018 年基础上下降 55%，开发规模为 10Mt/a 的 CO_2 捕集与封存（CCS）能力，可再生能源发电能力超过 55GW，建立森林保护项目，2050 年前抵消 30Mt/a 排放
道达尔	2025 年甲烷排放强度控制在 0.2% 以下； 2030 年全球生产和能源产品碳排放强度降低 15%，2040 年降低 35%； 2050 年或之前，欧洲地区产品实现净零排放，全球生产和能源产品碳排放强度降低 60% 或更多； 低碳电力销售额占销售总额的 15%～20%
桑托斯	到 2030 年将在 2020 年基准上减少 26%～30%； 协助客户实现减排，不少于 1Mt/a； 到 2040 年实现运营的净零排放
中国石油	2025 年大力实施"稳油增气"策略，实现"碳达峰"； 2035 年外供绿色零碳能源超过化石能源； 2050 年实现近零排放

表 7-13　石油公司应对气候变化措施

公司名称	减少直接碳排放				重碳资产撤资	优化产业结构								CCUS	碳交易	森林碳汇
	提高能效	控制甲烷排放	减少火炬排放	提高天然气占比		太阳能	风能	生物燃料	氢能	地热	水力发电	电力传输与分配	电流与充电装置			
壳牌	■	■	■	■		■	■	■	▲			■	■	■	■	■
道达尔	■	■	■	■	■	■	■	■	▲		■	■	■	▲	■	▲
BP	■	■	■	■		■	■	■	▲				■	▲	■	■
挪威国家石油	■	■	■	■	■	■	■	■	▲					▲	■	▲
埃尼石油	■	■	■	■		▲	▲	▲	▲			▲	▲	▲	■	▲
雪佛龙	■	■	■	■	■	▲	▲			▲				■		
西方石油	■	■	■	■	■	▲			■					▲		
埃克森美孚	■	■	■	■	■			▲						■		
康菲	■	■	■	■	■			▲						■		
戴文能源	■	■	■	■	▲			▲						▲		
中国石油	■	■	■	■		▲	▲	▲	▲	▲				▲	▲	▲

注：■表示已实施，▲表示研究或规划中。

7.4 "双碳"目标下石油化工绿色发展新模式与展望

7.4.1 绿色发展新模式

我国"碳达峰"及"碳中和"目标的实现，需要在未来 10 年以 CO_2 排放达峰为导向，提升非化石能源占比，保证天然气发挥更大作用。化石能源总体上不再增长，煤炭消费下降，石油消费量达到峰值，天然气增长降低的碳排放能够抵消煤炭消费的碳排放，才能基本实现 CO_2 排放达峰。在碳达峰之后，需要进一步推进温室气体的快速减排。无论从能源结构优化还是行业温室气体排放控制的角度，油气行业的行动在我国应对气候变化工作的重要性都将逐步提升。目前，中国石油、中国石化、中国海洋石油等中国油气企业都已积极推进绿色低碳转型，各自制定了绿色发展相关行动计划。在我国 2060 年"碳中和"的明确目标指引下，我国油气企业在已有的工作基础上，应发展绿色发展新模式，充分应对气候变化。

7.4.1.1 立足当前，放眼长远，做好前瞻性和战略性技术研发储备

石油化工企业作为能源的消费者和提供者，凭借自身的产品结构调整、加工流程优化，短期内就可以发挥节能降碳的作用。但这是远远不够的，还要高瞻远瞩，做好中远期的战略技术储备。从中期看，减排技术的升级换代是关键。石油化工企业的温室气体排放来源和渠道多元化，既有燃烧排放、工艺排放、逸散排放等直接排放，也有外购电和蒸汽等产生的间接排放，突破减排技术瓶颈的难度比较大。从长期看，随着风能、太阳能、地热等可再生能源技术的完善和应用，现有油气开采、石油炼制行业必然会受到巨大冲击，石油化工企业要提前储备技术，与可再生能源时代接轨。在全面参与碳排放权交易市场后，石油化工企业只有在技术上掌握主动权、主导权，才有可能成为碳配额的出售方，实现低成本减排，形成创收增效的良性循环。

7.4.1.2 积极探索，主动作为，适应绿色消费革命对化工产品的要求

面对能源供需格局新变化、国际能源发展新趋势，为保障国家能源安全，石油化工企业要适应新时代绿色能源消费革命的要求，需要处理好绿色低碳和企业发展之间的辩证关系。石油化工企业并不是要牺牲自身效益和发展来降低 CO_2 排放，来实现可持续高质量发展，而是要以绿色低碳发展作为核心竞争力，在对环境损害最低的前提下，实现自身的发展壮大。要彻底摈弃传统的高能耗、高投入、高污染发展方式，通过清洁低碳的生产制造工艺，为关联行业提供安全环保的原辅料和中间产品，也为终端消费者提供安全环保的化工产品。积极参与碳排放权交易市场，可以帮助企业更好地适应绿色消费革命、更好地履行环境社会责任。

7.4.1.3 深入研究，超前准备，在碳资产全面管理上赢得竞争优势

针对 CO_2 等温室气体的研究兴起于 20 世纪下半叶，从发达国家扩展到发展中国家，至今仍处于边摸索边完善的阶段。不仅是石油化工企业，我国煤炭、电力、交通等其他碳排放

总量比较高的企业对于碳资产是什么、应该如何有效管理，也都存在认识不深入的问题。仅就碳会计领域而言，他们对碳排放权交易市场相关的会计处理、信息披露和财务分析等理论框架和实务操作的了解均还有欠缺。我国大型电力企业已全面参与全国碳排放权交易市场，在碳资产全面管理上积累了经验。华能集团组建了专门的碳资产公司，借助信息化等手段持续优化内部的碳资产盘查和配额分配流程。壳牌、BP、道达尔等跨国能源集团制定了集团全球业务实现"碳中和"的目标及实施步骤。我国石油化工企业要深入研究国际国内同行的做法，为未来参与碳排放权交易市场、高效管理碳资产夯实基础。

7.4.2　展望

石油资源极其珍贵，属于非可再生资源。许多国家都在积极地利用相关手段提高石油资源的综合利用率，通过积极研发节能技术提高资源利用率，更深层次地挖掘能源的利用率，发挥节能技术的价值。

7.4.2.1　提升石油产品质量，开发清洁能源

石油企业应充分结合自身发展的特点，积极开发新产品并注重质量发展，认真分析市场发展态势，改进生产经营方式，在提高勘探效率的前提下，确保生产效率和质量。其次要坚持"绿色、低碳、循环发展"的原则，引进节能技术，提高副产品利用率，节约生产能耗。同时，促进石油产品结构优化，生产优质石油产品。此外，石油企业应加强可再生能源和清洁能源的开发利用。

7.4.2.2　优化整合传统化工，开展石油外交，增加石油储备

当前国内石油资源紧缺、开采规模有限，因此，首先应重视产品升级，向绿色化和功能化发展；还应重视工艺路线和原料路线改造，打造具有竞争力的企业集团。其次，应提高炼油产能，优化烯烃产业，科学把握新建炼化项目发展节奏，升级建设模式。积极通过石油外交的形式扩大石油供给渠道。第三，拓展原料多元化渠道，提升产业链价值空间。加强同OPEC石油生产国之间的友好互利和合作关系，增强石油供给的稳定性，以满足新常态经济下的石油依赖。最后，要建立有序的石油储备计划，通过打造战略石油储备基地，增强特殊时期石油供给的稳定性。

7.4.2.3　行业之间知识与技术的融合和协同发展正在推动各种可能

在数字化和信息化时代，各行业技术发展速度加快，许多新技术新领域几年就可实现一代技术更替。而在技术迭代迅速、政策法规日益严格的时代，行业之间知识与技术的融合和协同发展尤为重要。看似不相关的领域日益融合，人工智能、生物技术和材料生产等技术的融合将得到加强，以实现快速突破和用户定制化的应用。这些跨界融合的技术平台可以为快速创新提供基础，推动各种可能。

石化行业发展的重点从总规模、总产能的增加，转向产业结构升级、低碳发展和科技创新。因此，市场对差异化、功能化、高端化和环境友好化产品、技术和服务的需求增加。处于新兴技术前沿的国家和企业可能会抢先完成新技术的开发和应用，而跟随者可能总是处于选择方向的落后状态。在"双碳"目标的大背景下，石化行业应抓住机遇在窗口期快速转型。反之，一旦放慢转型步伐，维持传统技术的继续扩张，不仅错失转型抢占市场的先机，还将丧失同一起点的优势。

参考文献

[1]   郭文栋，梁雪石，郑福云，等.石油化工企业温室气体排放实际核算中的问题分析 [J].国土与自然资源研究，2020，(5)：87-88.

[2]   刘贞，朱开伟，阎建明，等.以炼油行业为例对石油化工行业碳减排进行情景设计与分析评价 [J].石油学报（石油加工），2013，(1)：137-144.

[3]   杨金强.甘肃省工业分行业碳排放影响因素研究 [D].兰州：兰州大学，2015.

[4]   Duncan Seddon.石油化工经济学：碳约束时代的技术选择 [M].华炜译.北京：中国石化出版社，2015.

[5]   王陶，张志智，孙潇磊.炼化企业汽油及柴油生产阶段碳排放分析 [J].现代化工，2020，40 (S1)：241，244，248.

[6]   彭全舟.石油化工企业催化汽油加氢技术和工艺 [J].化工设计通讯，2020，46 (5)：113-114.

[7]   刘致航.石油化工产业催化剂应用现状和展望初探 [J].中国化工贸易，2020，12 (4)：88，90.

[8]   陈琪.催化剂产品全生命周期碳排放及减排措施分析 [J].石油和化工节能，2020，(4)：19-34.

[9]   梁丽珊.炼油企业节能低碳技术的应用研究 [J].化工管理，2019，(23)：98-99.

[10] 殷俊明，江丽君，陆飘.碳信息披露对企业价值的影响——基于中国石油化工集团公司的事件研究 [J].淮海工学院学报（人文社会科学版），2019，17 (6)：85-89.

[11] 吴明，李雪，贾冯睿，等.炼化企业碳流动与隐含碳排放分析 [J].现代化工，2018，38 (8)：1-7.

[12] 顾浩，刘玉琢.石化行业的低碳减排形势和碳排放交易 [J].中国化工贸易，2019，11 (19)：3.

[13] 本刊评论员.多视角探索石油企业碳中和现实路径 [J].中国石油企业，2021，(5)：1.

[14] 徐庆虎，于航，纪钦洪，于广欣.挪威国家石油公司碳中和路径浅析及启示 [J].国际石油经济，2021，29 (2)：47-52.

[15] 柯晓明，乞孟迪."十四五"炼化行业碳减排路径 [J].中国石油石化，2021，(13)：34-35.

[16] 李光，刘建军，刘强，纪佑军.二氧化碳地质封存研究进展综述 [J].湖南生态科学学报，2016，(4)：41-48.

[17] 徐岩.美国：新能源成为经济复苏引擎——国外低碳经济政策与法规介绍（下）[J].中国石油和化工，2010，(8)：13-14.

[18] 我国与"一带一路"沿线国家炼化产业合作研究 [J].中国工程科学，2019，21 (4)：27-32.

[19] 张伟清.石油的未来是直接转化成石化产品 [J].石油炼制与化工，2019，50 (7)：46.

[20] 余雯.朗盛和沙特阿美石油共同组建合成橡胶合资企业 [J].橡胶科技，2015，13 (12)：59.

[21] 王栋.碳达峰背景下我国石油化工企业参与碳排放权交易市场建设路径分析 [J].现代管理科学，2021，(5)：3-9.

[22] 李继生，李国璞，常茂清.节能理念的石油化工能源展望 [J].低碳世界，2019，9 (10)：16-17.

第 8 章
造纸行业双碳路径与绿色发展

气候变暖是 21 世纪人类社会必须面临的重大环境问题和发展问题。减少温室气体排放是减缓气候变暖，应对气候变化的关键。在经济全球化和环境问题全球化的双重背景下，节能减排是必行之路。制浆造纸业是一个传统的行业，与我们的生活息息相关，是否降低能耗已成为其可持续发展的关键所在。

据国际能源组织统计结果显示，2010 年全球共排放温室气体 486.29 亿吨，其中制造业在全球温室气体排放中占比最大，为 29%。在所有制造业的分类中，造纸工业占比最低，仅为全球总排放的 1%，但应对气候变化，全产业链都应共同努力，都是不可或缺的一部分。制浆造纸行业正处在如何应对温室气体减排政策、可再生能源政策和能效提高政策，转向可持续发展的十字路口。这一章将从制浆造纸行业温室气体减排现状、碳排放核算、发展新模式等方面共同探讨。

8.1 造纸行业碳排放现状

8.1.1 全球造纸行业产量及碳排放

8.1.1.1 全球造纸行业产量

根据联合国粮食及农业组织数据显示，2015—2017 年，全球纸及纸板产量呈上升趋势，2017 年，全球纸及纸板产量达 4.15 亿吨，达到近年峰值。2018 年，全球纸及纸板产量开始下降，仅为 4.09 亿吨，较 2017 年下降 1.45%。2019 年，全球纸及纸板产量为 4.04 亿吨，较 2018 年下降 1.22%（图 8-1）。

目前，全球造纸的三大中心为：亚太地区（主要是东亚）、欧洲（主要是西欧）和北美。但是由于欧洲和北美的造纸市场受到市场容量的限制，处于饱和状态，亚太地区正成为全球造纸工业发展的引擎。2019 年，全球纸及纸板产量最高的为中国，达总产量的 26.63%；美国紧随其后，占比 16.86%；接下来是日本、德国，其纸及纸板产量占比分别是 6.28%、

5.46%（图8-2）。

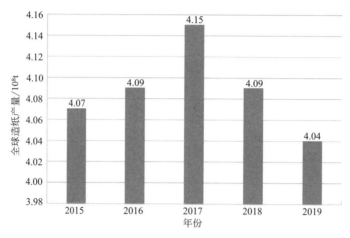

图8-1　2015—2019年全球造纸市场产量变化情况
（数据来源：联合国粮食及农业组织、前瞻产业研究院）

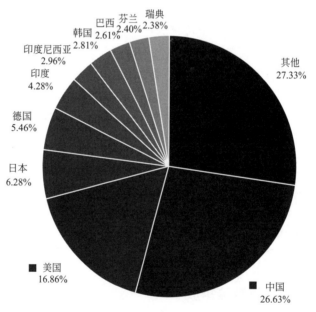

图8-2　2019年全球造纸市场产量分布情况
（数据来源：联合国粮食及农业组织、前瞻产业研究院）

8.1.1.2　全球造纸行业碳排放现状

在短短20年的时间里，亚洲的造纸行业体量实现翻倍，达到全球近一半的规模。与此同时，其他一些国家发展陷入停滞，甚至有萎缩状态，如西欧和北美。在这20年时间里，包装和生活用纸在纸及纸板总产量和消费量的占比从60%增长至70%。值得一提的是，在全球范围内，新闻纸出现瀑布式下跌，书写印刷纸缩减速度超出预期。从全球水耗来看，亚洲的工厂高于欧洲，亚洲需要更好的纸机以及提升节能技术。

废纸占全球造纸原料纤维的60%，占亚洲的70%。造纸行业的碳排放主要是基于制浆造纸和废纸再生造纸工艺及产量，在部分国家或地区造纸行业中，每生产 1t 纸所产生的 CO_2 排放量如图 8-3 所示，中国所产生的二氧化碳排放量最大。结合图 8-4 可知，中国造纸行业产生 CO_2 排放量占比最高，比例高达 30.85%；其次为北美，排放量占比为 16.63%；欧洲国家和日本的比例紧随其后，分别为 7.92% 和 6.96%（图 8-4）。

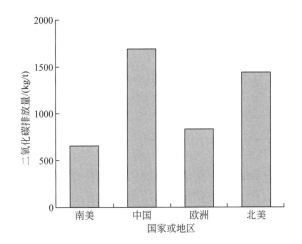

图 8-3　部分国家或地区造纸行业每生产 1t 纸所产生 CO_2 量

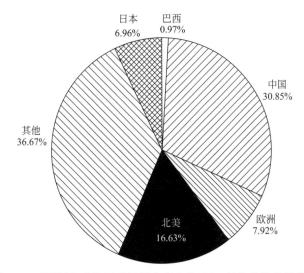

图 8-4　不同国家或地区造纸行业产生的 CO_2 气体排放总量比例

8.1.2　中国造纸行业产量及碳排放

（1）中国造纸行业产量

随着 21 世纪的到来，人民生活水平不断提高，对纸及纸板的需求量相应增加，2000—2015 年纸及纸板生产量年均复合增长率为 10.44%，生产量增加导致能源消耗总量年均复合增长率达到 5.68%（表 8-1）。中国作为纸及纸制品的生产大国，企业多且产量大。据中国造纸协会调查可知，2017 年全国纸及纸板生产企业约 2800 家，2012 年国家发展和改革委根据《关于印发万家企业节能低碳行动实施方案的通知》的要求，发布造纸行业的重点用能单位 500 家。由当前对重点排放企业的纳入标准来看，预估接下来造纸行业纳入碳交易的控排企业数量也在 500 家左右。

表 8-1　2010—2015 年中国造纸及纸制品业生产量和能耗情况

年度	机制纸及纸板生产量/10^4t	能源消耗量/10^4t 标准煤	单耗/10^4t 标准煤
2010	9832.63	3961.92	0.4029
2011	11010.89	3983.51	0.3618
2012	10956.54	3846.14	0.351
2013	11323.06	4153.00	0.3668
2014	11785.80	4040.56	0.3428
2015	11742.77	4027.67	0.343

数据来源：2010—2015 年《中国统计年鉴》。

从造纸行业上游来看，偏向完全竞争。在原材料环节，整个行业具有充分的议价权；对标我国纸浆制造业，造纸行业企业数量少且集中度低，产品质量参差不齐。目前，造纸行业企业不断向产业链上下游延伸，特别是龙头企业，寻求产业集群化发展，形成废纸回收-纸浆制造-造纸产业链布局。

（2）中国造纸行业碳排放现状

由于造纸行业的发展，碳排放总量也相应增加，从 2000 年的 64.21×10^6t 上升到 2015 年的 152.46×10^6t，年均复合增长率达 5.93%（表 8-2）。2015 年，我国碳排放总量为 9084.62×10^6t 二氧化碳当量，其中造纸行业碳排放量占到我国碳排放总量的 1.67%，可见造纸行业碳排放总量很大。

表 8-2　2010—2015 年中国造纸及纸制品业碳排放情况

年度	碳排放量/10^6t	能源强度/（t 标准煤/万元）	碳排放强度/（t/万元）
2010	134.567	0.366	1.29
2011	142.032	0.331	1.176
2012	142.632	0.312	1.11
2013	159.336	0.355	1.231
2014	154.587	0.325	1.152
2015	152.461	0.306	1.087

数据来源：2010—2015 年《中国统计年鉴》。

根据国家统计局公布的行业生产量产值与能耗数据，我国造纸行业能耗和碳排放总量在 2013 年达到峰值之后连续两年有下滑趋势，2015 年排放强度比 2010 年下降 15.74%，节能降碳工作已经取得了显著成效。

根据《造纸和纸制品生产企业温室气体排放核算方法和报告指南（试行）》，造纸行业碳排放包括化石燃料燃烧排放、过程排放、净购入的电力产生的排放、净购入的热力产生的排放和废水厌氧处理的排放 5 类。通过对广东省、福建省随机选取的 10 家纳入碳排放交易的造纸企业（主要产品为纸浆、机制纸和纸板，其中 9 家为废纸制浆、1 家为木材制浆）的碳排放数据综合分析，造纸行业典型造纸企业碳排放构成见表 8-3。

表 8-3　造纸行业典型造纸企业碳排放构成

排放类型	主要排放源	占比/%
化石燃料燃烧	供热、发电用煤炭及少量汽油、柴油等	81.32
过程排放	碳酸盐使用	不足 0.01
净购入电力	外购电力间接排放	11.23
净购入热力	外购热力间接排放	不足 0.01
废水厌氧处理	废水厌氧处理过程产生的 CH_4 排放	7.45

由表 8-3 分析可知，造纸行业的主要碳排放类型是化石燃料燃烧，在化石燃料燃烧中，煤炭的使用占比最大。煤炭在全行业能源消耗中的占比见表 8-4。在造纸企业中，煤炭主要用于小型自备电厂和供热锅炉这两方面，不仅发电/供热规模小，能源利用效率低，而且碳排放量高。因此，能源结构的调整是实现碳减排的关键所在。

表 8-4　2010—2015 年中国造纸及纸制品业耗煤量及在行业能耗总量中的比例

年度	能源消耗量/(10^4 t 标准煤/元)	耗煤量/10^4 t	煤炭在全行业能源消耗中的占比/%
2010	3961.92	4281.61	77.19
2011	3983.51	4466.51	80.09
2012	3846.14	4523.89	84.02
2013	4153.00	5302.65	91.20
2014	4040.56	4828.83	85.37
2015	4027.67	4669.25	82.81

注：耗煤量数据来源于 2010—2015 年《中国统计年鉴》中的"分行业煤炭消费总量"，耗煤量折标准煤系数采用《综合能耗计算通则》（GB/T 2589—2008）的参考值 0.7143kg 标准煤/kg。

8.1.3　"双碳"目标下造纸行业的政策环境

国际纸业信息显示，各国新颁发的环保新政都将明显影响当地乃至世界造纸业的发展，俄罗斯、土耳其和印度尼西亚分别发布禁塑或降低化石能源的使用的环保新政。这些新政有望长期改变当地或世界的能源或原料供给格局，特别是禁塑相关新政将长期利好循环价值明显的造纸行业。联合国 COMTRADE 国际贸易数据库显示，2019 年，印度尼西亚向中国出口的纸和纸板、纸浆制品、纸和纸板达 4.4693 亿美元。印度尼西亚未来能源结构的变化对该国的制浆、造纸行业产生影响，对中国纸浆供给也将带来变化。印度尼西亚能源部（ESDM）表示，政府将允许在建和已实现财务收尾的工厂继续完工。据悉，停止批准新建燃煤电厂的举措也与全球银行对化石燃料的融资日益收紧有关。印度尼西亚国有公用事业公司（PLN）的"2021—2030 年电能计划草案"也概述了这项政策变化，PLN 将在未来 20 年内淘汰次临界燃煤电厂，以期该国 2060 年实现"碳中和"。2021 年 5 月，土耳其对乙烯聚合物塑料废物实施进口禁令，土耳其贸易部已将乙烯聚合物塑料添加到其非法进口的废料清单中，去年进口塑料垃圾中的 74% 现在已被列入禁止清单。为减少温室气体的排放，加拿大致力于促进生物能源的发展。对此，加拿大政府制定了一系列相关政策，包括税收政策、可再生电力生产激励政策、项目支持政策等。

近年来，中国针对造纸行业也不断出台"碳减排"新政策，林业碳汇也将迎来前所未有的新局面。就我国来看，林业碳汇的开发体量较小，至 2017 年 3 月 CCER 窗口暂停申请前，中国林业的 CCER 项目数量如下：公示审定 98 个，备案 15 个，签发 3 个。在碳减排的大背景与环境下，国家陆续出台一系列与林业相关碳减排新政策（表 8-5）。

表 8-5 中国碳减排新政策

时间	中国碳减排新政策		
	发布部门	文件名	关键字
2017 年 7 月	国家林业和草原局	《省级林业应对气候变化2017—2018 年工作计划》	增加森林碳汇,稳定湿地碳汇,推进碳汇交易
2017 年 11 月	国家林业和草原局	《2017 年林业和草原应对气候变化政策与行动白皮书》	增加林业和草原碳汇,提升地方碳汇项目建设能力
2018 年 1 月	国家乡村振兴局	《生态扶贫工作方案》	支持林业碳汇项目获取碳减排补偿
2018 年 9 月	中共中央国务院	《国家乡村振兴战略规划（2018—2022 年)》	形成森林、草原、湿地等生态修复工程,参与碳汇交易的有效途径
2018 年 12 月	国家发改委、财政部、自然资源部、生态环境部、水利部、农业农村部、人民银行、市场监督总局、林草局	《建立市场化、多元化生态保护补偿机制行动计划》	将林业温室气体自愿减排项目优先纳入全国减排碳排放权交易市场,鼓励通过碳中和等形式支持林业碳汇发展
2019 年 7 月	中共中央办公厅、国务院办公厅	《天然林保护修复制度方案》	碳汇交易等方式,多渠道筹措天然林保护修复资金
2020 年 12 月	生态环境部	《2019—2020 年全国碳排放权交易配额总量设定与分配实施方案(发电行业)》	发电行业重点排放单位配额
2020 年 12 月	生态环境部	《碳排放权交易管理办法（试行)》	碳排放配额分配和清缴
2021 年 2 月	国务院	《关于加快建立健全绿色低碳循环发展经济体系的指导意见》	培育绿色交易市场机制
2021 年 3 月	中央财政委员会第九次会议	—	提升生态系统碳汇能力,提升生态系统碳汇含量
2021 年 4 月	中共中央办公厅、国务院办公厅	《关于建立健全生态产品价值实现机制的意见》	建立健全生态产品价值实现机制
2021 年 9 月	国家发改委	《完善能源消费强度和总量双控制度方案》	对能源消耗强度和总量的控制情况给出明确的时间节点
2021 年 10 月	中共中央、国务院	《2030 年前碳达峰行动方案》	健全资源循环利用体系。加强资源再生产品和再制造产品推广应用。到 2025 年,废钢铁、废铜、废铝、废铅、废锌、废纸、废塑料、废橡胶、废玻璃 9 种主要再生资源循环利用量达到 4.5 亿吨,到 2030 年达到 5.1 亿吨

8.2　造纸行业碳排放核算

8.2.1　造纸行业工艺流程

8.2.1.1　生产工艺流程

（1）生产工艺流程图

生产工艺流程如图 8-5 所示，工序包括 21 步，详细步骤如下。

① 植物纤维原料储存。原料场管理是很重要的一部分，规程中主要包括防火、防雷击、防自燃、防水、防潮、防霉变。

② 备料工序。木材、竹材要处理成合格的木片、竹片，禾草要筛选去杂质，处理成合格的草段。在上述处理过程中，主要涉及设备有剥皮机、除节机、削片机（或切草机、切苇机、切竹机等）、筛选净化设备和输送机等，设备要求高效率、低能耗、低噪声。

③ 纤维解离工序。

④ 黑液提取、碱回收和综合利用工序。

⑤ 洗涤、筛选、净化、漂白和漂后洗涤浓缩工序。

⑥ 漂白工序。漂白工序提倡采用无元素氯漂白（ECF）和全无氯漂白（TCF）。

⑦ 精磨和储浆工序。

⑧ 配浆和调料工序。

⑨ 提浆工序。

⑩ 稀释冲浆和筛选净化工序。

⑪ 造纸机的流浆箱和网部工序。

⑫ 造纸机压榨工序。网部、压榨部和烘干部的脱水能耗比约为 1∶70∶300。

⑬ 造纸机烘干工序。

⑭ 表面施胶和微涂工序。

⑮ 冷缸、压光和卷纸工序。

⑯ 成品工序。复卷、切纸、数纸、检验、包装等成品工序要按照产品标准要求制订操作规程，尤其检验工序要严格执行有关产品标准和检验标准。

⑰ 锅炉工段。

⑱ 供水工程。制浆造纸工厂一般要设置供水站，并配备进水水质处理设备，水压一般为 0.2～0.3MPa。

⑲ 压缩空气站。压缩空气站是用来为造纸工厂提供压缩空气的，压缩空气有气动设备用气和仪器仪表用气两种。

⑳ 污染治理和污水处理工程。造纸工厂所有的废水都要进入污水处理厂处理合格后部分回用、部分排放（以便实现无机电解质平衡）。

㉑ 供电系统。造纸工厂供电系统包括电力系统、车间电力设备、照明、通信、厂区外线及防雷接地、电修工程等。

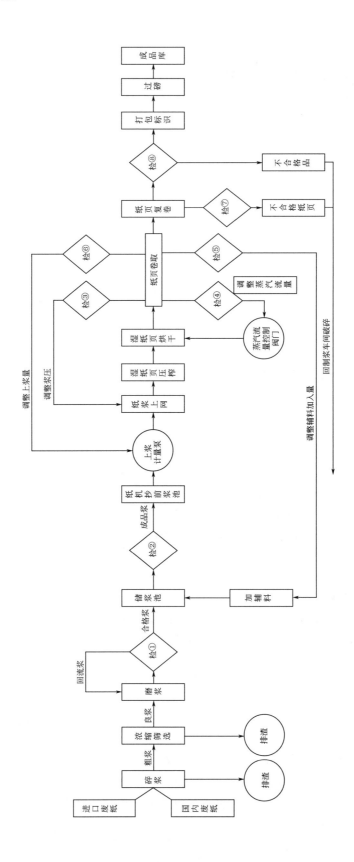

图 8-5 造纸工艺流程图

（2）检测点

检测点内容如表 8-6 所示。

表 8-6　检测点内容

检测点	生产过程质量控制点的检测办法和检测频次
检①	检测成浆叩解度(指标 32°SR±2°SR)由半成品化验员检验,在磨浆机出口处取样,磨浆机开机时必检一次,每班检验不少于四次
检②	检测施胶后浆料的 pH 值(指标 pH=6.5~7),由辅料工自检,在纸机抄前池取样检验,每班检验不少于四次
检③	检测纸页横幅定量差(指标 105g/m²),由成品化验员检验,纸捆下机后,复卷前取样,每班检测一次
检④	检测纸页水分(指标 8%±2%),由纸机看汽工、卷取工配合成品化验员抽检,每班不少于三次,看汽工根据纸页水分的变化随时调整进烘缸蒸汽量
检⑤	检测纸页施胶度(指标 105g/m² 10~60s,150g/m² 20~75s),由辅料工自检,在纸机卷取缸前取样,每捆纸检测两次
检⑥	检测纸页定量(指标 105g/m²±5g/m²、150g/m²±7g/m²),由纸机放料自检,每捆纸下机后必检一次,断头处抽检一次
检⑦	检测纸页的外观质量及定量、水分,由复卷工自检,配合成品化验员抽检,复卷过程随时撕去不合格的纸页
检⑧	产品的最终检验,由品管部化验员检验,检验的项目及频次如下: 1.定量(105g/m²±5g/m²、150g/m²±7g/m²),每捆产品抽查二次,样品中若发现不符合标准,且无法在复卷中弃除的,此捆产品按副品计; 2.水分(8%±2%),每班抽查三次以上,抽查结果不合格,此捆产品按副品计; 3.施胶度(105g/m² 10~60s,150g/m² 20~75s),每捆产品抽查一次,达不到标准要求按副品计; 4.横向环压指数(105g/m² 2.8nm/g、150g/m² 4.5nm/g),纵向裂断长(105g/m² 的≥3.2km、150g/m² 的≥3.75km),紧度(大于 0.45g/cm³),此三项指标每班抽查一次,结果按《瓦楞原纸》(GB 13023—91)规定执行; 5.断头(少于 4 个/捆),每捆断头超过 4 个为副品,每捆断头超过 7 个为废品; 6.产品的外观质量要求按《瓦楞原纸》(GB 13023—91)标准执行

8.2.1.2　生产工艺技术简述

当前制造纸浆工艺包括制浆、调制、抄造、加工等过程,是将采集的木材通过制造手段制作成纸浆的方式。主要的制浆方式有机械、化学、半化学三种。

（1）制浆过程

制浆工艺大致可分为机械法制浆、化学法制浆以及半化学法制浆。

① 机械法制浆　机械法制浆是单纯以机械方法将纤维原料磨解成纸浆的方法,它适宜的原材料主要为木材。该方法利用机械的旋转、摩擦、水的前切力等,对纤维原料进行摩擦和撕裂,配以木素的热软化作用,达到碎解分离纤维的目的。由于未使用化学药剂溶解木素,其纸浆中木素含量很高,也因如此,其制浆得率也很高,约为 95%,属于高得率制浆方法。该方法主要用于生产新闻纸,或者作为某些纸板、文化用纸的芯层。

这种制浆工艺电耗较高,所得浆纤维短,非纤维素组分含量高,成纸强度较低。由于木材中绝大部分的木素和其他非纤维组分未被去除,所以生产的纸张容易变脆发黄,不能长久保存。

② 化学法制浆　化学法制浆指在一定的温度、压力和时间下，使用化学药剂将原料纤维中的绝大部分木素溶出，使原料纤维彼此分离的制浆方法。其中脱木素和分离纤维的过程一般称为蒸煮，所使用的药剂称为蒸煮剂。根据蒸煮剂的不同，化学制浆法还可分为碱法制浆和亚硫酸盐法制浆。

a. 碱法制浆　碱法制浆使用的药剂为碱性，即是使用强碱液作为蒸煮剂，有烧碱法、硫酸盐法、多硫化钠法、石灰法等，其中烧碱法和硫酸盐法是最常使用的方法。由于碱法制浆脱出了绝大部分木素（80%～90%），且在蒸煮过程中不可避免降解了部分纤维素和半纤维素，所以它的浆得率低，为 40%～50%。

碱法制浆过程基本类似，原料经过备料后，合格的原材料进入蒸煮器中，先经过气蒸去除纤维中的空气，然后将蒸煮液（一般 80～100℃）送入蒸煮器，蒸煮液一般由白液、黑液和水按一定浓度配制，呈强碱性。蒸煮波与纤维原料充分混合后，用蒸汽进行加热（一般150～170℃），并在此温度下持续一段时间，脱除木素，分离纤维，得到粗浆。蒸煮后，原浆进入洗浆设备，净化并提取黑液，原浆进一步净化、漂白，得到符合质量要求的白浆。

烧碱法与硫酸盐法蒸煮液的有效成分均为 NaOH，但烧碱法在碱回收系统中以碳酸钠或烧碱来补充生产过程中碱的损失，故名烧碱法，主要适用于麦草、稻草、棉、麻等非木纤维原料的蒸煮。

硫酸盐法因用在碱回收中以硫酸钠补充硫化钠在生产过程中的损失，故名硫酸盐法。硫酸盐法适用于各种植物纤维，如针叶木、阔叶木、竹子、草类等，还可用于质量较差的废材、枝丫材、木材加工下脚料、锯末等，蒸煮废液中的化学药品和热能的回收系统即碱回收的技术完善，能有效处理污染物和降低能源消耗，而且所得纸浆的机械强度优良，因此在工业上应用得最为广泛。

另外，碱法制浆黑液处理也是十分重要的步骤。常用的方法是黑液提取碱回收。蒸煮黑液是碱法制浆的重点污染源，但其中还有大量生物质和碱，具有很高的回收利用价值，因此几乎全部碱法制浆企业已实现了黑液碱回收处理。浓缩黑液燃烧回收能源，以生石灰置换出黑液中的碱回用于蒸煮过程，是较常用的黑液处理方式。

b. 亚硫酸盐法制浆　亚硫酸盐法制浆主要以含钠、镁、铵、钙的亚硫酸盐为蒸煮药剂，蒸煮液基本为酸性或弱碱性，有亚硫酸镁法、亚硫酸氢盐法和酸性亚硫酸氢盐法等。与减法相比，亚硫酸盐法制浆所得本色浆颜色较浅，漂白时漂白剂用量较少，浆得率比硫酸盐法高，脱木素时其他成分损失少，因此经济效益好。但亚硫酸盐法对原料纤维选择性高：由于药剂基本为酸性，而且蒸煮时间较长，对设备的耐腐蚀性要求也较高；另外药剂的常年供给也是制约该工艺广泛应用的原因。

③ 半化学法制浆　半化学法制浆实际是化学法与机械法相结合，首先，用化学药剂先对纤维原料预处理，再使用机械设备，进行进一步磨解，过程中使用药剂较少，从整体来看，半化学法制浆比化学法制浆温和，基本保留了原来的木素的量，得浆率高，达 85%～90%，属高得率制浆。

④ 废纸浆制浆工艺　以上三种制浆主要指原生浆制造工艺，废纸浆制造工艺属于再生浆工艺。废纸浆制浆工艺大致可分为碎浆、脱墨、洗选、漂白等步骤，一般企业为获得质量较高的制浆，大多使用成套设备。废纸原料进入设备后，先在转子叶片作用下经机械和水力作用碎解，将其中的杂质与纤维分离，制得粗浆，粗浆经过净化和筛选，或进一步疏解，之后进入浮选或洗涤设备，进行脱墨。脱墨法一般有洗涤和浮选两种，浮选法效果较好也较为

常用。废纸浆原浆白度依然无法符合漂白浆要求，因此还需要漂白。

废纸浆可以对废纸进行回收利用，有利废弃物利用，减少自然原料的消耗，由于二次纤维在原生浆制作时已经过脱木素和纤维分离，因此再生浆制作时能耗、药剂消耗、污染物排放量都明显小于原生浆。但废纸浆质量低于原生浆，有研究表明，含有不同纸浆成分的废纸，循环使用 5 次后，其物理强度就会发生不同程度的下降，其他性能也会相应改变，需要根据纸成品质量要求，配比相应木浆。因此，废纸浆多用于制造纸板的面浆、衬浆、芯浆，或者瓦楞原纸、生活用纸、新闻纸和中低档文化用纸等，使用时往往配以部分本浆提高纸浆性能。

（2）调制过程

调制对于纸张质量有着非常重要的影响，纸张强度、韧性、颜色、使用时的舒适程度和保存时间的年限等方面都与调制过程有关，一般通过散浆、打浆、加胶等方法进行调制。

（3）抄造过程

抄造是制造成纸的过程，包括打浆、净化筛选、压滤成型、脱水干燥、压光卷切等步骤，将制好的纸浆经过打浆调制成符合要求的浓度，然后通过加入化学助剂、净化等步骤制成符合抄纸要求的纸浆，之后进行抄纸。浆料经网部成型、压榨部脱水，然后进入干燥部干燥形成原纸。这一过程产生白水，较为清洁，可回用于生产，较少外排。干燥后的纸进行压光、卷取、复卷、分切等工序后得到成品纸。根据成纸要求，干燥后步骤中还可增加涂布、染色、污水处理等工序。

8.2.2 《中国造纸和纸制品生产企业温室气体核算方法与报告指南（试行）》解读

《中国造纸和纸制品生产企业温室气体排放核算方法与报告指南（试行）》（以下简称指南）由国家发改委组织编制和印发，旨在建立全国统一的碳交易市场，在全国的碳交易过程中，针对造纸企业的碳排放量，切实做到可检测、可报告和可核查。

针对年度综合能耗达到 1 万吨标准煤以上的造纸企业，需要对其碳排放量的相关数据进行监测，并根据数据和检测情况，出具企业年度碳排放报告，由具有碳排放权核查资质的第三方机构对其进行核算后再进行交易。

8.2.3 核算案例分析

全国碳市场启动在即，鉴于当前排放核算进度拖后，已报送的上百家造纸企业数据质量较低，为帮助造纸企业科学核算和规范报告自身的温室气体排放、制定合理的造纸企业温室气体排放控制计划，现以某纸业公司为例进行应用分析，对造纸企业温室气体排放源进行识别，然后根据指南对造纸企业温室气体核算方法进行详细阐述。

8.2.3.1 造纸企业基本情况

某纸业有限公司的厂区占地面积约 $26667m^2$，于 2009 年 3 月正式组建成立，以生活用纸等为主营产品，经营范围为：纸巾纸、卫生纸、擦手纸、卫生巾、卫生护垫、湿巾、卫生湿巾、尿布、隔尿垫生产销售。该纸业有限公司在省内和省外均没有其他子公司和分厂等分支机构。能源消耗种类为：烟煤、柴油、液化天然气、天然气及电力，能源使用情况见表 8-7。

表 8-7　能源使用情况

序号	能源品种	用途
1	烟煤	锅炉燃烧
2	柴油	锅炉点火、场内移动设施等
3	天然气	锅炉燃烧
4	液化天然气	锅炉燃烧
5	电力	生产用电、生活区用电

8.2.3.2　工艺流程及产品

现有 14 条设计产能共为 4.3 万吨的生活用纸产品生产线，其工艺流程概述如下。

项目采用的原料为进口漂白木浆。通过碎浆机的作用，将纸浆进一步加工，使其细度等各方面品质满足生产的需要。经过碎浆的纸浆输送至储浆池，便于后续生产。纸浆进入抄纸机之前，加水进行抄前调节。纸浆通过浓度调节抄纸机，加水进行网前调节，浓度控制在 0.2%，满足抄纸机纸浆上网要求。浓度调节好的纸浆，通过控浆技术使浆液匀速流入网箱。网箱中会有水沥出，沥出水输送至污水站处理。冲洗网箱也会产生部分废水，与冲洗毛布废水一起回用于碎浆工序。

毛布将网箱中的浆液吸附并在转动的烘缸上将浆液烘干，将烘干的木浆纸卷曲即成为生活用纸的半成品——原纸。毛布上会粘有少量浆液，需进行冲洗，冲洗废水直接回用于碎浆工序。原纸经复卷、切割、包装后成品入库待售。切纸机产生的下脚料回用于生产（图 8-6）。

根据企业废水处理站工艺流程图（图 8-7）以及现场查看企业的废水处理设施后，确认企业废水过程采取耗氧处理。

8.2.3.3　核算边界

核算方为独立法人，无下辖子公司。经现场确认的企业核算边界为某纸业公司整个厂区的所有生产系统、辅助生产系统以及直接为生产服务的附属生产系统。主要生产系统包括造纸车间；辅助生产系统包括动力、供电、供水、检验、机修、库房、运输等；附属生产系统包括生产指挥系统（厂部）和厂区内为生产服务的部门和单位等。

8.2.3.4　报告核算边界内的排放源及气体种类情况

排放源包括化石燃料燃烧（含烟煤、液化天然气、天然气、柴油）及外购电力产生二氧化碳排放。

核算方于 2018 年 12 月开始使用天然气，故在 2018 年期间化石燃料燃烧的能源品种包括烟煤、液化天然气、天然气及柴油。由于企业使用进口木浆作为原材料，无石灰石的使用，因此企业无过程排放。核算方未使用外购蒸汽，故不存在外购蒸汽产生的碳排放。根据查看企业废水处理站工艺流程图以及现场查看企业的废水处理设施后，确认企业废水过程采取耗氧处理，故不存在厌氧处理产生的碳排放。

8.2.3.5　核算方法

确认温室气体排放采用如下核算方法：

$$E_{CO_2} = E_{燃烧} + E_{过程} + E_{电和热} + E_{废水} \tag{8-1}$$

式中　E_{CO_2}——企业 CO_2 排放总量，$t\ CO_2$；

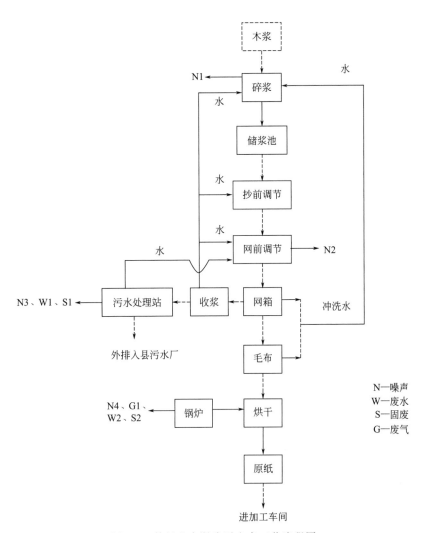

图 8-6 某纸业有限公司生产工艺流程图

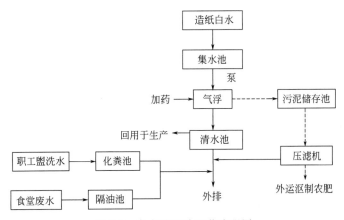

图 8-7 废水处理站工艺流程图

$E_{燃烧}$——企业所消耗的化石燃料燃烧活动产生的 CO_2 排放量，$t\ CO_2$；

$E_{过程}$——企业在工业生产过程中产生的 CO_2 排放量，$t\ CO_2$；

$E_{电和热}$——企业净购入的电力和热力所对应的 CO_2 排放量，$t\ CO_2$；

$E_{废水}$——企业废水厌氧处理产生的 CO_2 排放量，$t\ CO_2$。

（1）化石燃料燃烧二氧化碳排放

企业生产过程化石燃料（包括烟煤、液化天热气、柴油）燃烧产生的二氧化碳排放，采用《中国造纸和纸制品生产企业温室气体排放核算方法与报告指南（试行）》中的如下方法核算：

$$E_{燃烧} = \sum_{i}^{n} AD_i \times EF_i \tag{8-2}$$

$$AD_i = NCV_i \times FC_i \tag{8-3}$$

$$EF_i = CC_i \times OF_i \times 44/12 \tag{8-4}$$

式中　$E_{燃烧}$——企业所消耗的化石燃料燃烧产生的 CO_2 排放量，$t\ CO_2$；

AD_i——第 i 种化石燃料的活动水平，GJ；

EF_i——第 i 种化石燃料的二氧化碳排放因子，$t\ CO_2/GJ$；

i——化石燃料的种类；

NCV_i——化石燃料的平均低位发热量，对固体或液体燃料以 GJ/t 为单位，对气体燃料以 $GJ/10^4 m^3$ 为单位；

FC_i——化石燃料的净消耗量，对固体或液体燃料以 t 为单位，对气体燃料，以 $10^4 m^3$ 为单位；

CC_i——化石燃料的单位热值含碳量，$t\ C/GJ$；

OF_i——化石燃料的碳氧化率，%。

（2）过程排放

过程排放量是企业外购并消耗的石灰石（主要成分为碳酸钙）发生分解反应导致的二氧化碳排放量采用《中国造纸和纸制品生产企业温室气体排放核算方法与报告指南（试行）》中的如下核算方法：

$$E_{过程} = L \times EF_{石灰} \tag{8-5}$$

式中　$E_{过程}$——核算和报告期内过程 CO_2 排放量，$t\ CO_2$；

L——核算和报告期内石灰石消耗量，t；

$EF_{石灰}$——煅烧石灰石的二氧化碳排放因子，$t\ CO_2/t$ 石灰石。

由于企业在 2016 年、2017 年使用进口木浆作为原材料，无石灰石的使用，不涉及石灰石分解产生的二氧化碳排放量，因此不存在过程排放。

（3）净购入电力产生的排放

净购入电力产生的二氧化碳排放量，采用《中国造纸和纸制品生产企业温室气体排放核算方法与报告指南（试行）》中的如下核算方法：

$$E_{电} = AD_{电} \times EF_{电} \tag{8-6}$$

式中　$E_{电}$——购入的电力所对应的电力生产环节二氧化碳排放量，$t\ CO_2$；

$AD_{电}$——核算和报告年度内的净外购电量，$MW \cdot h$；

$EF_{电}$——区域电网年平均供电排放因子，$t\ CO_2/(MW \cdot h)$。

（4）净购入热力产生的排放

企业净购入热力产生的二氧化碳排放量，采用《中国造纸和纸制品生产企业温室气体排放核算方法与报告指南（试行）》中的如下核算方法：

$$E_热 = AD_热 \times EF_热 \tag{8-7}$$

式中　$E_热$——购入的热力所对应的热力生产环节二氧化碳排放量，$t\ CO_2$；

　　　$AD_热$——核算和报告期内净外购热力，GJ；

　　　$EF_热$——年平均供热排放因子，$t\ CO_2/GJ$。

经现场确认，核算方未使用外购蒸汽，故不存在外购蒸汽产生的碳排放。

（5）废水厌氧处理产生的排放

企业在生产过程产生的工业废水经厌氧处理导致的甲烷排放量，采用《中国造纸和纸制品生产企业温室气体排放核算方法与报告指南（试行）》中的如下核算方法：

$$
\begin{aligned}
E_{废水} &= E_{CH_4-废水} \times GWP_{CH_4} \times 10^{-3} \\
&= [(TOW-S) \times EF - R] \times GWP_{CH_4} \times 10^{-3}
\end{aligned}
\tag{8-8}
$$

式中　$E_{废水}$——废水厌氧处理过程产生的二氧化碳排放当量，$t\ CO_2$ 当量；

　　　GWP_{CH_4}——甲烷的全球变暖潜势值，取值为 21；

　　$E_{CH_4-废水}$——废水厌氧处理过程甲烷排放量，kg；

　　　TOW——废水厌氧处理去除的有机物总量，kg COD；

　　　　S——以污泥方式清除掉的有机物总量，kg COD；

　　　　EF——甲烷排放因子，$kg\ CH_4/kg\ COD$；

　　　　R——甲烷回收量，$kg\ CH_4$。

查看企业废水处理站工艺流程图以及现场查看企业的废水处理设施后，确认企业废水过程采取耗氧处理，故不存在厌氧处理产生的碳排放。

8.2.3.6　法人边界排放量

核算方所涉及的化石燃料燃烧的能源品种为烟煤、液化天然气、天然气及柴油。2018年排放报告中以上能源品种的活动水平数据及计算结果如下。

（1）化石燃料燃烧的二氧化碳排放量计算

2018 年化石燃料燃烧的二氧化碳排放量计算如表 8-8 所示。

表 8-8　2018 年化石燃料燃烧的二氧化碳排放量

物质种类	化石燃料消耗量 /t A	低位发热值 /(GJ/t) B	单位热值含碳量 /(t C/GJ) C	碳氧化率 /% D	排放量/t CO_2 $G=A \times B \times C \times D \times 44/12$
烟煤	4012.00	19.570	0.0261	93	6987.8993
液化天然气	305.84	44.200	0.0172	98	835.4924
天然气	19.00	389.31	0.0153	99	410.8159
柴油	49.14	42.652	0.0202	98	152.1330
合计					8386.3406

（2）石灰石分解过程二氧化碳排放量计算

2018 年不存在石灰石分解过程的二氧化碳排放。

（3）净购入电力排放二氧化碳排放量计算

2018 年净购入电力的二氧化碳排放量计算如表 8-9 所示。

表 8-9 2018 年净购入电力的二氧化碳排放量

电力消耗量/(MW·h) A	二氧化碳排放因子/[t CO₂/(MW·h)] B	排放量/t CO₂ C＝A×B
50237.60	0.8843	44425.1097

（4）净购入热力排放

2018 年不存在净购入热力产生的二氧化碳排放。

（5）废水处理的甲烷排放

2018 年不存在废水处理的甲烷排放。

（6）2018 年碳排放总量

企业核算边界为某某纸业公司整个厂区的所有生产系统、辅助生产系统以及直接为生产服务的附属生产系统。

主要生产系统包括造纸车间。辅助生产系统主要包括动力、供电、供水、检验、机修、库房、运输等。附属生产系统主要包括生产指挥系统（厂部）、厂区内为生产服务的部门和单位等。

该纸业公司 2018 年排放量数据见表 8-10。

表 8-10 2018 年度碳排放总量

化石燃料燃烧排放 /t CO₂	过程排放 /t CO₂	净购入电力排放 /t CO₂	净购入热力排放 /t CO₂	废水厌氧处理的排放 /t CO₂	年度碳排放总量 /t CO₂
8386.3406	0.00	44425.1097	0.00	0.00	52811.4503

8.3 造纸行业碳减排碳中和路径与技术

8.3.1 造纸行业碳减排碳中和路径

纸制品与我们的生活联系密切，息息相关。"30·60"双碳目标，加快全社会调整优化产业结构、能源结构的速度。"绿色低碳"是国家未来发展的主旋律，造纸行业全产业链成员都应该抓住这一历史性机遇，实现大跨步、大发展。

（1）制定碳达峰碳中和行动方案

2021 年，中央经济工作会议把"做好碳达峰、碳中和工作"确定为 8 项重点任务之一。根据工信部指示，2021 年制定钢铁、水泥等重点行业"碳达峰"行动方案和路线图。造纸行业要按照中央经济工作会议和工信部的要求，做好相应工作。

（2）抓住绿色低碳转型重要机遇

实现造纸工业碳减排跟碳中和，就要实现供需平衡。各企业要加快结构调整，推动技术革新，使用清洁能源。从全产业链出发，将低碳贯彻到底。

在低碳发展的大环境下，造纸企业作为碳中和主体，主要可以通过两方面进行减排：一方面是通过技术手段，如协同处置污泥技术、生物质燃料替代技术、碱回收发电技术、节能监控优化和能效管理技术等；另一方面是产品及产业结构的调整，如发展低碳纸品、延伸产业链、推进新工艺及技术创新、从全产业链角度实现碳减排目标。

（3）利用碳市场机制变现碳资产

利用市场机制是实现碳中和的重要一步，建设全国碳市场是落实我国二氧化碳排放达峰目标与碳中和的关键一招。造纸企业想要实现真正的低碳发展，必须进行原来落后技术的改造，从而提高能源利用效率，多多应用清洁能源。除了技术上的硬实力，也要注意软实力的打造，通过市场手段达到目标，积极参与碳交易市场，各种措施手段相互配合，提高履约效率，降低减排成本，同时实现碳配额的保值增值。

（4）加强碳达峰碳中和能力建设

针对造纸企业，在绿色低碳发展的背景下，要做好充分的准备，积极主动向绿色低碳转型。

① 加强绿色治理能力建设　众所周知，传统造纸业的污染是十分严重的，在现在的发展中面临很大的环保合规压力。中共中央办公厅、国务院办公厅于 2020 年发布《关于构建现代环境治理体系的指导意见》，里面强调"建立完善上市公司和发债企业强制性环境治理信息披露制度"。同时，加大奖惩力度，真正做到"一处失信，处处受限"，被纳入失信联合惩戒对象名单的环境违法企业，也将被纳入全国信用信息共享平台。

"十四五"到来之际，我国生态环境保护也将进入"减污降碳协同治理"的新阶段。对于造纸企业来说，尤其是上市公司和拟上市公司、挂牌交易公司和发债企业，要提前做好充分准备，积极响应政策变化，建立健全、环保合规的公司绿色治理体系，占得市场先机。

② 构建绿色供应链　在国家的号召下，造纸企业应努力抓住机遇，被动转型不如主动转型，积极调整优化产业结构、能源结构，淘汰落后产能，全面实现供应链绿色化与智能化发展。除此之外，造纸企业应积极参与碳排放权、排污权交易，提升企业绿色供应链的弹性。企业应该把绿色作为中心，贯彻到企业发展的方方面面，落实到实际行动中，在新增投资中加大对绿色项目倾斜力度。

③ 建立健全节能降碳管理机制　目前，很多造纸企业都没有建立专门的碳管理部门，管理机制并不健全，专业人才缺失。对此，应该按照相关规定完善体系，切实做好碳核算，根据相关标准和指南要求，做好测试与记录统计，制定详细的监测计划。

8.3.2　造纸行业碳减排碳中和技术

目前，造纸行业的节能技术主要包括以下几点：新型蒸煮技术、余热回收、热电联产以及废纸利用，同时还要考虑污染物减排。截至 2030 年，根据《中国 2050 年低碳发展之路：能源需求暨碳排放情景分析》，要求废物利用率提高至 85% 以上，节能技术基本普及。

（1）废纸制浆技术

废纸制浆主要可以解决行业内的两个重大问题：第一个问题是木材原料短缺问题，第二个问题是可以有效降低生产成本。相较于传统的碱法制浆，废纸制浆技术简单，设备投资费用低，污染物的排放量也相对较低。低碳的践行，加速了废纸制浆造纸技术的发展，使用范围也不断扩大，需求量相应增加。查阅资料可知，我国废纸回收率偏低，2015 年国内纸制品消费量 10071 万吨，而废纸回收量仅为 5391.2 万吨。综上所述，提高废纸回收率势在必行，对节能减排意义非凡。

（2）制浆造纸中的余热回收利用

余热回收利用技术是低碳发展必不可少的一步，在制浆造纸工艺流程中，蒸煮、碱炉焚烧、干燥等工艺过程中会产生大量余热，若能有效进行回收利用，将大大降低能耗。就目前工艺来说，常用的余热回收技术主要有：热泵干燥技术、预热机械浆的热能回收技术、间歇蒸煮喷放热能回收技术、纸机干燥部废气热回收技术、烟道气热回收技术等。

（3）先进的碱回收技术

在制浆厂中，处理黑液的有效方法是碱回收。碱回收不仅能够对黑液进行进一步的处理，降低污染物排放量，还可以回收生产过程中使用的碱，从而节约制碱所需的能源，达到降低经济成本的目的。但是，碱回收率受制浆工艺和碱回收系统的影响较大，造纸企业需要考虑自身实际，从全产业链出发，选择合适的碱回收系统，最大程度提高碱回收率。

（4）中浓制浆技术

中浓制浆主要是指，制浆之后在 7%～15% 的中浓条件下对纸浆进行泵送、储存、洗涤、筛选、漂白和打浆等。中浓制浆技术提高了纸浆浓度，减少了不必要的稀释和浓缩，大大降低了水耗、电耗和废液排放量，降低了热能消耗量，同时也降低了对环境的污染程度。

（5）热电联产技术

制浆造纸生产过程中需要大量的热能和电能，同时还会产生大量的废液和废料，不加以回收利用会造成环境污染。在废液和废料的回收过程中，如碱回收过程中，回收的碱可用于生产，而产生的蒸汽则可用于发电。因此，制浆造纸企业既对热电有需求，也有生产热电的条件。我国很多制浆造纸企业以往提供电力的方式是向公用电网购电和独立锅炉房供热，能源利用率低。这些企业如果进行热电联产，则可以实现能源的"梯级利用"，提高能源利用效率，同时节约能源和减少污染物的排放量。

8.3.3　全球低碳造纸行业技术的发展

发达国家走在低碳之路的前列，为实现制浆造纸行业的低碳目标，采取了一系列措施并取得一定成效。下面列举几个国家的措施，我们也将从中获得新的思考。

8.3.3.1　美国

虽然美国没有签署《京都议定书》，但政府对温室气体排放的控制很严格。在 20 年里，美国造纸行业的吨产品综合能耗降低了 20%，自产能源在总能耗中的比重达 60%，取得了较大进步。

美国以 2006 年 8 月发布的《制浆造纸工业能耗带宽的研究报告》作为造纸工业最大节能潜力的依据。在 2009 年，根据《清洁空气法案》（Clean Air Act）中的条款，美国环保署（EPA）将二氧化碳和其他 5 种温室气体列入"对公众产生威胁的污染物"，并加以控制。为建立科学有效的节能减排技术评价体系，美国政府在造纸工业节能减排等方面使用现有平均技术（current average techniques，CAT）、最佳经济可行技术（best-economical available techniques，BAT）、现有最佳示范技术（best available demonstration techniques，BADT）、实际最低耗技术（practical minimum techniques，PMT）、理论最低值技术（theoretical minimum techniques，TMT）进行考核评价。

美国书业也迎来了一轮绿色风暴，从节省纸的使用到技术的革新，降低对环境的影响。此外，20 世纪末以来，美国开始推崇比双流线回收法更为简化的单流线废品回收法（single stream recycling），即先将所有废品（包括来自制浆造纸）都收集起来，然后由专门人员或设备进行分类回收。这种更为简便的回收方法得到大范围应用，在各个地区普及开来，覆盖美国 20 多个州、100 多座城市，在一定程度上减少了资源的浪费。

8.3.3.2 加拿大

加拿大于 2002 年签署《京都议定书》，承诺以 1990 年为基准，在 2008—2012 年间减少 6％温室气体排放量。在森林产品行业，加拿大作为应对气候变化的领导者，十分认同减少温室气体排放对经济增长和环境保护协调发展的重要性。加拿大林业部门承诺，整个林产品产业供应链到 2015 年将实现碳中和水平，且无须购买碳补偿。2012 年，加拿大林产品协会发布了一份 2020 年的林产业发展蓝图，其中一个宏伟目标就是提高产品性能，使其环保能力进一步提高 35％。

近 20 年，加拿大政府以及企业通过不断的努力，改良设备，研发应用先进技术，取得了显著成效，温室气体排放减少了近 60％。其中，制浆造纸对生物质能等可再生能源的需求在整个产业能源结构中占有绝对比例，并力求达到 100％。其中的生物质主要指树皮、废木材、锯末、废纸等材料。

2009 年 6 月，加拿大政府出台了"制浆造纸绿色转型计划"（Pulpand Paper Green Transformation Program，PPGTP），为提高制浆造纸企业的环境绩效投资 10 亿美元。2012 年 3 月，整个计划已经对 24 家制浆造纸企业的 98 个工程项目进行资金支持，不仅创造了 1.4 万个工作岗位，而且空气质量得到了改善。减少了能源消耗中化石燃料的比重，降低了能源消耗。据估计，2012 年加拿大制浆造纸企业的温室气体排放总量相较于 2009 年减少了 10％。

8.3.3.3 欧盟

2005 年，欧盟政府建立排放交易体系（EUE missions trading system，EUETS），其是欧盟气候政策的中心组成部分。整个体系覆盖了 1.1 万家主要能源消耗和排放行业的企业，涉及了一半欧盟温室气体的排放量。2009 年，欧盟政府同时发表了 2050 低碳路线图（road map 2050），计划在 2050 年温室气体排放较 1990 年减少 80％～95％。

在这种大背景之下，欧洲造纸工业联合会（Confederation of European Paper Industry，CEPI）积极支持制浆造纸企业从事热电联产等节能技术的升级改造并大力倡导发展生物质造纸工业。与美国类似，欧盟国家的造纸行业也运用最佳可行技术（BAT）体系模式进行考核。在 BAT 体系中，《制浆造纸工业最佳可行技术参考文件》（Reference Document on Best Available Techniques in the Pulp and Paper Industry）详细说明了各类节能减排技术、最佳可行技术和新兴技术的特点，是企业技术改造的参考依据。

8.3.3.4 日本

日本作为《京都议定书》的主办方，一直致力于温室气体的减排工作，并计划到 2020

年整个国家温室气体排放量比 1990 年削减 25%。为此，早在 2010 年，日本政府制定了《应对全球变暖基本法》，通过建立碳排放交易制度和新的税收政策加以实施。《节能技术战略 2011》更是要求钢铁、化工、水泥和制浆造纸等高耗能行业实施积极的节能政策，以强化燃料热利用为目标，开展相应的节能技术研发。针对实现碳减排的目标，日本的造纸工业采取了各种措施，主要包括：提高废弃材料利用率、增设高温高压回收炉以提高发电量、普及高效水力碎浆机等。

同时，造纸企业还不断进行设备更新，提高电气系统的效率，从而间接降低温室气体的排放。在不断探索中，日本政府针对造纸行业逐渐建立了有利于节能的造纸行业内部节能指标管理制度，用来检验浆厂或纸厂在不同时间段的能耗改善状况。

8.4　"碳中和"目标下造纸行业绿色发展新模式与展望

在充分考虑资源承载能力以及在环境容量约束下的一种可持续性发展状态，这便是绿色发展。细分绿色发展，主要包括以下五个方面：一是绿色生产过程，二是产品绿色化，三是节能减排，四是清洁生产，五是企业绿色化。对于造纸工业来说，要以绿色发展为贯穿，在此基础上努力实现环境效益、经济效益以及社会效益的协同发展。

8.4.1　绿色发展新模式

纵观国内的制浆造纸企业，存在的问题主要有：集中度低，产品种类多，生产工艺复杂。对于一些小规模企业来说，生产工艺较落后、能源消耗大且效率低。针对制浆造纸工业制定的标准与政策，尚未形成完整的支持体系，相互之间不能进行有效衔接。另外，中国工业的温室气体排放清单数据库仍在编制当中，很多参数仍模糊；在制浆造纸行业的温室气体排放系数确定上，还有待完善。综上所述，相对于欧美国家来说，中国的低碳建设才刚刚起步。我们必须积极学习已有的国际经验，逐步完善中国制浆造纸行业的环境政策体系，确保浆纸工业向着绿色低碳的方向发展。通过对比其他国家实行的措施，针对目前而言，我们需要做的主要有以下几点。

（1）尽快制定行业温室气体减排目标

较 2005 年相比，2020 年，中国的目标是年单位国内生产总值二氧化碳排放降低 40%～45%，但没有细分不同行业温室气体的削减目标。所以针对各个行业来说，必须尽快制定适宜行业的相关温室气体减排目标，建议分长期目标与短期目标。

（2）加快节能工艺技术的升级改造

"打铁还需自身硬"，想要实现节能减排，必须对现有的技术进行改造，制浆造纸企业可以通过对以下几个方面进行改造，来达到节能减排和提高能源利用率的目的，如碱回收炉、热电联产、余热回收等工艺设施的升级改造。

（3）调整能源结构，大力发展可再生能源

从欧美国家借鉴低碳发展的经验可知，应加大生物质能的应用。对于我国来说，煤炭在制浆造纸工业的能源结构中占比最大，原煤质量参差不齐，且能效低，污染大，温室气体排放量高。为改变这一现状，我们必须大力发展生物质能等可再生能源。

（4）科学、客观地完善我国造纸工业污染物排放标准

为推进造纸工业整个行业的有效管理，加速实现碳减排、碳中和的步伐，应尽快制定合理、有限、科学的标准。

（5）通过清洁生产审核推动企业节能减排

清洁生产是实现碳中和、碳达峰目标的又一助力。从产品的全生命周期出发，推动实现从源头和生产过程中减少二氧化碳的产生，并改革工艺，利用先进的技术，提高效率，减少能源消耗。

（6）加强企业自我环境管理

能够最终实现碳减排与碳中和，与企业的自我环境管理密不可分。企业的社会责任意识是重中之重。企业能否按照要求进行管理与改进是制浆造纸行业温室气体减排工作持续推进的保障。

除了企业内部要定期进行环境保护方面的教育培训外，政府还可以从行政与经济方面进行约束，采用奖惩结合的方法，激励制浆造纸企业自觉自愿地加强自身的环境管理。

8.4.2　展望

机遇的到来，也伴随着更多的考验，价格暴涨与原料短缺，都给造纸行业带来沉重的打击。在这考验之下，在 2035 年远景目标的指引下，在 2030 年前实现碳达峰的要求下，能否突破重围，顺势而为，抓住机遇，就成为企业发展的关键。

发展中存在着很多不确定因素，按照增长趋势看，纸和纸板的世界需求在未来将以每年1.1% 的速度增长，2019 年纸和纸板的世界需求量为 4.105 亿吨，预计在 2035 年可达 4.88亿吨。在全球范围内，除了文化纸需求将每年平均下降 2.1% 外，生活用纸、箱板纸和白纸板的需求都呈上升趋势，消费分别每年平均增长 2.6%、2.2% 和 1.7%。预估至 2035 年，包装纸在纸和纸板总需求的比重将从 63% 增长至 72%，生活用纸将从 9% 增长至 12%。随着社会的进一步发展，电子商务市场覆盖面加大，发挥越来越大的作用，将有力推进包装纸市场。可持续性将在未来几年纤维类包装行业中成为日益关键的因素。

我们的造纸行业和企业，在此历史机遇期，要抓好机遇，保持风险意识，领会国家发展大势，提升宏观经济判断能力，加强自身管理建设。在考验之下，找到自己发展的问题所在，从全产业链出发，优化结构，尽快调整企业发展方向，在这个竞争的时代中，树立自己的竞争优势。

同时，碳达峰再塑造纸企业两极格局。中国提出，二氧化碳排放力争于 2030 年前达到峰值，努力争取 2060 年前实现碳中和的目标，制定好碳排放达峰行动方案，进而实现行业绿色低碳发展，已经成为全国上下的既定目标。这一举措，不仅在全社会范围内掀起一场"绿色革命"，更是一种倒逼，所有企业不得不加快自己的脚步，调整优化产业结构、能源结构，力争完成目标，实现企业的跨越式发展。

① 理念达峰。首先必须转变自己的理念，将碳达峰、碳中和理念融入企业的每一层、每一环。无论是面对企业的结构优化还是发展规划，项目投资、工程建设，都必须将碳中

和、碳达峰作为优先考虑的目标。

②　决策达峰。作为造纸企业，应积极响应，以可测量、可报告、可核查为原则，切实做好碳排放核算工作。率先实现碳中和的造纸企业，不仅能够占取市场先机，还能够获得国家政策的支持，无疑给企业跨越式发展又一助力。

③　行动达峰。造纸企业想要实现碳达峰和碳中和，就必须从碳汇和碳源两个方面进行努力，碳源是二氧化碳产生的源泉，碳汇是通过森林等自然生态吸收并对二氧化碳进行储存。可以通过增加碳汇和减少碳源来达到这一目标，具体措施有植树造林、节能减排、能源替代、积极参与碳交易等。更多的措施也等待我们去进一步探索，争取早日实现双碳目标。

参考文献

[1]　张丽，孟早明.碳达峰、碳中和对"十四五"时期造纸行业的影响［J］.中华纸业，2021，42（13）：9-13.

[2]　柴玉宏，范忠清.低碳经济背景下中国造纸行业发展现状分析［J］.华东纸业，2021，51（2）：1-2.

[3]　吴凌云，许向阳.低碳经济背景下中国造纸行业发展现状分析［J］.中国林业经济，2020，（4）：35-37.

[4]　吴凌云，许向阳.碳交易体系背景下中国造纸企业减排形势分析［J］.经济论坛，2019，（6）：101-105.

[5]　谢勤.浅谈国内含自备电厂的制浆造纸企业碳排放核算和应对措施［J］.中国造纸，2020，39（12）：69-74.

[6]　吕泽瑜，蒋彬，孙慧，等.我国造纸行业碳排放现状及减排途径［J］.中国造纸学报，2017，32（3）：64-69.

[7]　冯枫.中国纸产品贸易的碳减排效应研究［D］.福州：福建农林大学，2015.

[8]　冯枫，黄和亮，张佩，陈思莹.中国纸产品贸易的碳减排效应研究［J］.林业经济问题，2014，34（3）：223-228.

[9]　国效宁.气候变化与碳减排约束下的中国造纸业发展路径研究［D］.南京：南京信息工程大学，2013.

[10]　于仲波，孟早明.中国造纸行业参与碳交易的现状与建议［J］.造纸信息，2019，（5）：39-45.

[11]　李永智，刘晶晶，孔令波.造纸企业温室气体排放核算及其应用［J］.中国造纸，2017，36（10）：24-29.

[12]　邱晓兰，余建辉.低碳转型与中国造纸工业发展对策［J］.生态经济，2015，31（10）：71-75.

[13]　孟早明，张丽.全球制浆造纸行业的温室气体排放简况［J］.中华纸业，2013，34（19）：17-23.

[14]　孟早明，刘秉钺，张伟德，徐钢.国内碳交易背景下中国制浆造纸企业面临的机遇与挑战［J］.华东纸业，2013，44（1）：15-22.

[15]　余欢欢，徐晶.我国造纸工业绿色发展的若干问题［J］.华东纸业，2020，50（5）：41-44.

[16]　本刊讯.对我国造纸业实现绿色发展的建议［J］.纸和造纸，2014，33（6）：90.

[17]　景晓玮，赵庆建.基于生产过程的制浆造纸企业碳排放核算研究［J］.中国林业经济，2019（6）：9-12，54.

[18]　国效宁.气候变化与碳减排约束下的中国造纸业发展路径研究［D］.南京：南京信息工程大学，2013.

[19]　张丽，郑颖，孟早明.我国造纸和纸制品生产企业如何开展温室气体盘查和报告［J］.中国造纸，2016，35（4）：54-61.

[20]　陈诚，邱荣祖.我国制浆造纸工业能源消耗与碳排放估算［J］.中国造纸，2014，33（4）：50-55.

[21]　马倩倩，卢宝荣，张清文.基于生命周期评价（LCA）的纸产品碳足迹评价方法［J］.中国造纸，2012，31（9）：57-62.

[22]　范悦.中国纸和纸制品出口影响因素分析［D］.北京：北京林业大学，2012.

[23]　何建坤，刘滨.作为温室气体排放衡量指标的碳排放强度分析［J］.清华大学学报（自然科学版），2004，（6）：740-743.

［24］ 陈欢，王宁.我国开展碳排放权管理和交易有关问题探讨［J］.财政研究，2011，（3）：41-44.

［25］ 中国造纸院.推进绿色制造助力行业绿色低碳循环发展［J］.中国造纸，2021，40（4）：31.

［26］ 张慎金.疫情下的中国造纸行业生产及运行形势［J］.造纸信息，2020，（5）：37-39.

［27］ 中国造纸院.推进绿色制造　助力行业绿色低碳循环发展［J］.造纸信息，2021，（3）：48.

［28］ 陆隆溪.碳交易运行机制与减排效率文献综述［J］.市场周刊，2019，（4）：184-185.

［29］ 李铮.碳交易概况及碳排放权价格影响因素的实证分析［J］.商，2015，（10）：101-102.

［30］ 王晓菲.造纸工业碳排放统计核算方法及应用［D］.济南：山东大学，2013.

［31］ 冯蕊.关于制浆造纸工业碳排放统计核算方法及应用分析［J］.造纸科学与技术，2020，39（4）：62-65.

［32］ 施燕.造纸工业能源消耗与二氧化碳排放分析［J］.资源节约与环保，2013，（8）：32.

［33］ 张欢，张辉.论造纸工业碳足迹研究之基本方面［J］.中国造纸学报，2012，27（2）：53-61.

［34］ 李栋.我国造纸工业绿色可持续发展的若干问题探讨［J］.造纸科学与技术，2019，38（6）：26-29.

［35］ 乔晓娟.基于低碳经济背景下我国造纸企业核心竞争力的评价与分析［J］.造纸科学与技术，2019，38（5）：79-81.

［36］ 杨文杰，许向阳.强制减排对造纸企业碳排放强度及竞争力的影响［J］.物流工程与管理，2019，41（7）：137-139，161.

［37］ 朱星玥，许向阳.基于低碳视角的中国造纸产业绿色供应链构建研究［J］.物流工程与管理，2020，42（9）：102-105.

［38］ 中国造纸协会.中国造纸协会关于造纸工业"十三五"发展的意见［J］.中国造纸，2017，36（7）：64-69.

［39］ 徐士莹，杨加猛，刘梅娟.中国造纸及纸制品业碳排放因素分解与减排潜力分析［J］.资源开发与市场，2018，34（5）：638-643.

［40］ 兰硕，臧路遥，李梓熙.废纸再生利用现状及展望［J］.造纸装备及材料，2020，49（3）：61-62.

［41］ 武倩.基于低碳经济背景下造纸企业核心竞争力的实证分析［J］.造纸科学与技术，2020，39（2）：68-71.

［42］ 中国造纸工业可持续发展白皮书［J］.造纸信息，2019，（3）：8，19.

［43］ 陈克复.我国造纸工业绿色发展的若干问题［J］.中华纸业，2014，35（7）：29-35.

［44］ 王海刚，曹丹.低碳视角下我国造纸产业国际竞争力实例分析［J］.中国造纸，2017，36（10）：74-78.

［45］ 刘焕彬，李继庚，陶劲松.发展低碳造纸工业的几点思考［J］.中国造纸，2011，30（1）：51-56.

［46］ 孙丽红.欧洲造纸的可持续发展［J］.中华纸业，2019，40（11）：24-28.

［47］ 施健健，张明.造纸企业温室气体排放量核算与减排策略［J］.能源研究与利用，2018，（2）：49-51.

［48］ 张世杰.广东省造纸产业节能与低碳发展技术路线研究［D］.广州：华南理工大学，2015.

［49］ 环保部.环保部发布《造纸工业污染防治技术政策》［J］.中华纸业，2017，38（18）：6-8.

［50］ 中国造纸协会.中国造纸协会关于造纸工业"十三五"发展的意见［J］.天津造纸，2017，39（3）：41-47.

［51］ 环保部.环保部发布《造纸工业污染防治技术政策》　引导造纸行业绿色循环低碳发展［J］.纸和造纸，2017，36（5）：61-62.

［52］ 孙文叶.废弃农作物秸秆造纸项目碳减排方法学研究［D］.邯郸：河北工程大学，2017.

［53］ 李冉.中国造纸业降碳排这4个方面很关键［J］.中国林业产业，2016，（10）：59.

［54］ 郭逸飞，宋云，薛鹏丽，孙慧.国外制浆造纸工业低碳发展的经验借鉴［J］.中华纸业，2013，34（13）：6，70-72.

［55］ 叶蒙.构建纸业绿色产业链，走低碳转型之路［J］.中华纸业，2010，31（15）：6，70-74.

［56］ 钱桂敬.战略转型期中国造纸工业的现状与发展趋势［J］.中华纸业，2013，34（7）：20-23.

［57］ 唐双娥.美国关于温室气体为"空气污染物"的争论及对我国的启示［J］.中国环境管理干部学院学

报，2011，21（4）：1-4，21.

[58]　赵铨，李忠正.中国纸业在低碳经济发展中的社会责任 [J].中华纸业，2010，31（1）：8，13.

[59]　佚名.碳交易：让环保带来真金白银 [J].中华纸业，2010，31（1）：33.

[60]　陈庆蔚.造纸业发展成为低碳产业的具体举措：制浆黑液制造生物质二甲醚 [J].中华纸业，2011，32（11）：80-85.

[61]　吴垠，王雪梅.低碳经济视角下我国造纸产业技术创新研究 [J].中国流通经济，2011，25（7）：88-92.

[62]　顾民达.加大植树造林节能减排力度　发展低碳绿色造纸工业 [J].造纸信息，2010，（4）：18.

[63]　黄润斌.实施"三个转变"促进造纸工业持续发展 [J].纸和造纸，2009，28（1）：2.

第9章
交通行业双碳路径与绿色发展

9.1 交通行业二氧化碳排放现状

9.1.1 国内外交通行业碳排放现状

9.1.1.1 全球交通碳排放概况

国际能源署（International Energy Agency，IEA）2019 年发布的研究报告《燃料燃烧产生的 CO_2 排放》（CO_2 Emissions from Fuel Combustion）显示，进入 21 世纪以来，全球二氧化碳排放增长了约 40%，2018 年，全球二氧化碳排放达到新的历史高点 3.35×10^{10} t，其中交通碳排放的贡献率为 25%，在行业贡献率中位列第 2 名。全球交通领域的碳排放主要涉及道路运输、铁路运输、航空运输、水路运输等多个部门。从 1990—2018 年，交通部门排放 CO_2 增长了 81%，各年度道路交通的碳排放占比最大，2018 年碳排放量的 72% 来自道路交通（见图 9-1）。由于车辆动力燃烧效率的提高难以抵消巨大的出行总量所增加的碳排放量，交通领域的碳排放仍在持续增加中。国际道路联盟（IRF）预计，到 2050 年，与

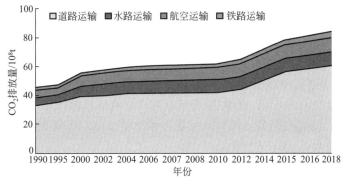

图 9-1 彩图

图 9-1 全球 1990—2018 年交通部门的 CO_2 直接排放量

交通运输相关的能耗量将会增加 21%～25%。

2008—2018 年 10 年间全球交通运输行业的 CO_2 排放增速为 2.3%，但是世界各主要经济体之间存在很大差异（见图 9-2）。其中，中国的交通增长速度最高，达到 7.5%，高于世界交通碳排放的增速（2.3%）及我国整体碳排放增速（5.6%）；其次是非洲，达到 5.7%。此外，俄罗斯、印度、巴西、伊朗和墨西哥等国家的交通碳排放量也较大。而欧盟和美国都出现了负增速，分别为 -0.2% 和 -1.1%。美国在交通领域的碳排放量于 2005 年达到峰值，回落后逐渐趋于稳定，但 2012 年之后又不断上升。目前，美国交通运输行业的碳排放量已经超过了电力部门，成为美国温室气体排放最主要的来源。根据美国环保署（EPA）发布的温室气体排放清单，2019 年美国所有温室气体的总排放量为 65.583 亿吨 CO_2 当量，CO_2 排放量为 52.558 亿吨，占比 80.1%。总体来看，从 1990—2019 年，轻型机动车的行驶里程增加了 47.5%。美国交通能耗的 98.0% 来自石油消费，其中，56.5% 与公路运输车辆的汽油消费有关，货车用柴油占 24.3%。在欧盟的温室气体排放量中，25% 来自交通运输行业，公路运输占到其中的 71.7%。

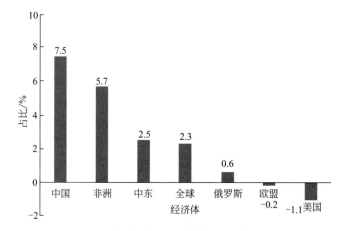

图 9-2   2008—2018 年全球主要经济体交通部门的 CO_2 排放增速

我国交通运输行业的直接 CO_2 排放为 9.8 亿吨，其中道路交通的碳排放占比约 80%。国际能源署（IEA）数据显示，我国交通碳排放明显低于世界交通的碳排放占比，但增速快，1990—2018 年复合增速达 8.3%，明显高于世界交通 CO_2 排放增速（2.1%）和中国整体 CO_2 排放增速（5.6%）。2008—2018 年间，交通部门直接 CO_2 排放变化情况如图 9-3 所示。2018 年，在交通部门的总排放量中，道路运输、铁路运输、水路运输和民航运输分别占 73.5%、6.1%、8.9% 和 11.6%，道路运输占比远远高于其他三类。2008—2018 年间，4 种运输方式 CO_2 排放的年均增长率分别为 6.0%、3.3%、5.4% 和 12.3%，民航运输虽总量不高，但直接 CO_2 排放增速最快。

2019 年，中国交通运输领域 CO_2 排放总量为 11 亿吨左右，其中道路交通占 74%、水路交通占 8%、铁路交通占 8%、航空占 10% 左右。交通碳排放问题已经成为关系世界可持续发展的重要议题，同时也是我国城镇化发展过程中亟待应对与解决的重要课题。

9.1.1.2   我国交通行业碳排放问题

随着经济高速发展和个人收入大幅度提高，城市化和机动化发展进一步加深，城市交通碳减排压力日渐凸显。城市化进程加快促进城市人口总量不断增加，带来的城市交通需求总

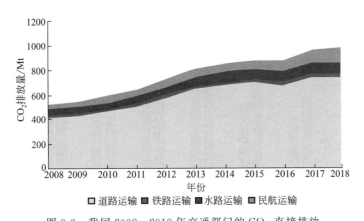

图 9-3 彩图

图 9-3 我国 2008—2018 年交通部门的 CO_2 直接排放

（数据来源：袁志逸、李振宇、康利平等，中国交通部门低碳排放措施和路径研究综述）

量也呈现持续上涨趋势，而且这种发展趋势在短期内不会发生显著改变。因此，在未来一段时间，我国城市交通碳排放仍将是主要的碳排放源之一。作为我国低碳社会建设的重要组成部分，改变传统粗放的城市交通发展模式，通过交通系统结构性优化转向高效、低碳的现代化交通发展，是促进我国低碳社会建设的内在要求和必然趋势。

为了突破城市交通发展带来的交通碳减排压力剧增困境，交通运输部在 2013 年 5 月 23 日发布了重要的指导性文件，旨在大力推动低碳交通运输体系建设，促进交通发展向节能、低碳、高效的模式转型，实现交通运输行业高效发展、低碳发展和可持续发展。同时，交通运输部还明确指出，作为实现中国"CO_2 排放 2030 年左右达到峰值并争取尽早达峰"自主目标的重点领域，中国在"十四五"规划期间必须大力构建绿色运输发展体系，并在"十四五"规划中提出推动智慧交通、智慧物流，坚持节能优先方针，深化交通领域节能减排。

（1）机动车保有量持续增加，碳排放量全国分布不均

近些年来，我国机动车保有量急剧增长。根据生态环境部发的《中国移动源环境管理年报（2021）》，截止到 2020 年，我国机动车保有量为 3.72 亿台，其中汽车保有量 2.81 亿辆，同比增长 8.1%。全国超过 100 万辆机动车保有量的城市已经达到 49 座，19 座城市已超过 200 万辆，特别是北京、上海、深圳、苏州、成都和重庆的机动车保有量突破 300 万辆，且这一数据还在不断增加。机动车大量使用是造成 CO_2 排放持续增加的主要原因之一，全球范围内交通运输行业能源消耗增长速度成为各行业之首。

交通部门在消耗大量能源的同时也带来了巨大的二氧化碳排放。2020 年交通运输能源消费总量为 5.17 亿吨标准煤，交通碳排放 10.2 亿吨，并且有逐年增长的趋势（图 9-4）。随着城市化和机动化进一步发展，机动车保有量继续增长是一种必然趋势，如果继续保持粗放的交通发展模式，随之而来的交通碳排放问题将会严重阻碍我国低碳社会建设，甚至会影响低碳减排目标的实现，因此，改变传统的交通发展模式，促进城市低碳交通体系建设刻不容缓。

我国经济的快速发展，带动了交通运输业的发展，使得碳排放量增加，经济发展速度不同的地区，交通碳排放量也存在明显区别。通过地理回归（GWR）模型对我国省域交通碳排放时空分布特征进行分析，结果表明中国省域碳排放高低值聚类演变在空间上呈现由东向西递减的趋势。东南部的浙江、江苏、安徽碳排放水平高，是国家控制碳排放、制定节能减排策略的重点区域。新疆、青海、甘肃、四川等地地域辽阔、碳排放量低。随着国家节能减

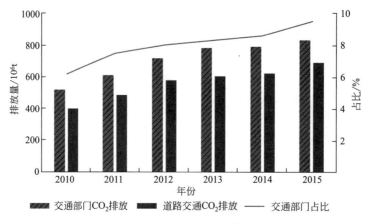

图 9-4 中国交通部门碳排放

排技术的提升，能源结构不断调整以及减排措施的不断完善，将逐渐改变我国交通碳排放分布区域差异显著的现状。

（2）交通运输业油品消耗量逐年增加，减排潜力巨大

交通运输业是全球能耗增长最快的领域之一。交通运输业的油品消耗量仅次于制造业，在全球范围内，交通运输业石油消耗量占总消耗量的 50%，导致 CO_2 排放量占总排放量的 25%。我国是人口大国，也是世界第二大经济体，随着我国工业化和城市化进程的加快，促进了交通运输业能耗和碳排放量的快速增长。有研究表明，2012 年交通运输业能耗强度（即能耗量与增加值之比）是全国各行业平均水平的 2.5 倍，是农林牧渔业、建筑业的 5～6 倍。2004—2014 年我国交通运输业 CO_2 排放量以 8.35% 的幅度增长，我国交通运输业能源结构中石油是其最主要能源，由其产生的碳排放量是交通运输业碳排放最主要的来源（图 9-5）。交通运输业是我国节能减排的重点关注领域，交通运输领域有着巨大的减排潜力。

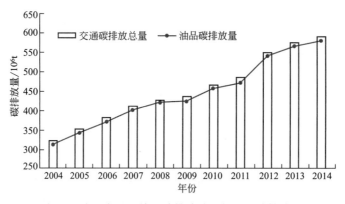

图 9-5 我国交通运输业碳排放总量与油品碳排放量

2018 年，汽油、柴油、电力和航空煤油在交通部门终端能源消耗中的占比分别为 40.0%、46.1%、1.6% 和 12.3%。同年，在基于能源类型的交通运输 CO_2 排放中，汽油、柴油和煤油的 CO_2 排放占比分别为 39.0%、49.6% 和 11.4%，由汽油和柴油产生的 CO_2 排放高达 88.6%。随着未来高铁的普及和新能源汽车保有量的快速增加，交通部门电力消耗量也将快速增长，因此由电力消耗带来的间接 CO_2 排放增长不容忽视。2021 年，火力发

电仍占全国发电总量的 71.1%。考虑发电过程 CO_2 排放情况下，未来交通部门电力消耗量的大幅度增长将使得电力间接 CO_2 排放大幅度增加。

（3）交通部门结构转型迫在眉睫

我国交通发展仍然是一种依赖高资源投入的粗放型发展方式，交通系统运行效率较低，同时，在较长一段时间内化石燃料仍然为交通运输工具的主要燃料，导致由汽油和柴油产生的 CO_2 排放在相当一段时间内仍占主体地位，这将是未来交通部门脱碳的主要挑战。在未来一段时间，中国很难改变现阶段高碳特征能源结构，加之交通出行总量快速增加，私家车普遍使用，导致交通拥堵、交通污染等一系列问题。有数据表明，私家车能源消耗总量已经占到所有交通方式总能耗的一半以上。不同交通方式单位运量下的交通能耗和交通碳排放存在较大差异，陆上交通中，私人小汽车单位运量下平均能耗和碳排放最高，是地面公交的10 倍以上，是轨道交通的 20 倍左右。此外，虽然地面公交占道面积是私人小汽车占道面积的 3 倍左右，但是高峰时段地面公交的运载能力是私人小汽车的数十倍，而轨道交通运量更是地面公交的 7~10 倍，因此，发展大运量的公共交通既能满足居民日益增加的出行需求，又能有效减少交通能源消费，进而促进交通碳减排目标实现。在交通碳排放来源结构方面，中国与欧美国家差别不大，道路、民航、铁路和水运分别占 76%~80%、10%~13%、2%~3% 和 6%~11%。达峰时 GDP 可能仍保持快速增长，这对结构转型和能效提升提出了高要求，而发达国家交通部门碳达峰时经济普遍已经低增长个别甚至负增长。

交通系统是一个综合的、立体的、开放的动态系统，交通出行方式多样化。各类交通方式只有在城市交通发展过程中更好地融合和衔接，才能保证整个交通系统在较少的资源投入下提供更多的有效运输，同时减少对环境系统的破坏。合理的交通出行结构需要以整体效用最大化为基本前提，在完成基本运输任务的同时，有必要降低整体交通成本并减少交通系统负外部性。

（4）政策调控下的交通发展模式优化空间很大

我国政府早在 2008 年就已经开始高度重视交通领域的节能减排工作，并制定了交通出行结构优化方案，到 2010 年已经形成比较完善的交通设施管理体系，包括交通发展模式调整的战略规划、法规标准、监督管理体系以及系统考核体系等，并明确提出交通系统节能减排目标。这一列措施的实施，表明我国交通发展模式转型的决心，同时也体现了低碳交通发展完全符合我国全面推进低碳社会建设的战略目标。与国际先进交通发展模式相比，我国交通发展模式仍有较大的优化空间。对于交通系统发展而言，将来制定怎样的交通发展策略，如何具体实施低碳交通政策以及能源技术、交通工具技术等技术发展程度都会对交通系统的能源消耗水平和碳排放强度产生直接影响。既能满足出行需求，又能缓解交通矛盾的低碳交通发展方式是交通系统发展的根本方向，具体通过怎样的优化路径和调控政策来实现交通系统结构优化并促进交通碳减排目标实现有待进一步深入研究和探讨。

9.1.2 国内外交通碳减排政策及措施

9.1.2.1 国际交通碳排放政策及措施

为降低交通行业碳排放，国内外分别制定各种减排政策。

（1）美国交通碳减排政策及措施

2021 年 4 月，美国政府宣布，到 2030 年美国的温室气体排放量较 2005 年减少 50%~

52％，到 2050 年实现净零排放目标。交通行业特别是机动车的碳减排工作必将是重中之重。美国在碳减排方面的代表性行动有，实施温室气体排放标准和燃油经济性标准，转变交通运输需求，提高现有道路系统的利用效率，实施投资和经济激励性政策等。目前，美国在机动车碳减排方面采取的主要政策和措施见表 9-1。

表 9-1　美国在交通碳减排方面的相关政策和措施

年份	部门	政策和措施
1975	美国国会	《能源政策与保护法》
1990	美国国会	《清洁空气法案》
2004	联邦政府	"智慧道路"（SmartWay）
2007	美国国会	《能源自主及安全法》
2009	联邦政府	"旧车换现金"计划
2011	美国环保署（EPA）、国家公路交通安全管理局（NHTSA）	轻型车辆温室气体排放和燃油经济性标准
2011	EPA 和 NHTSA	2014—2018 年车型和发动机的第Ⅰ阶段重型/中型汽车的温室气体排放和燃油效率标准
2015	得克萨斯州休斯敦市政府	全面改造交通网络，增加公共交通客流量
2016	EPA 和 NHTSA	2019—2027 年车型和发动机的第Ⅱ阶段重型/中型汽车的温室气体排放和燃油效率标准
2017	美国弗吉尼亚州专门基金	6 年客运铁路改善计划项目
2020	EPA 和 NHTSA	《安全和可负担的燃油效率车辆规则》，CO_2 排放标准每年提高 1.5％
2021	美国国会	零碳排放行动计划（ZCAP）

除了表 9-1 中的政策和措施，美国还实施经济激励性政策。针对轻型汽车，美国联邦政府对购买电动或混合动力汽车的消费者提供 7500 美元的税收抵免，并为购买和安装电动汽车充电桩的个人或企业提供 1000 美元和 3 万美元的税收抵免。美国联邦政府还制定了其他补贴形式，包括多座客车福利、停车和登记福利、降低公用事业费率和免费充电等。针对重型汽车，美国环保署和加利福尼亚州空气资源委员会向个人和车队所有者提供赠款和补贴，推动重型汽车行业的脱碳。

（2）欧盟交通碳减排政策及措施

欧盟把推广清洁、廉价、健康的公共交通工具作为减少碳排放的关键步骤之一，主要政策及措施见表 9-2。欧盟计划中指出，到 2025 年，使用清洁能源汽车出行的人数由当前的不到 100 万增加至 1300 万；到 2030 年，零碳排放汽车销售量达到至少 3000 万辆；到 2050 年，汽车产生的温室气体排放减少 90％。

另外，欧洲各国近几年来相继出台了很多相关政策来支持低碳交通，主要分成了补贴政策、税收减免、积分政策、资金支持等几大类。

表 9-2　欧洲低碳交通支持政策

政策大类	具体政策	内容
补贴政策	购车补贴	对购买纯电动汽车(BEV)及插电式混合动力汽车(PHEV)的车主进行补贴,补贴金额各国不同,BEV 的补贴金额一般较高
	地方激励	主要在城市及大都会地区,对出租公司、驾校、拼车机构进行补贴激励。2018 年,已在柏林、马德里、维也纳等地区应用。2020年,德国对 80% 的电动公交车提供了财政补贴。波兰提供 2.9 亿欧元补贴,实现公交车零碳排放
税收减免	购置税	如电动汽车购买者免征购置税或实施最低税率,如英国、奥地利、法国等;或对排放量低于一定水平的汽车实施免征或最低税率,如西班牙、比利时、荷兰等
	保有税	对电动汽车、低排车辆实施免征或执行最低税率或一定时间的税额豁免,如德国、英国、爱尔兰等
	进口关税	对电动汽车或排放低于一定标准的车辆免征,如冰岛、瑞士
积分政策	超级积分(super-credits)	若车企生产并向市场投放排放量低于 50g/km 的车辆,则会获得积分奖励,积分可用于抵消高排车辆的排放,2020—2022 年每辆低排车的生产分别可抵 2 辆、1.67 辆、1.33 辆污染严重的车型
资金支持	欧洲结构和投资基金(European Structural and Investment Fund)	为交通运输部门提供了 700 亿欧元,其中 390 亿欧元用于支持低排放交通
	展望 2020(Horizon 2020)	为欧洲低碳交通发展提供 64 亿欧元
其他政策	欧洲投资银行与法国领土银行投资	欧洲投资银行与法国领土银行分别投资 1 亿欧元,建立清洁公交共享投资平台,资助法国境内公交能源转型
	汽车和货车 CO_2 平均排放指令	实施新的 CO_2 排放标准,实施《清洁车辆指令》,跨欧洲部署替代燃料基础设施行动,修订《综合交通运输指令》《客运汽车服务指令》《电池倡议》

（3）日本交通碳减排政策及措施

日本提出向集约型都市构造方面转换,整修道路、提高行走速度,调整汽车交通需求,促进公共交通的利用等主张。主要低碳政策见表 9-3。

表 9-3　日本交通低碳政策

方针	环境对策	具体实施
实现集约型都市构造	向集约型都市构造方面转换	公共设施、服务设施等集约据点的建设;引导在交通据点周围居住
推进交通流对策	整修道路,提高行走速度	整修环状道路等干线道路网络;交叉点立体化;实施铁道岔口的瓶颈对策;推进智能交通系统(ITS)实施
	调整汽车的交通需求	车辆附近的停车场、郊外停车场的设置;步行街内公共交通整修;乘用车共用会员制体系;相互乘用;调整自行车利用的外部环境;在宅等勤务体系;改变依靠汽车的移动方式;自动支付停车场的设置

续表

方针	环境对策	具体实施
促进利用公共交通体系	调整公共交通	铁道、轻轨（LRT）、快速公交系统（BRT）等交通的整修；导入小型区域巴士；整修巴士的行走空间；整修车站广场等交通连接点
	促进公共交通的利用	车票价格设定；改善运行额度；改善公交站点服务水准；活用 IT 技术，导入 IC 卡等
激励政策	"领跑者"制度	产品须在规定年限内达到目标，否则将受到警告、公告、命令、罚款等处罚
	绿色标识制度	"汽车能效评价公布制度""低排放车认证制度"和"超低 PM 柴油车认证制度"
	财税措施	对排放比 2005 年标准值低 10%，且达到 2015 年能效标准值的重型车减税 50%。同时日本政府为刺激日本低迷的汽车市场，清理使用年限较长的车辆，推出"环保车新购及以旧换新补助制度"

9.1.2.2 我国交通碳排放政策及措施

低碳交通在我国起步较晚，在大中城市陆续开始了初步的研究探索和相应的系统实践。目前，交通运输低碳发展政策制度和管理体系逐步完善（主要政策见表 9-4），绿色交通科研创新成果丰硕，绿色低碳交通试点示范取得明显成效：2016—2019 年完成了 62 个试点示范工程，节能减排投资 47.4 亿元，年节约能量 63 万吨标准煤，替代燃料量约 213 万吨标准油，减少 CO_2 排放 621 万吨。

2021 年 3 月 15 日中央财经委员会第九次会议召开，研究促进平台经济健康发展问题和实现碳达峰、碳中和的基本思路和主要举措。会议指出：要实施重点行业领域减污降碳行动，工业领域要推进绿色制造，建筑领域要提升节能标准，交通领域要加快形成绿色低碳运输方式。

表 9-4　2017 年以来中国智慧交通相关扶持政策

时间	部门	政策	内容
2021 年 10 月	中共中央、国务院	《关于完整准确全面贯彻新发展理念做好碳达峰碳中和工作的意见》	优化交通运输结构，推广节能低碳型交通工具，积极引导低碳出行。加快城市轨道交通、公交专用道、快速公交系统等大容量公共交通基础设施建设，加强自行车专用道和行人步道等城市慢行系统建设
2021 年 10 月	中共中央、国务院	《2030 年前碳达峰行动方案》	加快形成绿色低碳运输方式，确保交通运输领域碳排放增长保持在合理区间。推动运输工具装备低碳转型，构建绿色高效交通运输体系，加快绿色交通基础设施建设
2021 年 10 月	交通运输部	《数字交通"十四五"发展规划》	到 2025 年，"交通设施数字感知，信息网络广泛覆盖，运输服务便捷智能，行业治理在线协同，技术应用创新活跃，网络安全保障有力"的数字交通体系深入推进，"一脑、五网、两体系"的发展格局基本建成，交通新基建取得重要进展，行业数字化、网络化、智能化水平显著提升，有力支撑交通运输行业高质量发展和交通强国建设

续表

时间	部门	政策	内容
2021 年 3 月	十三届全国人大四次会议	《中华人民共和国国民经济和社会发展第十四个五年规划和 2035 年远景目标纲要》	建设现代化综合交通运输体系，推进各种运输方式一体化融合发展，提高网络效应和运营效率。建基于 5G 的应用场景和产业生态，在智能交通、智慧物流、智慧能源、智慧医疗等重点领域开展试点示范
2020 年 10 月	国务院办公厅	《新能源汽车产业发展规划（2021—2035 年）》	以习近平新时代中国特色社会主义思想为指引，坚持创新、协调、绿色、开放、共享的发展理念，以深化供给侧结构性改革为主线，坚持电动化、网联化、智能化发展方向，深入实施发展新能源汽车国家战略，以融合创新为重点，突破关键核心技术，提升产业基础能力，构建新型产业生态，完善基础设施体系，优化产业发展环境，推动我国新能源汽车产业高质量可持续发展，加快建设汽车强国
2020 年 8 月	交通运输部	《关于推动交通运输领域新型基础设施建设的指导意见》	打造融合高效的智慧交通基础设施，助力信息基础设施建设，完善行业创新基础设施
2019 年 12 月	交通运输部	《推进综合交通运输大数据发展行动纲要（2020—2025）》	完善跨领域大数据发展协同机制，强化实时性、高质量、自动化、成体系数据的采集，"构建综合交通大数据中心体系"
2019 年 9 月	中共中央、国务院	《交通强国建设纲要》	强化大中型邮轮、大型液化天然气船、极地航行船舶、智能船舶、新能源船舶等自主设计建造能力
2019 年 7 月	交通运输部	《数字交通发展规划纲要》	构建数字化的采集体系，构建网络化的传输体系，构建智能化的应用体系，健全网络和数据安全体系
2019 年 3 月	财政部、工业和信息化部、科技部和发展改革委	《关于进一步完善新能源汽车推广应用财政补贴政策的通知》	加大购置补贴的退坡力度和对新能源汽车技术的门槛要求
2019 年 1 月	交通运输部	《交通运输部关于加强交通运输科学技术普及工作的指导意见》	进一步发挥交通运输行业点多、线长、面广的特点，与相关部门协同推动开展科普工作，更好地服务于全民科学素质的提升
2018 年 8 月	交通运输部	《交通运输行业研发中心管理办法》	把握行业研发中心促进重大科技成果工程化、市场化的基本定位，充分发挥各方管理主体作用，促进交通运输行业研发中心规范化、科学化、高水平发展
2017 年 9 月	交通运输部	《智慧交通让出行更便捷行动方案（2017—2020）》	提升城际交通出行智能化水平、加快城市交通出行智能化发展、大力推广城乡和农村客运智能化应用、完善智慧出行发展环境
2017 年 5 月	科技部、交通部	《"十三五"交通领域科技创新专项规划》	针对不同交通运输主要模式和方向，明确在系统集成与共性技术、载运工具、基础设施、营运管理、创新能力等方面的发展重点、任务及目标，覆盖科技创新全过程的全链条部署、一体化设计的要求
2017 年 2 月	国务院	《"十三五"现代综合交通运输体系发展规划》	提出到 2020 年，基本建成安全、便捷、高效、绿色的现代综合交通运输体系，部分地区和领域率先基本实现交通运输现代化
2017 年 1 月	交通部	《推进智慧交通发展行动计划（2017—2020）》	提出到 2020 年在决策监管智能化方面跨行业、跨区域协同的交通运输运行监测、行政执法和应急指挥体系基本建成，基于大数据的决策和监管水平明显提升

9.1.3　"双碳"目标对交通行业的影响

9.1.3.1　交通行业碳排放的影响因素

对交通行业碳减排有决定性的影响的因素包括交通能源结构、交通运输结构及运输强度等。

（1）交通能源结构

交通能源结构指交通能源消费中煤、油能源，天然气能源及热力、电力能源等的构成及其比例关系。《2030年前碳达峰行动方案》提出到2025年，非化石能源消费比重达到20%左右。交通业要达到上述能源消费结构目标，需要不断调整能源结构，降低煤、油等碳排放量较大的能源应用，在太阳能、氢能等清洁能源方面加大科研及投入力度。

（2）交通运输结构

交通运输结构是一定空间、时间范围内不同交通方式的交通量比例，反映特定时间和空间区域内交通出行的特点及各种交通方式的功能与地位。在道路、铁路、水运和民航四种交通运输方式中，道路交通运输能耗强度较大，其比重变化对CO_2排放变化影响较大。优化交通运输结构有利于实现交通运输体系整体碳减排效果，因此交通运输结构是交通行业碳减排的一个主要影响因素。

（3）运输强度

运输强度主要受经济、政策、管理的影响，运输强度的增大会增加碳排放。交通运输能耗强度主要受技术影响，其数值的增大会加速交通运输体系的碳排放，载运技术的进步会减少交通运输能耗强度，从而对交通运输体系的碳减排起到积极作用。在四种交通运输方式中，因道路运输周转量比重大，其能耗强度的增加对碳排放的促进作用是最明显的。

9.1.3.2　我国交通碳减排潜力分析

交通运输领域碳排放未来预测和潜力的研究以情景分析为主，可使用长期能源替代规划模型（LEAP模型）、ANSWER MARKAL模型、亚太综合运输模型（AIM）等模型方法，关注2030年、2040年、2050年中长期时间节点的碳排放情况及减排潜力。中国交通运输系统可划分为城际间交通运输和城市内交通运输两部分，已有研究使用LEAP模型来预测中国交通运输行业2020—2030年碳排放，其分析测算包括营运性货运、城际间营运性客运。具体模型表达式见式（9-1）。

$$TE = \sum i,j = ro,w,ra,ca(FT \times FP_i \times FEF + IPT \times IPP_j \times IPEF_j) +$$
$$\sum k = b,t,s UPT \times UPP_k \times UPEF_k \quad\quad (9\text{-}1)$$

式中　　　　　　　TE——交通运输碳排放总量；

FT，IPT，UPT——货运、城际客运、城市客运周转量；

FP，IPP，UPP——货运、城际客运、城市客运的运输结构；

FEF，IPEF，UPEF——货运、城际客运、城市客运各种子方式的碳排放强度因子；

$i，j，k$——不同交通运输方式，如ro为道路运输、w为水路运输、ra为铁路运输、ca为民航运输、b为公交车、t为出租车、s为轨道交通。

基于上述模型，选择基准情景、结构优化情景、技术进步情景、低碳情景4个模式来预测我国交通碳减排的潜力。

从总量上来看，2021—2030 年 4 种情景下交通运输碳排放呈现上升态势，且均未出现排放峰值。在基准情景、结构优化情景、技术进步情景和低碳发展情景下，2025 年交通运输 CO_2 排放分别达到 11.49 亿吨、10.84 亿吨、10.99 亿吨、10.39 亿吨碳，2030 年分别达到 13.16 亿吨、12.22 亿吨、12.08 亿吨、11.25 亿吨；2025 年、2030 年结构优化的减排潜力分别为 5.65%、7.08%，技术进步的减排潜力分别为 4.24%、8.20%，低碳发展情景下减排潜力为 9.56%、14.45%（图 9-6）。

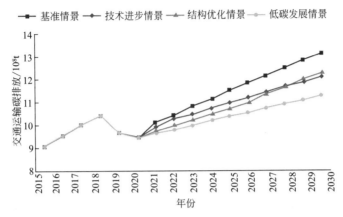

图 9-6　不同情景下中国交通运输碳排放变化趋势

（数据来源：王靖添、闫琰、黄全胜等，中国交通运输碳减排潜力分析）

道路运输方面，2025 年、2030 年在低碳情景下运输碳排放分别为 51230.40 万吨、54512.48 万吨，与基准情景相比碳减排潜力分别为 16.37%、23.71%（图 9-7）。道路运输的碳减排潜力是各类交通运输方式中最高的，也是中国交通运输行业实现减排目标的关键领域。

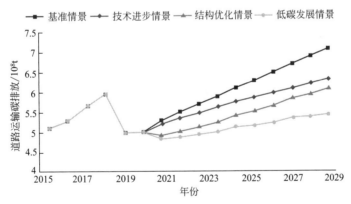

图 9-7　我国道路运输碳排放变化趋势

（数据来源：王靖添、闫琰、黄全胜等，中国交通运输碳减排潜力分析）

铁路方面，在结构优化情景、低碳情景下的运输碳排放高于基准情景（图 9-8），是由于"公转铁"等运输结构调整使得铁路货运周转量提升，造成铁路运输碳排放增加。根据本研究测算显示，2025 年、2030 年在低碳情景下铁路运输碳排放分别为 6613.71 万吨、7646.03 万吨，相比基准情景分别增加 16.08%、20.08%。虽然铁路运输碳排放有所增长，但有助于交通运输系统整体实现更大幅度的碳减排效果。

综上所述，低碳发展模式可以大大提高交通行业的碳减排效果。因此在低碳发展模式

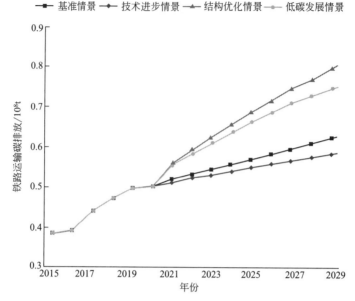

图 9-8   我国铁路运输碳排放变化趋势

（数据来源：王靖添、闫琰、黄全胜等，中国交通运输碳减排潜力分析）

下，采用系统调节，创新应用绿色技术，可以大幅度减少交通 CO_2 排放量。

9.2 交通行业二氧化碳核算

9.2.1 交通行业碳排放的核算方法及核算要素

9.2.1.1 交通行业碳排放的核算方法

交通是个复杂的巨系统，交通碳排放涉及诸多领域、环节、行业、部门，交通领域二氧化碳排放计算需要社会各方通力合作。计算交通领域二氧化碳排放量是分解碳达峰、碳中和战略目标，评估地方交通碳排情况，引导交通领域采取减碳治理措施的重要基础。目前主流的交通二氧化碳排放量计算方法有三种，其优缺点见表 9-5。

表 9-5   不同方法优缺点对照表

序号	方法	特点	优点	不足	使用频率
1	"自上而下"法	依据交通运输行业整体能源消耗计算交通排放量	数据易于获取，精准度高	无法体现不同交通方式碳排放情况；将交通运输、仓储和邮政作为一个行业统计，难以按照管理部分范畴进行拆分	★★★★
2	"自下而上"法	依据不同交通方式的出行需求计算交通排放量	能精准反映不同交通方式碳排贡献，引导针对性减排措施	数据需求多，分散在不同部门、企业等，获取难度较大	★★★★★
3	全生命周期法	依据不同交通工具从生产到淘汰的整个生命周期耗能计算交通排放量	能够全面地反映各种交通工具全生命周期能耗情况	数据需求涉及多学科、多环节、多部门，计算较为复杂，误差较大	★★★

（1）"自上而下"法

在地区范围内，交通运输行业能源消耗数据乘以燃料碳排放系数可以计算交通碳排放量。"自上而下"法可通过能源统计年鉴获取数据，但由于我国能源终端消费统计中将交通运输、仓储和邮政作为一个行业，难以按照交通运输管理部门业务范畴拆分，无法精准获取不同交通方式能源消耗量。

（2）"自下而上"法

依据各种交通方式的活动水平（如行驶里程）乘以单位活动水平的碳排放因子来计算交通碳排放量。"自下而上"法由于各类数据分散在不同部门、企业，数据获取有一定难度，但基于完善的跨部门协调机制则可实现各类数据收集，且可精准反映不同交通方式在城市二氧化碳排放中的贡献度，便于交通运输管理部门引导开展针对性减排措施。目前，"自下而上"法是国际城市计算交通领域二氧化碳排放量最常用的方法。

"自上而下"法和"自下而上"法的实施框架见图 9-9。

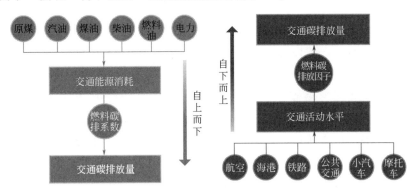

图 9-9　交通行业"自上而下"法和"自下而上"法示意图

（数据来源：城市交通研究院，《碳达峰、碳中和目标下交通领域碳排放计算展望》）

（3）全生命周期法

计算各类交通运输工具在包括生产、运营、回收的整个生命周期内产生的 CO_2 排放总量。全生命周期法无论是数据需求还是量化方法均涉及多学科、多环节、多部门，计算复杂度较高，误差相对较大。

9.2.1.2　交通领域碳排放量核算要素

交通领域碳排放量核算需明确若干前提要素，方能保证交通碳达峰、碳中和目标的纵向分解，确保不同区域交通碳排放可量化、可评估、可对比。交通 CO_2 排放量计算重点需要明确 5 大前提要素：地理边界范围、交通碳排放链、涵盖交通方式、活动空间特征、交通碳排放因子库，见图 9-10。

（1）地理边界范围

明确地理边界范围是交通碳排放量计算的前提，通常而言，范围越小复杂度越高，误差越大。进行交通 CO_2 排放量计算首先要确定地理边界，地理边界的选择主要取决于核算目的。行政区划意义上的城市、都市圈、城市群等都可以作为计算的地理边界。通常而言，交通 CO_2 排放量计算以城市行政边界作为地理边界计算较为可行。一方面，符合我国当前以行政区划为单位进行分级管理和政府考核的制度；另一方面，诸多计算相关数据多以城市行

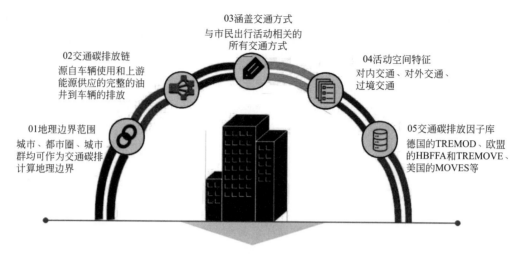

图 9-10　交通碳排放量计算需要明确的若干因素
（数据来源：城市交通研究院，《碳达峰、碳中和目标下交通领域碳排放计算展望》）

政边界为范围进行统计。一般而言，区域范围切割越小，计算复杂度越高，误差越大。

（2）交通碳排放链

交通相关碳排放理论上涵盖"油井到油箱"和"油箱到车轮"全链条，具体实践需结合需求明确涵盖的交通碳排放链。与交通相关的 CO_2 排放源主要包含两种：一种是车辆使用过程中"油箱到车轮"的直接排放；另一种是从"油井到油箱"的能源供应的上游排放（图9-11）。使用化石燃料时，大部分温室气体由车辆在燃料燃烧期间直接排放，少部分是由能源开采、运输和炼油工艺等造成的。使用电力时，车辆本身没有直接排放，所有温室气体排放均是通过化石燃料燃烧进行能源供应发电产成的。

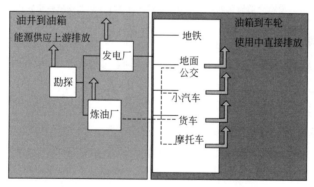

图 9-11　交通活动相关碳排放链示意图
（数据来源：城市交通研究院，《碳达峰、碳中和目标下交通领域碳排放计算展望》）

（3）涵盖交通方式

与城市生产生活相关的交通方式包含多种，从服务范围可分为对外交通和内部交通，从运输类别可分为货运交通和客运交通，从运输方式可分为道路、水路、铁路、航空等，不同交通方式涉及诸多管理主体，尤其是部分对外交通方式。因此，区域交通碳排放计算需明确涵盖的交通方式类别（图9-12）。

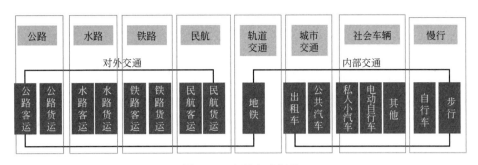

图 9-12　交通方式划分

（数据来源：城市交通研究院，《碳达峰、碳中和目标下交通领域碳排放计算展望》）

（4）活动空间特征

基于交通出行活动空间特征，区域出行活动包括内部交通、对外交通和过境交通，城市交通 CO_2 排放计算需明确涵盖的活动空间特征。内部交通的出行完全发生在市区范围内，包括区域内通勤交通、公共交通等，CO_2 排放全部发生在区域内。对外交通指出行起点和终点有一端发生在城市内部，一端发生在城市外围的交通，有一部分 CO_2 排放发生在区域内。过境交通是指穿越核算的城市属地但出发点和结束点都不在该城市的出行。过境交通也会对城市 CO_2 排放产生一定影响，区域交通碳排放计算需明确涵盖的出行活动空间特征。

（5）交通碳排放因子库

交通碳排放因子库是"自下而上"法的重要输入，基于不同碳排放因子库的计算结果存在差异。虽然"自下而上"法是国际通用的交通领域 CO_2 排放量计算方法，但由于不同城市使用的碳排放因子库并非完全相同，导致目前国际交通领域二氧化碳核算缺乏统一标准。目前，主流的碳排放因子库包括德国的 TREMOD、欧盟的 HBFFA 和 TREMOVE、美国的 MOVES 等。几乎所有的碳排放因子库均涵盖了"油箱到车轮"的排放，TREMOD 和 TREMOVE 等少数因子库考虑了"油井到油箱"的排放。

9.2.2　交通运输碳排放核算

9.2.2.1　交通行业相关指南解读

为有效落实《中华人民共和国国民经济和社会发展第十二个五年规划纲要》，建立完善温室气体统计核算制度，加快构建国家、地方、企业三级温室气体排放核算工作体系，国家发改委分三批制定了共 24 个行业企业的温室气体排放核算方法与报告指南，其中，与交通行业相关的有《中国陆上交通运输企业温室气体排放核算方法与报告指南（试行）》和《中国民航企业温室气体排放核算方法与报告格式指南（试行）》。

（1）《中国陆上交通运输企业温室气体排放核算方法与报告指南（试行）》解读

《中国陆上交通运输企业温室气体排放核算方法与报告指南（试行）》借鉴了国内外有关企业温室气体核算报告研究成果和实践经验，参考了国家发展改革委办公厅印发的《省级温室气体清单编制指南（试行）》，经过实地调研、深入研究和案例试算完成。其适用范围包括从事陆上交通运输业务、具有法人资格的企业和视同法人的独立核算单位，中国境内从事公路旅客运输、道路货物运输、城市客运、道路运输辅助活动、铁路运输的企业以及各沿海和内河港口企业等。该指南包括指南的适用范围、相关引用文件、所用术语、核算边界、核算方法、质量保证和文件存档要求以及报告内容和格式规范。

(2)《中国民航企业温室气体排放核算方法与报告格式指南（试行）》解读

《中国民航企业温室气体排放核算方法与报告格式指南（试行）》借鉴了国内外有关企业温室气体核算报告研究成果和实践经验，参考了国家发展改革委办公厅印发的《省级温室气体清单编制指南（试行）》，经过实地调研、深入研究和案例试算编制完成。指南的适用范围为从事民用航空运输业务的具有法人资格的生产企业和视同法人的独立核算单位，用于中国民用航空企业温室气体排放核算和报告。指南所指的民用航空企业包括公共航空运输企业、通用航空企业以及机场企业。中国境内从事民用航空运输的企业可按照该指南提供的方法核算企业的温室气体排放量，并编制企业温室气体排放报告。如民用航空企业生产其他产品且存在温室气体排放的，则应按照相关行业温室气体排放核算和报告指南核算并报告。《中国民用航空企业温室气体排放核算方法和报告指南（试行）》包括指南的适用范围、相关引用文件和参考文献、所用术语、核算边界、核算方法、质量保证和文件存档要求以及报告内容和格式。

9.2.2.2 交通行业温室气体排放种类

不同的交通运输类型不同，主要化石燃料种类不同，排放的温室气体种类也有区别（表9-6）。道路交通企业由于运输车辆比较复杂，涉及汽油、柴油、天然气和液化石油气等燃料，产生的温室气体种类最多，分别为 CO_2、CH_4 和 N_2O。其他交通行业企业类型主要排放的温室气体为 CO_2。

9.2.2.3 交通行业碳排放边界

(1)道路交通边界

根据《中国陆上交通运输企业温室气体排放核算方法与报告指南（试行）》，道路交通应核算其全部设施和业务产生的温室气体排放。公路旅客运输企业、道路货物运输企业和城市客运企业的设施和业务范围包括运输车辆的运营系统、直接为运输车辆运营服务的辅助系统。公路维修与养护企业的设施和业务范围包括各级公路实施的小修保养、中修、大修和改建工程及直接为上述工程服务的辅助系统。高速公路运营管理企业的设施和业务范围包括高速公路及附属设施养护、机电设备维护、收费、稽查、排障等运营系统及为之服务的辅助系统。上述辅助系统包括客货运场站、机修车间、库房、办公楼、职工食堂、车间浴室、保健站及企业内部车辆等。

(2)轨道交通碳排放边界

根据《中国陆上交通运输企业温室气体排放核算方法与报告指南（试行）》，铁路运输企业的设施和业务范围包括其内燃机车、电力机车和动车组运营系统以及直接为机车运营服务的辅助系统。该辅助系统包括客货运场站、机修车间、库房、办公楼、职工食堂、车间浴室、保健站及企业内部车辆等。

(3)航空运输碳排放边界

根据《中国民航企业温室气体排放核算方法与报告格式指南（试行）》，碳排放主体应以企业法人为边界，识别核算边界内所有与生产经营相关的排放。核算和报告范围包括燃料燃烧的 CO_2 排放，包括各种类型的固定或移动燃烧设备（如民用航空企业的锅炉、航空器、气源车、电源车、运输车辆等）中的 CO_2 排放；以及净购入使用电力及热力产生的 CO_2 排放。

表 9-6　陆上交通运输企业温室气体排放源一览表

企业类型	燃料燃烧排放			尾气净化过程排放		净购入电力、热力排放	
	主要化石燃烧种类	主要耗能设备	温室气体种类	排放设备	温室气体种类	主要耗能设备	温室气体种类
道路运输企业（包括公路旅客运输企业和道路货物运输企业、城市公共汽电车运输企业和出租汽车运输企业）	汽油、柴油、天然气和液化石油气等	运输车辆（以化石燃料为动力，如汽油车、柴油车、单一气体燃料汽车、两用燃料汽车、双燃料汽车、混合动力电动汽车等）及客货运场站燃煤、燃油和燃气设施等	(1)CO_2、CH_4（运输车辆）；(2)N_2O（运输车辆）	运输车辆	CO_2	运输车辆（以电力为动力，如电动车、纯电动汽车、插电式混合动力汽车等）及客货运场站耗电设施等	CO_2
城市轨道交通运输企业	煤、天然气等	场站等固定源燃煤燃气设施等	CO_2	—	—	地铁、轻轨、磁悬浮列车及车站耗电设施等	CO_2
公路维修和养护企业、高速公路运营管理企业	柴油、天然气等	养护设备如修补机、运料机、运转车和摊铺机等	CO_2	—	—	道路照明以及固定场所供暖、通风等设施	CO_2
铁路运输企业	柴油、煤炭和天然气等	内燃机车、站场燃煤、燃油和燃气设施等	CO_2	—	—	电力机车、动车组、站场耗电设施等	CO_2
港口企业	汽油、柴油、天然气和煤炭等	装卸设备、吊运工具、运输工具及设施等	CO_2	—	—	装卸设备、吊运工具、运输工具耗电设施等	CO_2
航空企业	汽油、柴油、天然气和煤炭等	内燃机车、站场燃煤、燃油和燃气设施等	CO_2	—	—	飞机耗电设施等、道路照明以及固定场所供暖、通风等设施	CO_2

（4）水上运输碳排放边界

国家水运排放包括出发港和到达港均为本国港口的悬挂不同船旗船舶所使用的燃料的排放，不包括渔船的排放。《IPCC 国家温室气体清单指南》中国家水运排放核算边界，可概述为出发港和到达港均为本国港口的所有船舶航次的排放，不包括渔船，也不包括港口（港口排放归入非道路运输排放）。实际上，国家水运排放可以划分为以下两部分：所有本国籍国内航行船舶的排放和所有国际航行船舶出发港和到达港均为本国港口的航次的排放。

生态环境部组织编写的《省级二氧化碳排放达峰行动方案编制指南》中提出了水运碳排放核算边界。船公司的国内航行船舶的 CO_2 排放计入所在省（区、市）CO_2 排放总量，船公司的国际航行船舶 CO_2 排放总量单独报送生态环境部，将我国航运企业的碳排放作为我国水运碳排放。

9.2.2.4　城市交通结构优化模型

城市交通系统作为城市大系统中的重要子系统，体现了城市经济社会发展过程中生产、生活的动态功能关系，具体框架图见图 9-13。城市交通系统由一些基本交通要素构成，包括人、车、路以及其他交通基础设施和环境等，要素之间既相互独立，又相互联系组合成一个整体。另外，城市交通系统是由一些相互关联的子系统集合而成的，根据不同交通要素类型分为路网子系统、出行子系统、运载工具子系统以及交通技术子系统，这些子系统相互联系、互相作用进而形成特定的城市交通发展特征。

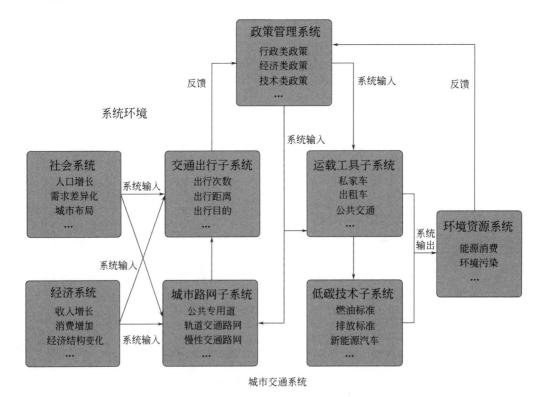

图 9-13　城市交通系统框架图

（数据来源：张琳玲，《碳减排目标下城市交通出行结构优化与调控研究》）

（1）城市交通结构优化原则

城市交通出行结构进行优化时，必须同时考虑到城市资源消耗量、居民出行需求、城市交通运输效率、交通碳减排目标等各种因素，在此基础上，优化得到的出行结构既能满足城市交通发展需求又能满足社会、经济发展需求，构建得到的城市交通体系既符合低碳交通建设以及城市可持续发展要求，同时还可以满足居民的出行需求。碳减排目标下城市交通体系结构优化应遵循以下原则。

① 有利于改善交通资源利用效率。在有限的交通资源供给基础上，通过对交通政策的完善和交通技术的改良，促进大运量的交通方式出行比例提升，降低单位运量下能源、道路等交通资源的消费水平，促进城市交通运行效率的有效提升，通过交通资源结构性调整提高城市交通系统供给能力，进而满足交通系统日益增加的出行需求。

② 有利于满足多元化出行需求。在符合国家有关社会经发展规划和交通发展战略前提下，应该充分发挥各种不同交通出行方式的优势和长处，有效组织各种交通工具的衔接和组合，促进城市交通系统多样化、层次化发展，进而更加有效地满足居民日益多元化的出行需求，提高交通系统出行效率，改善交通系统服务质量。

③ 有利于促进城市低碳社会建设。交通系统作为城市大系统中的一个重要子系统，城市交通出行结构优化方向应该与城市整体发展规划相一致，交通发展模式需要与外部资源环境系统承载力相匹配，并且同时满足居民日益多元化的出行需求，尽量保持城市交通系统的供需平衡。在满足城市资源、能源、环境、居民需求等约束条件的基础上，促进城市社会经济发展，提高交通资源利用效率，降低交通系统带来的环境污染，进一步推动城市低碳社会建设。

（2）城市交通结构优化目标

交通出行结构优化目标除了发展低碳交通满足城市环境要求之外，还要求同时满足有效利用城市现有资源提高出行效率，依据城市经济实力减轻财政压力，以及注重居民出行体验，保证出行有效性、经济性和舒适性。

根据上述城市交通出行结构优化的基本原则可知，城市交通出行结构优化除了实现系统自身的高效发展，还需满足社会经济发展的基本需要以及外部资源环境系统的可承载能力，因此城市交通出行结构优化目标是实现城市社会经济系、环境系统以及交通系统的协调发展。碳减排目标下城市交通出行结构优化目标应该包括城市交通总效能最大化、经济成本、碳排放量和外部性费用最小化，将交通碳排放从交通外部成本中拿出作为一个单独的优化目标进行分析，具体见图 9-14。

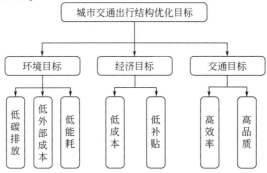

图 9-14 城市交通出行结构优化目标

（数据来源：张琳玲，《碳减排目标下城市交通出行结构优化与调控研究》）

（3）"碳减排"目标下城市交通结构优化概念模型

城市交通出行结构的形成往往是交通系统内部条件和城市外部环境综合作用的结果，评估交通系统的外部环境基础，结合交通系统内部各个子系统的发展情况，制定出与内部条件和外部环境相适应的交通政策，引导城市交通出行结构进一步优化。城市交通出行结构优化概念模型主要是基于城市交通优化原则，分别从城市交通系统环境、交通系统结构以及交通出行结构优化目标三个方面分析城市交通出行结构优化的内在机理（图 9-15）。

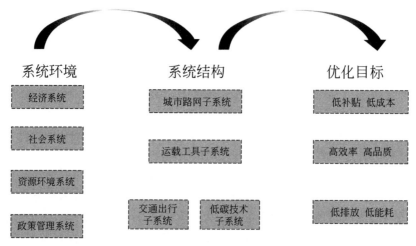

图 9-15　城市交通出行结构优化概念模型
（数据来源：张琳玲，《碳减排目标下城市交通出行结构优化与调控研究》）

结合城市交通出行结构优化目标，可以从经济目标、环境目标以及交通目标三个方面构建城市交通出行结构优化概念模型的目标函数，见式(9-9)。具体的目标函数包括碳排放目标能源消耗目标、出行成本目标、财政补贴目标、外部成本目标以及出行效率目标，同时还考虑了城市交通发展过程中的出行需求约束和路网资源约束。

$$\min f_{碳排放}(y)=f(y_{出行结构}) \tag{9-2}$$

$$\min f_{能源消耗}(y)=f(y_{出行结构}) \tag{9-3}$$

$$\min f_{出行成本}(y)=f(y_{出行结构}) \tag{9-4}$$

$$\min f_{出行效率}(y)=f(y_{出行结构}) \tag{9-5}$$

$$\min f_{财政补贴}(y)=f(y_{出行结构}) \tag{9-6}$$

$$\min f_{外部成本}(y)=f(y_{出行结构}) \tag{9-7}$$

$$\max f_{出行品质}(y)=f(y_{出行结构}) \tag{9-8}$$

$$\text{s. t.} \begin{cases} A(y_{出行结构}) \geqslant M_{出行需求} \\ B(y_{出行结构}) \leqslant M_{路网资源} \end{cases} \tag{9-9}$$

式(9-9)中 y 出行结构的函数表达见式(9-10)。

$$y_{出行结构}=f(小汽车,地面公交,轨道交通,出租车,\cdots) \tag{9-10}$$

城市交通出行结构优化概念模型中包含 7 个优化目标，而各个目标之间很可能存在单位、量纲等不统一的情况，使得这 7 个目标之间缺乏公度性。同时，这 7 个目标之间也存在一定矛盾性，如低碳排放目标和高出行品质目标之间就由于各类交通方式的技术经济属性不同，在交通出行结构的优化方向上产生分歧，低碳排放目标要求公共交通出行比例越高越好，而高品质目标要求个体机动出行比例越高越好。因此，在城市交通出行结构优化时需要明确城市交通在不同发展阶段的主要目标，而在低碳减排压力与日俱增的大环境下，现阶段我国城市交通出行结构优化需要重点关注低碳交通发展方式，一方面需要探索碳减排目标下城市交通出行结构优化路径，另一方面需要明确引导交通出行结构优化的政策调控。

9.2.3 案例分析

国内外城市对交通碳排放量计算已有探索实践，但计算前提要素考虑各有不同，国内缺乏一套统一标准规范的计算方法。

考虑到交通 CO_2 排放量计算方法对交通运输管理部门减排工作的指导意义，国内外城市多采用"自下而上"的交通碳排放计算方法。以城市为行政区分单元的管理制度和数据统计优势，使得城市行政边界多作为交通碳排放计算的地理单元。由于交通相关碳排放链与工业、建筑排放存在交叉，国内外城市多将交通工具的化石燃料直接排放和电力能源的发电碳排放作为交通碳排放量化考虑范围，部分国际城市交通碳排放量实践对照表见表 9-7。根据不同城市具体需求，交通碳排放涵盖交通方式的范围有所不同，国内城市一般将城市对内、对外交通均计算在内。是否将过境交通纳入城市碳排放计算范围不同城市观点不同。虽然国际上已有若干主流的碳排放清单模型，但我国国内还需制定一套统一标准、本地化的碳排放因子排放清单。

表 9-7　部分国际城市交通碳排放量实践对照表

计算方法		城市		
		法兰克福	深圳	武汉
方法	自上而下			
	自下而上	√	√	√
	全生命周期			
影响因素	地理边界	市域范围	深圳市域	武汉市域＋武汉铁路局铁路线
	碳排放链	化石燃料能源计算直接排放量（油箱到车轮）	化石燃料能源计算直接排放量（油箱到车轮）；新能源计算上游发电碳排放量（油井到油箱）	化石燃料能源计算直接排放量（油箱到车轮）；新能源计算上游发电碳排放量（油井到油箱）
	交通方式	城市交通＋铁路	城市交通＋航运＋航空＋铁路	城市交通＋航运＋航空＋铁路
	活动类型	（1）出行起讫点（OD）至少一端在市内出行；（2）过境交通	（1）OD至少一端在市内出行；（2）过境交通	OD至少一端在市内出行
	碳排清单模型	TREMOD	HEEFA	MOBILE6

数据来源：城市交通研究院，《碳达峰、碳中和目标下交通领域碳排放计算展望》。

9.2.3.1 厦门市湖里区厦门高崎国际机场内碳排放计算

（1）核算边界

场所边界为福建省厦门市湖里区厦门高崎国际机场；设施边界包括企业所有排放设施；

核算边界包括设施边界内排放设施的所有 CO_2 排放。

以上核算边界内受核查方的温室气体排放来自化石燃料燃烧排放以及净购入电力蕴含的排放，具体如表 9-8 所示。

表 9-8　受核查方排放情况表

排放类型	排放源	气体种类	排放设施
化石燃料燃烧	汽油	CO_2	公务车辆及厂内车辆
	柴油	CO_2	公务车辆及厂内车辆
净购入电力	电力	CO_2	地面配套及办公设施

（2）核算方法

该企业属于航空运输业。企业的温室气体排放总量按式（9-11）计算。

$$E_{总}=E_{燃烧}+E_{电和热} \tag{9-11}$$

式中　$E_{总}$——核算期内企业 CO_2 排放总量，$t\,CO_2$；

　　　$E_{燃烧}$——核算期内燃料燃烧活动产生的 CO_2 排放，$t\,CO_2$；

　　　$E_{电和热}$——核算期内企业净购入电力和热力产生的 CO_2 排放，$t\,CO_2$。

其中化石燃料燃烧排放、净购入生产用电蕴含的排放按指南中公式进行计算。

（3）核算结果

将企业使用的燃料和电力数值代入上述公式，可得到化石燃料燃烧、使用电力以及总 CO_2 排放量，见表 9-9～表 9-11。

表 9-9　化石燃料燃烧排放量计算

燃料品种	消耗量/t A	低位发热量 /(GJ/t) B	单位热值含碳量 /(t C/GJ) C	碳氧化率 /% D	排放量/t CO_2 $E=(A×B×C×D/100)×(44/12)$
汽油	74.67	43.07	0.0189	98	218.41
柴油	324.87	42.652	0.0202	98	1005.77
合计	—	—	—	—	1224.18

表 9-10　净购入使用电力产生的排放量计算

净购入电量/(MW·h) A	电力排放因子/[t CO_2/(MW·h)] B	CO_2 排放量/t CO_2 $C=A×B$
56618.889	0.7035	39831.39

表 9-11　受核查方排放量汇总

类型	数值
排放总量/t CO_2 当量	41056
化石燃料燃烧二氧化碳排放量/t CO_2	1224.18
净购入使用电力蕴含的二氧化碳排放量/t CO_2	39831.39

9.2.3.2　北京铁路局运输碳排放计算

北京铁路局碳排放来源主要包括电力、原煤、柴油、天然气等能源的消耗产生，其中由原煤、柴油、城市煤气、汽油、液化石油气和气田天然气消耗过程产生的碳排放为直接碳排放，电力和外购热力消耗过程中产生的碳排放为间接碳排放。各类能源的各个参数值依据上述计算方法计算出直接碳排放因子，如表 9-12 所示。外购热力按百万千焦换算成 0.0341t 标准煤，再按每吨标准煤产生 3.14t CO_2 计算；电力则按 0.604t CO_2/(MW·h) 计算碳排放量。

表 9-12　化石燃料碳排放因子

能源名称	热值	单位热值含碳量 /(t C/TJ)	碳氧化率 /%	CO_2 与 C 分子量比	碳排放因子
原煤	19.57GJ/t	26.18	85	3.67	1.597t CO_2/t
城市煤气	173.54GJ/$10^4 m^3$	13.6	99	3.67	8.568t CO_2/$10^4 m^3$
柴油	43.33GJ/t	20.2	98	3.67	3.145t CO_2/t
汽油	44.80GJ/t	18.9	98	3.67	3.043t CO_2/t
液化气	47.31GJ/t	17.2	98	3.67	2.924t CO_2/t
天然气	389.31GJ/$10^4 m^3$	15.3	99	3.67	21.624t CO_2/$10^4 m^3$

数据来源：高玉明、王术尧，北京铁路局运输碳排放清单及碳排放基准线浅析。

根据统计年报等资料上的 2012—2014 年的能源消耗，计算得出 2012—2014 年碳排放总量（表 9-13）。

表 9-13　2012—2014 年北京铁路局能源消耗碳排放清单

项目	2012		2013		2014	
	碳排放/t	占比/%	碳排放/t	占比/%	碳排放/t	占比/%
原煤	651335	12.68	592682	11.44	547481	10.52
城市煤气	436	0.01	298	0.01	353	0.01
柴油	1231119	23.97	1109426	21.42	975491	18.72
汽油	25901	0.5	27663	0.53	30186	0.58
液化气	5001	0.1	5367	0.1	5733	0.11
天然气	118201	2.3	132706	2.56	146313	2.81
小计	2031993	39.56	1868142	36.06	1705557	32.75
外购热力	140674	2.74	109178	2.11	91740	1.76
电力	2963867	57.7	3203082	61.83	3411033	65.49
小计	3104541	60.44	3312260	63.94	3502773	67.25
合计	5136535	100	5180404	100	5208329	100

数据来源：高玉明、王术尧，北京铁路局运输碳排放清单及碳排放基准线浅析。

从 2010—2014 年 5 年的 CO_2 排放量来看（图 9-16），北京铁路局 CO_2 排放量分别为 445.2 万吨、466.4 万吨、513.7 万吨、518 万吨和 520.8 万吨，碳排放量呈先增加后不变的趋势。碳排放总量的上升趋势以 2012 年为转折点，2012 年之前碳排放水平大幅度上升，2011 年增幅为 4.76%，2012 年最大，可达 10.13%；2012 年以后，碳排放总量增幅显著下降，到 2014 年，

CO_2 排放总量年增幅仅为 0.85% 和 0.54%，年平均增长量在 3 万～4 万吨。

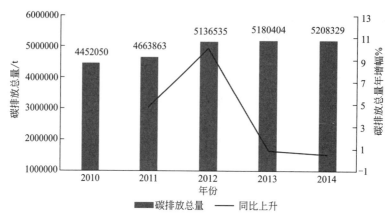

图 9-16 2010—2014 年北京铁路局碳排放趋势图
（数据来源：高玉明、王术尧，北京铁路局运输碳排放清单及碳排放基准线浅析）

2010—2014 年 5 年间由化石能源直接碳排放的 CO_2 总量在逐年减少（图 9-17），直接碳排放占排放总量的比例也呈下降趋势，2010 年为 233.8 万吨，占比 52.52%，2014 年为 170.6 万吨，占比 32.75%。而间接碳排放总量却每年迅速增加，2010 年为 211.4 万吨，占比 47.48%；2014 年达到 350.3 万吨，占比 67.25%。2010 年直接碳排放比间接碳排放多出 22.4 万吨，而 2014 年间接碳排放反而比直接碳排放高 179.7 万吨。这主要是由于电力资源的需求逐年上升，铁路运输企业的能源消费结构在不断发生变化。

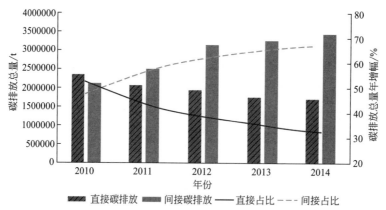

图 9-17 2010—2014 年北京铁路局直接、间接 CO_2 排放趋势图
（数据来源：高玉明、王术尧，北京铁路局运输碳排放清单及碳排放基准线浅析）

9.2.3.3 宜宾市航空运输及水运运输碳排放计算

（1）宜宾市航空运输碳排放计算

宜宾市是我国西部的内陆城市，远距离交通主要是航空和铁路。宜宾市菜坝机场为二级机场（4C 级）。菜坝机场有波音 737 机型、空客 319 机型和 CIU 三种机型，可飞往北京、上海、广州、深圳、昆明等地。根据 2005—2010 年的统计数据，菜坝机场飞机起降架次不断增长，2010 年的起降次数（3278 次）是 2005 年（1670 次）的 1.97 倍，航空货邮吞吐量上升了 34.5%，旅客吞吐量从 2005 年的 149666 人增至 2010 年的 289541 人，增长率为

93.5%，见表 9-14。

表 9-14 飞机的油耗总量、起降次数和运载情况

年份	油耗总量/10^3kg	起降次数/次	客运量/人	货运量/10^9kg
2005	2872	1670	149666	4713.4
2006	3366	1877	169322	5033.2
2007	3298	1862	165983	5452.2
2008	4269.119	2114	177596	5614.4
2009	4794.684	2394	211197	6501.8
2010	7255.352	3278	289541	7697.6

数据来源：杨晓冬，《宜宾市不同交通运输形式碳排放特征及演进动态分析》。
注：货运量主要为旅客携带行李和邮递包裹。

宜宾市航空消耗的能源主要是航空汽油。根据调查收集的航空年耗油量，采用对应的碳排放系数估算出宜宾市航空领域的碳排放量，见表 9-15。

表 9-15 宜宾市 2005—2010 年航空能源消耗量及碳排放量

年份	起降次数/次	航空汽油/10^3kg	碳排放量/10^3kg
2005	1670	2872	8727
2006	1877	3366	10228
2007	1862	3298	10021
2008	2114	4269	12972
2009	2394	4794	14569
2010	3278	7255	22047

数据来源：杨晓冬，《宜宾市不同交通运输形式碳排放特征及演进动态分析》。

从图 9-18 可以看出，从 2005—2010 年，由于飞机的起降架次有明显增长，航油消耗量也迅速增长，导致总体 CO_2 排放量增长不少，平均年增长率达 20.4%，至 2010 年，航空运输 CO_2 排放量达到了 $2.2×10^7$kg。

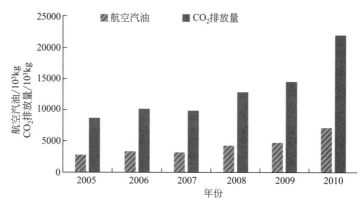

图 9-18 宜宾市 2005—2010 年航空能源消耗量及碳排放量

（数据来源：杨晓冬，《宜宾市不同交通运输形式碳排放特征及演进动态分析》）

（2）宜宾市水运运输碳排放计算

宜宾市的水运运输是很重要的交通运输方式，以豆坝、小岸坝、安阜、罗龙、阳春坝 5 个重大型专用码头为支撑，还包括一些大型企业的专用货物运输码头，另外区域性客货运码头还有 20 余个，是典型的内河枢纽港体系。

宜宾市海事局的资料显示，截至 2010 年，宜宾市共有船舶 3466 艘，其中自用船舶 1645 艘，客渡船舶 253 艘，运输船舶 784 艘，机动船舶 518 艘，非机动船舶 266 艘。宜宾市境内河道有 10 余条，通航里程达 963.3km。2000—2010 年 10 年间，宜宾市水运的货运量总体不断增长，2000 年的货运周转量为 1.2×10^{11} kg·km，客运周转量为 4299 万人·km，货运量为 1.4×10^9 kg，客运量为 258.86 万人；到 2010 年，货物周转量达到 9.5×10^{11} kg·km，是 2000 年的 8 倍，港口货物吞吐量是 2000 年的 5 倍，但是客运周转量只有 2000 年的 1/3（表 9-16），货运量达到 4.6×10^9 kg·km，是 2000 年的 2.4 倍。客运方面，2010 年的客运量为 134 万人，只占 2000 年的一半。

表 9-16　2000—2010 年宜宾市水运情况

年份	货运量/10^7 kg	货运周转量/(10^7 kg·km)	客运量/万人	客运周转量/（万人·km）
2000	137.58	11845	258.86	4299
2001	154.75	10703	258.49	3608
2002	259	22086	289	4481
2003	207	17856	274	4361
2004	369.66	27493	259.27	2540.45
2005	315	39002	177	1715
2006	408	88573	163	1960
2007	456	88605	134	1508
2008	395	93657	179	2057
2009	408	85512	140	1265
2010	461	94497	134	1508

数据来源：杨晓冬，《宜宾市不同交通运输形式碳排放特征及演进动态分析》。

调查的统计数据（表 9-17）中，2009 年和 2010 年的水运油耗量明显下降，2009 年、2010 年油耗量仅分别为 939×10^3 kg、1648×10^3 kg，可能是 2009 年加油趸技改，只统计了上半年的部分数据，而 2010 年则由于我国柴油出现大面积供给短缺，造成记录的油量数据严重偏低，不计算该部分数据。因此，根据走访，将 2009 年、2010 年实际用油量 5300×10^3 kg、5100×10^3 kg 作为碳排放量的核算参考。

表 9-17　宜宾市 2005—2010 年水运能源消耗表

年份	柴油/10^3 kg	碳排放量/10^3 kg
2005	3872	12337.35
2006	5724	18238.38
2007	4963	15813.61
2008	5129	16342.53
2009	5300[①]	16887.39
2010	5100[①]	16250.13

数据来源：杨晓冬，《宜宾市不同交通运输形式碳排放特征及演进动态分析》。

① 为类比估计值。

将表 9-17 中数据绘制成图 9-19，宜宾市 2010 年水运交通碳排放总量约为 1.6×10^7 kg，水运交通碳排放量先升后降，呈倒 U 字形，在 2006 年达到最高，之后略有下降。变化的原因主要是由于水运方面所需的柴油价格上涨、首航道条件的影响运行不稳定、速度较慢以及同期其他交通运输方式大力发展带来的影响，水运运输发展状况不佳。

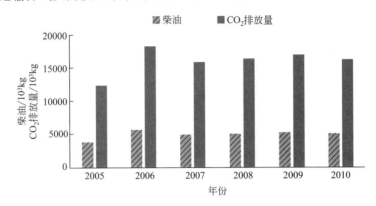

图 9-19　宜宾市 2005—2010 年水运能源消耗和碳排放量

（数据来源：杨晓冬，《宜宾市不同交通运输形式碳排放特征及演进动态分析》）

9.3　交通行业碳减排碳中和路径与技术

9.3.1　交通行业碳达峰碳中和路径

中共中央、国务院印发的《国家综合立体交通网规划纲要》明确指出，加快推进绿色低碳发展，交通领域二氧化碳排放尽早达峰。交通领域作为第三大 CO_2 排放源，理应成为我国"碳达峰、碳中和"战略的重要发力点。

交通部门可以通过交通运输结构优化、替代燃料技术发展、颠覆性技术和交通工具高效化等方面来实现碳中和。具体碳中和路径见图 9-20。

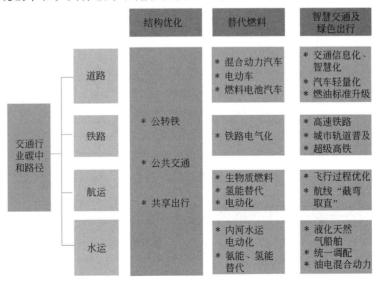

图 9-20　交通行业碳中和路径线路图

交通的碳减排路径主要是如何进行交通运输结构优化，碳减排的客运运输结构倾向于从道路运输向更加高效的铁路运输转型，主要为高铁运输。

全面推进客运和货运结构调整能够有效减少交通部门碳排放。各种运输方式完成单位运输量所消耗的能源以及产生的碳排放有较大不同，据测算，道路货运单耗是铁路的4~5倍。特别是随着铁路电气化改造工程的推进，铁路节能技术和管理水平不断提高，铁路运输低碳化取得的效果明显。交通运输结构优化将显著减少碳排放。1985—2009年间，铁路客运等低能耗方式活动水平逐渐向道路和民航转移，导致CO_2排放增加了3.7亿吨，约占2009年交通部门碳排放的45.3%。当道路运输在城间客运的占比从34%下降至26%、铁路在货运周转量的占比从10%增长到18%后，直接碳排放将下降4亿~5亿吨（图9-21）。

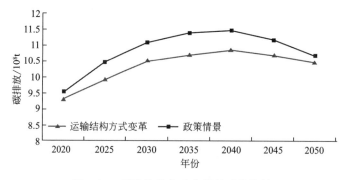

图 9-21　运输结构方式变革的减排效果

（数据来源：欧阳斌、郭杰、王雪成等，《中国中长期交通运输低碳发展战略的研究、解读、展望》）

研究表明，按照额定载客人数运行车辆的情况下，不同交通方式的全生命周期内的基础设施建设、运营能耗强度、运营人均能耗及排放强度有很大不同，如表9-18所示。其中，地铁的全生命周期能耗强度最小，约为公交运行的45.2%、出租车运行的11.4%。地铁的排放强度受我国电力行业的排放强度影响，比公交运行排放强度高，但仍低于出租车。

表 9-18　不同交通方式全生命周期的能耗及排放强度

项目	能耗强度/[g 标准煤/(人·km)]			排放强度/[g CO_2/(人·km)]		
	地铁	公交	出租	地铁	公交	出租
基础设施建设	0.131	0.025	0.039	0.396	0.014	0.022
基础设施运营	1.45	0.003	0.004	12.6	0.024	0.038
车辆运行	1.23	6.19	24.63	10.7	13.14	50.46
合计	2.811	6.218	24.673	23.696	13.178	50.52

注：表中载客是相同的。

因此，把调整交通运输结构作为交通运输低碳发展的主攻方向，充分发挥各种交通运输方式的优势和组合效率，大力发展水运、铁路等绿色运输方式，实现结构减排效应的最大化。

9.3.2　交通行业碳减排碳中和技术

我国大力推行新能源交通技术的研发和使用，既可以缓解中国在石油使用方面的对外依赖压力，又可以减少大气环境污染。

9.3.2.1 电气化技术

电气化是道路运输和铁路运输中重要的减排措施。在传统汽油车向新能源汽车转型的潮流中，电动汽车具有污染少、能源转化率高、晚间低谷充电等优势，而且电池原材料的锂资源储量在我国很丰富，因此成为我国新能源汽车转型的首选技术。通过计算几种燃料电池情景下的生命周期的碳减排潜力（图 9-22），发现电动汽车能效比传统汽车高出 50%，碳减排优势明显。

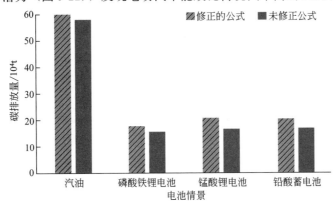

图 9-22　不同电池情景下的 CO_2 排放与碳减排潜力

（数据来源：施晓清、李笑诺、杨建新，低碳交通电动汽车碳减排潜力及其影响因素分析）

在汽车保有量、行驶里程、使用年限相同的条件下，单位电能的 CO_2 排放系数远远小于化石燃料，减排空间很大。电动汽车电能生命周期阶段的碳排放受发电能源结构、车用燃料类型（单位燃料的 CO_2 排放系数）、汽车类型（百公里能耗）、城市交通状况（时速）、煤电技术供电路线、电池类型（重量、能效）等多因素的共同作用，各因素对纯电动汽车有制约性碳减排影响。电动汽车使用阶段碳排放主要来自电能的消耗，其环境影响集中在发电阶段，因此发电能源结构和煤电技术供电路线对电动汽车生命周期的碳减排空间起决定性作用，其减排空间分别可达 78.1%、81.2%。汽车时速对各类型汽车的能耗影响较大，直接影响汽车的碳排放.低速时电动车的碳减排潜力增加 5.3%。另外电动汽车在交通堵塞时电动机不需要怠速运转，制动时电动机可以起到发电机的作用，能把汽车动能转化成电能储存进蓄电池，提高了电能的利用率。电池具有重量轻、能量密度大、充电效率高等优势，导致以其为动力的电动汽车的百公里能耗低于其他类型电池。与燃油出租车比较，磷酸铁锂电池驱动电动车分别以 12.7%、11.5% 的减排率优于锰酸锂电池和铅酸蓄电池驱动电动车。表 9-19 是几种电动电池的特点。

表 9-19　几种电动电池的特点

类型		原料	优点	缺点
锂离子电池	三元锂电池	镍、钴、锰或铝	电池能量密度高，上限能触到 350W·h/kg，是现在所有电池里跑得最远的一种	安全性不足，自燃温度仅仅在 200℃ 左右
	磷酸铁锂电池	磷酸铁锂	安全性更好，自燃温度在 500～800℃	电池能量密度低，续航短
钠离子电池		—	原料便宜充电速度很快，耐低温	量产有困难
全固态电池		—	能量密度能超过 500W·h/kg，重量更轻、体积更小	研究中

2020年，国务院办公厅印发了《新能源汽车产业发展规划（2021—2035年)》，提出到2025年，新能源汽车新车销售量达到汽车新车销售总量的20%左右，纯电动汽车也成为新销售车辆的主流，公共领域用车将全面电动化。随着未来中国电力结构的低碳化、清洁化，电动汽车减排优势将更明显。电动汽车可能在2050年使得道路运输温室气体排放减少74%~84%。假设汽车寿命为12年、年均行驶里程为15000km，当电池成本低于1500~2000元/(kW·h)时，纯电动汽车减排成本可为负，既可以实现温室气体减排目的，又可以降低全生命周期使用成本。

9.3.2.2 氢能燃料及储存技术

氢能源是可再生的清洁能源的一种，是解决交通碳减排问题的一个重要途径。由于"绿氢"技术的发展，氢作为燃料的碳减排成果显著。图9-23是不同燃料车型行驶100km的CO_2排放量，燃油客车是25.1kg C，天然气车是23.1kg C，电动车是15.01kg C，有机液体氢是2.46kg C，仅为燃油车排放碳的1/12。与燃料电池汽车相比而言，氢内燃机较易实现实用性。

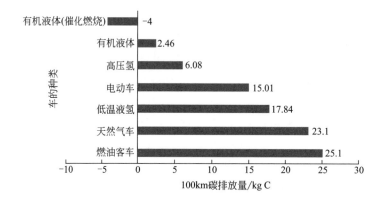

图9-23 不同燃料车型行驶100km的CO_2排放量

氢在燃烧方面具有很多优点：①氢具有易燃性，其可燃范围为4.2%~74.2%，氢气在内燃机中与空气混合很容易燃烧，在过量空气系数0.15~9.6范围内正常燃烧；②氢气具有非常低的点火能，保证了及时点火；③压缩过程中温度上升与压缩比相关，由于氢气自燃温度较高，氢内燃机可使用更高的压缩比，以不断提升内燃机热效率；④氢具有高扩散速率，氢密度小，扩散系数很大，扩散速率很快，氢内燃机应比汽油机的热效率更高，如果发生氢泄漏，氢可迅速分散，避免不安全事故的发生；⑤氢具有非常高的火焰速度，氢的燃烧速度为2.83m/s，汽油仅为0.34m/s，内燃机能可最大限度地接近理想的热力学循环；⑥低环境污染，燃烧不产生CO_2，也无其他有害排放物。

氢气燃料的储存是目前一个技术难点，各个国家在该方面做了大量的研究，有固体储存和液体储存两种方式。目前，在德国、日本和我国都选择了不同的液体储存载体。表9-20是三种液体储存载体的性能对比。其中，甲苯是日本千代田公司选择的储氢载体，二苄基甲苯是德国Hydrogenious公司选择的储氢载体，氢阳氢油是中国氢阳新能源控股有限公司选择的储氢载体，由多种有机物混合而成。

表 9-20　三种液体储存载体的性能对比

储氢载体	理论容量 （质量分数） /%	液态温度 范围/℃	ΔH /(kcal[①]/mol)	脱氢温度 /℃	气体纯度 /(μL/L)	脱氢速度 /[L/(min·kW)]	催化剂
甲苯	6.12	−95～111	−16.3	>350	>1000	0.2	Pt/Ir/Pd
二苄基甲烷	6.19	−25～398	−16	>320	>1000	0.7	Pt
氢阳氢油	5.9	−20～300	−11.6	>200	<100	20	少量贵金属

①1kcal≈4.1840kJ。

氢阳氢油可以稳定地储存氢气，并通过图 9-24 的发动机运行程序很好地应用于汽车之中，具有方便快捷、安全、费用低等优点。当有机液体储氢技术加上催化燃烧时，可以大量放热，形成负碳排放，是很好的清洁能源。

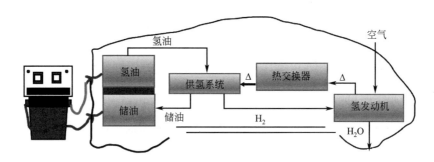

图 9-24　液体储氢载体作为发动机的运行示意图

燃料电池技术可能成为重型货运汽车、大客车、重型船舶以及客机的重要替代燃料技术。燃料电池汽车在运行过程中的零排放有助于减少交通部门碳排放，但目前制氢过程中 CO_2 排放量较高，为 27～130g/km。已有研究对氢能的减排潜力仍存在争议，且大多数学者认为氢能发展主要受基础设施的制约。道路及机场兴建加氢站对燃料进行存储以及氢燃料运输仍存在较多技术阻碍。

9.3.2.3　生物燃料替代技术

以油脂、农林废弃物等可再生资源为原料，其制造时需要吸收大气中的 CO_2，而燃烧时会产生 CO_2 排至大气，在制造至燃烧的过程中，部分 CO_2 处于循环状态，所以生物燃料的制造和使用具有减排的作用。由于制备原料各不相同，生物燃料全生命周期减排潜力在 2%～70% 之间。2050 年生物燃料将在交通部门能耗中占 17%，然而成本过高是生物燃料推广的最大障碍，生物燃料的运行成本约为 2.8 美元/L，是传统航空煤油的 2～3 倍。

调查数据显示（表 9-21），假使都采用生物类的各种燃料，2011 年航空企业可以很大程度上减少对环境的负面影响，碳排放量可以由 6.5 亿吨减少到 1.5 亿吨左右，这足以降低约 78%，数据是相当可观的。退一万步讲，就算采取标准的生物周期的途径计算生物类燃料的碳排放，也可以降低接近 50%。

我国在乙醇汽油的研究上成果显著，但是乙醇的来源是一个难题。目前我国主要通过使用小麦、玉米以及其他粮食进行热解获得乙醇。统计数据显示，2005 年我国使用的乙醇汽

表 9-21　与石油柴油相比生物柴油的尾气排放减少量

有害物质	生物柴油/%
一氧化碳	-43.2
碳氢化合物	-56.3
浮游粒子	-55.4
空气毒物	$-90 \sim -60$
二氧化碳	-78.30

油约为 1000 万吨，100 万吨以上的汽油被乙醇所替代，相当于节约了 400 万吨的 1:1 原油。大量科研数据结果表明，不仅可以利用粮食来制造乙醇，也可以利用植物的茎、叶、皮等纤维质生物来制造乙醇，使乙醇作为生物质燃料的使用更为广泛。

交通行业生物燃料产业发展速度受技术来源和技术创新的制约。我国目前交通行业生物燃料的研发技术还不够成熟，经济成本高。我国交通行业生物燃料可以在以下关键技术上进行突破：原料作物的培育、基因改造技术、加氢脱氧催化技术和选择性加氢裂化技术、异构化催化技术等。

总之，发展新的燃料技术路线将成为交通部门低碳减排的重要措施。道路运输中，电动汽车和燃料电池汽车渗透率逐渐提高。燃料电池汽车将成为重型货车和大客车的重要技术路线。铁路运输应进一步提高电气化率，提高电力机车比例和高铁覆盖率，部分无法电气化的线路可采用燃料电池驱动。交通部门最终实现深度减排的路径是电气化（包括动力电池和燃料电池）和利用生物燃料。2050 年的时候可以不再使用化石燃料。

9.3.3　全球低碳交通战略案例

9.3.3.1　欧盟交通运输碳减排方面的战略框架

欧盟委员会 7 月 20 日提出了涵盖各个经济部门（如交通、建筑、农业、土地和森林等）向低碳经济转型的一揽子计划措施，指明了欧盟经济转型过程中应该优先开展的事项，强化欧盟内部统一的能源市场，保持和加强欧盟全球竞争力。其中，最重要的成果是低碳交通运输战略框架，该框架基于公平、团结、经济和环保原则进行设定，是针对欧盟未来几年交通运输部门的发展而制定的规划，是欧盟赖以实现现代化低碳经济、强化内部市场的重要工具。该战略框架的主要内容包括以下三个方面。

（1）提高交通运输系统的效率

通过采用数字化技术、智能定价技术来进一步促进欧盟交通运输部门向低碳模式的转变。数字技术，特别是协同智能交通系统（C-ITS）有巨大的潜力来提高道路安全以及交通运输的效率。欧盟委员会正在酝酿相关计划以刺激这些技术普及使用，特别是计划在车辆之间以及车辆和基础设施之间搭建通信网络连接；并将采取进一步的措施，以促进不同运输方式之间的联系，打造出无缝的交通运输物流链。欧盟委员会还将致力于改善公路收费政策，使之更公平、更有效率，更能体现污染者付费和使用者付费的原则。

（2）加快低排放替代能源在交通运输部门的部署

欧盟交通用能对石油的依赖程度达到 94％。欧盟委员会不断研究如何通过大力的激励措施来刺激创新研究，加速低 CO_2 排放的替代能源普及，包括生物燃料、可再生电力、氢能、可再生合成燃料等。通过这样的政策措施，消除交通电气化障碍，增加低 CO_2 排放能源的份额，到 2030 年将满足交通部门 15％～17％的能源需求。欧盟委员会还在研究如何更好地发挥能源和交通系统的协同效应，如解决高峰时期电力分配的挑战，使电动汽车更易充电。欧盟委员会继续与成员国以及欧洲标准化组织合作，推动交通电气化的互操作性和标准化，并将开发一种方法能够方便地比较电力和其他传统或替代交通燃料的成本。

（3）创建零排放汽车市场

除了内燃机汽车技术需要进一步改善，欧盟还提出加速发展低排放、零排放的汽车，确保该种汽车获得显著的市场份额。针对车辆尾气排放测量和验证，欧盟委员会提出并已经实施了一些重要的改进措施，为排放设定统一标准，以确保标准有影响力并且能够获得消费者认同。欧盟委员会致力于修订轿车和货车排放标准的法规，传统的内燃机排放必须在 2020 年后进一步降低。为支持消费者需求，欧盟委员会正在致力于提高信息透明度，如评估《汽车标识指令》并修订《清洁车辆指令》等。

9.3.3.2　中国深圳在交通减碳降碳方面的战略发展

深圳交通中心在交通减碳降碳方面具有深厚的技术与经验积累，未来将持续探索推进交通领域尽早实现碳达峰。

① 出台交通领域碳排放量化导则，明确计算方法及范围边界。目前我国尚缺乏一套交通领域碳排放计算的规范指导和统一标准，建议从国家层面明确工业、建筑、交通等领域碳排范围边界，出台交通运输领域碳排放计算指导导则，明确计算边界、口径和数据源。省级部门全面统筹协调各市开展交通领域碳排放量计算工作，各市根据指导办法开展本地区交通领域碳排放量计算。通过出台一套统一标准规范、科学有效的交通碳排放计算方法，指导地方开展交通碳排量化、评估、考核工作。

② 形成一套指导城市尺度交通碳排清单模型构建的技术指引。交通碳排放清单模型在国外已有成熟应用，但我国除北京、上海、深圳等城市开展交通碳排放清单模型构建外，大多数城市交通碳排放清单尚处于起步阶段。另外，考虑到我国国情，国外交通碳排放清单模型不能完全照搬、复制，需形成一套指导我国城市尺度下交通二氧化碳排放因子清单模型构建的技术指引。

③ 建立一个交通二氧化碳排放相关数据采集与集成平台。交通二氧化碳排放量计算所需数据分散在不同政府部门、行业、企业手中，数据获取是精准计算交通碳排放的关键。通过搭建交通碳排放数据采集与集成平台，可厘清数据获取问题，汇聚交通碳排相关多源数据流，为精准计算地区交通碳排放提供支撑。

④ 明确交通"碳达峰""碳中和"目标指标分解和减碳策略。城市二氧化碳排放是由工业、建筑、交通等多方面共同作用的结果，需要在国家"碳达峰""碳中和"目标战略下，分解交通二氧化碳减排目标及各类交通方式的减排指标。可通过推进土地与交通混合开发利用，优化交通出行结构，调控高排放车辆使用，推进碳捕集、利用与封存技术研发应用等策略，开展交通减排行动。

⑤ 持续推进低碳出行激励机制。以"碳积分"为介质，构建关联个人属性信息与出行信息的碳积分平台，明确"碳积分"计算规则和奖励规则，市民通过低碳出行获取碳积分可实现预约通行区域准入、电影票、餐饮券兑换等积分奖励。持续拓展"碳积分"应用场景，借助"碳积分"构建绿色出行互馈机制，鼓励市民绿色低碳出行。

9.4 "碳中和"目标下交通行业绿色发展新模式与展望

以互联网为基础，通过运用大数据、人工智能等先进技术手段，实现智慧交通，对减少碳排放有很大的意义。我国实现智慧交通的目标是到2025年，完成自动驾驶测试标准、事故处理标准及车路协同系统建设标准；到2030年，实现半自动化以及有限场景下（高速公路客货运和城市公交）的高度自动化示范，部分城市实现智慧物流的大范围应用；到2050年，实现高度自动化，客货运长途运输及城市公共交通系统自动驾驶常态化推广，全部城市均实现智慧物流的应用。

9.4.1 绿色发展新模式

9.4.1.1 构建高效智慧交通运输模式

城市智慧交通是在交通领域中充分运用云计算、物联网、互联网等技术，采用动态交通信号控制手段、科学有效地配合动态交通拥挤收费等动态交通管控手段，在实时获取智慧交通数据的基础上，动态调整交通管控措施，使交通出行行为决策过程不断实时变化，道路交通流量也会呈现动态演化状态。

与普通交通相比，智慧交通可以大幅度减少CO_2的排放。在没有智慧交通情况下，出行者在选择路径时，依靠自身的出行经验来考虑预测路网和出行时间，有很大的不确定性；应用智慧交通时，通过网络进行交通资讯信息的收集和传递，实时使车辆在时间和空间上进行引导、分流，有效避免道路拥堵现象，减少交通事故的发生，从而改善了道路交通运输环境，促使司乘人员更安全、快速、畅通、舒适地出行。与传统交通模式相比，智慧交通的最大特点是运用了多种信息传输设备，可及时收集、处理、分析信息，实时发布主线，为交通参与者提供多样化的服务。智慧交通是智慧城市建设的重要一环，发展势在必行，智慧交通监控已在全国多个城市规划落地，通过多层次控制分析形成智慧城市交通出行系统，保障绿色出行（图9-25）。在发展智慧交通系统中，在感知层应该以新能源车应用为主、提倡慢行交通、共享出行，优化城市公交系统，使绿色交通消费理念深入人心，从源头实现系统减排。

城市智慧交通的建设在我国已经取得了丰硕成果，如上海已建成道路交通信息采集、发布和管控系统，实现中心城区范围全覆盖的最优自适应信号控制系统（SCATS）；厦门已建成智能交通指挥控制中心，通过移动检测设备、视频巡逻等多个渠道来采集道路交通信息；南京已建成智能云交通诱导服务系统，为道路使用者提供最优路径信息以及各类实时交通帮助信息服务。除此之外，智慧交通也为京津冀地区发展做了重大贡献（表9-22）。

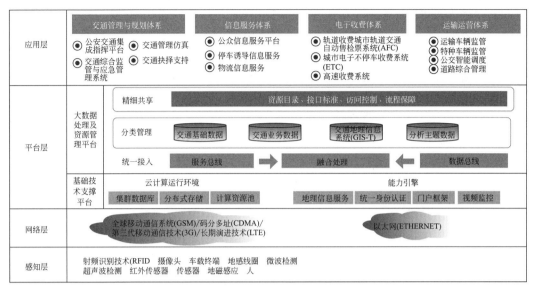

图 9-25　智慧交通模式变革的实现途径、减排效果

表 9-22　京津冀智慧交通发展现状

项目	北京	天津	河北
智慧基础信息建设	成立首个集综合交通动态运行监测分析、视频资源管理应用、公众信息统一发布于一体的市级综合交通运行监测业务平台	利用大数据、云平台技术和科学算法实现交通信号灯自动科学配时，LED诱导屏实时播报路网状态；率先建立行业内交通云平台	建成公路路网管理平台、公路GPS数据采集系统、公路地理信息系统、公路工程动态管理系统、公路交通信息资源整合与服务工程
公共交通智慧化服务	(1)全市公共电汽车、轨道交通和出租车开通市政交通一卡通系统； (2)建成八达岭、京津塘高速公路专用车道与一卡通兼容不停车(ETC)试验系统	(1)建成天津港电子数据交换(EDI)系统和新物流服务系统； (2)智能支付覆盖城轨交通和地面公交，高速公路ETC车道达到182条，覆盖率达到15%	(1)推进京津冀"一卡通"，全省11个区市全部与京津联网，省内643条线路1.2万余部公交车与京津实现一卡通行； (2)省内高速公路实现ETC与全国联网，实现县(区)全覆盖
智慧交通管理	建成安全防盗监控中心、化学危险品运输车辆的GPS实时定位监控系统	电子警察全天候监管交通违法行为，接入缉查布控系统	实施高速公路智能化示范工程，在京秦、石黄、京衡、衡大控制系统4条段高速公路组织开展全程监控

数据来源：孙钰、赵玉萍、崔寅，基于生态文明的京津冀智慧交通问题研究。

9.4.1.2　提高交通能源利用效率的智能整合模式

交通工具高效化对减排作出了巨大贡献。中国乘用车汽车能耗标准经历了 2005—2008 年、2009—2012 年、2013—2015 年和 2016—2020 年 4 个阶段（下文用 Ⅰ、Ⅱ、Ⅲ 和 Ⅳ 表示）。各阶段油耗标准不断加严，其中，Ⅳ 较 Ⅲ、Ⅲ 较 Ⅱ 和 Ⅱ 较 Ⅰ 阶段的同质量段油耗限值分别加严了 10%、20% 和 30%。近几年来，全国乘用车新车工况的百公里油耗水平有所下降，从 2008 年的 7.85L 下降至 2017 年的 6.77L，年均降幅约 2.2%。《节能与新能源汽车技术路线图 2.0》提出，到 2030 年传统乘用车新车的百公里平均油耗下降至 4.80L，混合动力乘用车平均油耗下降至 4.50L。尽管目前能效加严产生的效果尚不明显，但随着新标准汽车在保有量中占比逐渐提高，车队能耗和碳排放将随之显著下降。

参考国家发布的《重型商用车辆燃料消耗量限值》标准对重型商用车燃料消耗量进行管理，该强制性标准目前已经进展到第三阶段。总体来看，不同类型重型商用车第三阶段标准较之于第二阶段标准加严了 12.5%～15.9%。货车、半挂牵引车、客车、自卸汽车和城市客车分别加严了 13.8%、15.3%、12.5%、14.1% 和 15.9%。2030 年货车平均油耗较 2019 年下降 10%～15%。通过提高交通运输效率，2030 年、2050 年的交通碳排放可减少 2454 万吨和 5251 万吨（图 9-26）。

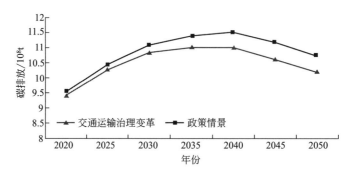

图 9-26　交通运输效率变革的实现途径、减排效果
（数据来源：欧阳斌、郭杰、王雪成等，《中国中长期交通运输低碳发展战略的研究、解读、展望》）

综合来看，交通运输效率提高带来的交通部门能耗强度下降是最直接有效的减碳方式。1985—2009 年，能耗强度下降减少了 4600 万吨 CO_2 排放，在所有措施类别中减碳量最高。应坚持把强化低碳交通治理、提升交通运输效率作为实现交通运输低碳发展的重要途径。强化交通需求管理，抑制私人小汽车的过速增长和过度使用，科学引导交通运输需求是我国的当务之急。

因此，应不断优化交通运输结构，并通过政府引导、公众参与等方式，加快城市公交优先发展，提高绿色交通分担率，合理引导小汽车使用，构建以绿色交通方式为主导的综合交通体系。

9.4.1.3　构造智能交通和消费理念升级的绿色出行消费模式

构建方便快捷公共交通服务系统、城市步行和非机动车交通系统，以此来代替私家车出行，可以大幅度减少 CO_2 排放。可以通过 MaaS（mobility as a service，出行即服务）系统设计，构建以公共交通为核心的一体化链条边界出行服务系统，减少人们对小汽车出行需求的依赖。

另外，随着消费理念的改变和升级，共享出行将会成为更多人的选择，并将逐步取代一部分私家车市场。

共享出行模式将有助于减少道路运输碳排放。随着消费观念的转变，共享出行比例将逐渐提高，预计 2030 年共享出行车渗透率将达到 30% 以上。共享出行可能使得每千米碳排放减少 10%～94%（图 9-27）。但是由于共享出行可能会增加消费者出行频次，因此长期来看其减排效果仍存在争议。共享出行为自动驾驶技术提供了良好的应用环境。

应坚持把倡导绿色交通消费理念、完善绿色出行体系作为交通运输低碳发展的重大战略选择。深入实施城市公交系统优先发展战略，大力发展交通服务系统、共享自行车、步行等

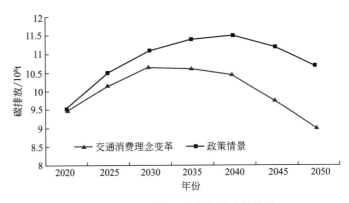

图 9-27　交通消费理念变革的减排效果

（数据来源：欧阳斌、郭杰、王雪成等，《中国中长期交通运输低碳发展战略的研究、解读、展望》）

交通网络，网约车、共享单车、汽车租赁等共享交通模式，从需求源头上促进交通运输系统减排。

共享汽车和自动驾驶汽车的市场渗透率将逐渐提高，预计在 2030 年和 2050 年将分别达到 35％和 50％。货运方面，铁路货运周转量受大宗商品货运增长放缓影响，预计将在 2030 年前后达到峰值。水路运输受航道限制和大宗商品运输减少等因素影响，其未来增长空间有限。民航货运则将保持高速增长，但由于民航货运成本较高，其整体体量较之于其他货运方式仍然较小。

9.4.2　展望

相较于欧美从"碳达峰"到"碳中和"的 50～70 年的过渡期，我国"碳中和"目标的过渡时长仅为 30 年。相比发达国家，中国减碳时间更为紧迫、挑战更为严峻、路径更为陡峭。

作为碳排放大户，交通运输行业的绿色减排转型是大势所趋。统计数据显示，2019 年我国交通运输领域 CO_2 排放占全国碳排放总量的 10％左右，过去 9 年该行业 CO_2 排放的年均增速达 5％以上。其中，道路交通占比高达 84％，更是减排的重要发力点。在新一轮科技创新的浪潮下，利用新技术推动新能源汽车的发展，结合智慧城市、智能交通、清洁能源体系、信息通信产业等方面技术，可整体提高交通运输行业的融合创新能力，帮助我国实现"碳中和"目标。

（1）完善绿色出行系统，实现城市内公众出行的低碳化

党的十九大报告指出，提倡简约适度、绿色低碳的生活方式，开展绿色出行行动。公共交通应该是城市出行的主体，也是 CO_2 排放强度最低的出行方式。推动绿色出行的发展，必须把公共交通放在首要位置，统筹发展各种绿色出行方式。同时，以公交都市为载体，以公共交通为导向，培育出新的发展方式，吸引更多人乘坐公共交通，推动公共交通系统向更加制度化、常态化方向发展。

引导更多的公众优先选择公共交通、步行和自行车等绿色低碳出行方式，预计到 2022 年，60％以上的城市绿色出行比例可达 70％以上，绿色出行服务满意率高于

80%。持续营造绿色出行氛围，通过低碳出行的积分、绿色出行的宣传、公交出行的宣传等多种活动，进一步开拓绿色出行的社会影响力，努力在全社会营造一个绿色出行和公交优先的良好氛围，广泛动员社会公众积极参与到绿色出行的行动中，加快形成绿色生活方式。

公共交通的大力发展过程中，地铁、轻轨、城轨、公交的智慧化控制程度会越来越高，共享单车也会在其中发挥作用。

（2）调整长途货运结构，实现货运物流的低碳化

习近平同志为核心的党中央近期作出的一个重大战略决策就是调整运输结构。调整运输结构是实现交通行业碳达峰，实现节能减排、节能降碳的一个必要手段。2018年10月，国务院办公厅印发了《道路运输结构调整三年行动计划（2018—2020）》，以调整运输结构为目的开展了一系列行动，包括铁路运能提升行动、水运系统升级行动、公路货运提效行动、多式联运提速行动、城市绿色配送行动、信息资源整合行动等。至今，这些行动取得了长足的进步，特别是铁路货运量所占比例不断提高，水路货运量增长迅速，公转铁、公转水的成效显著，集装箱多式联运也快速发展，节能减排的效果逐步显现出来。

但运输结构调整并不是短期可以实现的。目前来看，我们的货运结构与国外仍有很大差距，还有很多不合理的地方。铁路货运量、货运周转量占比还很低，大量矿建材料、水泥金属矿质等大宗货物仍然以公路运输为主，集装箱铁水联运的比例不尽理想，全国重点港口的集装箱铁路运输量占总吞吐量的比例不到3%。运输结构调整仍然是我国今后一段很长时期要狠抓的内容，以保障交通运输绿色发展和高质量发展。

（3）推广应用新能源汽车，实现运输工具的低碳化

推广应用新能源汽车是我国从汽车大国迈向汽车强国的战略选择，对调整能源消费结构、减少CO_2排放和大气污染具有重大意义。交通运输部提出要在城市公交汽车、出租车、城市配送汽车、港口、邮政快递运送车、机场内部的相关装备等方面进行大力推广应用。初步统计，2020年底行业推广使用的新能源汽车规模已经超过120万辆，每年可减少CO_2排放约5000万吨。

我们要依托都市公交系统建设、城市绿色货运配送系统建设、绿色出行行动等载体，充分利用新能源汽车在交通运输行业的补贴政策，指导各地因地制宜地合理选择不同类型的新能源车辆，从而促进新能源汽车的快速推广应用。完善全国充电设施布局，加快新能源公交车辆的充电设施建设，在城市群的重点高速公路服务区全面建设超快充、大功率的充电设施，有效满足电动车辆的充电需求。

（4）加强交通智能网络建设，实现路网运行的低碳化

《交通强国建设纲要》中提出了三个转变、四个一流和五个价值取向，均要求大力推动交通向数字化和智慧化发展。《国家综合立体交通网规划纲要》也将智能、智慧作为一条交通发展的主线，提出实现国家综合立体交通网络的基础设施全要素和全周期数字化；基础设施数字化率达到90%以上，推进交通基础设施网络、运输服务网络、信息网络、能源网络的融合发展。

党中央立足新发展阶段、贯彻新发展理念提倡大力发展智慧交通，是构建新的城市发展

格局的基础。在战略方向上，要大力推进交通运输数字化、网络化、智能化发展，推动交通运输的提效能、扩功能和增动能，从而促进综合交通高质量发展。

从远期发展来看，在交通运输行业要跟踪新技术发展，超前布局试点示范，在实践的基础上不断创新。要实现新的应用场景就要在一定规模上进行连续覆盖，扩大交通运输的网络效应，并注重在薄弱环节上精准补齐短板，实现交通运输的节点效率明显提高，成为交通运输行业碳减排的助力。

参考文献

[1] 交通运输部.加快推进绿色循环低碳交通运输发展指导意见 [EB/OL].北京：交通运输部，2013.

[2] 中国青年网.中国将推动交通用能"绿色革命" [EB/OL].2016.

[3] 国务院.国务院关于印发"十三五"节能减排综合工作方案的通知 [EB/OL].北京：国务院，2017.

[4] 国家发展和改革委员会等十部委.印发关于促进绿色消费的指导意见的通知 [EB/OL].北京：国家发展和改革委员会等十部委，2016.

[5] Smil V. Energy at the Crossroads：Global Perspectives and Uncertainties [M]. Cambridge：MIT Press，2005.

[6] 王庆一.2018 能源数据 [M].北京：绿色创新发展中心，2018.

[7] Hao H，Geng Y，Wang H，Ouyang M. Regional disparity of urban passenger transport associated GHG（greenhouse gas）emissions in China：a review [J]. Energy，2014，68：783-793.

[8] Metz B，Davidson O R，Bosch P R. IPCC-WGⅢ（2007）Climate Change 2007：Mitigation of Climate Change. Contribution of Working Group Ⅲ to the Fourth Assessment Report of the Intergovernmental Panel on Climate Change [R]. Cambridge：Cambridge University Press，2007.

[9] 姜克隽，胡秀莲，庄幸，等.中国 2050 年的能源需求与 CO_2 排放情景 [J].气候变化研究进展，2008，4（5）：296-302.

[10] 黄成，陈长虹，王冰妍，等.城市交通出行方式对能源与环境的影响 [J].公路交通科技，2005，22（11）：163-166.

[11] 李振宇.低碳城市交通模式与发展策略 [J].工程研究-跨学科视野中的工程，2011，3（2）：105-112.

[12] 汪鸣泉.城市低碳交通发展政策与技术研究 [J].交通与港航，2013，27（2）：15-19.

[13] 曾颖.基于系统动力学的交通运输业节能减排政策模拟研究 [D].大连：大连海事大学，2015.

[14] Yang Y，Wang C，Liu W，Zhou P. Microsimulation of low carbon urban transport policies in Beijing [J]. Energy Policy，2017，107：561-572.

[15] 张陶新.中国城市化进程中的城市道路交通碳排放研究 [J].中国人口·资源与环境，2012，22（8）：3-9.

[16] 贾顺平.交通运输经济学 [M].北京：人民交通出版社，2011.

[17] 王汉新.城市生态交通系统理论与实现途径 [J].科技管理研究，2016，36（1）：246-251.

[18] 周民良，周群.绿色交通体系与生态城市建设：逻辑与思路.江海学刊，2010，2：95-96.

[19] 陆化普，毛其智，李政，等.城市可持续交通：问题、挑战和研究方向 [J].城市发展研究，2006，13（5）：91-96.

[20] 王真，郭怀成.环境可持续交通管理的概念、内涵与研究方法 [J].北京大学学报（自然科学版），2011，47（3）：525-530.

[21] Alexander L，Allen S，Bindoff N L . Climate Change 2013：The Physical Science Basis-Summary for Policymakers [R]. Geneva：Intergovernmental Panel on Climate Change，2013.

[22] 徐军委.基于 LMDI 的我国二氧化碳排放影响因素研究 [D].北京：中国矿业大学，2013.

[23] Lv W，Hong X，Fang K. Chinese regional energy efficiency change and its determinants analysis：

Malmquist index and Tobitmodel [J]. Annals of Operations Research，2015，228（1）：1-14.

[24] 孙叶飞，周敏.中国能源消费碳排放与经济增长脱钩关系及驱动因素研究 [J].经济与管理评论，2017，6：21-30.

[25] 国家发改委.国家应对气候变化规划（2014—2020 年）[EB/OL].北京：国家发改委，2014.

[26] Tonooka Y，Liu J，Kondou Y，et al. A survey on energy consumption in rural households in the fringes of Xian city [J]. Energy&Buildings，2006，38（11）：1335-1342.

[27] IEA. CO_2 Emission from Fuel Combustion 2010 [R]. Paris：International Energy Agency，2010.

[28] EEA（European Environment Agency）. Annual European Union greenhouse gas inventory 1990—2009 and inventory report 2011 [R]. Copenhagen：European Commission，2011.

[29] Lutsey N，Sperling D. Greenhouse gas mitigation supply curve for the United States for transport versus other sectors [J]. Transportation Research Part D Transport & Environment，2009，14（3）：222-229.

[30] 宋震，丛林.中国交通运输业能源效率及其影响因素研究 [J].交通运输系统工程与信息，2016，16（1）：19-25.

[31] 李创，眷东亮.基于 LMDI 分解法的我国运输业碳排放影响因素实证研究 [J].资源开发与市场，2016，32（5）：518-521.

[32] 宿凤鸣.低碳交通的概念和实现途径 [J].综合运输，2010，5：13-17.

[33] Wu L，Huo H. Energy efficiency achievements in China's industrial and transport sectors：How do they rate? [J]. Energy Policy，2014，73（C）：38-46.

[34] Keuken M P，Jonkers S，Verhagen H L M，et al. Impact on air quality of measures to reduce CO_2，emissions from road traffic in Basel，Rotterdam，Xi'an and Suzhou [J]. Atmospheric Environment，2014，98（98）：434-441.

[35] 朱潜挺，王萌，周芳妮，等.京津冀一体化下交通运输业碳排放核算及其影响因素研究 [J].重庆理工大学学报（社会科学版），2019，405（6）：29-37.

[36] 苏城元，陆键，徐萍.城市交通碳排放分析及交通低碳发展模式——以上海为例 [J].公路交通科技，2012，29（3）：142-148.

[37] 张琳玲.碳减排目标下城市交通出行结构优化与调控研究 [D].徐州：中国矿业大学，2019.

[38] 潘秀.我国交通运输业碳排放影响因素及预测研究 [D].徐州：中国矿业大学，2018.

[39] 郑思齐，霍燚.低碳城市空间结构：从私家车出行角度的研究 [J].世界经济文汇，2010，（6）：50-65.

[40] 孙瑞红，高峻，叶彬.九寨沟景区交通碳排放与低碳路径研究 [J].西南民族大学学报（人文社科版），2014，35：148.

[41] 宜宾市统计局.宜宾市统计年鉴 [J].宜宾：宜宾市统计局，2011.

[42] 林晓言.节能环保视角下交通方式比较优势分析 [J].综合运输，2010，6：25-29.

[43] 杨晓冬.宜宾市不同交通运输形式碳排放特征及演进动态分析 [D].成都：西南交通大学，2012.

[44] 高玉明，王术尧.北京铁路局运输碳排放清单及碳排放基准线浅析 [J].铁路节能环保与安全卫生，2016，6（3）：112-116.

[45] 白学利.全球变暖情况下新能源汽车的发展前景 [J].时代汽车，2018，1：35-36.

[46] 张秀媛，杨新苗，闫琰.城市交通能耗和碳排放统计测算方法研究 [J].中国软科学，2014，6：142-150.

[47] 云冀涛.生物航油的应用及对减少碳排放的估算 [D].上海：上海交通大学，2013.

[48] 袁志逸，李振宇，康利平，等.中国交通部门低碳排放措施和路径研究综述 [J].气候变化研究进展，2021，17（1）：27-33.

[49] 王靖添，闫琰，黄全胜，等.中国交通运输碳减排潜力分析 [J].科技管理研究，2021，2：200-210.

[50] 城市交通研究院.碳达峰、碳中和目标下交通领域碳排放计算展望 [R].深圳：深圳市城市交通规划

设计研究中心，2021.

[51]　欧阳斌，郭杰，王雪成，等.中国中长期交通运输低碳发展战略的研究、解读、展望［R］.北京：能源基金会，2020.

[52]　施晓清，李笑诺，杨建新.低碳交通电动汽车碳减排潜力及其影响因素分析［J］.环境科学，2013，34（1）：385-394.

[53]　董媛，杨明，程寒松.有机液体储氢技术进展及应用前景［R］.澳门：国际清洁能源论坛，2017.

[54]　孙钰，赵玉萍，崔寅.基于生态文明的京津冀智慧交通问题研究［J］.生产力研究，2020.（1）：1-4.